Die technische Mechanik des Maschineningenieurs

mit besonderer Berücksichtigung der Anwendungen

Von

Dipl.-Ing. P. Stephan
Regierungs-Baumeister Professor

Dritter Band

Bewegungslehre und Dynamik fester Körper

Mit 264 Textfiguren

Berlin
Verlag von Julius Springer
1922

ISBN-13:978-3-642-90433-2 e-ISBN-13:978-3-642-92290-9
DOI: 10.1007/978-3-642-92290-9

Softcover reprint of the hardcover 1st edition 1922

Vorwort.

Das vorliegende Heft will dem Maschineningenieur die Hilfsmittel an die Hand geben, die zur Lösung der in der technischen Praxis vorkommenden Aufgaben aus der Bewegungslehre und Dynamik erforderlich sind. Dazu genügen allerdings, wie sich zeigt, verhältnismäßig wenige Grundsätze und Formeln. Die von Mathematikern und Erkenntnistheoretikern beigebrachten Untersuchungen über die Prinzipe und Grundlagen der Mechanik sind also nicht Gegenstände dieser Arbeit.

Auch für Erörterungen über den Gegensatz des physikalischen und technischen Maßsystems war kein Platz. Allerdings ist dem Ingenieur die Kraft das Wesentliche, und es wurde deshalb von dem Begriff Masse so wenig Gebrauch wie möglich gemacht. Daß die Masse auch in der technischen Dynamik oft in den Vordergrund tritt, ist entschieden ein Überbleibsel aus der Zeit, wo die Entwicklung dieses Zweiges der Mechanik fast ausschließlich in den Händen von Mathematikern und Physikern lag.

Hervorheben möchte der Verfasser, daß die Formeln so geschrieben worden sind, wie sie für die Zahlenrechnung am bequemsten sind. Man wird also manche sogenannte elegante Lösung der allgemeinen Rechnung nicht finden, wenn sie für die zahlenmäßige Bearbeitung doch erst wieder auf die hier von vornherein gegebene Form zurückgeführt werden muß. Aus demselben Grunde wurde von der allgemeinen Anwendung der Vektorenrechnung abgesehen. Sie bietet freilich gewisse Vorteile für die Herleitung und besonders Schreibung der Endformeln, verlangt jedoch für die Zahlenrechnung erst wieder eine Umformung, wenn man nicht ausschließlich die zeichnerische Behandlung der betreffenden Aufgabe erstrebt. Im allgemeinen zieht nun die Praxis rechnerische Lösungen vor, neuerdings sogar in der Statik, vielfach nur deshalb, weil die reine Rechnung nach einigen wenigen, leicht zu beherrschenden Methoden erfolgt, während die geometrischen Untersuchungen und Lösungen gegebener Aufgaben viel mannigfaltiger sind und erst eine besondere Vertiefung in die geometrischen Eigenheiten dieser oder jener Sonderaufgabe erfordern. Tatsächlich haben fast alle vom Verfasser berücksichtigten Originalabhandlungen, die ein bestimmtes praktisches Beispiel bearbeiten, anscheinend aus dem angeführten Grunde, von der Vektorenrechnung keinen Gebrauch gemacht.

Außerdem sind fast alle hier gebrachten Formelrechnungen so übersichtlich und klar, daß sie durch die Vektorenrechnung, die übrigens an die Aufmerksamkeit des Rechners gewisse, nicht zu unterschätzende Anforderungen stellt, auch nicht weiter vereinfacht werden können.

Den in neueren Büchern öfter wiederkehrenden Vermerk, daß die Bezeichnungen usw. sich den vom Ausschuß für Formelzeichen usw. vorgeschriebenen völlig anschließen, kann der Verfasser nicht machen. Dazu sind einzelne der vorgeschriebenen Bezeichnungen zu unglücklich gewählt. Wollte man beispielsweise die im Kranbau gebräuchlichste Angabe der Geschwindigkeit in m/min nach den Vorschriften dieses Ausschusses schreiben, so lautete die Bezeichnung m/m, was wohl manche Leser nicht für ganz klar halten dürften. Auch die Abkürzung h für Stunde kann nur Lesern verständlich sein, die gewöhnt sind, in englischer oder französischer Sprache zu denken. Ferner ist nicht einzusehen, weshalb bei Rechnungen wie den vorliegenden nicht die 100 Jahre lang ganz allgemein für das Trägheitsmoment gebrauchte Bezeichnung J verwendet werden soll, die auch Elektrotechniker an der Stelle nicht mit Stromstärke verwechseln dürften. Es ist eben bei der begrenzten Zahl von Buchstaben nicht zu vermeiden, daß verschiedene Dinge dasselbe Buchstabenzeichen haben, wie z. B. im vorliegenden Band Durchmesser und Drall des Kreisels. Das schadet auch nichts, wenn die Bezeichnungen nur so gewählt sind, daß sie nicht in derselben Rechnung zugleich vorkommen.

Ausdrücklich sei noch bemerkt, daß nur in wenigen Fällen die gegebenen Beispiele reine Zahlenrechnungen bieten, sondern fast immer so ausgesucht sind, daß sie die in der Praxis gebräuchlichen Zahlenwerte beibringen. Um alle wichtigeren, hier in Betracht kommenden Zahlenangaben auch für andere Aufgaben als die gerade behandelte zur Verfügung zu stellen, wurden oft auch solche aufgeführt, die für die Zwecke der betreffenden Einzelaufgabe nicht nötig waren.

Altona, im September 1921.

P. Stephan.

Inhaltsverzeichnis.

I. Die Bewegungslehre.

Die Bewegungslehre untersucht die Beziehungen, die bei bewegten Körpern zwischen den beiden Grundgrößen Weg und Zeit und den daraus abgeleiteten Größen Geschwindigkeit und Beschleunigung bzw. Verzögerung bestehen.

Die auf die bewegten Körper einwirkenden Kräfte werden hierbei außer acht gelassen. Infolgedessen ist die Bewegungslehre eigentlich kein Gebiet der Mechanik (vgl. Bd. I, S. 1); sie ist jedoch als Einleitung in die Dynamik von hohem Wert.

1. Weg und Zeit.

Ein Körper bewegt sich, wenn alle oder einzelne seiner Punkte ihren Ort in bezug auf andere, als festliegend angesehene Punkte verändern.

Die Linie, die irgendein Punkt eines bewegten Körpers im Raum zurücklegt, heißt die Bahn oder der Weg des betreffenden Punktes. Je nach der Form dieser Linie unterscheidet man einen geraden oder gekrümmten Weg des Punktes. Die gebrochene Linie irgendeines Zickzackweges setzt sich aus mehreren geraden oder gekrümmten Teilstrecken zusammen. Der gekrümmte oder gebrochene Weg wird häufig durchweg in derselben Ebene liegen, kann aber auch beliebig im Raum verlaufen.

Die Lage aller Punkte eines starren Körpers ist vollständig bestimmt durch die Lage von drei Punkten desselben, die sich nicht in einer Geraden befinden, denn jeder andere Punkt ist als Schnittpunkt der mit den drei Abständen von den herausgegriffenen Grundpunkten geschlagenen Kugeln festgelegt. Infolgedessen ist auch die Bewegung eines starren Körpers durch die Bewegung von drei nicht in derselben Geraden liegenden Punkten vollkommen bestimmt.

In vielen Fällen weichen die Wege der einzelnen Punkte eines Körpers so wenig voneinander ab, daß man abkürzungsweise den Weg des Schwerpunktes als Weg des ganzen Körpers bezeichnet; der Körper macht eine fortschreitende Bewegung. Sie wird als Schiebung bezeichnet, wenn zwei beliebige sich schneidende Geraden des Körpers in allen Lagen parallel bleiben. In anderen Fällen liegen alle Punkte eines bewegten Körpers, mit Ausnahme der auf einer einzigen Geraden, der Drehachse, befindlichen, auf kreisförmigen, wenn auch verschiedenen

Bahnen; der Körper macht eine Drehbewegung. Es ist jedoch nicht nötig, daß die Drehachse im Körper eine unveränderliche Lage hat, sie kann sich vielmehr unter Umständen darin verschieben oder drehen. Auch sonst können die beiden beschriebenen Arten der Bewegung gleichzeitig vorkommen; die entstehende Gesamtbewegung des Körpers wird als Schraubung bezeichnet.

Gemessen werden die Wege in dem Längenmaß Meter (m) bzw. seinen Vielfachen oder auch Unterteilen, wenn man dadurch bequeme Zahlengrößen erhält (Bd. I, S. 1).

Durch die Bahnlinie ist die Bewegung des Körpers oder eines seiner Punkte noch nicht ausreichend bestimmt; es muß auch die Richtung in der Bahn angegeben werden. Denn es besteht ein wesentlicher Unterschied, ob ein Körper in Punkt C die Bahnlinie der Fig. 1 von dem Punkt A nach dem Punkt B durchläuft oder umgekehrt. Bezeichnet man willkürlich die Richtung AB als positiv, so ist die Richtung BA als negativ zu rechnen.

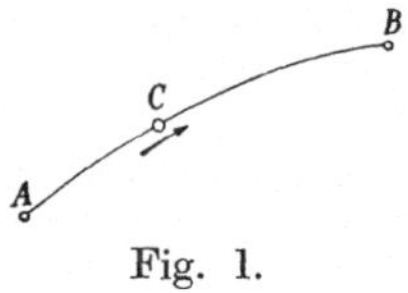

Fig. 1.

Zur vollständigen Beschreibung der Bewegung ist ferner noch ihre Abhängigkeit von der Zeit anzugeben. Zu jeder Bewegung ist Zeit erforderlich. Der Ablauf der Zeit hat nur eine Richtung. Natürlich können von dem gegenwärtigen Zeitpunkt aus vergangene und zukünftige Zeiten unterschieden werden.

Das Grundmaß der Zeit ist der Tag, diejenige Zeit, die die Erde zu einer einmaligen Umdrehung um ihre Achse braucht. Der Tag wird eingeteilt in 24 Stunden (st), die Stunde in 60 Minuten (min), die Minute in 60 Sekunden (sk). In der Mechanik ist die Sekunde die gebräuchliche Einheit.

$$
\begin{aligned}
1 \text{ st} &= 60 \cdot 60 = 3600 \text{ sk},\\
1 \text{ Tag} &= 24 \cdot 60 = 1440 \text{ min},\\
&= 1440 \cdot 60 = 86\,400 \text{ sk}.
\end{aligned}
$$

Da der Schwerpunkt der Erde sich in einer elliptischen Bahn um die Sonne bewegt, so ergibt sich für den Ablauf eines Tages das Bild der Fig. 2: Die Erde hat sich an einem Sonnentag um mehr als 360° gedreht. Nun sind die Sonnentage je nach der Stellung der Erde in ihrer Bahn noch verschieden lang (der größte Unterschied beträgt etwa 1 min), so daß man der obigen Erklärung den mittleren Sonnentag zugrunde legt, um sich dem gleichförmigen Gang der Uhren anzupassen. Wird die Drehung der Erde, statt auf den Mittelpunkt der Sonne, auf einen sehr weit entfernten Fixstern bezogen, so erhält man den stets gleichen Sterntag von nur 86164,1 sk Dauer. Eine Uhr geht also richtig, wenn sie in einem Sterntage 86164,1 sk anzeigt. Bemerkt sei, daß die Astronomen auch den Sterntag in 86400 sk teilen, also ein anderes Maß der Sekunde benutzen als die übrigen Wissenschaften.

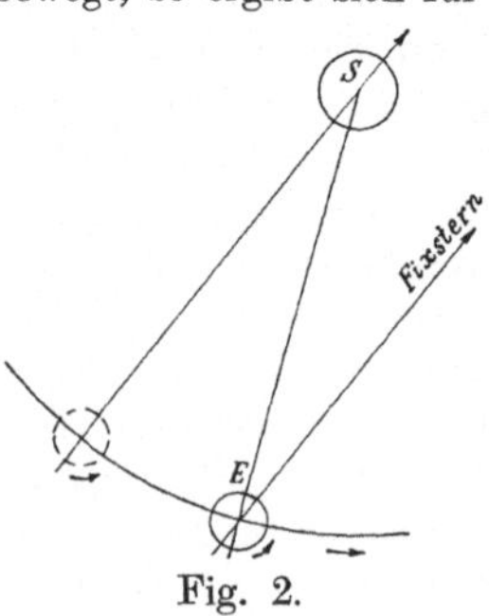

Fig. 2.

Man kann die etwa bei einer Wettfahrt von den auf der Strecke verteilten Beobachtern festgestellten Zeiten neben den Ortspunkten der Beobachtung einschreiben und erhält so eine Darstellung des Verlaufes der Fahrt eines Wagens (Fig. 3), die jedoch gänzlich unübersichtlich ist. Der Verlauf wird anschaulich dargestellt, wenn man auf einer Achse die Zeiten t und senkrecht dazu die zurückgelegten Wege s

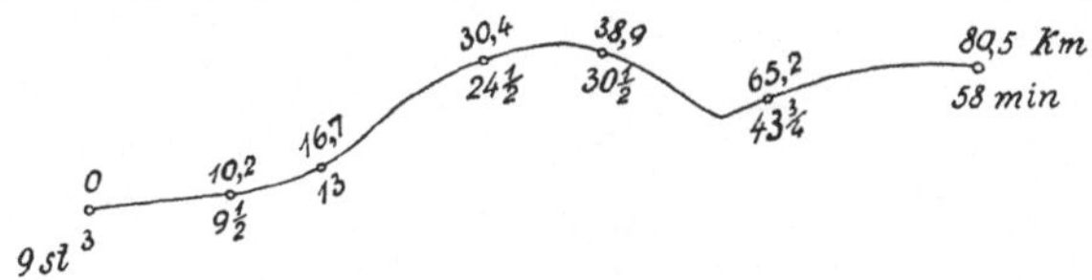

Fig. 3.

aufträgt (Fig. 4). Der so erhaltene gebrochene Linienzug geht bei hinreichend kleinen Zeitabschnitten in die Zeit-Wegkurve über, die das Gesetz der Bewegung angibt.

Beispiel 1. Aus den Angaben der Fig. 3 ist die Fig. 4 entstanden durch Auftragung der Zeiten im Maßstabe 1 min = 0,78 mm und der Wege im Maßstabe 1 km = 0,395 mm. Die Maßstäbe, die man der unbequemen Auftragung wegen nicht wählen würde, sind durch die Verkleinerung der ursprünglichen Figur entstanden.

Man bemerkt sofort, daß die Fahrt in der fünften Teilstrecke am schnellsten erfolgte, denn dort ist der Linienzug am steilsten, dagegen am langsamsten in der sechsten Teilstrecke, wo der Linienzug am flachsten verläuft.

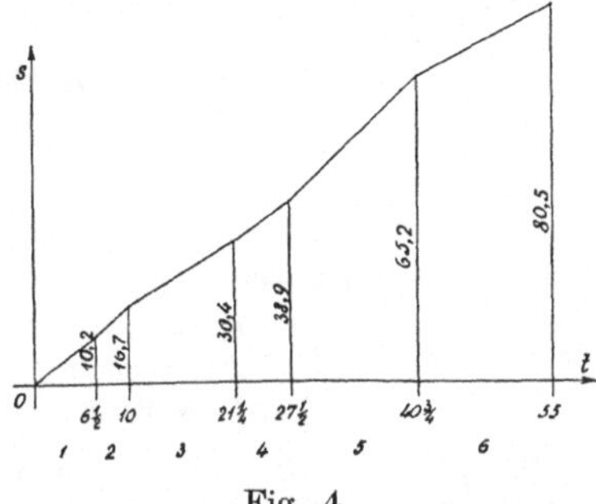

Fig. 4.

2. Die gleichförmige Bewegung.

Der einfachste Fall der Bewegung ist der, daß die Zeit-Weglinie eine Gerade ist.

Die Fig. 5 ergibt dann

$$\frac{s}{t} = \frac{ds}{dt} = \operatorname{tg}\alpha = v\,. \qquad (1)$$

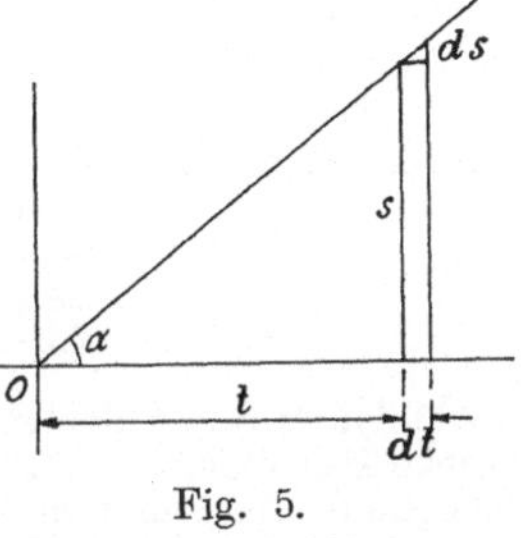

Fig. 5.

Das Verhältnis von Weg und zugehöriger Zeit ist stets dasselbe. Es heißt die **Geschwindigkeit** des betreffenden Körpers oder Punktes; sie wird gemessen in m/sk. Die dargestellte Bewegung wird als gleichförmige bezeichnet.

Beispiel 2. Ein Fußgänger macht in der Sekunde 2 Schritte von durchschnittlich 0,8 m Länge. Wieviel km legt er in der Stunde zurück?

Die Ganggeschwindigkeit beträgt

$$v = \frac{2 \cdot 0{,}8}{1} = 1{,}6 \text{ m/sk}.$$

Nun ist

$$v \text{ m/sk} = \frac{v}{1000} : \frac{1}{3600} \text{ km/st},$$

also

$$V = 3{,}6 \cdot v \text{ km/st} \qquad (2\text{a})$$
$$= 3{,}6 \cdot 1{,}6 = 5{,}76 \text{ km/st}.$$

Beispiel 3. Ein Pferd legt durchschnittlich im Schritt am Lastwagen 1 m/sk zurück, unter dem Reiter $1\frac{2}{3}$ m/sk, im Mitteltrab etwa 4 m/sk, im Galopp rund $6\frac{2}{3}$ m/sk. Anzugeben ist die Anzahl km, die in jedem Fall in 15 min zurückgelegt werden.

Es ist

$$v \text{ m/sk} = \frac{v}{1000} : \frac{1}{60} \text{ km/min},$$

also

$$V' = 0{,}06 \cdot v \text{ km/min}. \tag{3}$$

Damit erhält man aus $s = v \cdot t$ (Formel 1) für

Schritt am Lastwagen:	$s = 15 \cdot 0{,}06 \cdot 1$	$= 0{,}9$ km,
„ unter dem Reiter:	$s = 0{,}9 \cdot {}^5/_3$	$= 1{,}5$ „ ,
Mitteltrab:	$s = 0{,}9 \cdot 4$	$= 3{,}6$ „ ,
Galopp:	$s = 0{,}9 \cdot {}^{20}/_3$	$= 6{,}0$ „ .

Beispiel 4. Die Fahrtgeschwindigkeit eines Güterzuges beträgt etwa $V = 30 \div 40$ km/st, die eines Personenzuges schwankt zwischen 45 bis 65 km/st, die eines Schnellzuges zwischen 70 bis 90 km/st. Anzugeben ist die Geschwindigkeit in m/sk.

Es ist

$$v = \frac{1000}{3600} \cdot V = 0{,}278 \cdot V \text{ m/sk}. \tag{2b}$$

Demgemäß ist für den

Güterzug:	$v = 8{,}3 \div 11{,}1$ m/sk,
Personenzug:	$v = 12{,}5 \div 18{,}1$ „
Schnellzug:	$v = 19{,}5 \div 25{,}0$ „

Beispiel 5. Die Fahrtgeschwindigkeit eines Postdampfers beträgt $V_1 = 12 \div 15$ Seemeilen/st, die eines Schnelldampfers $16 \div 24$ Seemeilen/st (die höheren Zahlen gelten fast ausschließlich für die Fahrt nach Nordamerika). Ein Linienschiff macht $16 \div 22$ Seemeilen/st, ein Torpedoboot $30 \div 35$ Seemeilen/st. Anzugeben ist die Geschwindigkeit in m/sk.

Es ist

$$v = \frac{1852}{3600} \cdot V_1 = 0{,}514 \cdot V_1 \text{ m/sk}. \tag{4}$$

Man erhält so für

Postdampfer:	$v = 6{,}2 \div 7{,}7$ m/sk,
Schnelldampfer:	$v = 8{,}2 \div 12{,}3$ „ ,
Linienschiff:	$v = 8{,}2 \div 11{,}3$ „ ,
Torpedoboot:	$v = 15{,}4 \div 18{,}0$ „ .

Beispiel 6. In den für den inneren Dienst hauptsächlich benutzten zeichnerischen Fahrplänen der Eisenbahn, wovon Fig. 6 einen auf die Hälfte verkleinerten Ausschnitt gibt, sind die Achsen gegenüber der Fig. 5 um 90° gedreht derart, daß die s-Achse wagerecht liegt und die t-Achse senkrecht nach unten geht. Die nach rechts fallenden Linien stellen somit die Züge dar, die von Fürstenwalde nach Frankfurt a. O. fahren, die nach links fallenden Linien die der umgekehrten Richtung. Die Doppellinien sind Schnell- und Personenzüge, die stark ausgezogenen ebenfalls Personenzüge, die übrigen Güterzüge, die in Wirklichkeit blau eingetragen sind, die gestrichelten Linien sind Bedarfszüge. Über dem eigentlichen Fahrplan befindet sich eine Zusammenstellung der Stationsabstände bzw. der Lage der Stationen vom Anfang der Bahnstrecke an gerechnet, ferner ein Längsprofil, eine Angabe der stärkeren Krümmungen der Bahnlinie und Skizzen der einzelnen Bahnhöfe, die hier nicht wiedergegeben sind.

Der besseren Übersichtlichkeit halber bringt der Ausschnitt die Nachtzeiten mit geringem Verkehr.

34,01
7,27
7,99
5,09
3,24
4,19
6,23
4,11
47,29
51,21
54,56
62,55
67,64
70,88
75,07
81,30
85,41
Fürstenwalde
Blockst. W.B.50
Berkenbrück
Briesen i.M.
Jacobsdorf
Pillgram
Rosengarten
Frankfurt a.O.
Buschmühle
12
1
2
3
4
5
6

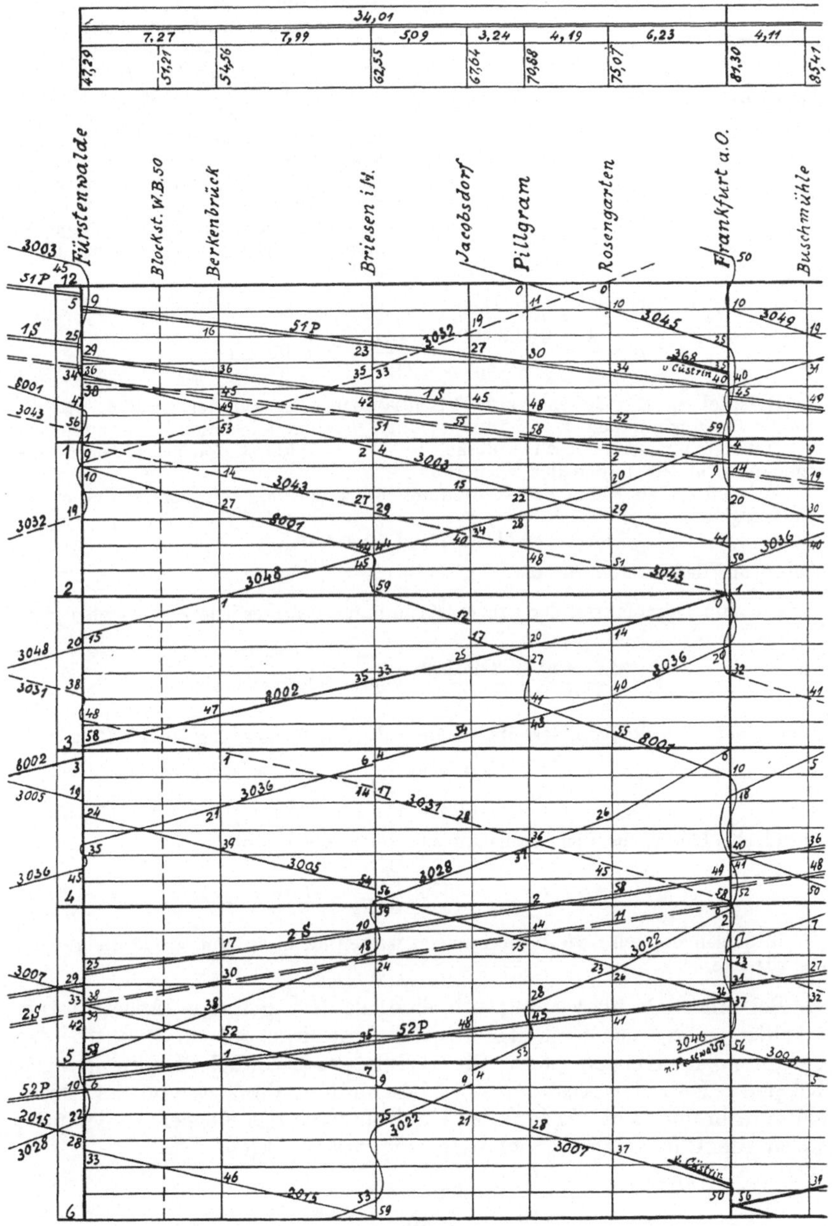

Fig. 6.

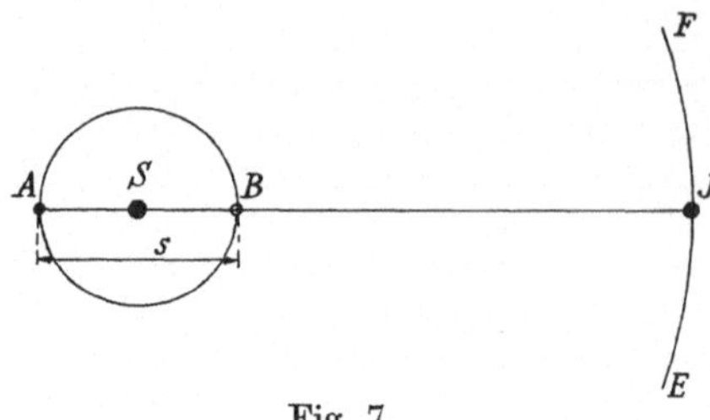

Fig. 7.

Beispiel 7. Bezeichnet in Fig. 7 S die Sonne, der Kreis AB die Erdbahn und EF ein Stück der Jupiterbahn, so werden die Verfinsterungen der Jupitermonde 8,3 min früher beobachtet, als die Berechnung aus der mittleren Umlaufzeit ergibt, wenn die Erde sich in B befindet, dagegen 8,3 min später, wenn die Erde in A steht. Der mittlere Durchmesser AB der Erdbahn beträgt 40 280 000 geographische Meilen. Zu berechnen ist hieraus die Geschwindigkeit des Lichtes[1]).

Man erhält aus Gleichung (1)

$$v = \frac{s}{t} = \frac{40\,280\,000}{2 \cdot 8{,}3} \cdot \frac{7{,}420}{60} \sim 300\,000 \text{ km/sk.}$$

Beispiel 8. Ein 200 m langer Eisenbahnzug, der auf der geraden Strecke mit der Geschwindigkeit $V = 55$ km/st fährt, verringert in einer Krümmung von $s = 500$ m Länge seine Geschwindigkeit auf $V' = 25$ km/st. Zu berechnen ist die sogenannte ideelle Länge der Krümmung.

Auf den ersten 200 m der Krümmung fährt der Zug mit der mittleren Geschwindigkeit

$$\tfrac{1}{2} \cdot (V + V') = 40 \text{ km/st,}$$

ebenso auf den letzten 200 m.

Die zum Durchfahren der ganzen Krümmung erforderliche Zeit ist also nach Formel (1) und (2a)

$$t = \frac{3{,}6 \cdot 400}{40} + \frac{3{,}6 \cdot 100}{25} = 36 + 14{,}4 = 50{,}4 \text{ sk.}$$

Eine gerade Strecke von derselben Länge durchläuft der Zug in der Zeit

$$t_0 = \frac{3{,}6 \cdot 500}{55} = 32{,}7 \text{ sk.}$$

Die ideelle Länge, die dem Fahrplan zugrunde gelegt werden muß, ist somit

$$s' = s \cdot \frac{t}{t_0} = 500 \cdot \frac{50{,}4}{32{,}7} \sim 770 \text{ m.}$$

In derselben Weise wie Krümmungen wirken auch einzelne große Steigungen der Strecke.

Bei einer Drehbewegung um eine als fest geltende Achse unterscheidet man die Umlaufgeschwindigkeit irgendeines Punktes des betreffenden Körpers und die Winkelgeschwindigkeit des ganzen Körpers. Ist r der Abstand eines bestimmten Punktes von der Drehachse in m und n die Anzahl der Umdrehungen des Körpers in der min, so ist die Umlaufgeschwindigkeit des Punktes

$$v = \frac{2\pi \cdot r \cdot n}{60} \text{ m/sk.} \tag{5}$$

[1]) Römer, 1675.

Die Winkelgeschwindigkeit ermittelt sich, da der bei einer Umdrehung zurückgelegte Bogen 2π ist, der ebenso wie der Sinus oder Kosinus usw. eine unbenannte Zahl ist, zu

$$\omega = \frac{2\pi \cdot n}{60}\, 1/\text{sk}. \tag{6}$$

Es besteht somit der Zusammenhang

$$v = r \cdot \omega\,.. \tag{7}$$

Beispiel 9. Das Schwungrad einer Dampfmaschine hat den Durchmesser $D = 3{,}75$ m und macht $n = 120$ Umdr/min. Anzugeben ist seine Umfangs- und Winkelgeschwindigkeit.

Man erhält aus Formel (5) die Umfangsgeschwindigkeit

$$v = \frac{\pi \cdot D \cdot n}{60} = \frac{\pi \cdot 3{,}75 \cdot 120}{60} = 23{,}56 \text{ m/sk}$$

und aus Formel (7) die Winkelgeschwindigkeit

$$\omega = \frac{v}{r} = \frac{23{,}56 \cdot 2}{3{,}75} = 12{,}56 \text{ 1/sk}.$$

Beispiel 10. Der Anker einer Dynamomaschine von $D = 70$ cm Durchmesser soll höchstens $v = 25$ m/sk Umfangsgeschwindigkeit haben. Anzugeben ist die Umdrehungszahl in der Minute, mit der er laufen darf.

Aus Formel (5) erhält man

$$n = \frac{60 \cdot v}{\pi \cdot D} = \frac{60 \cdot 25}{\pi \cdot 0{,}70} \sim 680 \text{ Umdr/min}.$$

Beispiel 11. Die Treibräder einer Lokomotive, deren Höchstgeschwindigkeit $V = 90$ km/st beträgt, haben $D = 2{,}10$ m Durchmesser, die Laufräder $D' = 1{,}00$ m. Anzugeben ist die Anzahl der Umdr/min.

Man entnimmt dem Beispiel 4 $v = 25$ m/sk als Umfangsgeschwindigkeit der Räder und erhält dann aus Formel (5) für die Treibräder

$$n = \frac{60 \cdot v}{\pi \cdot D} = \frac{60 \cdot 25}{\pi \cdot 2{,}10} = 227 \text{ Umdr/min}.$$

Für die Laufräder ergibt sich

$$n' = n \cdot \frac{D}{D'} = 227 \cdot \frac{2{,}1}{1{,}0} = 477 \text{ Umdr/min}.$$

Beispiel 12. Für eine Gasmaschine vom Kolbendurchmesser $D = 30$ cm und dem Kolbenhub $s = 45$ cm, die mit $n = 200$ Umdr/min umläuft, ist der Durchmesser d und der größte Hub h des Einlaßventils anzugeben.

Die größte Geschwindigkeit des Kolbens ist gleich der Kurbelgeschwindigkeit, also

$$v = \frac{\pi \cdot s \cdot n}{60} = \frac{\pi \cdot 0{,}45 \cdot 200}{60} = 4{,}72 \text{ m/sk}.$$

Die Höchstgeschwindigkeit des Gas-Luftstromes im Ventilrohransatz und beim Durchströmen durch den Sitz des glatten Tellerventils wird im allgemeinen zu $c = 55 \div 60$ m/sk festgesetzt. Dann gilt der Zusammenhang

$$\frac{\pi}{4} \cdot D^2 \cdot v = \frac{\pi}{4} \cdot d^2 \cdot \zeta \cdot c = \pi \cdot d \cdot h \cdot c\,,$$

worin $\zeta \sim 0{,}90$ bei mittleren Ausführungen angibt, um wieviel die Ventilnuß den Rohrquerschnitt verkleinert.

Man erhält so

$$d = D \cdot \sqrt{\frac{v}{\zeta \cdot c}} = 30 \cdot \sqrt{\frac{4,72}{0,90 \cdot 55}} = 9,25 \sim 9,5 \text{ cm}$$

und

$$h = \frac{\zeta}{4} \cdot d = \frac{0,90 \cdot 9,25}{4} = 2,08 \sim 2,1 \text{ cm}.$$

Beispiel 13. Für eine Verbund-Dampfmaschine vom Durchmesser $D_1 = 33$ cm des Hochdruckzylinders und $D_2 = 60$ cm des Niederdruckzylinders und dem Hub $s = 66$ cm, die mit $n = 105$ Umdr/min umläuft, sind die Durchmesser d und Hübe h der Steuerungsventile zu berechnen.

Die größte Kolbengeschwindigkeit stimmt mit der der Kurbel überein:

$$v = \frac{\pi \cdot s \cdot n}{60} = \frac{\pi \cdot 0,66 \cdot 105}{60} = 3,63 \text{ m/sk}.$$

Da die Drosselung des Dampfes um so eher eintritt, je dichter er ist, so wählt man als übliche Höchstgeschwindigkeiten beim Durchströmen durch die Ventile für gesättigten Dampf[2]) in den

Einlaßventilen	der	Hochdruckzylinder	$c = 35$	m/sk,
Auslaß-	„	„ „	$c = 30$	„
Einlaß-	„	„ Niederdruckzylinder	$c = 40$	„
Auslaß-	„	„ „	$c = 35$	„

und für überhitzten Dampf $c = 60$ m/sk. Allerdings erhöht man häufig genug die angegebenen Werte bis auf das 1,5fache, um geringere Ventilabmessungen zu erhalten, muß dann aber auch Drosselungsverluste mitnehmen.

Es gilt nun für die Doppelsitzventile der Zusammenhang

$$\frac{\pi}{4} \cdot D^2 \cdot v = \frac{\pi}{4} \cdot d^2 \cdot \zeta_1 \cdot c = \pi \cdot d \cdot 2h \cdot \zeta_2 \cdot c,$$

worin $\zeta_1 = 0,65 \div 0,80$ die Verringerung des Rohrquerschnittes durch den Ventilkörper, die Nabe und Rippen angibt und $\zeta_2 = 0,70 \div 0,85$ die Verringerung des seitlichen Durchströmungsquerschnittes durch die Rippen des Einlaßventilkörpers, die beim Auslaßventil nur etwa halb so groß ist: $\zeta_2 = 0,80 \div 0,90$.

Damit ergibt sich

$$d = D \cdot \sqrt{\frac{v}{\zeta_1 \cdot c}} \quad \text{und} \quad h = \frac{d}{8} \cdot \frac{\zeta_1}{\zeta_2}.$$

Es ist somit für den Hochdruckzylinder

Einlaßventil: $$d = 33 \cdot \sqrt{\frac{3,63}{0,70 \cdot 35}} = 12,7 \text{ cm},$$

$$h = \frac{12,7}{8} \cdot \frac{0,70}{0,75} = 1,5 \text{ cm};$$

Auslaßventil: $$d = 33 \cdot \sqrt{\frac{3,63}{0,70 \cdot 30}} = 13,7 \text{ cm},$$

$$h = \frac{13,7}{8} \cdot \frac{0,70}{0,80} = 1,5 \text{ cm};$$

für den Niederdruckzylinder

Einlaßventil: $$d = 60 \cdot \sqrt{\frac{3,63}{0,75 \cdot 40}} = 20,9 \text{ cm},$$

$$h = \frac{20,9}{8} \cdot \frac{0,75}{0,80} = 2,45 \text{ cm};$$

[2]) Z. B. Dubbel, Entwerfen und Berechnen der Dampfmaschinen. 1905.

$$\text{Auslaßventil:}\quad d = 60 \cdot \sqrt{\frac{3{,}63}{0{,}75 \cdot 35}} = 22{,}3 \text{ cm},$$

$$h = \frac{22{,}3}{8} \cdot \frac{0{,}75}{0{,}85} = 2{,}45 \text{ cm}.$$

Da die Dampfmaschinenventile oder -schieber sich schließen, während der Kolben in Bewegung ist, so ist eine gewisse Drosselung des Dampfes beim Abschluß unvermeidlich.

Beispiel 14. Die Winkelgeschwindigkeit der Trommel einer Dampfturbine mit verschieden großen Durchmessern soll $\omega = 314$ 1/sk betragen. Mit wieviel Umdr/min muß sie laufen?

Man erhält aus Formel (6)

$$n = \frac{60 \cdot \omega}{2\pi} = \frac{60 \cdot 314}{2 \cdot \pi} = 3000 \text{ Umdr/min}.$$

Die Formel (1) liefert bei gegebener Geschwindigkeit v und gegebener Zeit t den Weg $s = v \cdot t$. Trägt man wieder die Zeiten auf einer Achse auf und senkrecht dazu die gleichbleibende Geschwindigkeit v, so entsteht das Rechteck der Fig. 8, dessen Inhalt den Weg s veranschaulicht.

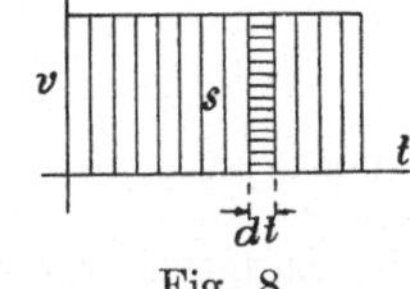

Fig. 8.

Bisweilen ersetzt man überschlägig eine ungleichförmige Bewegung durch eine gleichförmige, wie z. B. im Fall der Fig. 2, und rechnet mit einer Durchschnitts- oder mittleren Geschwindigkeit v_m auf dem betreffenden Wege.

Beispiel 15. Eine Dampfmaschine vom Kolbenhub $s = 75$ cm macht $n = 120$ Umdr/min. Anzugeben ist die mittlere Kolbengeschwindigkeit.

Die Anzahl der Hübe in der Minute ist $2 \cdot n$, die Anzahl in der Sekunde $\frac{2 \cdot n}{60}$, also die Zeit zu einem Hub $t = \frac{60}{2 \cdot n}$ sk. Damit ergibt die Formel (1)

$$v_m = \frac{s}{t} = \frac{2 \cdot n \cdot s}{60} = \frac{2 \cdot 120 \cdot 0{,}75}{60} = 3{,}0 \text{ m/sk}.$$

3. Die gleichförmig veränderte Bewegung.

Bei einer ungleichförmig verlaufenden Bewegung ist die in irgendeinem sehr kleinen Zeitteilchen dt vorhandene Geschwindigkeit gegeben durch

$$v = \frac{ds}{dt} \text{ m/sk}, \qquad (1)$$

wenn ds wieder das zugehörige Wegstückchen bedeutet.

Der einfachste Fall ist nun der, daß die Geschwindigkeit gleichförmig zu- oder abnimmt (Fig. 9), also durch eine geneigte gerade Linie dargestellt wird. Auch hier ist der Weg wieder durch den Inhalt der von der Zeitachse und der

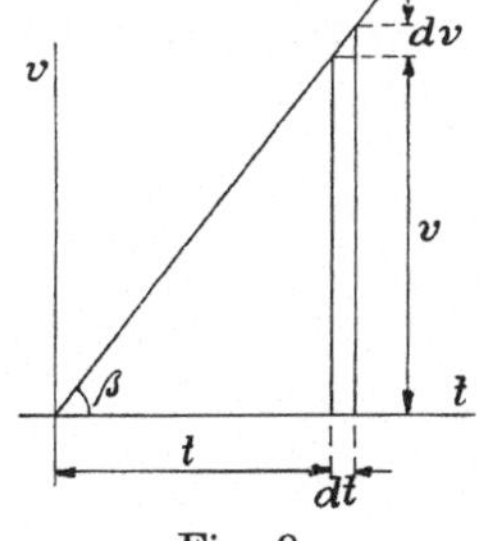

Fig. 9.

Geschwindigkeitslinie eingeschlossenen Fläche gegeben, und man erhält sofort

$$s = \tfrac{1}{2} \cdot v \cdot t\,, \tag{8}$$

wenn v die erreichte Endgeschwindigkeit bedeutet und t die vom Anfang der Bewegung bis zu dem betreffenden Augenblick gebrauchte Zeit.

Man entnimmt der Fig. 9 ferner

$$\frac{dv}{dt} = \operatorname{tg}\beta = p \text{ m/sk : sk}, \tag{9}$$

das in m/sk² gemessene Verhältnis der Geschwindigkeitsänderung zu der dazu gebrauchten Zeit ist unveränderlich. Es heißt die **Beschleunigung** bzw. die **Verzögerung**, je nachdem die Geschwindigkeit zunimmt oder abnimmt.

Schreibt man die Gleichung (9) in der Form

$$dv = p \cdot dt\,,$$

so liefert die Summierung zwischen den Grenzen 0 und t

$$\int_0^v dv = p \cdot \int_0^t dt$$

oder

$$v = p \cdot t\,, \tag{10}$$

die Endgeschwindigkeit entspricht der zugehörigen Zeit.

Setzt man diesen Wert in die Gleichung (8) ein, so folgt

$$s = \tfrac{1}{2} \cdot p \cdot t^2\,. \tag{8a}$$

Die Zeit-Wegkurve ist demnach eine Parabel. Wird t aus Gleichung (10) ausgerechnet und in die Formel (8) eingesetzt, so wird

$$s = \frac{v^2}{2 \cdot p}\,. \tag{8b}$$

Aus der letzteren Gleichung erhält man umgekehrt

$$v = \sqrt{2 \cdot p \cdot s}\,, \tag{10a}$$

$$t = \sqrt{\frac{2 \cdot s}{p}}\,. \tag{10b}$$

Setzt man in Gleichung (9) die Gleichung (1) ein, so wird

$$p = \frac{d\dfrac{ds}{dt}}{dt} \tag{9a}$$

oder abkürzungsweise geschrieben

$$p = \frac{d^2 s}{dt^2}\,. \tag{9b}$$

Für die Berechnung ist immer auf die erste Schreibung zurückzugreifen.

Beispiel 16. Beim freien Fall im luftleeren Raum[3]) ist die durch die Anziehungskraft der Erde hervorgerufene Beschleunigung auf dem 50. Breitengrad in Höhe des Meeresspiegels

$$g = 9{,}81\ \mathrm{m/sk^2}, \qquad \frac{1}{g} \sim 0{,}102\ \mathrm{sk^2/m}.$$

Mit diesen Werten wird in Mitteleuropa allgemein gerechnet. Genau[4]) ist auf der geographischen Breite φ in der Höhe h m über dem Meeresspiegel

$$g = 9{,}80617 \cdot (1 - 0{,}002644 \cos 2\varphi + 0{,}000007 \cdot \cos^2 2\varphi) - 0{,}0003086 \cdot \frac{h}{1000}\ \mathrm{m/sk^2}.$$

Bei nicht zu großen Geschwindigkeiten und im Verhältnis zum Gewicht des Körpers kleiner Querschnittsfläche gilt der Wert auch für den Fall in der Luft. Beträgt die Fallhöhe etwa $s = 25{,}0$ m, so wird gemäß Formel (10a) die Endgeschwindigkeit

$$v = \sqrt{2 \cdot 9{,}81 \cdot 25{,}0} = 22{,}16\ \mathrm{m/sk}$$

und gemäß Formel (10b) die Fallzeit

$$t = \sqrt{\frac{2 \cdot 25{,}0}{9{,}81}} = 2{,}26\ \mathrm{sk}.$$

Ist die Endgeschwindigkeit $v = 25{,}0$ m/sk gegeben, so ergibt Formel (8b) den Fallweg

$$s = \frac{25{,}0^2}{2 \cdot 9{,}81} = 31{,}87\ \mathrm{m},$$

Formel (10) die Fallzeit

$$t = \frac{25{,}0}{9{,}81} = 2{,}55\ \mathrm{sk}.$$

Ist die Fallzeit $t = 2{,}5$ sk gegeben, so wird nach Formel (8a) die Fallhöhe

$$s = \tfrac{1}{2} \cdot 9{,}81 \cdot 2{,}5^2 = 30{,}66\ \mathrm{m},$$

nach Formel (10) die Endgeschwindigkeit

$$v = 9{,}81 \cdot 2{,}5 = 24{,}525\ \mathrm{m/sk}.$$

Geringfügige Unterschiede in der Zeitbestimmung ergeben schon bedeutende Abweichungen bei der Geschwindigkeit und dem Weg.

Beispiel 17. Eine dampfbetriebene Fördermaschine mit zwei zylindrischen Seiltrommeln hat für eine Förderung das Geschwindigkeitsdiagramm der Fig. 10 ergeben[5]). Anzugeben ist die Beschleunigung bzw. Verzögerung während der Fahrt und die Zeit-Wegkurve.

Man erhält aus Formel (10) die

$$\text{Beschleunigung} \quad p_1 = \frac{v_{\max}}{t_1} = \frac{19{,}2}{22} = 0{,}873\ \mathrm{m/sk^2},$$

$$\text{Verzögerung} \quad p_2 = \frac{v_{\max}}{t_2} = \frac{19{,}2}{30} = 0{,}640\ \mathrm{m/sk^2}.$$

Die Formel (8a) ergibt nach Ablauf der ersten 5 sk den Förderweg zu

$$s_5 = \tfrac{1}{2} \cdot 0{,}873 \cdot 5^2 = 10{,}9\ \mathrm{m}.$$

---

[3]) Galilei, Discorsi, 1638.

[4]) Helmert, Sitzber. der Akad. d. Wissensch. Berlin 1901.

[5]) Hoffmann, Z. d. V. d. I. 1904.

Die Fig. 10 zeigt, daß nach Ablauf weiterer 5 sk der Weg um das 3fache gestiegen ist, der nach Ablauf der ersten 15 sk um das 5fache, nach Ablauf der ersten 20 sk um das 7fache: Die Wege wachsen in gleichen Zeiten entsprechend den ungeraden Zahlen. Nach den ersten 22 sk ist der Weg

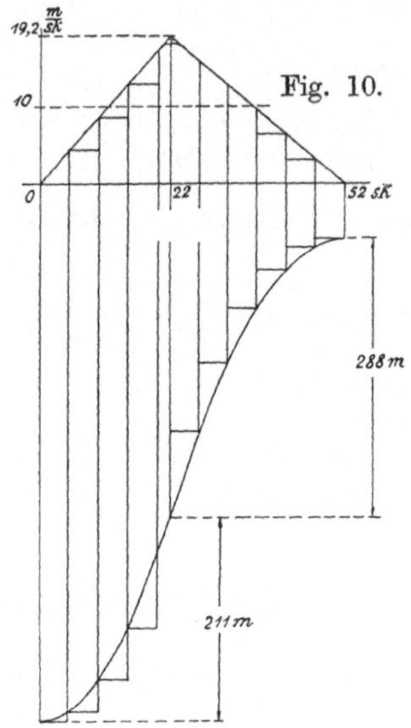

Fig. 10.

$$s_{22} = \tfrac{1}{2} \cdot 0{,}873 \cdot 22^2 = 211 \text{ m}$$

zurückgelegt worden. Damit ergibt sich der untere Zweig der Zeit-Wegkurve in Fig. 11.

Am Ende der Bewegung ist der Weg gestiegen um

$$s_{52} - s_{22} = \tfrac{1}{2} \cdot 0{,}640 \cdot 30^2 = 288 \text{ m}.$$

5 sk vorher war der Weg kleiner um den Betrag

$$s_5' = \tfrac{1}{2} \cdot 0{,}640 \cdot 5^2 = 8{,}0 \text{ m},$$

weitere 5 sk vorher um je das 3-, 5-, 7-, 9-, 11fache. Damit ist der Endpunkt der aus der Beschleunigung berechneten Anfangskurve der Fig. 11 erreicht.

Fig. 11.

Bei größeren Teufen arbeiten Dampffördermaschinen etwa nach dem Geschwindigkeitsdiagramm der Fig. 12[6]). Man erhält aus Formel (10) die Anfangsbeschleunigung

$$p_1 = \frac{24}{21{,}4} = 1{,}12 \text{ m/sk}^2$$

und die Endverzögerung

$$p_2 = \frac{24}{18{,}1} = 1{,}33 \text{ m/sk}^2.$$

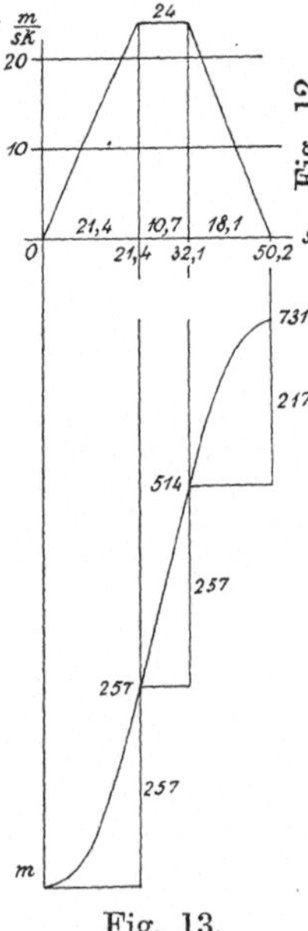

Fig. 12.

Fig. 13.

Damit ergibt Formel (8) den Beschleunigungsweg

$$s_1 = \tfrac{1}{2} \cdot 24 \cdot 21{,}4 = 257 \text{ m},$$

Formel (1) liefert den Weg der gleichförmigen Bewegung

$$s_0 = 24 \cdot 10{,}7 = 257 \text{ m},$$

und wieder Formel (8) den Verzögerungsweg

$$s_2 = \tfrac{1}{2} \cdot 24 \cdot 18{,}1 = 217 \text{ m}.$$

Daraus läßt sich wie oben das Zeit-Wegdiagramm der Fig. 13 zeichnen.

Die kleinen Abrundungen der Zeit-Geschwindigkeitslinie beim Übergang aus der einen Richtung in die andere bewirken, daß der Flächeninhalt der Kurve $s = 725$ m wird.

Beispiel 18. Bei der Berliner Stadtbahn ist der mittlere Bahnhofsabstand $s = 1135$ m, die größte Fahrtgeschwindigkeit der Züge beträgt $V = 50$ km/st, die mit der benutzten Bremse gut zu erzielende Verzögerung beträgt $p_2 = 0{,}6$ m/sk[7]). Anzugeben ist die Fahrtdauer t, wenn die mittlere Beschleunigung $p_1 = 0{,}3, 0{,}4, 0{,}5$ m/sk^2 beträgt.

Man erhält aus Formel (10) in Verbindung mit Formel (2b) die Anfahrzeit

[6]) Wallichs, Z. d. V. d. I. 1907.

[7]) Obergethmann, Z. d. V. d. I. 1913.

$$t_1 = \frac{0{,}278 \cdot V}{p_1} = 46{,}3\,, \quad 34{,}8\,, \quad 27{,}8 \text{ sk}$$

und entsprechend die Bremszeit

$$t_2 = \frac{0{,}278 \cdot 50}{0{,}6} = 23{,}2 \text{ sk.}$$

Die zugehörigen Wege sind nach Formel (8b)

$$s_1 = \frac{(0{,}278 \cdot V)^2}{2 \cdot p_1} = 332\,, \quad 241\,, \quad 193 \text{ m,}$$

$$s_2 = \frac{96{,}5}{0{,}6} = 161 \text{ m,}$$

so daß für die gleichförmige Zugbewegung übrigbleibt

$$s_0 = s - (s_1 + s_2) = 652\,, \quad 733\,, \quad 781 \text{ m,}$$

die die Zeit erfordert

$$t_0 = \frac{s_0}{0{,}278 \cdot V} = 46{,}9\,, \quad 52{,}8\,, \quad 56{,}2 \text{ sk.}$$

Die ganze Fahrtdauer beträgt demnach

$$t = t_1 + t_0 + t_2 = 116{,}4\,, \quad 110{,}8\,, \quad 107{,}2 \text{ sk,}$$

der die mittlere Fahrtgeschwindigkeit entspricht

$$v_m = \frac{s}{t} = 9{,}76\,, \quad 10{,}25\,, \quad 10{,}59 \text{ m/sk}$$

oder

$$V_m = 3{,}6 \cdot v_m = 35{,}1\,, \quad 36{,}9\,, \quad 38{,}1 \text{ km/st.}$$

Das Zeit-Geschwindigkeitsdiagramm für die mittlere Zahlenreihe stellt der ausgezogene Linienzug der Fig. 14 dar.

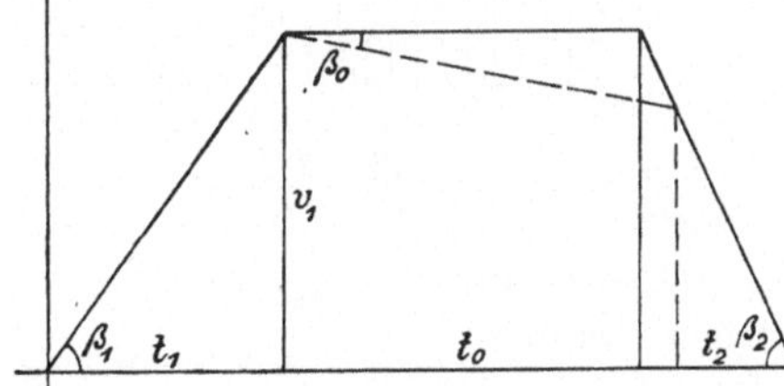

Fig. 14.

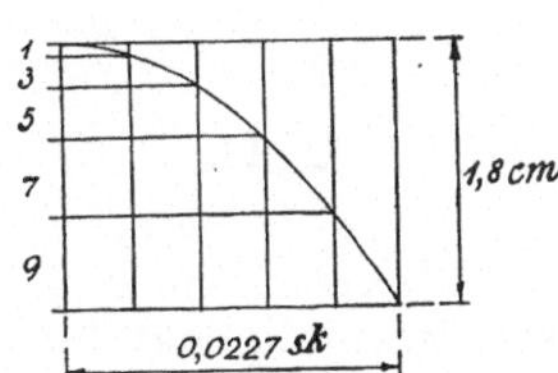

Fig. 15.

Beispiel 19. An einer Ventil-Dampfmaschine (vom Zylinderdurchmesser $D = 42$ cm und dem Hub $s = 75$ cm), die mit $n = 110$ Umdr/min läuft, hat das beim Abschluß frei fallende Dampfeinlaßventil bei der Füllung 40 v. H. des Hubes seinen Weg $h = 1{,}8$ cm in $\frac{1}{12}$ der für den Hub verfügbaren Zeit zurückzulegen. Anzugeben ist die Beschleunigung, die es erhalten muß.

Die für den Fall verfügbare Zeit ist

$$t = \frac{1}{12} \cdot \frac{60}{2 \cdot n} = \frac{2{,}5}{110} = 0{,}0227 \text{ sk,}$$

und die Gleichung (8a) ergibt damit die Beschleunigung

$$p = \frac{2 \cdot h}{t^2} = \frac{h \cdot n^2}{3{,}125} = \frac{0{,}018 \cdot 110^2}{3{,}125} = 69{,}6 \backsim 70 \text{ m/sk}^2.$$

Bei 20 v. H. Füllung ist der Ventilhub nur $h' = 1{,}45$ cm. Bei gleicher Beschleunigung ist dann die Fallzeit nach Formel (10b)

$$t' = \sqrt{\frac{2 \cdot h'}{p}} = \sqrt{\frac{2 \cdot 0{,}0145}{69{,}6}} = 0{,}0204 \text{ sk.}$$

Die für einen Hub verfügbare Zeit ist

$$t_0 = \frac{60}{2 \cdot n} = \frac{30}{110} = 0{,}273 \text{ sk,}$$

also

$$\frac{t'}{t_0} = \frac{1}{13{,}4}.$$

Teilt man die im Maßstab 1 cm = 0,01 sk aufgetragene Zeit in 5 gleiche Abschnitte und ebenso die in natürlicher Größe aufgetragene Fallhöhe in 25 gleiche Teile, so ergibt Fig. 15 die Zeit-Weglinie des Ventils als Parabel, die die Zeitachse tangiert.

Besitzt der betreffende Körper oder Punkt bereits eine bestimmte Geschwindigkeit v_0, ehe er die Beschleunigung p erfährt, so entsteht die Fig. 16, und man entnimmt ihr

$$v = v_0 + p \cdot t, \tag{11a}$$

$$s = v_0 \cdot t + \tfrac{1}{2} \cdot p \cdot t^2. \tag{12a}$$

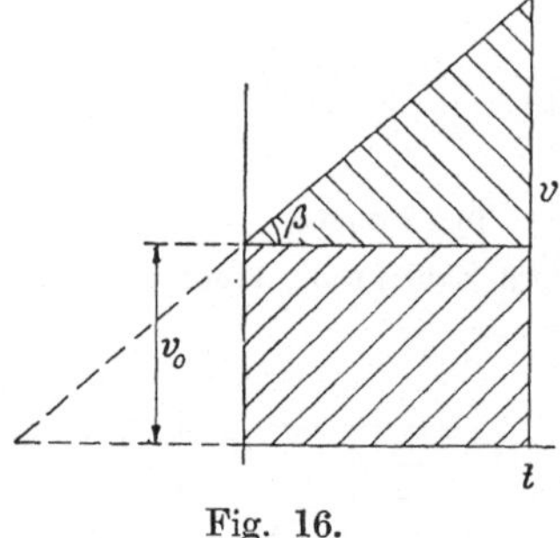

Fig. 16.

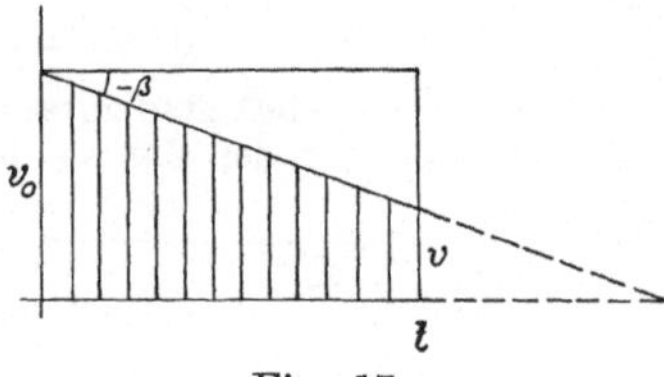

Fig. 17.

Andererseits kann nach der gestrichelten Fortsetzung der Fig. 16 über den Nullpunkt hinaus ausgedrückt werden

$$s = \frac{v^2}{2 \cdot p} - \frac{v_0^2}{2 \cdot p}. \tag{13a}$$

Ist p eine Verzögerung, so ist sie negativ einzusetzen, und es gilt die Darstellung der Fig. 17:

$$v = v_0 - p \cdot t, \tag{11b}$$

$$s = v_0 \cdot t - \tfrac{1}{2} \cdot p \cdot t^2, \tag{12b}$$

$$s = \frac{v_0^2}{2 \cdot p} - \frac{v^2}{2 \cdot p}. \tag{13b}$$

Beispiel 20. Ein Körper wird mit der Anfangsgeschwindigkeit $v_0 = 15$ m/sk lotrecht in die Höhe geworfen. Anzugeben ist die Steighöhe, sowie die Steig- und Fallzeit.

Der Körper steigt so lange, bis seine Geschwindigkeit $v = 0$ geworden ist. Hiernach ergibt die Gleichung (13b)

$$s = \frac{v_0^2}{2 \cdot p} - 0 = \frac{15^2}{2 \cdot 9{,}81} = 11{,}48 \text{ m}.$$

Die Gleichung entspricht der Formel (8b). Der Körper steigt also genau so hoch, wie er fallen muß, um die gegebene Geschwindigkeit zu erhalten. Hieraus folgt ferner, daß er wieder mit derselben Geschwindigkeit unten ankommt, mit der er hochgeworfen ist. Die Steigzeit ist also ebenfalls gleich der Fallzeit:

$$t = \frac{v}{p} = \frac{15}{9{,}81} = 1{,}53 \text{ sk}.$$

Beispiel 21. Läßt man in dem Beispiel 18 den Eisenbahnzug nach Erreichen der Höchstgeschwindigkeit $V = 50$ km/st mit der Verzögerung $p_0 = 0{,}05$ m/sk² auslaufen[8]), wie es die gestrichelte Linie der Fig. 14 angibt, so verkürzt sich der Bremsweg — der Flächeninhalt des Bremsdreieckes — recht erheblich.

Man erhält gemäß Formel (11b)

$$v_2 = v - p_0 \cdot t_0$$

und gemäß Formel (10)

$$v_2 = p_2 \cdot t_2 ,$$

also durch Gleichsetzen

$$v_1 - p_0 \cdot t_0 = p_2 \cdot t_2 ,$$

worin beide t unbekannt sind. Eine zweite Gleichung liefern die Formeln (12b) und (8a)

$$s - s_1 = v_1 \cdot t_0 - \tfrac{1}{2} \cdot p_0 \cdot t_0^2 + \tfrac{1}{2} \cdot p_2 \cdot t_2^2 .$$

Setzt man aus der ersten Gleichung den Wert

$$t_2 = \frac{v_1}{p_2} - \frac{p_0}{p_2} \cdot t_0$$

in die zweite Gleichung ein, so geht sie über in

$$t_0^2 - 2 \cdot t_0 \cdot \frac{v_1}{p_0} + \frac{s - s_1 - \dfrac{v_1^2}{2 \cdot p_2}}{\dfrac{1}{2} \cdot p_0 \cdot \left(1 - \dfrac{p_0}{p_2}\right)} = 0 ,$$

die ergibt

$$t_0 = \frac{v_1}{p_0} \cdot \left[1 - \sqrt{1 + \frac{1}{\dfrac{p_2}{p_0} - 1} - \frac{2 \cdot p_0 \cdot (s - s_1)}{v_1^2 \cdot \left(1 - \dfrac{p_0}{p_2}\right)}}\right].$$

Nur das negative Vorzeichen der Wurzel ist brauchbar.

Mit den Zahlenwerten des Beispiels 18 erhält man so

$$t_0 = \frac{0{,}278 \cdot 50}{0{,}05} \cdot \left[1 - \sqrt{1 + \frac{1}{\dfrac{0{,}60}{0{,}05} - 1} - \frac{2 \cdot 0{,}05 \cdot \begin{Bmatrix} 813 \\ 894 \\ 942 \end{Bmatrix}}{(0{,}278 \cdot 50)^2 \cdot \left(1 - \dfrac{0{,}05}{0{,}60}\right)}}\right] ,$$

also

$$t_0 = 57{,}2, \quad 65{,}1, \quad 70{,}1 \text{ sk}.$$

---

[8]) Pforr, Z. d. V. d. I. 1913.

Damit erhält man aus der ersten Gleichung

$$t_2 = \frac{v_1}{p_2} - \frac{p_0}{p_2} \cdot t_0 = \frac{0{,}278 \cdot 50}{0{,}60} - \frac{0{,}05}{0{,}60} \cdot \begin{Bmatrix} 57{,}2 \\ 65{,}1 \\ 70{,}1 \end{Bmatrix},$$

also

$$t_2 = 18{,}4, \qquad 17{,}8, \qquad 17{,}4 \text{ sk.}$$

Die Gesamtdauer der Fahrt beträgt dann

$$t = t_1 + t_0 + t_2 = 121{,}9, \qquad 117{,}7, \qquad 115{,}3 \text{ sk.}$$

Man erreicht also bei der Beschleunigung 0,5 m/sk² in diesem Fall eine noch um 1 sk kleinere Fahrzeit als bei voller Fahrt mit 50 km/st und der zur Zeit gebräuchlichen Beschleunigung 0,3 m/sk²; dabei hat sich jedoch der Bremsweg von 161 m auf

$$s_2 = \tfrac{1}{2} \cdot 0{,}6 \cdot 17{,}4^2 = 91 \text{ m}$$

verringert (vgl. Beispiel 102). Bemerkt sei, daß das Ergebnis sehr viel einfacher auf rein zeichnerischem Wege erhalten wird (Fig. 14).

Beispiel 22. Für Schnellzüge wird als Durchschnittsverzögerung [9]) bei Betriebsbremsung 0,50 m/sk² angesehen und bei Gefahrbremsung 0,75 m/sk; den genauen Verlauf gibt Fig. 26 an. Die Anfahrbeschleunigung dieser Züge wird i. M. zu 0,11 m/sk² angesetzt. Anzugeben ist der Zeitverlust, den ein Schnellzug durch den Aufenthalt von 1 min erfährt, wenn die Fahrtgeschwindigkeit auf der freien Strecke $V = 90$ km/st betragen kann.

Nach Beispiel 4 ist die volle Fahrtgeschwindigkeit $v = 25$ m/sk.

Die Anfahrzeit ist gemäß Formel (10)

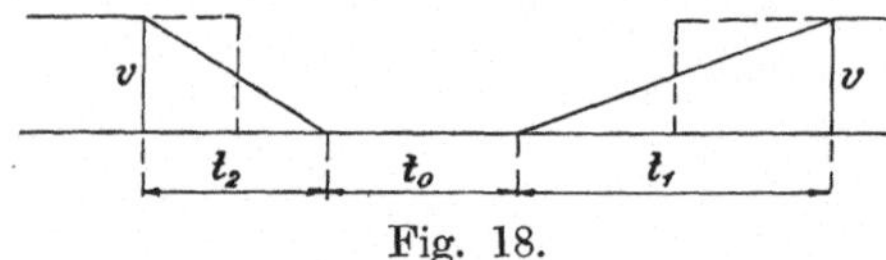

Fig. 18.

$$t_1 = \frac{v}{p_1} = \frac{25}{0{,}11} = 225 \text{ sk}$$

und die Bremszeit ebenso

$$t_2 = \frac{v}{p_2} = \frac{25}{0{,}5} = 50 \text{ sk.}$$

Aus der Auftragung der Fig. 18 ersieht man sofort, daß derselbe Bremsbzw. Anfahrweg bei unveränderter Geschwindigkeit v in der halben Zeit zurückgelegt wird. Damit ergibt sich der Zeitverlust zu

$$t = \tfrac{1}{2} \cdot t_2 + t_0 + \tfrac{1}{2} \cdot t_1 = 25 + 60 + 112{,}5 = 197{,}5 \text{ sk} \quad \text{oder} \quad t \sim 3\tfrac{1}{3} \text{ min.}$$

Bei einer Drehbewegung wird in Fig. 9 statt der Umlaufgeschwindigkeit v m/sk eines bestimmten Punktes des Körpers oft die Winkelgeschwindigkeit ω 1/sk des ganzen Körpers eingesetzt. Man erhält dann als den in einer bestimmten Zeit t sk zurückgelegten Bogen

$$\operatorname{arc} \alpha = \tfrac{1}{2} \cdot \omega \cdot t \tag{14}$$

und als Winkelbeschleunigung in 1/sk²

$$\varepsilon = \operatorname{tg} \beta = \frac{d\omega}{dt}. \tag{15a}$$

Auch hier kann abkürzungsweise geschrieben werden

$$\varepsilon = \frac{d \dfrac{d\alpha}{dt}}{dt} = \frac{d^2\alpha}{dt^2}. \tag{15b}$$

---

[9]) Martens, D. p. J. 1910.

Die Summierung der Gleichung (15a) zwischen den Grenzen 0 und t liefert

$$\omega = \varepsilon \cdot t\,. \tag{16}$$

Entsprechend der Gleichung (7) gilt für den Abstand r m von der Drehachse

$$p = r \cdot \varepsilon\,. \tag{17}$$

Beispiel 23. Die Welle einer Fördermaschine mit Bobinen, auf welchen sich die einzelnen Lagen der gurtähnlichen Flachseile übereinanderlegen, habe bei Vollfahrt die Winkelgeschwindigkeit $\omega = 5$ 1/sk. Die Bremsung bis zum Stillstand dauert $t = 23$ sk. Anzugeben ist die Winkelverzögerung und der dabei zurückgelegte Drehwinkel.

Man erhält aus Formel (16)

$$\varepsilon = \frac{\omega}{t} = \frac{5}{23} = 0{,}217 \text{ 1/sk}^2$$

und aus Formel (14)

$$\operatorname{arc}\alpha = \tfrac{1}{2} \cdot 5 \cdot 23 = 57{,}5\,,$$

das sind

$$z = \frac{57{,}5}{2 \cdot \pi} = 9{,}15 \text{ Umdr.}$$

4. Die Bewegung mit veränderlicher Beschleunigung.

In vielen Fällen wird die Zeit-Geschwindigkeitslinie sehr gut durch eine Parabel wiedergegeben[10]), deren Scheitelachse CB die erreichte Höchstgeschwindigkeit v ist (Fig. 19). Die an den Anfangspunkt A gezogene Tangente AD halbiert die Scheiteltangente CE, und das in D auf AD errichtete Lot geht durch den Brennpunkt F der Parabel. Er ist ja vom Scheitel C um den Halbparameter $\frac{1}{2}b$ der Parabel entfernt. Damit gilt für den Punkt A mit den Bezeichnungen der Fig. 19 die Parabelgleichung

$$t_1^2 = 2 \cdot b \cdot v_1\,. \tag{18}$$

Den ähnlichen Dreiecken DCF und AED entnimmt man

$$\frac{\frac{1}{2}b}{\frac{1}{2}t_1} = \frac{\frac{1}{2}t_1}{v_1} \quad \text{oder} \quad t_1^2 = 2 \cdot b \cdot v_1\,,$$

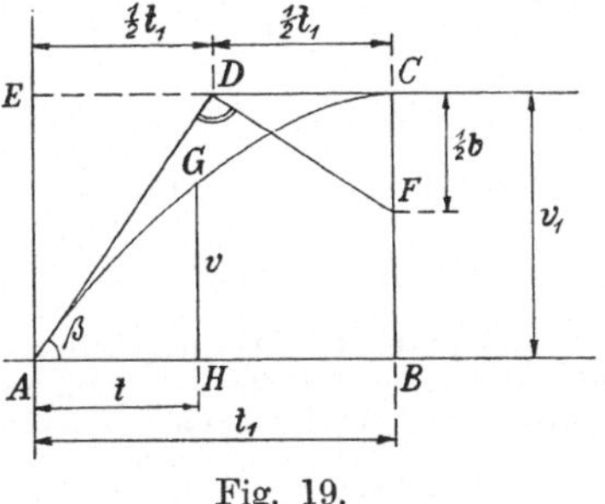

Fig. 19.

womit die Richtigkeit der angegebenen Zusammenhänge bewiesen ist.

Für einen beliebigen Punkt G der Geschwindigkeitsparabel erhält man

$$(t_1 - t)^2 = 2 \cdot b \cdot (v_1 - v)$$

---

[10]) Buff, Die Anwendungsmöglichkeiten des Drehstrom-Kollektormotors, 1913; Fritze, Z. d. V. d. I. 1914.

oder mit Benutzung von Gleichung (18)

$$(t_1 - t)^2 = \frac{t_1^2}{v_1} \cdot (v_1 - v) ,$$

woraus folgt

$$v = v_1 \cdot \left[2 \cdot \frac{t}{t_1} - \left(\frac{t}{t_1}\right)^2\right] . \tag{19}$$

Die größte Beschleunigung findet am Anfangspunkt A zur Zeit 0 statt:

$$p_{\max} = \operatorname{tg} \beta = \frac{v_1}{\frac{1}{2} \cdot t_1} = 2 \cdot \frac{v_1}{t_1} . \tag{20}$$

Die Beschleunigung an einer anderen Stelle G zur Zeit t ist nach Formel (9) $p = \frac{dv}{dt}$, wird also durch Differentiation von Gleichung (19) erhalten:

$$p = 2 \cdot \frac{v_1}{t_1} \cdot \left(1 - \frac{t}{t_1}\right) = p_{\max} \cdot \left(1 - \frac{t}{t_1}\right) , \tag{21}$$

sie wird demnach in Abhängigkeit von der Zeit durch eine geneigte Gerade dargestellt.

Der bis zu einer bestimmten Zeit t von 0 aus zurückgelegte Weg ist der Flächeninhalt AGH, also

$$s = \int_0^t v \cdot dt = v_1 \cdot \int_0^t \left[2 \frac{t}{t_1} - \left(\frac{t}{t_1}\right)^2\right] \cdot dt$$

oder

$$s = \frac{v_1}{t_1} t^2 \cdot \left(1 - \frac{1}{3} \cdot \frac{t}{t_1}\right) , \tag{22}$$

der für die ganze Anfahrzeit $t = t_1$ übergeht in

$$s_1 = \frac{2}{3} \cdot v_1 \cdot t_1 . \tag{22a}$$

Beispiel 24. Die parabelförmige Anfahrgeschwindigkeit trifft gut zu bei elektrisch angetriebenen Fördermaschinen mit Koepescheibe, während die Bremsgeschwindigkeit durch eine Gerade wiedergegeben wird[10]). Festgelegt sei

$t_1 = 29{,}2$ sk, $t_0 = 32{,}4$ sk, $t_2 = 19{,}4$ sk, $v = 13$ m/sk,

anzugeben sind die Beschleunigungen bzw. Verzögerungen und die zugehörigen Wege.

Man erhält aus Gleichung (20)

$$p_{1\max} = \frac{2 \cdot 13}{29{,}2} = 0{,}89 \text{ m/sk}^2,$$

ferner aus Gleichung (22a)

$$s_1 = \frac{2}{3} \cdot 13 \cdot 29{,}2 = 253{,}2 \text{ m}.$$

Teilt man die Anfahrzeit in 6 gleiche Teile, so ergibt sich dafür nach den Formeln (19), (21), (22) die folgende Zusammenstellung:

Teil	0	1	2	3	4	5	6	
$p =$	0,89	0,73	0,59	0,445	0,295	0,15	0	m/sk²,
$v =$	0	3,97	7,22	9,02	11,55	12,64	13,0	m/sk,
$s =$	0	9,96	37,5	79,2	131,3	190,5	253,2	m.

Die Auftragung der Werte in Abhängigkeit von der Zeit t zeigt die Fig. 20.

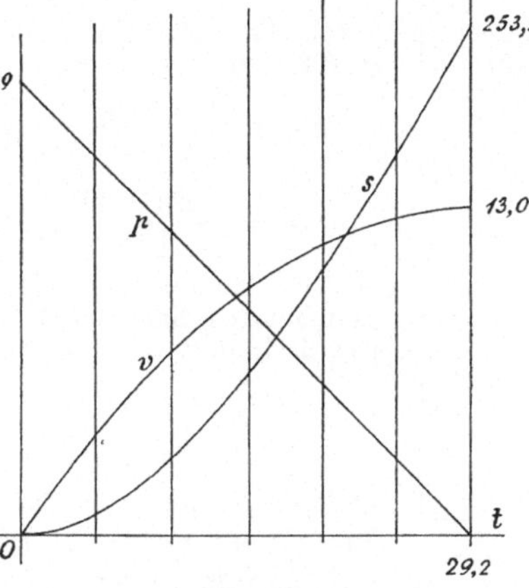

Fig. 20.

Für die Verzögerung ist nach den Formeln (10) und (8)

$$p_2 = \frac{13}{19,4} = 0,67 \text{ m/sk}^2,$$

$$s_2 = \tfrac{1}{2} \cdot 13 \cdot 19,4 = 126,1 \text{ m}.$$

Für die gleichförmige Bewegung ergibt Formel (1)

$$s_0 = 13 \cdot 32,4 = 421,2 \text{ m}.$$

Der Gesamtbetrag ist also $s = 800,5$ m.

Beispiel 25. Die Ein- und Auslaßventile einer Gasmaschine, die mit $n = 160$ Umdr/min umläuft, arbeiten mit einer Voreinströmung von 10 v. H. des Kolbenhubes. Ihr größter Hub ist $h = 2,2$ cm. Anzugeben ist die Form der Steuernocken, deren Grund-

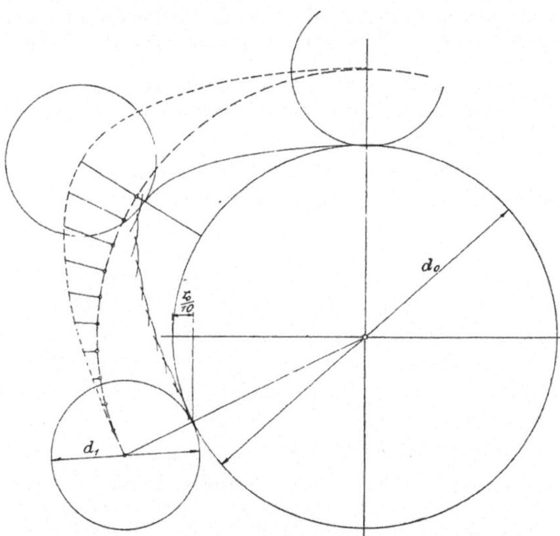

Fig. 21.

zylinder den Durchmesser $d_0 = 12,5$ cm habe, wenn die Beschleunigung der Ventile auf den ersten $\frac{9}{10}$ des Anhubes eine gleichmäßig zunehmende und die Verzögerung beim Rückgang eine gleichmäßig abnehmende sein soll.

Dem Hub des Kolbens entspricht nach Fig. 21 der Bogen $\frac{\pi}{2}$, dem Hubanteil $\frac{1}{10}$ der Bogen $0{,}143 \cdot \pi$ auf der bei 4 Hüben einmal umlaufenden Steuerwelle. Ist nun die Zeitdauer eines Kolbenhubes $t_0 = \frac{60}{2 \cdot n}$ sk, so ist die der Ventilerhebung bzw. Senkung

$$t_1 = \frac{9}{20} \cdot \frac{(0{,}50 + 0{,}143)\ \pi}{\frac{1}{2}\pi} \cdot t_0 .$$

Damit ergibt sich die Anfangsbeschleunigung durch Zusammenfassen der Formeln (20) und (22a) zu

$$p_{\max} = \frac{3 \cdot h}{t_1^2} = 3 \cdot h \cdot \left(\frac{2 \cdot n}{0{,}9 \cdot 0.643 \cdot 60}\right)^2 = \frac{h \cdot n^2}{100},$$

also

$$p_{\max} = \frac{0{,}022 \cdot 160^2}{100} = 5{,}64 \text{ m/sk}^2.$$

Teilt man den Anhubweg des Mittelpunktes der Ventilstangenrolle, die $d_1 = 5{,}0$ cm Durchmesser habe, in 9 gleiche Teile (Fig. 21), so erhält man für einen beliebigen Teilpunkt i durch Division der Formeln (22) und (22a) den Zusammenhang

$$\frac{x}{h} = \frac{3}{2} \cdot \left(\frac{t_i}{t_1}\right)^2 \cdot \left(1 - \frac{1}{3} \cdot \frac{t_i}{t_1}\right) = \frac{i^2}{54} \cdot \left(1 - \frac{i}{27}\right),$$

und es gilt somit die Zusammenstellung:

Nr.	0	1	2	3	4	5	6	7	8	9
$x =$	0	0,039	0,1515	0,327	0,556	0,830	1,141	1,480	1,835	2,20 cm.

Diese Höhen werden auf den zugehörigen Halbmessern von dem eingeteilten Mittelpunktkreis der Rolle aus abgetragen, wobei der Übergang zu dem mittleren Kreisbogenstück etwas abgerundet wird. Um die Nockenform zu erhalten, schlägt man aus den so bestimmten Punkten die Halbmesser der Rolle und zeichnet damit die Äquidistante zu der Bahnkurve des Rollenmittelpunktes. Die Kurve für den Verzögerungsast wird genau gleich ausgeführt.

Durch die Auftragung über dem Kreisbogen ist die Parabelform der Zeit-Weglinie ganz verlorengegangen.

Die Fig. 19 gilt auch für die Winkelgeschwindigkeit ω bzw. Winkelbeschleunigung ε, ebenso die entsprechenden Formeln:

$$\omega = \omega_1 \cdot \left[2 \cdot \frac{t}{t_1} - \left(\frac{t}{t_1}\right)^2\right], \tag{23}$$

$$\varepsilon_{\max} = 2 \cdot \frac{\omega}{t}, \tag{24}$$

$$\varepsilon = \varepsilon_{\max} \cdot \left(1 - \frac{t}{t_1}\right), \tag{25}$$

$$\alpha_1 = \tfrac{2}{3} \cdot \omega_1 \cdot t_1 . \tag{26}$$

Beispiel 26. Für das Anfahren einer Fördermaschine mit Bobinen bis zur Winkelgeschwindigkeit $\omega = 5$ 1/sk werden $t_1 = 38{,}8$ sk gebraucht. Anzugeben ist die größte Winkelbeschleunigung und der zurückgelegte Bogen.

Man erhält aus Formel (24)

$$\varepsilon_{\max} = 2 \cdot \frac{5}{38{,}8} = 0{,}258 \text{ 1/sk}^2,$$

die von der Zeit 0 bis zur Zeit t_1 geradlinig bis auf 0 heruntergeht.

Ferner ist nach (Formel 26)

$$\alpha_1 = \tfrac{2}{3} \cdot 5 \cdot 38{,}8 = 129{,}3\,,$$

das sind

$$z = \frac{129{,}3}{2 \cdot \pi} = 20{,}6 \text{ Umdr.}$$

Zerlegt man die Anfahrzeit wieder in 6 gleiche Teile, so ergibt sich nach den Formeln (25), (23), (22) die Zusammenstellung:

Teil	0	1	2	3	4	5	6	
$\varepsilon =$	0,258	0,215	0,172	0,129	0,086	0,043	0	1/sk²,
$\omega =$	0	1,53	2,78	3,47	4,45	4,86	5,0	1/sk,
$\alpha =$	0	5,09	19,16	40,41	67,04	97,30	129,30.	

Ist die Zeit-Weglinie unmittelbar gegeben, ohne daß ihr mathematisches Gesetz bekannt ist (Fig. 22), so entnimmt man an einem beliebigen Punkt B durch Ziehen der Kurventangente die Geschwindigkeit

$$v = \frac{ds}{dt} = \operatorname{tg} \alpha\,.$$

Vorteilhaft zieht man durch einen im Abstande 1 sk oder dgl. von einer Senkrechten beliebig angenommenen Pol O Parallelen zu den Kurventangenten, die natürlich sehr sorgfältig bestimmt werden müssen, und erhält dann auf der Senkrechten die Abschnitte $v = 1 \cdot \operatorname{tg} \alpha$ (Fig. 23).

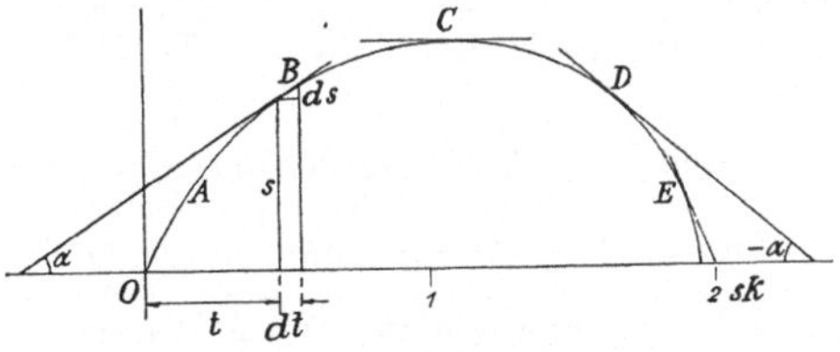

Fig. 22.

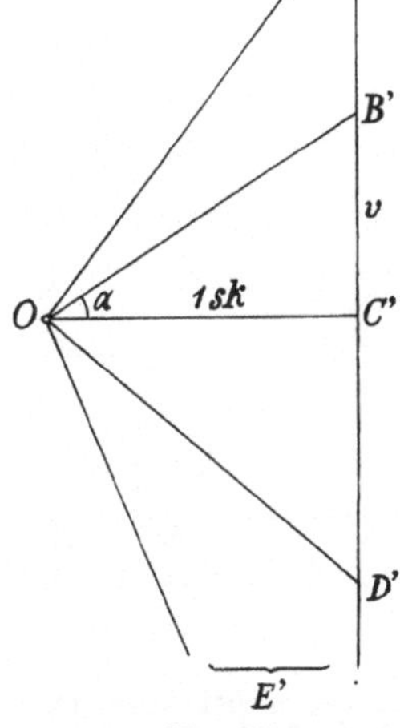

Fig. 23.

In derselben Weise kann aus der Zeit-Geschwindigkeitslinie die Zeit-Beschleunigungslinie entwickelt werden. Eine andere Art der Aufzeichnung ergibt die Fig. 24, in der AB ein Stück der Geschwindigkeitskurve über der Weglinie x darstellt. Es ist dann die Beschleunigung

$$p = \frac{dc}{dt} = \frac{dc}{dx} \cdot \frac{dx}{dt} = \operatorname{tg} \varphi \cdot c\,.$$

Errichtet man also in einem Punkt C der Geschwindigkeitskurve die Normale dazu, so schneidet sie auf der Weglinie die Beschleunigung ab. Letztere ist die Subnormale der Geschwindigkeit.

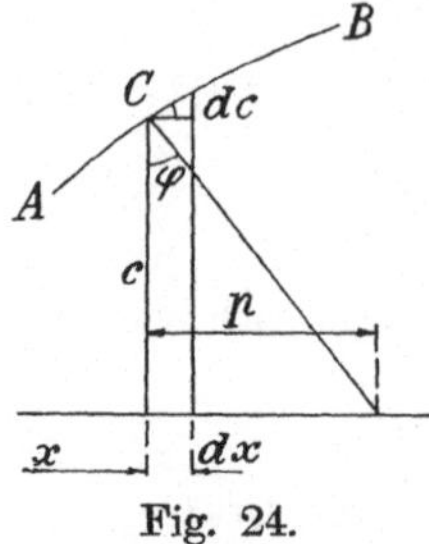

Fig. 24.

Das in Bd. I, S. 139 beschriebene Verfahren zur Aufzeichnung der Differentialkurve ist hier im allgemeinen zu ungenau, da die aufzumessenden Unterschiede zu klein ausfallen, wenn man nicht mit dem Vergrößerungsglas arbeitet und die Unterschiede gleich mehrfach vergrößert aufträgt.

Will man umgekehrt aus einer gegebenen Beschleunigungskurve die zugehörige Geschwindigkeits- bzw. Wegkurve bestimmen, kann man die Aufzeichnung der Fig. 22 und 23 rückwärts ausführen. Nach einem anderen Verfahren[11]) zerlegt man die Zeitachse in gleiche Teile $\varDelta t$ derart, daß die dadurch erhaltenen Abschnitte der Beschleunigungskurve größtenteils als geradlinig angesehen werden können (Fig. 25). Dann ist die Geschwindigkeit im Punkte A gegeben als Produkt der Fläche OA_1A und des Achsenabschnittes $\overline{OA_1} = \varDelta t_1$, also wenn durch Wahl des Maßstabes $\varDelta t = 1$ gemacht wird und OA annähernd geradlinig ist, $v_1 = \frac{1}{2} \cdot \overline{A_1A} = \overline{A_1A_2}$. Im zweiten Zeitabschnitt $\varDelta t_2$ ist entsprechend die Zunahme der Geschwindigkeit gleich der mittleren Höhe des Trapezes A_1ABB_1. Sie wird an B_1A_2' angetragen bis B_2 und so fort. Man erhält so die Geschwindigkeitskurve v, und kann die Wegkurve s durch nochmalige Wiederholung desselben Verfahrens bestimmen. Ist die p-Kurve an einer Stelle zu stark gekrümmt, so halbiert oder drittelt man dort die $\varDelta t$-Teilung, hat aber dann die Maßstäbe beim Auftragen der Integrationskurve auf die Hälfte bzw. ein Drittel zu verkleinern.

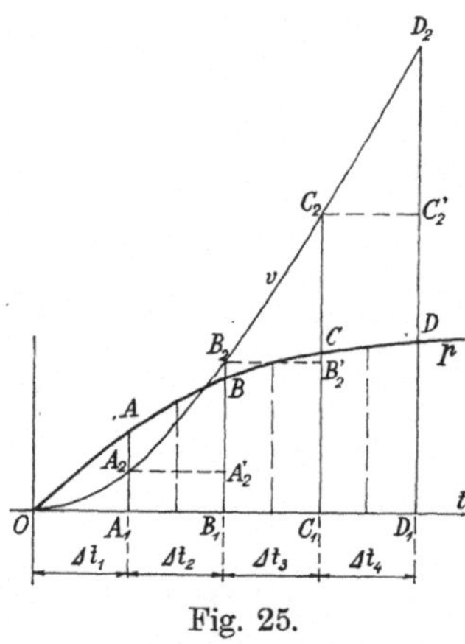

Fig. 25.

Beispiel 27. An einem Personenaufzug für 4 Personen wurden die beiden im oberen Teil der Fig. 26 wiedergegebenen Zeit-Weglinien beim Bremsen aufgenommen[12]), und zwar die Kurve a bei Aufwärtsfahrt, die Kurve b bei Abwärtsfahrt. Anzugeben ist der Verlauf der zugehörigen Zeit-Geschwindigkeits und Zeit-Verzögerungslinien. Gefahren wurde mit der Höchstgeschwindigkeit $v = 1{,}19$ m/sk, bei der Aufwärtsbewegung betrug der in 0,6 sk durchlaufene Bremsweg 0,232 m, bei der Abwärtsbewegung 0,265 m, wozu 0,65 sk gebraucht wurden.

Um die Zeit-Geschwindigkeitskurven in verdoppelter Höhe zu erhalten, ist der Pol in 0,2 sk Abstand von der Geschwindigkeitsachse gewählt worden. Die Parallelen, die von dort zu den in den einzelnen Zehntel-Sekunden an die Zeit-Wegkurve gelegten Tangenten gezogen werden, schneiden auf der Senkrechten die entsprechenden Geschwindigkeitsabnahmen ab, die auf die Zeitlinien übertragen die mittleren Kurven v_a und v_b der Fig. 26 ergeben.

Entsprechend werden daraus die Zeit-Verzögerungskurven in dreifacher Vergrößerung entwickelt. Man bemerkt, daß die Verzögerung nur bei der Abwärtsfahrt während der ersten $^2/_3$ der Bremszeit gleichförmig zunimmt, dagegen bei

[11]) Huber, Erschütterung schwerer Fahrzeugmotoren, 1920.
[12]) Stahl, Z. d. V. d. I. 1905.

der Aufwärtsfahrt von vornherein einen stark gekrümmten Verlauf hat. Das läßt schon die zugehörige Zeit-Geschwindigkeitskurve durch ihre Abweichung von der Parabelform erkennen, denn die genaue Parabel teilt die Rechteckfläche im Verhältnis 2 : 1, was nur bei der Kurve v_b anfänglich zutrifft.

Beispiel 28. Die Zeit-Verzögerungskurve bei einer Schnellbremsung mit der Westinghouse-Druckluftbremse bei der Fahrtgeschwindigkeit $V = 90$ km/st ist

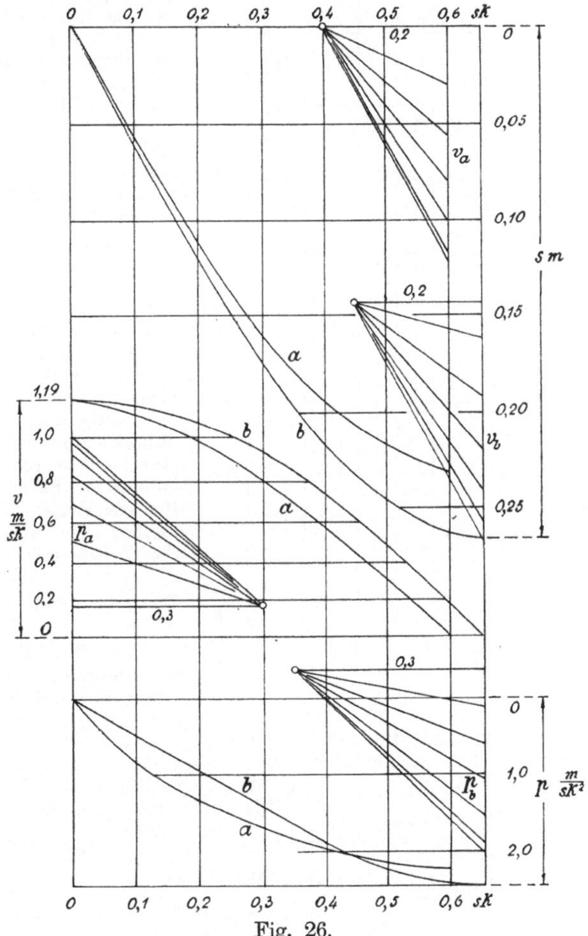

Fig. 26.

durch die obere Kurve der Fig. 27 gegeben[13]). Der Bremsdruck in den Bremszylindern war dabei unverändert geblieben; nur die in Bd. II, S. 29 dargestellten Änderungen der Reibungsziffer rufen die Ungleichmäßigkeiten der Fig. 27 hervor, die auch bei anderen Fahrtgeschwindigkeiten in gleicher Weise erscheinen. Es dauert $2\frac{1}{3}$ sk, bis der Bremsapparat des letzten Wagens des Zuges in Tätigkeit tritt. Zu ermitteln ist der Verlauf der Zeit-Geschwindigkeits- und der Zeit-Wegkurve.

---

[13]) Oppermann, Z. d. V. d. I. 1907.

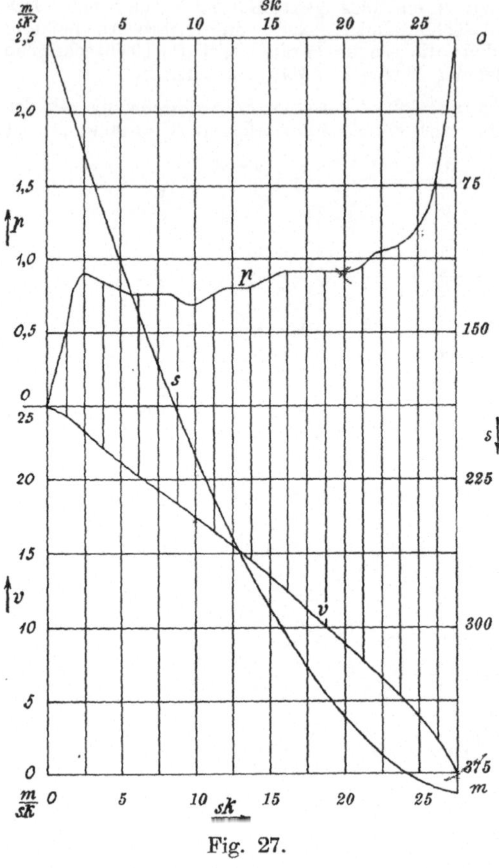

Fig. 27.

Die Zeit-Geschwindigkeitskurve wird nach dem an Fig. 25 auseinandergesetzten Verfahren durch Aufmessen der entsprechenden Höhen der Zeit-Verzögerungskurve gefunden. Um nicht eine zu große Zeichnung zu erhalten, sind die Höhen in $\frac{1}{8}$ der aufgemessenen Länge aufgetragen; ihr Maßstab ist demnach 10 mm = 5 m/sk.

Denn bei $\Delta t = 2{,}5$ mm $= \frac{5}{4}$ sk und dem Beschleunigungsmaßstab 10 mm $= 0{,}5$ m/sk² ist der Flächen-Geschwindigkeitsmaßstab 25 mm² $= 0{,}625$ m/sk. Die Verkleinerung um $\frac{1}{8}$ ergibt also 0,625 m/sk $= {}^{10}/_8$ mm.

In gleicher Weise wird daraus die Zeit-Wegkurve aufgetragen, indem die aus der Zeit-Geschwindigkeitskurve entnommenen Höhen in $\frac{1}{6}$ der aufgenommenen Größe aufgetragen werden; ihr Maßstab ist entsprechend 10 mm = 37,5 m. Es ergibt sich so für die Wege eine in dem kleinen Maßstab (${}^{1}/_{48}$ des der Zeit-Verzögerungskurve) völlig stetig verlaufende Kurve. Der gesamte Bremsweg beträgt 385 m.

Beispiel 29. Die Beschleunigung eines Schnellzuges während der Anfahrzeit ist gegeben durch den Kurvenzug der Fig. 28 und die zweite Spalte der nachstehenden Zusammenstellung (vgl. Beispiel 69). Anzugeben ist die zum Anfahren bis auf die Geschwindigkeit $V = 90$ km/st erforderliche Zeit.

Bis zur Fahrtgeschwindigkeit $V = 29$ km/st, also $v = \dfrac{29}{3{,}6} = 8{,}05$ m/sk kann mit dem Mittelwert

$$p = \tfrac{1}{2} \cdot (0{,}1055 + 0{,}1041) = 0{,}1048 \text{ m/sk}^2$$

gerechnet werden. Man erhält so aus Gleichung (10) die bis dahin gebrauchte Zeit

$$t = \frac{v}{p} = \frac{8{,}05}{0{,}1048} = 76{,}8 \text{ sk.}$$

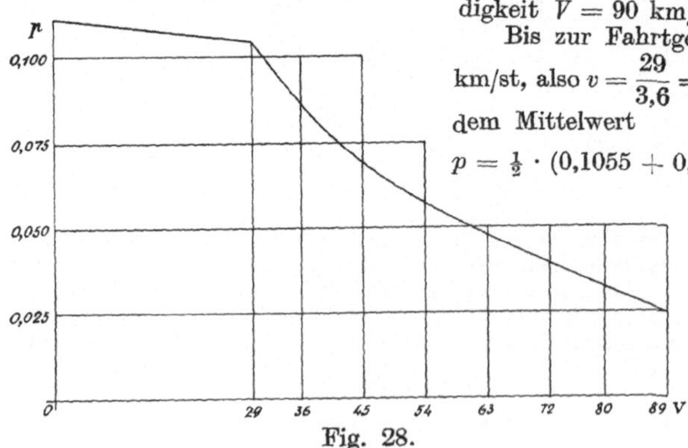

Fig. 28.

Für die folgenden Zeitabschnitte wird am einfachsten mit dem entsprechenden Mittelwert von p und dem jeweiligen Unterschied der Geschwindigkeit Δv gerechnet, wie die Zusammenstellung angibt.

V km/st	p m/sk²	p_m m/sk²	Δv m/sk	Δt sk	t sk
0	0,1055				0
		0,1048	8,055	76,8	
29	0,1041				76,8
		0,0953	1,944	20,4	
36	0,0864				97,2
		0,0775	2,50	32,2	
45	0,0685				129,4
		0,0632	2,50	39,5	
54	0,0579				168,9
		0,0529	2,50	47,2	
63	0,0479				216,1
		0,0436	2,50	57,4	
72	0,0392				273,5
		0,0358	2,222	62,1	
80	0,0323				335,6
		0,0286	2,78	97,1	
89	0,0249				432,7

Den Verlauf der Geschwindigkeit in Abhängigkeit von der Zeit stellt dann die Fig. 29 dar. Während die ganze Anfahrzeit bei der Anfangsbeschleunigung nur

$$t = \frac{25}{0{,}1048} = 239 \text{ sk}$$

dauert, ist sie jetzt auf 433 sk gestiegen. Damit beträgt der Anfahrweg

$$\sum (v \cdot \Delta t) = [\tfrac{1}{2} \cdot (8{,}05 \,.\, 3{,}6) \cdot 76{,}8 + 20{,}4 \cdot 32{,}5 + 32{,}2 \cdot 40{,}5 + 39{,}5 \cdot 49{,}5 + 47{,}2 \cdot 58{,}5 + 57{,}4 \cdot 67{,}5 + 62{,}1 \cdot 76 + 97{,}1 \cdot 85] : 3{,}6 = 6850 \text{ m.}$$

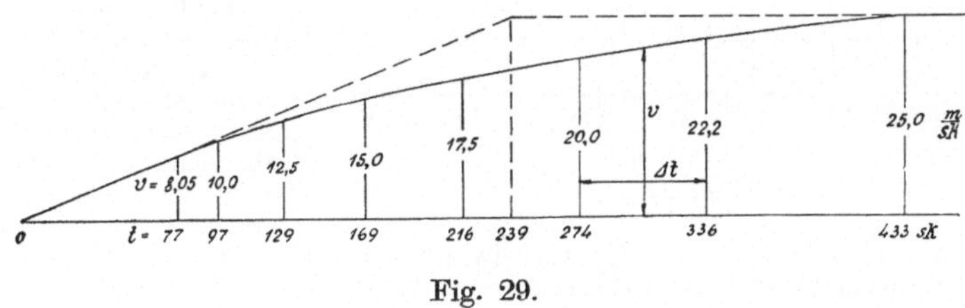

Fig. 29.

Der durch das Anfahren hervorgerufene Zeitverlust ist jetzt nicht 120 sk, sondern gemäß Fig. 29

$$\sum t - \frac{\sum (v \cdot \Delta t)}{v_{\max}} = 433 - \frac{6850}{25} = 159 \text{ sk.}$$

Die gebräuchliche Überschlagrechnung mit dem Anfangswert der Beschleunigung gemäß Beispiel 22 ist also um $\frac{1}{3}$ zu günstig. Der Fehler wird noch größer, wenn das Anfahren auf einer Steigung erfolgen muß.

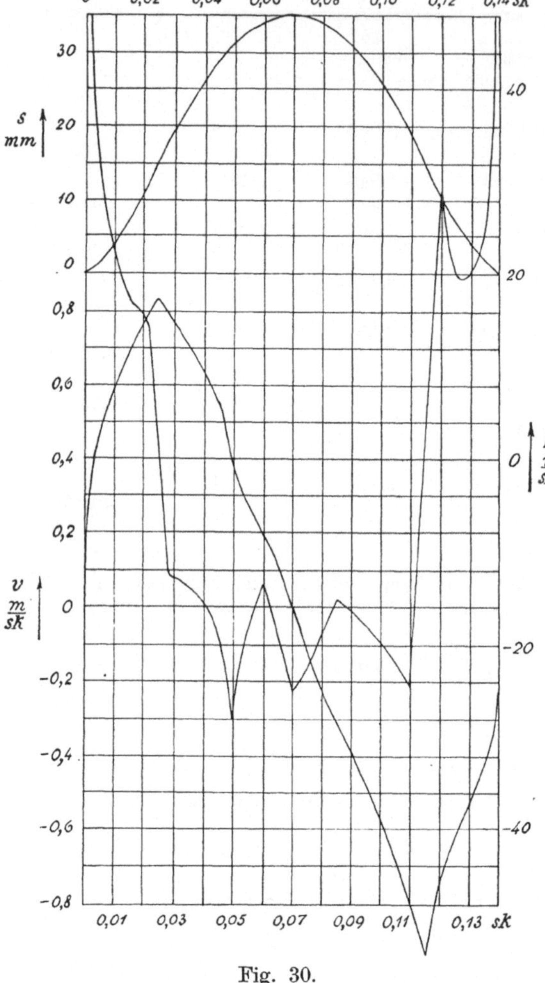

Fig. 30.

Beispiel 30. An einem durch unrunde Scheiben bewegten Einlaßventil des Niederdruckzylinders einer Dampfmaschine ist die in Fig. 30 oben wiedergegebene Ventilerhebungskurve bestimmt worden[14]); sie liefert eine Füllung von 58 v.H. des Kolbenhubes. Anzugeben ist der Verlauf der Zeit-Geschwindigkeits- und Zeit-Beschleunigungskurve.

Durch Ziehen der Parallelen zu den Tangenten, die in den einzelnen Punkten an die Ventilerhebungskurve gelegt werden, von einem nur 0,05 sk von der Lotrechten entfernten Pol aus erhält man leicht die im unteren Teil der Fig. 30 gezeichnete Zeit-Geschwindigkeitskurve in dem angegebenen Maßstab. Das betreffende Poldiagramm ist hier weggelassen worden. Hieraus ist die Zeit-Beschleunigungs- bzw. Zeit-Verzögerungskurve in gleicher Weise bestimmt worden mit einem wieder um die Hälfte verringerten Polabstand; sie ist über den beiden ersten Kurven aufgetragen.

Man erkennt, daß eine scheinbar recht glatt verlaufende Zeit-Wegkurve doch eine Zeit-Geschwindigkeitskurve liefern kann, deren einzelne Zweige von einer Geraden ziemlich weit abweichen. Infolgedessen zeigt die Zeit-Beschleunigungskurve, bei der sich die kleinen Abweichungen der Zeit-Geschwindigkeitskurve stark vergrößern, mehrfache Schwankungen. Die Ventilantriebsscheiben sind also keineswegs besonders günstig geformt. Da der Gang der Ventile als ruhig angegeben wird, so entnimmt man der Darstellung, daß eine Aufschlaggeschwindigkeit von 0,2 m/sk statthaft ist.

Beispiel 31. An einem Preßlufthammer ist die im oberen Teil der Fig. 31 gegebene Zeit-Weglinie aufgenommen worden[15]). Der Hammer vom größtmög-

[14]) Wiegleb, Z. d. V. d. I. 1908.
[15]) Harm, Z. d. V. d. I. 1913.

lichen Hub $s = 16{,}0$ cm und dem Kolbengewicht $G = 0{,}577$ kg machte 1097 Schläge in der Minute. Anzugeben ist die Zeit-Geschwindigkeits- und Zeit-Beschleunigungslinie.

Zur Entwicklung der ersteren Kurve wird der Pol im Abstande $\frac{10}{1000}$ sk von der Lotrechten angeordnet; man erhält dann die Zeit-Geschwindigkeitslinie in dem gezeichneten Maßstab. Die Geschwindigkeit steigt beim Hingang von 0

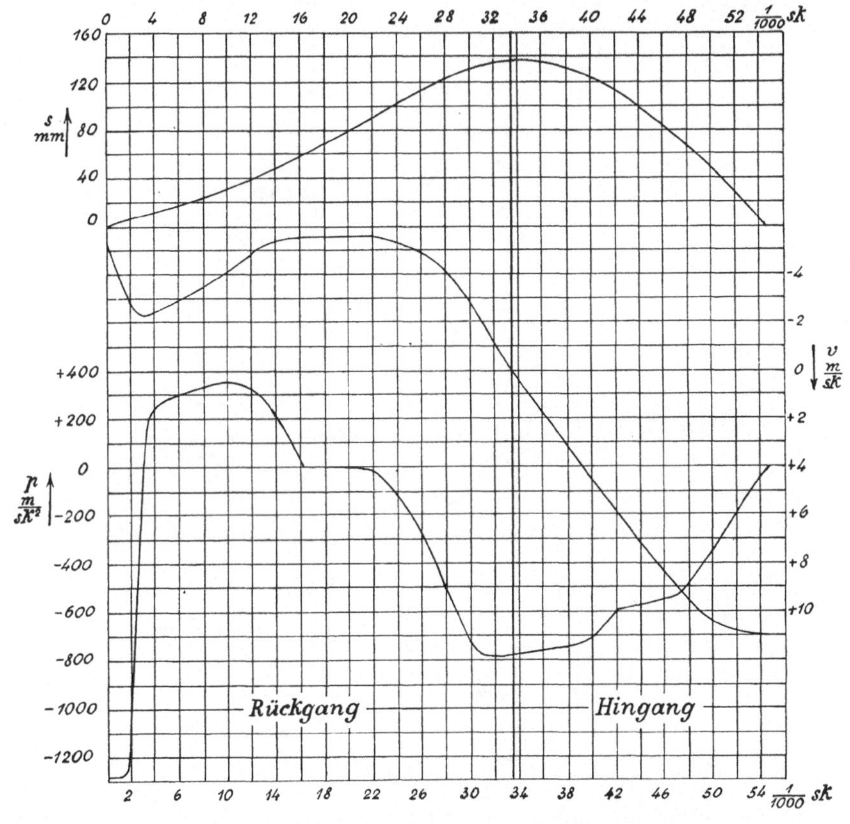

Fig. 31.

scheinbar fast stetig bis nahe an den Höchstwert 11 m/sk. Infolge des Rückpralls nach dem Auftreffen beginnt der Rückgang mit der Geschwindigkeit 5,3 m/sk, die schnell auf den Kleinstwert 2,2 m/sk abfällt. Von da steigt sie annähernd stetig wieder bis zum Höchstbetrag 5,6 m/sk, auf dem sie sich während eines Drittels des Hubes hält, um dann bis 0 herunterzugehen.

Um die Zeit-Beschleunigungskurve möglichst deutlich zu erhalten, wurde ihr Pol ebenfalls im Abstande $\frac{10}{1000}$ sk angenommen. Die Kurve ergibt, daß die Beschleunigung des Rückpralls etwa 1280 m/sk beträgt; auch sonst sind die Beschleunigungen entsprechend der kurzen Zeitdauer sehr groß. Auffällig ist eine gewisse Unstetigkeit der Beschleunigung beim ersten Drittel des Hinganges.

5. Schwingungsbewegungen.

Gegeben ist eine gleichförmige Drehbewegung mit der Winkelgeschwindigkeit ω, die zur Zeit $t = 0$ von dem Winkel φ ausgeht (Fig. 32), also zur Zeit t den Winkel $\omega \cdot t + \varphi$, von der Achse aus gemessen, zurückgelegt hat. Es soll der zur Achse AB senkrechte Ausschlag s eines im Abstande r von der Drehachse befindlichen Punktes C in Abhängigkeit von der Zeit aufgetragen werden.

Die Fig. 32 ergibt sogleich

$$s = r \cdot \sin(\omega \cdot t + \varphi), \tag{27}$$

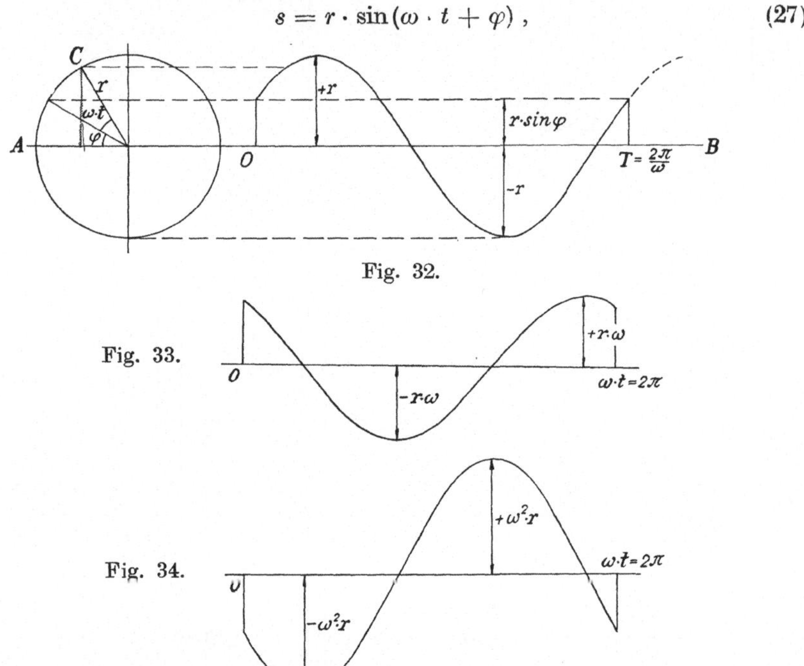

Fig. 32.

Fig. 33.

Fig. 34.

und die Auftragung mit einem beliebigen Längenmaßstab für die Zeit t liefert die allgemeine Sinuslinie, die sich in den gleichen Zeitabschnitten

$$T = \frac{2\pi}{\omega}, \quad \frac{4\pi}{\omega} \quad \ldots,$$

wo also $\omega \cdot T = 2 \cdot \pi$ ist, immer wiederholt, was ja durch die Herleitung dieser Schwingungsbewegung aus der gleichförmigen Drehbewegung selbstverständlich ist.

Die Geschwindigkeit des Punktes C bei seiner Ausschlagbewegung ergibt sich gemäß Formel (1) zu

$$v = \frac{ds}{dt} = r \cdot \omega \cdot \frac{d \sin(\omega \cdot t + \varphi)}{d(\omega \cdot t + \varphi)} = r \cdot \omega \cdot \cos(\omega \cdot t + \varphi) \tag{28}$$

oder auch

$$v = r \cdot \omega \cdot \sin\left(\frac{\pi}{2} + \omega \cdot t + \varphi\right). \tag{28a}$$

Die Zeit-Geschwindigkeitskurve wird aus der Zeit-Wegkurve erhalten, indem man alle Ordinaten um das ωfache vergrößert und die ganze Kurve um $1/4$ der Periode $\frac{2\pi}{\omega}$ nach dem Anfangspunkt hin verschiebt (Fig. 33). Es ist auch ohne weiteres erklärlich, daß die Ausschlagbewegung beim Durchgang des Punktes C durch die Achse AB der Fig. 32 die größte Geschwindigkeit hat und beim Durchgang durch die dazu senkrechte Mittelachse des Kreises die Geschwindigkeit 0.

Aus Formel (10) erhält man weiter die Beschleunigung der Schwingungsbewegung zu

$$\begin{aligned} p = \frac{dv}{dt} &= r \cdot \omega^2 \cdot \frac{d \cos(\omega \cdot t + \varphi)}{d(\omega \cdot t + \varphi)} \\ &= -r \cdot \omega^2 \cdot \sin(\omega \cdot t + \varphi) = -\omega^2 \cdot s. \end{aligned} \tag{29}$$

Die Zeit-Beschleunigungskurve ist um die halbe Periode gegen die Zeit-Wegkurve verschoben und ihre Ordinaten sind die mit dem Faktor ω^2 erweiterten der Zeit-Wegkurve (Fig. 34).

Setzt man aus Formel (9b) den Ausdruck für p ein, so geht die Gleichung (29) über in

$$\frac{d^2 s}{d t^2} = -\omega^2 \cdot s, \tag{29a}$$

und man kann als Lösung dieser Differentialgleichung der einfachen harmonischen Schwingung angeben

$$s = r \cdot \sin(\omega \cdot t + \varphi), \tag{27}$$

worin r und φ Festwerte sind, die aus besonderen Angaben über den Anfangs- oder auch einen beliebigen Zwischenzustand der Schwingung zu ermitteln sind. Die Lösung kann auch geschrieben werden

$$s = r \cdot \sin(\omega \cdot t) \cdot \cos\varphi + r \cdot \cos(\omega \cdot t) \cdot \sin\varphi.$$

Da nun φ ein unveränderlicher Winkel ist, so können seine Funktionen $\cos\varphi$ und $\sin\varphi$ mit r zu je einer neuen Veränderlichen zusammengefaßt werden. Man erhält so eine andere Form derselben Lösung:

$$s = C_1 \cdot \sin\omega t + C_2 \cdot \cos\omega t, \tag{27a}$$

worin C_1 und C_2 die durch die zweimalige Integration hinzugekommenen Festwerte sind.

Beispiel 32. Das Gegengewicht in dem $D = 2{,}10$ m Durchmesser habenden Treibrad einer Lokomotive, die mit $V = 90$ km/st fährt, habe seinen Schwerpunkt im Abstand $r = 0{,}82$ m von der Achse. Anzugeben ist die größte Beschleunigung des Schwerpunktes.

Man entnimmt den Fig. 32 bis 34 sofort, daß die größte Verzögerung des Punktes, also eine nach unten gerichtete Beschleunigung stattfindet, wenn er seine höchste Lage erreicht hat, und daß die größte nach oben gerichtete Beschleunigung in seiner tiefsten Lage eintritt. Der Höchstwert ist nach Fig. 34 $p = \pm\, \omega^2 \cdot r$. Hieraus folgt mit Benutzung der Formeln (2b) und (7)

$$p = \left(\frac{0{,}278 \cdot V}{\frac{1}{2} \cdot D}\right)^2 \cdot r = \left(\frac{0{,}556 \cdot 90}{2{,}1}\right)^2 \cdot 0{,}82 = 4{,}65 \text{ m/sk}^2.$$

Beispiel 33. Zu untersuchen sind die Schwingungsbewegungen des Radsatzes eines Straßenbahnwagens[16]), dessen Räder vom mittleren Durchmesser D und dem Abstand der Schienenberührungsstellen $a \sim 1{,}44$ m die auf der ganzen Radbreite unveränderliche Neigung $\operatorname{tg} \gamma$ haben (Fig. 35).

Wenn der Radsatz um den Betrag y nach einer Seite aus der Mittelstellung hinausgegangen ist, so ist der Durchmesser der Laufstelle des einen Rades um $2 \cdot y \cdot \operatorname{tg} \gamma$ kleiner und der des anderen um denselben Betrag größer als D. Infolgedessen dreht sich der ganze Radsatz so in der Gleisrichtung x um die im Abstande r von der Gleismitte befindliche Spitze des von der Mittellinie der Achse und den beiden Laufstellen gebildeten Kegels (Fig. 36). Man entnimmt der Fig. 35 den Zusammenhang

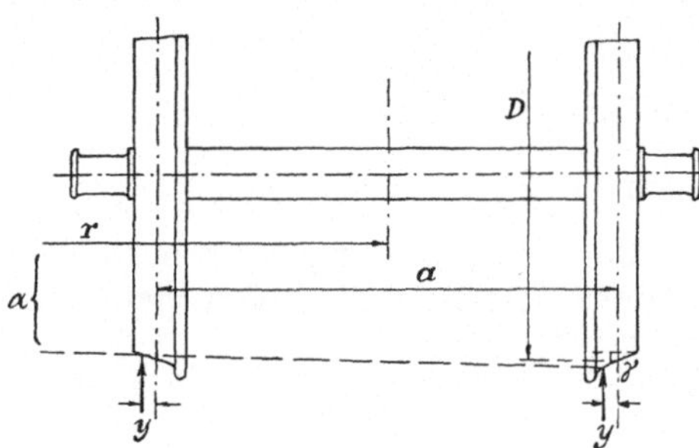

Fig. 35.

$$\frac{D}{r} = \frac{4 \cdot y \cdot \operatorname{tg} \gamma}{a}.$$

Diese Drehung der Mitte des Radsatzes ruft bei einer Vorwärtsbewegung um x eine weitere Verschiebung um $d\,y$ nach der Seite des kleineren Rades hervor, und aus der Fig. 36 folgt

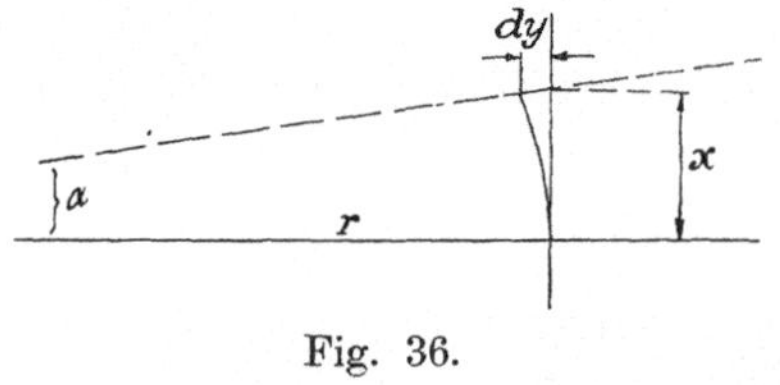

Fig. 36.

$$\frac{-\,d\,y}{x} = \frac{x}{r}.$$

Wird nun x als ein sehr kleiner Zuwachs $d\,x$ angenommen, so ist die Abnahme von y eine sehr kleine Größe zweiter Ordnung, und diese Gleichung geht über in

$$\frac{-\,d^2 y}{d\,x^2} = \frac{1}{r}.$$

Durch Verbindung mit dem obigen Ausdruck für $\frac{D}{r}$ erhält man hieraus die Differentialgleichung der Seitenbewegung des Radsatzes:

$$\frac{d^2 y}{d\,x^2} = -y \cdot \frac{4 \cdot \operatorname{tg} \gamma}{D \cdot a}.$$

Ihre Lösung ist nach Formel (27a)

$$y = C_1 \cdot \sin\left(x \cdot \sqrt{\frac{4 \cdot \operatorname{tg} \gamma}{D \cdot a}}\right) + C_2 \cdot \cos\left(x \cdot \sqrt{\frac{4 \cdot \operatorname{tg} \gamma}{D \cdot a}}\right).$$

Zu Beginn der Schwingung, wo $y = 0$ ist, wird auch $x = 0$ angenommen. Da nun $\cos 0 = 1$ ist, so muß zur Erfüllung der Gleichung für den Anfang der

16) Sieber, Z. d. V. d. I. 1903.

Bewegung $C_2 = 0$ sein. Hat die Achse nun das seitliche Spiel b, so hat der größtmögliche, bei dem Winkel $\frac{\pi}{2}$ eintretende Ausschlag den Wert $\frac{1}{2}b$; hieraus bestimmt sich $C_1 = \frac{1}{2}b$. Somit ist

$$y = \tfrac{1}{2}b \cdot \sin\left(2x \cdot \sqrt{\frac{\operatorname{tg}\gamma}{D \cdot a}}\right).$$

Die Periode einer vollen Hin- und Herschwingung bestimmt sich aus der Bedingung:

$$2\pi = 2l \cdot \sqrt{\frac{\operatorname{tg}\gamma}{D \cdot a}},$$

unabhängig von dem seitlichen Spiel b.

Man erhält hiernach die folgenden Werte für l bei $a = 1{,}44$ m:

$\operatorname{tg}\gamma$	$D =$ 0,8	1,0	1,25 m
1 : 15	$l =$ 13,1	14,6	16,3 m
1 : 20	15,1	16,9	18,9 „
1 : 30	18,5	20,7	23,1 „
1 : 50	23,9	26,7	29,8 „

Für $a = 1{,}005$ m sind diese Werte mit 0,835 zu multiplizieren.

Um die Schiefstellung der Achse zu bewirken, ist ein gewisses Spiel e in Richtung der x erforderlich, das sich bestimmt zu $e = a \cdot \operatorname{tg}\alpha$, worin $\operatorname{tg}\alpha = \frac{dy}{dx}$ die Neigung der Schwingungskurve gegen die x-Achse angibt, die hier für die Stelle des größten Ausschlages

$$2\,x \cdot \sqrt{\frac{\operatorname{tg}\gamma}{D \cdot a}} = \frac{\pi}{2}$$

zu nehmen ist. Durch Differentiation der Gleichung für den Ausschlag y folgt nun

$$\operatorname{tg}\alpha = \tfrac{1}{2}b \cdot 2 \cdot \sqrt{\frac{\operatorname{tg}\gamma}{D \cdot a}} \cdot \cos\left(2x \cdot \sqrt{\frac{\operatorname{tg}\gamma}{D \cdot a}}\right),$$

also mit $\cos\frac{\pi}{2} = 1$

$$\frac{e}{b} = \sqrt{\frac{a}{D}} \cdot \operatorname{tg}\gamma.$$

Bei $e = 4$ mm Spiel, dem etwa 5 mm in den Achsgabeln entspricht, und $a = 1{,}44$ m ergibt sich der größte Ausschlag $\frac{1}{2}b$ nach folgender Aufstellung:

$\operatorname{tg}\gamma$	$D = 0{,}8$	1,0	1,25 m
1 : 15	$\frac{1}{2}b =$ 5,8	6,5	7,2 mm
1 : 20	6,7	7,5	8,3 „
1 : 30	8,2	9,1	10,2 „
1 : 50	10,5	11,8	13,2 „

Für $a = 1{,}005$ m sind diese Werte wieder mit 0,835 zu multiplizieren.

Da lange Schwingungen nicht so unangenehm empfunden werden wie kurze, selbst wenn die Ausschläge größer sind, so sind Radkränze mit geringer Neigung günstiger. Immerhin dürfte man mit $\operatorname{tg}\gamma$ nicht wesentlich von 1 : 25 abweichen. Die Schwingungen machen sich als Schlingern des Wagens dann bemerkbar, wenn die Vorder- und Hinterachse ganz oder nahezu übereinstimmend schwingen, aber nach entgegengesetzter Richtung.

Beispiel 34. Infolge unvermeidlicher kleiner Fehler bei der Herstellung und durch die Abnutzung der Zähne eines Zahnräderpaares tritt bei jedem Eingriff abwechselnd eine Beschleunigung und Verzögerung auf, deren Werte wegen der kleinen zur Verfügung stehenden Zeit recht erheblich sind[17]). Anzugeben ist die Anzahl der einfachen Schwingungen in einer Sekunde, wenn das Rad $z_0 = 20$ Zähne hat und $n = 150$ bzw. 1050 Umdrehungen in der Minute macht.

Es ist

$$z_1 = \frac{n}{60} \cdot 2 \cdot z_0 = \frac{150 \cdot 2 \cdot 20}{60} = 100$$

$$\text{bzw. } z_2 = \frac{1050 \cdot 2 \cdot 20}{60} = 700 .$$

Das Räderpaar gibt also ein gleichmäßiges surrendes Geräusch, dessen Tonhöhe bei schnellaufenden Rädern schon recht erheblich ist, wenn das kleinere Rad nicht aus einem den Ton dämpfenden Material hergestellt wird.

Eine Schwingung, die nicht rein nach dem Sinusgesetz erfolgt, wird als gestörte harmonische bezeichnet. Eine solche ist die des Schubkurbelgetriebes[18]): Der Kurbelzapfen C bewegt sich um die Achse O mit der gleichförmigen Geschwindigkeit $v = r \cdot \omega$ (Fig. 37).

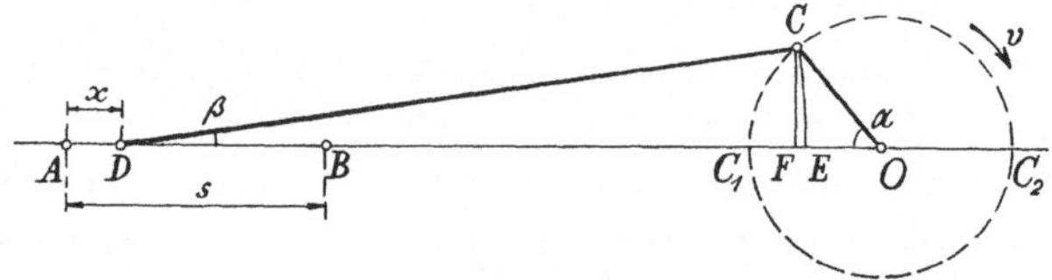

Fig. 37.

Der inneren Totlage C_1 der Kurbel entspricht dann die äußere Totlage A des Kreuzkopfes bzw. Kolbens und der äußeren Totlage C_2 der Kurbel die innere B des Kreuzkopfes bzw. Kolbens. Es ist also $\overline{AB} = \overline{C_1 C_2}$ oder $s = 2\,r$.

Zu einem beliebigen von der Kurbel zurückgelegten Winkel α gehört der Kreuzkopfweg $x = \overline{AD} = \overline{C_1 E}$. Zwischen dem Ausschlagwinkel β der Schubstange von der Länge l und dem Kurbelwinkel α besteht der Zusammenhang

$$\overline{CF} = r \cdot \sin\alpha = l \cdot \sin\beta ,$$

also

$$\sin\beta = \frac{r}{l} \cdot \sin\alpha . \tag{30}$$

Nun ist

$$\overline{C_1 F} = r \cdot (1 - \cos\alpha) \quad \text{und} \quad \overline{FE} = l \cdot (1 - \cos\beta) .$$

Mit

$$\cos\beta = \sqrt{1 - \sin^2\beta} = \sqrt{1 - \left(\frac{r}{l} \cdot \sin\alpha\right)^2} \sim 1 - \frac{1}{2} \cdot \left(\frac{r}{l} \cdot \sin\alpha\right)^2$$

17) Hartmann, Z. d. V. d. I. 1905.

18) Poncelet, Mécanique appliquée aux maschines, 1829.

wird somit

$$\overline{C_1E} = x = r \cdot \left(1 - \cos\alpha + \tfrac{1}{2} \cdot \frac{r}{l} \cdot \sin^2\alpha\right). \tag{31a}$$

Für den Rückgang des Kreuzkopfes bzw. Kolbens gilt entsprechend gemäß Fig. 38

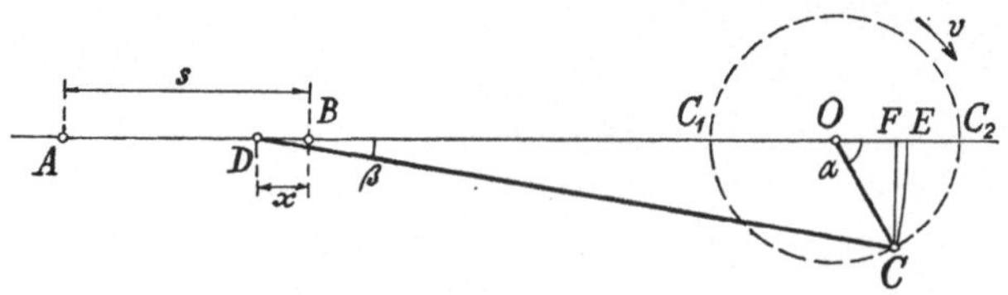

Fig. 38.

$$x = \overline{BD} = \overline{C_2E} = \overline{C_2F} - \overline{EF},$$

also

$$x = r \cdot \left(1 - \cos\alpha - \tfrac{1}{2} \cdot \frac{r}{l} \cdot \sin^2\alpha\right) \tag{31b}$$

$$= r \cdot \left(1 - \cos\alpha - \tfrac{1}{4} \cdot \frac{r}{l} \cdot [1 - \cos 2\alpha]\right). \tag{31c}$$

Man bezeichnet das dritte Glied der Klammer als Störungsglied der Schubkurbelbewegung. Es erhält seinen größten Wert $\frac{1}{2} \cdot \frac{r}{l}$ für $\alpha = \frac{\pi}{2}$: Beim Hingang eilt der Kolben der Kurbel vor; sein Weg beträgt bei Mittelstellung der Kurbel bereits

$$x_m = r \cdot \left(1 + \frac{1}{2} \cdot \frac{r}{l}\right). \tag{31d}$$

Beim Rückgang eilt der Kolben nach; bei Mittelstellung der Kurbel ist sein Weg erst

$$x_m = r \cdot \left(1 - \frac{1}{2} \cdot \frac{r}{l}\right). \tag{31e}$$

Zwei zur Achse AC_2 symmetrische Kurbelstellungen C ergeben natürlich dieselbe Kreuzkopfstellung D.

Die Kreuzkopfgeschwindigkeit c im Abstande x von der Totlage ergibt sich nach Formel (2) zu $c = \frac{dx}{dt}$. Nun gilt nach den Figg. 37 und 38

$$\widehat{C_1C} \text{ bzw. } \widehat{C_2C} = v \cdot t = r \cdot \alpha,$$

also

$$dt = \frac{r}{v} \cdot d\alpha$$

Damit wird

$$c = \frac{v}{r} \cdot \frac{dx}{d\alpha} = \frac{v}{r} \cdot r \cdot \left(0 + \sin\alpha \pm \frac{1}{2} \cdot \frac{r}{l} \cdot 2 \cdot \sin\alpha \cdot \cos\alpha\right),$$

also

$$c = v \cdot \left(\sin\alpha \pm \frac{1}{2} \cdot \frac{r}{l} \cdot \sin 2\alpha\right). \tag{32}$$

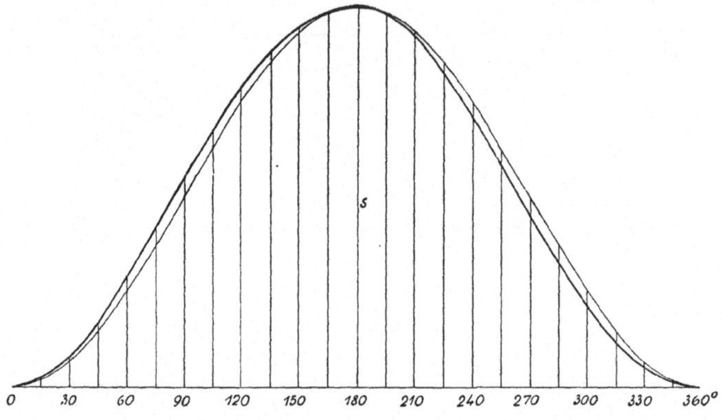

Fig. 39.

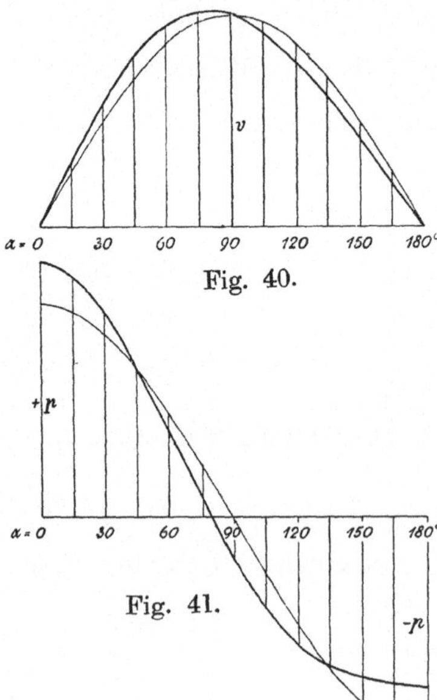

Fig. 40.

Fig. 41.

Das Störungsglied erhält hier seinen größten Wert $+\frac{1}{2} \cdot \frac{r}{l}$ für $\alpha = 45°$, seinen kleinsten $-\frac{1}{2} \cdot \frac{r}{l}$ für $\alpha = 135°$, und es verschwindet bei $\alpha = 0$ und $90°$.

Die Kreuzkopfbeschleunigung ergibt sich durch nochmalige Differentiation zu

$$p = \frac{dc}{dt} = \frac{v}{r} \cdot \frac{dc}{d\alpha}$$

$$= \frac{v}{r} \cdot v \cdot \left(\cos\alpha \pm \frac{1}{2} \cdot \frac{r}{l} \cdot \cos 2\alpha \cdot 2\right),$$

also

$$p = \frac{v^2}{r} \cdot \left(\cos\alpha \pm \frac{r}{l} \cdot \cos 2\alpha\right). \tag{33}$$

Der Größtwert $+\frac{r}{l}$ des Störungsgliedes tritt bei $\alpha = 0°$ ein, der kleinste $-\frac{r}{l}$ bei $\alpha = 180°$

Setzt man wieder ein

$$p = \frac{d^2 x}{d t^2} = \frac{d^2 x}{d \alpha^2} \cdot \left(\frac{v}{r}\right)^2,$$

so erhält man aus Formel (33) die Differentialgleichung dieser gestörten Schwingung

$$\frac{d^2 x}{d \alpha^2} + x = r \cdot \left(1 \pm \frac{1}{4} \cdot \frac{r}{l} \pm \frac{3}{4} \cdot \frac{r}{l} \cdot \cos 2\alpha\right) \qquad (33\text{a})$$

deren angenäherte Lösung die Gleichungen (31a) und (31b) bilden.

Trägt man den Verlauf von s, v, p in Abhängigkeit von dem Kurbelwinkel α auf, so ergeben sich die Schwingungskurven der Figg. 39, 40, 41, worin die dünn gezogenen Linien die Werte ohne Störungsglied und die stark ausgezogenen Linien die genaueren Werte mit Störungsglied wiedergeben, und zwar für den bei liegenden ortsfesten Kraftmaschinen gebräuchlichen Fall $\frac{r}{l} = \frac{1}{5}$. Bei stehenden Kraftmaschinen ist gewöhnlich $\frac{r}{l} = \frac{1}{4{,}5}$, ebenso bei liegenden Schnelläufern. Für stehende schnelllaufende Maschinen gilt $\frac{r}{l} = \frac{1}{4}$, bisweilen bei Kraftwagen- und Flugzeugmotoren $\frac{r}{l} = \frac{1}{3{,}8} \div \frac{3}{10}$. Lokomotiven haben $\frac{r}{l} = \frac{1}{6} \div \frac{1}{8}$, Sägegatter und ähnliche Maschinen $\frac{r}{l} = \frac{1}{12}$. Der Deutlichkeit halber ist in den Figg. 40 und 41 $\omega = 1$ gesetzt worden.

Gewöhnlich gibt man den Verlauf der Geschwindigkeit und Beschleunigung in Abhängigkeit von der Kolbenstellung an, wie die Figg. 43, 44 zeigen. Die Kolbenstellung findet man durch Rechnung nach Formel (31) und zeichnerisch, indem man von einem angenommenen Punkt C des über dem Hub $s = 2r$ errichteten Kurbelhalbkreises einen Kreisbogen mit dem Halbmesser l aus einem auf der s-Achse nach dem Zylinderende der Maschine hin gelegenen Mittelpunkt D schlägt (Figg. 37 und 38). Diese Art der Aufzeichnung ist jedoch wenig genau; besser und einfacher ist die folgende[19]):

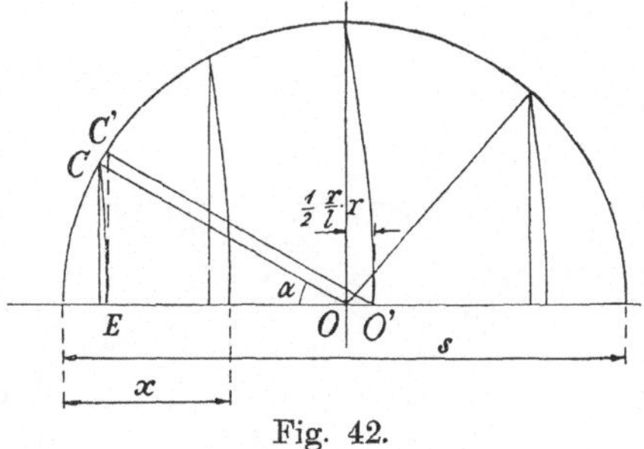

Fig. 42.

Als Scheitel des Kurbelwinkels α wird nicht der Mittelpunkt O des Kurbelkreises genommen, sondern der um den größten Wert des Störungsgliedes $\frac{1}{2} \cdot \frac{r}{l} \cdot r$ nach der Kurbel hin verschobene Punkt O'. Es kann dann einfach der Punkt C' des Kurbelkreises auf die s-Achse herunter-

[19]) Brix, Z. d. V. d. I. 1897.

gelotet werden (Fig. 42). Man erhält ebenso umgekehrt zu einer gegebenen Kolbenstellung E die zugehörige Kurbelstellung C. Das Verfahren ist nicht ganz genau, sein größter Fehler beträgt[20]) jedoch bei $\frac{r}{l} = \frac{1}{5}$ nur $0{,}0019\,r$, sodaß andere umständlichere Verfahren[21]) keine praktische Bedeutung haben.

Die Geschwindigkeitskurve ohne Störungsglied läßt sich sehr bequem zeichnen, wenn man den Geschwindigkeitsmaßstab $v = r$ wählt. Sie wird in dem Fall ein Kreis über dem Durchmesser s, wie die Formel (32) ohne weiteres erkennen läßt. Andernfalls ist sie eine Ellipse. Zur Berücksichtigung des Störungsgliedes schlägt man um O einen Kreis mit dem Halbmesser $\frac{1}{2} \cdot \frac{r}{l} \cdot r$, zieht den der Kolbenstellung E entsprechenden Strahl $O'D$ und den dazu parallelen OD', trägt die zwischen dem Schnittpunkt D_0 und der Wegachse abgeschnittene Strecke senkrecht über der Kurbelstellung D' auf; durch wagerechtes Herüberziehen ergibt sich dann der Punkt C der Geschwindigkeitskurve (Fig. 43). Denn dem Winkel $OO'D = \alpha$ entspricht der Zentriwinkel 2α, dessen Sinus gemäß Formel (32) genommen wird. Man entnimmt der Aufzeichnung noch, daß die Kolbengeschwindigkeit bei dem Schubstangenverhältnis $\frac{r}{l} = \frac{1}{5}$ zwischen $x = 0{,}28\,s$ und $x = 0{,}58\,s$ nur zwischen den Grenzen $0{,}97\,v$ bis zum Höchstwert $1{,}02\,v$, der bei $\alpha \sim 79°$ erreicht wird, und wieder herunter auf $0{,}97\,v$ schwankt.

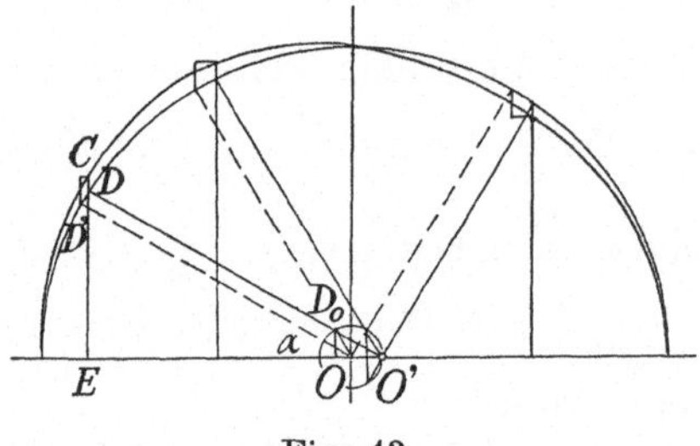

Fig. 43.

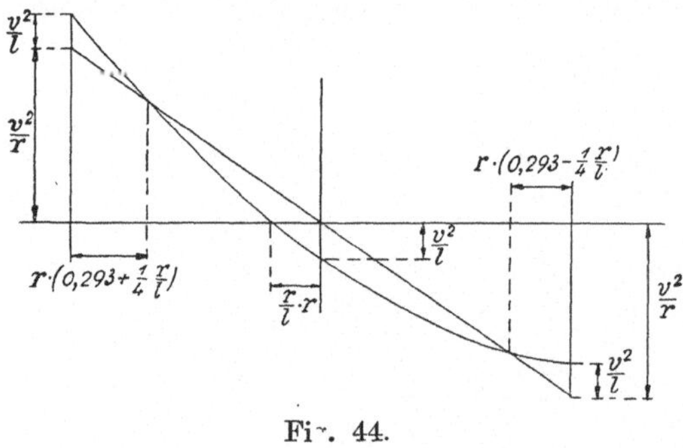

Fig. 44.

Die Beschleunigungskurve ohne Berücksichtigung des Störungsgliedes ist eine schräge Gerade (Fig. 44). Denn ohne Störungsglied ergibt die Formel (31a) $\cos\alpha = 1 - \frac{x}{r}$, und damit geht Formel (33) über in $p = \frac{v^2}{r} \cdot \left(1 - \frac{x}{r}\right)$, eine Gleichung ersten Grades zwischen p

20) Kuhn, D. p. J. 1911.

21) Goldberger, D. p. J. 1905; Nolet, D. p. J. 1907.

und x. Der Anfangspunkt auf der Deckelseite und der Endpunkt auf der Kurbelseite der Kurve mit Störungsglied bestimmen sich gemäß Formel (33) für $\alpha = 0$ bzw. $\alpha = 180°$ nach den Angaben der Fig. 44. Die Kurve schneidet die Kolbenwegachse im Abstande $\frac{r}{l} \cdot r$ vor der Mitte, wie man erhält, wenn in Formel (33) $p = 0$ und $\cos 2\alpha = 2 \cdot \cos^2\alpha - 1$ gesetzt wird. In der Mitte des Hubes liegt sie wieder um den Betrag $\frac{v^2}{l}$ unterhalb der Kolbenwegachse, wie Formel (33) für $\alpha = 90°$ ergibt. Sie schneidet die ohne Berücksichtigung des Störungsgliedes gezogene Gerade bei dem Kurbelwinkel $\alpha = 45°$, denn für ihn verschwindet das Störungsglied. Setzt man diesen Wert $\alpha = 45°$ in die Formel (31a) für den Kreuzkopfweg ein, so erhält man die in Fig. 44 eingetragenen Abschnitte. Aus diesen sechs leicht festzulegenden Punkten läßt sich die Kurve mit großer Genauigkeit zeichnen. Es ist eine Parabel, denn schreibt man $\cos 2\alpha = 1 - 2 \cdot \sin^2\alpha$ und entfernt aus den beiden Gleichungen (31a) und (33) $\sin^2\alpha$, so ergibt die erstere eine Bestimmungsgleichung für $\cos\alpha$. Wird der hieraus folgende Wert wieder in die Gleichung für p eingesetzt, so erhält man eine quadratische Gleichung zwischen p und x. Hiernach ist es ein Kegelschnitt; daß es eine Parabel sein muß, lehrt die Kurvenform ohne weiteres, was sich auch durch weitere Umformungen rechnerisch nachweisen läßt.

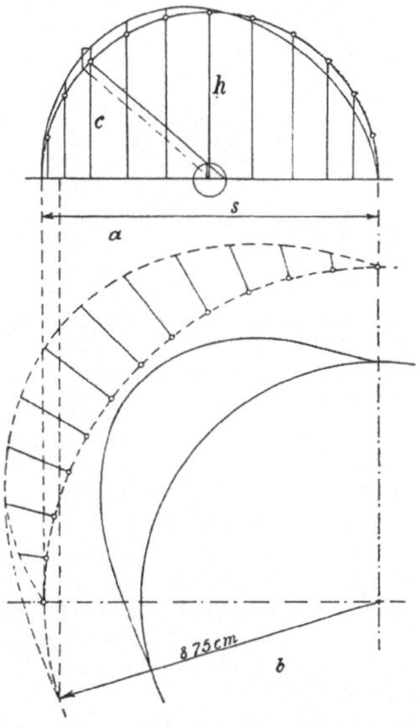

Beispiel 35. Anzugeben ist die Form des in Beispiel 25 berechneten Steuernockens für das Einlaßventil einer Gasmaschine, wenn gefordert wird, daß der Ventilhub in jeder Stellung der augenblicklichen Kolbengeschwindigkeit entspricht, daß also die Strömungsgeschwindigkeit des Gases sich nicht ändert.

Für die Maschine gilt das Schubstangenverhältnis $\frac{r}{l} = \frac{1}{5}$. Damit wird die Kolbengeschwindigkeit über dem Hub gemäß Fig. 43 aufgetragen, und zwar im Maßstab $r = 3{,}53$ m/sk. Dieselben Ordinaten sind gleichzeitig die Ventilerhebungen h im Maßstab $r = 2{,}2$ cm. Der Hub s des Kolbens wird vorteilhaft gleich dem Halbmesser des Mittelpunktkreises der Rolle der Ventilstange gezeichnet (Fig. 45). Der Halbkreisbogen der Fig. 45a wird nun in eine Anzahl gleicher Teile zerlegt und dieselbe Teilung auf dem Viertelkreisbogen der Fig. 45b abgemessen. Durch die letzteren Teilpunkte werden die Halbmesser gezogen und auf ihnen vom Bogen aus nach außen die im Verhältnis $\frac{2{,}2 \cdot 2}{8{,}75}$ verkleinerten Ordinaten der Fig. 45a abgetragen. Die entstandene Kurve ist die Bahn des Rollenmittelpunktes bis auf den Anfang mit der Voreinströmung, die nach Fig. 21 in Beispiel 25 zugefügt wird. Die mit dem Rollenhalbmesser in gleichem Abstand dazu gezogene Kurve ist die gesuchte Form des Nockens.

Fig. 45.

Beispiel 36. In einer liegenden Reihen-Verbunddampfmaschine von den Zylinderdurchmessern $D_1 = 33$ bzw. $D_2 = 60$ cm, dem gemeinsamen Hub $s = 66$ cm, den Kolbenstangendurchmessern $d_0 = 6{,}5$, $d_1 = 9$, $d_2 = 11$ cm, dem schädlichen Raum 7 v.H. im Hochdruckzylinder und 5 v.H. im Niederdruckzylinder, sowie dem Inhalt des Überströmrohres von 0,70 des Hubraumes des Hochdruckzylinders sollen die in der Mitte der Fig. 46 angegebenen Dampfdiagramme verwirklicht werden. Zu bestimmen ist der Verlauf des Dampfes in der Maschine.

Um dieselbe Breiteneinteilung der Fig. 46 für beide Kolbenseiten verwenden zu können, wird mit einem für die vorliegende Rechnung belanglosen Fehler berechnet: der mittlere Hubraum des Hochdruckzylinders

$$V_1 = \frac{\pi}{4} \cdot D_1^2 \cdot s \cdot \left[1 - \left(\frac{d_0 + d_1}{2 \cdot D_1}\right)^2\right] = \frac{\pi}{4} \cdot 3{,}3^2 \cdot 6{,}6 \cdot \left[1 - \left(\frac{1{,}55}{2 \cdot 3{,}3}\right)^2\right] = 53{,}3\,\text{dm}^3,$$

der mittlere Hubraum des Niederdruckzylinders

$$V_2 = \frac{\pi}{4} \cdot D_2^2 \cdot s \cdot \left[1 - \left(\frac{d_1 + d_2}{2 \cdot D_2}\right)^2\right]$$

$$= \frac{\pi}{4} \cdot 6{,}0^2 \cdot 6{,}6 \cdot \left[1 - \left(\frac{2{,}0}{2 \cdot 6{,}0}\right)^2\right] = 181{,}5\,\text{dm}^3 \sim 3{,}4 \cdot V_1,$$

der Inhalt des Zwischenaufnehmers

$$V_m = 0{,}70 \cdot V_1 = 37{,}3\ \text{dm}^3,$$

der des schädlichen Raumes im Hochdruckzylinder

$$V_0' = 0{,}07 \cdot V_1 = 3{,}7\ \text{dm}^3,$$

der des schädlichen Raumes im Niederdruckzylinder

$$V_0'' = 0{,}05 \cdot V_2 = 9{,}1\ \text{dm}^3.$$

Hierauf wird die Breiteneinteilung der Fig. 46 im Maßstab 1 mm = 3 dm³ gezeichnet.

Der über V_1 bzw. V_2 geschlagene Kreis wird in 24 gleiche Teile geteilt und entsprechend die senkrecht zur V-Achse nach unten verlaufende α-Achse in 24 gleiche Teile. Bei V_2 wird die letztere Teilung gegen die von V_1 um die Hälfte versetzt, da die Kurbelwinkel den Phasenabstand 180° haben. Bei dem Winkelunterschied 90° der beiden Zylinderkurbeln, wie bei Verbundmaschinen mit besonderem Kurbeltrieb für jeden Zylinder, hätte diese Versetzung um $\frac{1}{4} \cdot 2\pi$ zu geschehen. Aus den Mittelpunkten O_1 bzw. O_2 der Kurbelkreise werden die Halbmesser nach den einzelnen Teilpunkten gelegt und die hierzu Parallelen, aus dem um $\frac{1}{20}$ des Hubraumes nach der Kurbelseite verschobenen Brixschen Punkte bis an die Kreise gezogen, was bei der 24-Teilung mit Hilfe der Zeichendreiecke sehr bequem zu machen ist. Die so erhaltenen Kreispunkte werden auf die entsprechenden, durch die α-Teilung gezogenen Wagerechten heruntergelotet, was die Kolbenweglinie in Abhängigkeit vom Kurbelwinkel gemäß Formel (31) liefert[22].

Vom Punkt A_1, der der Voreinströmung von 1 v.H. entspricht, erfolgt die Füllung des Hochdruckzylinders mit Kesseldampf von i. M. 10,5 at absoluter Spannung bis zum Punkt E_1. Hier wird der Kesseldampf von der Steuerung abgesperrt und es folgt die Ausdehnung des Dampfes bis zum Eintritt der Vorausströmung F_1, die 10 v.H. des Hubes vor der Totlage liegt. In dem Augenblick wird der hintere Raum des Hochdruckzylinders mit dem Überströmrohr in Verbindung gebracht, und da der darin befindliche Dampf etwas niedrigere Spannung hat als der im Hochdruckzylinder, so findet bis zur Totlage B_1 des Kolbens ein entsprechender Spannungsabfall statt. Schon vorher hatte bei A_2 die ebenfalls 1 v.H. von V_2 betragende Voreinströmung in den Niederdruckzylinder begonnen, und die Überströmung des Dampfes geht bis zum Punkt E_2 des Niederdruckzylinders, dem die Stelle G_1 am Hochdruckzylinder entspricht. Der Dampf dehnt

[22]) Schröter, Z. d. V. d. I. 1884.

V_1
V_0
V_m
V_0''
V_2
E_2
F_2
B_2
A_2
O_2
δ_2
h_{max}
h
K_2
h'_{max}
F_1'
F_2''
A_2'
E_1
F_1
B_1
O_1
δ_1
A_1
K_1
G_1
A_1'
at
10
8
6
4
2
0

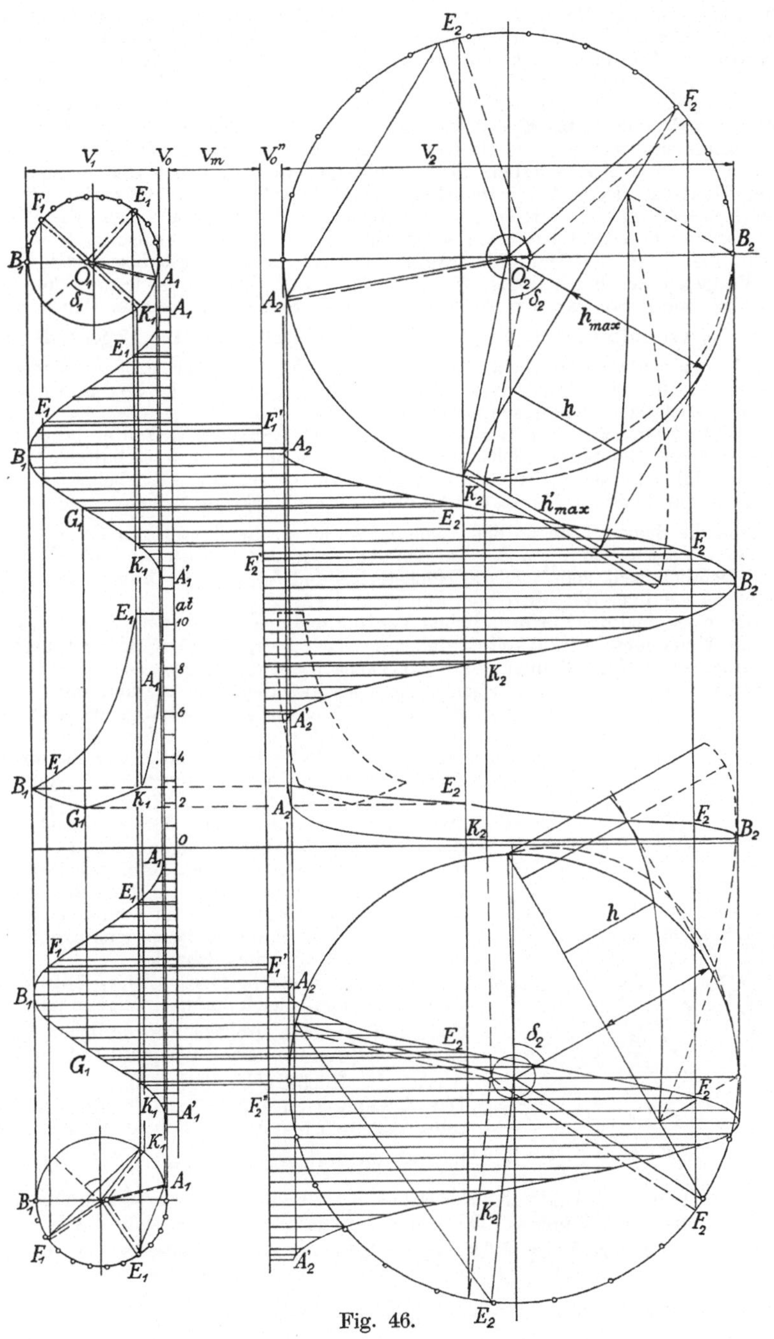

Fig. 46.

sich dabei von dem Raum F_1F_1' auf den Raum G_1E_2 aus, und sein Druck sinkt dementsprechend. Von E_2 bis F_2 findet Ausdehnung des im Niederdruckzylinder abgesperrten Dampfes statt und im Hochdruckzylinder und Zwischenbehälter Zusammendrückung zwischen G_1 und K_1. Hieran schließt sich im Hochdruckzylinder allein die Zusammendrückung von K_1 bis A_1; im Niederdruckzylinder erfolgt von F_2 über B_2 bis K_2 der Ausschub in den Kondensator und von K_2 bis A_2 die Zusammendrückung. Damit ist der Kreislauf auf der Deckelseite beendet.

Auf der Kurbelseite haben die Dampfdiagramme eigentlich die umgekehrte Lage. Einfacher ist es, sie in derselben beizubehalten und den Brixschen Punkt nach der Gegenseite zu verlegen, wie der untere Teil der Fig. 46 zeigt. Die Überströmräume werden infolgedessen etwas kleiner als auf der Deckelseite, ohne daß freilich die Form der Dampfdiagramme dadurch nennenswert beeinflußt wird. Der Vergleich der Kurbelkreise für Hin- und Rückgang ergibt ferner, daß zur Erzielung derselben Dampfverteilung auf beiden Seiten des Kolbens der Ventilschluß bei verschiedener Stellung der Kurbel erfolgen muß. Die Bögen $\widehat{AE}$ sind beim Hingang kleiner als beim Rückgang und die Bögen $\widehat{KF}$ größer. Dagegen ergeben sich für beide Zylinderseiten die gleichen Stellwinkel δ der Exzenter gegenüber der Mittellage der Maschinenkurbel.

Die Auslaßventile werden gewöhnlich unmittelbar vom Exzenter gesteuert, wobei nur die Bewegung dicht am Ventilsitz durch zwischengeschaltete Wälzhebel od. dgl. verändert wird. Man kann nun die gezeichneten Kurbelkreise auch als in entsprechendem Maßstab vergrößerte Exzenterkreise ansehen und erhält so durch die Senkrechten zu den Sehnen $\overline{FK}$ bis an die Kreisbögen $\widehat{FK}$ die auftretenden Ventilerhebungen h. In den Totlagen der Kolben sind die Ventile schon ziemlich weit geöffnet; die Höchsteröffnung h_{max} findet unter dem Stellwinkel δ gegenüber der Mittellage der Kurbel statt.

Die in jedem Punkt erforderlichen Ventilerhebungen werden bestimmt, indem man die Kolbengeschwindigkeiten, denen sie nach Beispiel 13 entsprechen, gemäß den Angaben zu Fig. 43 über der Kolbenwegachse aufzeichnet. Die zu den einzelnen Kurbelstellungen gehörigen Kolbengeschwindigkeiten werden dann von der Sehne FK aus in gleicher Länge aufgetragen, was die gestrichelte Kurve liefert. Diese wird jetzt durch Verkleinerung aller Ordinaten in demselben Verhältnis so umgezeichnet, daß sie erst an einer bestimmten, einigermaßen der Wahl unterliegenden Stelle h den Kreisbogen der wirklichen Ventilerhebungen schneidet. Von dort an findet eine gewisse, beim Ventilschluß unvermeidliche Drosselung des Dampfes statt, die im Niederdruckzylinder früher eintreten kann als im Hochdruckzylinder, da sie eine Erhöhung der Zusammendrückung bewirkt.

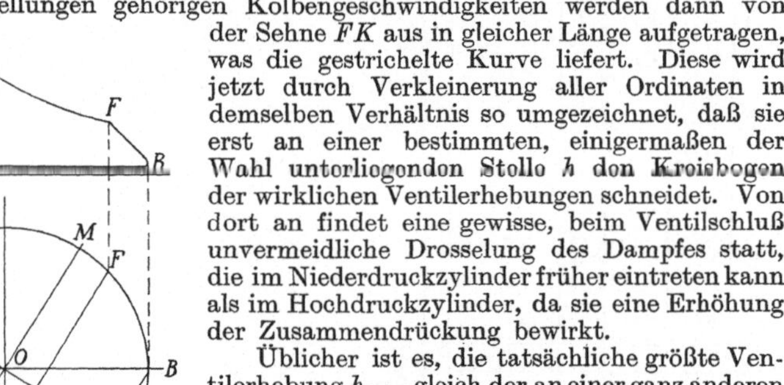

Fig. 47.

Üblicher ist es, die tatsächliche größte Ventilerhebung h_{max} gleich der an einer ganz anderen Stelle auftretenden größten erforderlichen h'_{max} zu machen (Fig. 46). Nach Beispiel 13 ist für den Auslaß des Hochdruckzylinders $h'_{max} = 1{,}5$ cm. Der Zeichnung entnimmt man für die Kurbelseite $h_{max} = 7{,}5$ mm. Es ist also die Ventilerhebung im Maßstabe $1 \text{ mm} = \frac{1{,}5}{7{,}5} = 0{,}20$ cm gezeichnet, und man erhält als erforderlichen Halbmesser der Exzenterkurbel aus der Zeichnung $r = 8{,}9 \text{ mm} = 8{,}9 \cdot 0{,}20 \backsim 1{,}8$ cm. Für den Auslaß des Niederdruckzylinders liefert Beispiel 13 $h'_{max} = 2{,}45$ cm, die Kurbelseite der Fig. 46 $h_{max} = 16{,}1$ mm. Damit wird der erforderliche Halbmesser des Antriebsexzenters nach der Zeichnung $r = 30{,}3 \cdot \frac{2{,}45}{16{,}1} = 4{,}6$ cm, wenn die etwa eingeschaltete Hebelübersetzung das Verhältnis 1 : 1 hat. Die Bestimmung wird nur für den Auspuff auf der Kurbelseite vorgenommen, wo die Kurbelgeschwindigkeit am größten ist; für die Deckelseite ist die Ventilerhebung bei gleicher Ausführung dann etwas größer als nötig. In Fig. 46 ist sie zur Klarlegung aller Verhältnisse auch für die Deckelseite aufgezeichnet worden.

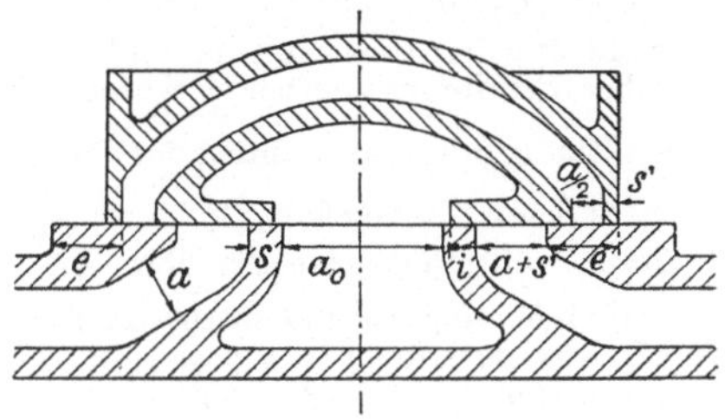

Fig. 48.

Beispiel 37. Es soll das Dampfdiagramm der Fig. 47 durch eine Schiebersteuerung verwirklicht werden. Anzugeben sind die Abmessungen des betreffenden Schiebers und Exzenters.

Schieber werden höchstens bei stehenden Dampfmaschinen unsymmetrisch ausgeführt, um die Gewichtswirkung des Kolbens usw. durch eine größere Füllung auf der Unterseite auszugleichen. Gewöhnlich berechnet man sie ohne Berücksichtigung der durch die endliche Länge der Schubstange hervorgebrachten Störung. Es werden also die Hauptpunkte des Dampfdiagramms unmittelbar auf den Kurbelkreisumfang heruntergelotet.

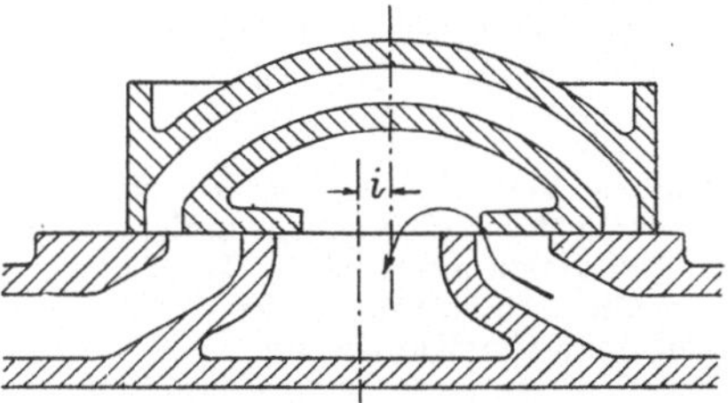

Fig. 49.

Sie sind nun nicht unabhängig voneinander wie bei Ventilsteuerungen, sondern da die den Auspuff steuernden Innenkanten des Schiebers (Fig. 48) in derselben Richtung bewegt werden wie die den Einlaß steuernden Außenkanten, so müssen die Sehnen AE und KF der Fig. 47 parallel zueinander und senkrecht zu der die Schieberbewegung darstellenden Geraden SS sein. Die Schiebermittellinie MM ist in der Zeichnung gegen die Totlage der Kurbel um den Voreilwinkel δ nach rückwärts verschoben. In Wirklichkeit ist das Exzenter so aufzukeilen, daß sein Kurbelarm der Hauptkurbel um $90 + \delta°$ voreilt. Denn wenn die Kurbel sich aus der Totlage BO in die Lage SO gedreht hat, muß der Schieber seinen größten Ausschlag in der Bewegungsrichtung des Kolbens erreicht haben.

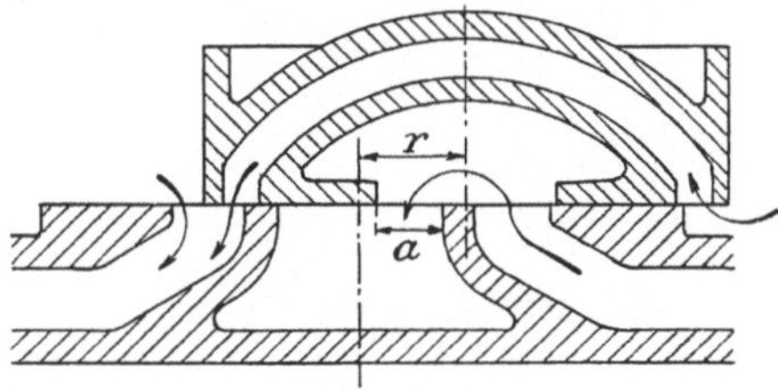

Fig. 50.

Um den Auspuff freizugeben, muß der Schieber aus der Mittelstellung (Fig. 48) um die innere Überdeckung i verschoben werden (Fig. 49). Bei weiterer Verschiebung um den Betrag a ist die erforderliche Kanalweite völlig freigegeben, oft läuft der Schieber aber noch um einen Überschleif m darüber hinaus (Fig. 50). Der Gesamtausschlag nach einer Seite ist also gemäß dem Schieberdiagramm der Fig. 47 [23]) $r = i + a + m$.

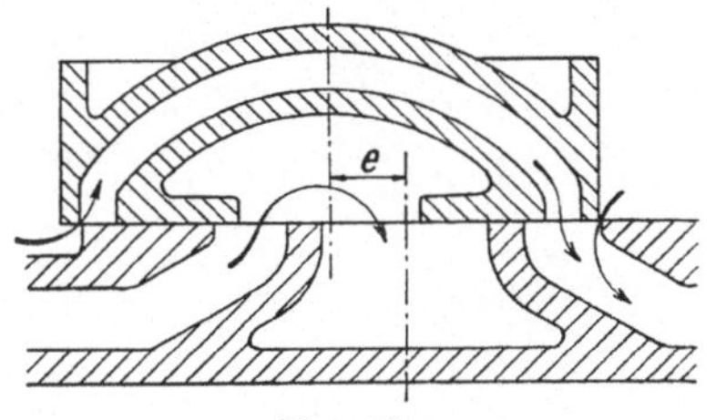

Fig. 51.

[23]) Müller, Reuleaux; Seemann, Die Müllerschen Schieberdiagramme, 1881.

Die Weite a_0 der Auspufföffnung im Schieberspiegel ist dadurch bestimmt, daß in der äußersten Lage des Schiebers (Fig. 50) noch die Öffnung a frei sein muß. Dem Vergleich mit Fig. 48 entnimmt man so die Beziehung: $a + r + i = a_0 + s$.

Beim Dampfeinlaß wäre der Schieberweg um die äußere Überdeckung e (Figg. 48 und 51) sehr lang im Verhältnis zur Kanalweite a (Fig. 47), wenn mit einfacher Eröffnung gearbeitet würde wie etwa beim Auspuff. Es wird deshalb die Eröffnung durch Anordnung des Trickschen Überströmkanales von der Weite $\frac{a}{2}$ in der äußeren Überdeckung e verdoppelt, so daß im Schieberdiagramm (Fig. 47) als Kanaleröffnungskurve die über $\overline{AE}$ errichtete Ellipse entsteht, deren Ordinaten doppelt so groß sind als die Abstände des Kreisbogens $\widehat{AE}$ von seiner Sehne. Es gilt also hierfür $r = e + \frac{1}{2}a + n$, worin der Überschleif n immer ziemlich klein genommen wird. Die entsprechende Schieberstellung zeigt die Fig. 50.

Ist etwa gegeben der Kolbendurchmesser $D = 60$ cm, der Kolbenhub $s = 66$ cm, die Umlaufzahl in der Minute $n = 105$, so gilt entsprechend Beispiel 13 für den Schieberkanal von der Weite a und der Länge $b \sim 0{,}75 \cdot D = 45$ cm bei der größten Dampfgeschwindigkeit c

$$\frac{\pi}{4} \cdot D^2 \cdot \frac{\pi \cdot s \cdot n}{60} = a \cdot b \cdot c\,,$$

worin die Verkleinerung der Kolbenfläche durch die Kolbenstange und die Vergrößerung der Kolbengeschwindigkeit durch die endliche Länge der Schubstange sich fast genau ausgleichen. Wird hier bei gesättigtem Dampf mit Rücksicht auf die großen Abmessungen des Zylinders $c = 50$ m/sk angesetzt (Beispiel 13), so erhält man die Kanalweite

$$a = \frac{\pi^2 \cdot D^2 \cdot s \cdot n}{4 \cdot 60 \cdot 0{,}75 \cdot D \cdot c} = \frac{0{,}055}{c} \cdot D \cdot s \cdot n = \frac{0{,}055 \cdot 60 \cdot 66 \cdot 105}{5000} = 4{,}8 \text{ cm.}$$

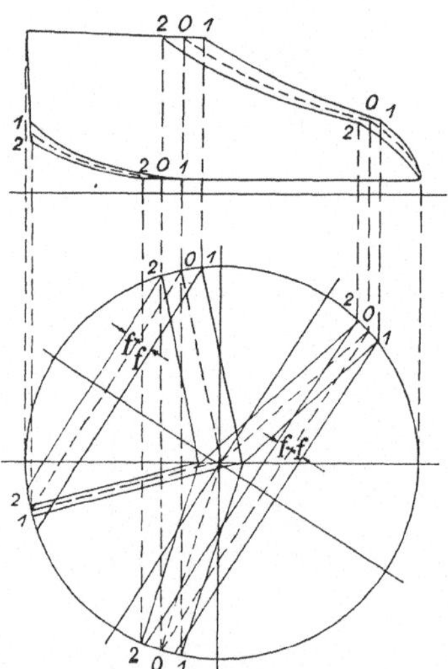

Fig. 52.

Der Fig. 47 wird entnommen $a = 24$ mm. Damit ergibt sich der Maßstab des Schieberdiagramms zu 1 mm $= \frac{4{,}8}{24} = 0{,}2$ cm. Es ist somit

$a = 24$ mm $= 4{,}8$ cm
$e = 27{,}5$ „ $= 5{,}5$ „
$i = 10{,}5$ „ $= 2{,}1$ „
$r = 40$ „ $= 8{,}0$ „

Wenn der Schieberspiegel nicht parallel zur Mittelachse des Dampfzylinders liegt, sondern um einen Winkel γ dazu geneigt, so ist beim Aufkeilen der aus der Zeichnung entnommene Voreilwinkel des Exzenters in $\delta \pm \gamma$, je nach der Richtung von γ, zu ändern.

Der so erhaltene Schieber liefert jedoch eine ziemlich ungleichmäßige Dampfverteilung, wie die Fig. 52 lehrt. Statt des mit 0 bezeichneten Dampfdiagramms entsteht beim Schubstangenverhältnis $\frac{r}{l} = \frac{1}{5}$ auf der Deckelseite des Kolbens das wesentlich größere mit 1 bezeichnete und auf der Kurbelseite das kleinere 2. Der Fehler wird gewöhnlich dadurch ausgeglichen, daß man den ganzen Schieber um einen bestimmten Betrag $f = 1{,}5$ mm in der Zeichnung, $f = 0{,}3$ cm in der Ausführung nach der Deckelseite hin verschiebt. Dadurch wird dort die äußere Überdeckung auf $e + f$ vergrößert und die innere auf $i - f$ verkleinert. Umgekehrt wird auf der Kurbelseite die äußere Überdeckung auf $e - f$ herabgesetzt und die innere auf $i + f$ erhöht. Man erhält so beiderseits die gleiche Füllung und annähernd gleiche Zusammendrückung und Vorausströmung. Jedoch fällt die Voreinströmung jetzt recht verschieden aus, so daß auf der Deckelseite die Voreröffnung des Kanals ziemlich klein ist, weshalb man oft f etwas kleiner nimmt als angegeben.

Bei dem schiefen Schubkurbelgetriebe ist die Achse des Schiebers bzw. Kolbens um einen Betrag a aus der Mitte des Kurbelkreises verschoben (Fig. 53).

Für den Kolbenweg gilt beim Hingang (auf der Deckelseite) gemäß Fig. 53a

$$x = +\sqrt{(l + r)^2 - a^2} - (l \cdot \cos\beta + r \cdot \cos\alpha)$$

und beim Rückgang (auf der Kurbelseite) gemäß Fig. 53b

$$x = -\sqrt{(l + r)^2 - a^2} + (l \cdot \cos\beta - r \cdot \cos\alpha).$$

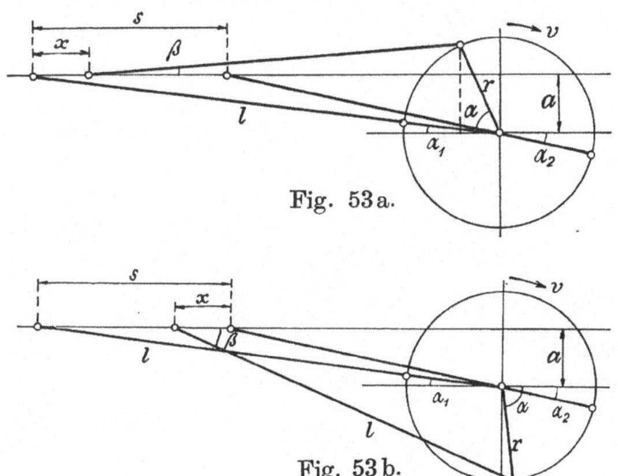

Fig. 53a.

Fig. 53b.

Um den Winkel β zu beseitigen, entnimmt man den Fig. 53

$$l \cdot \sin\beta = a \mp r \cdot \sin\alpha.$$

Hieraus folgt mit $\cos\beta = \sqrt{1 - \sin^2\beta}$ nach Auflösung der Wurzel in eine Reihe, von der nur die ersten beiden Glieder genommen werden, weil die folgenden schon verschwindend klein sind (Formel 20 in Bd. I)

$$\cos\beta = 1 - \frac{1}{2} \cdot \left(\frac{a}{l} \pm \frac{r}{l} \cdot \sin\alpha\right)^2.$$

Setzt man ebenso

$$\sqrt{(l \pm r)^2 - a^2} = l \cdot \sqrt{1 \pm 2\frac{r}{l} + \frac{r^2}{l^2} - \frac{a^2}{l^2}}$$

$$= l \cdot \left[1 + \frac{1}{2} \cdot \left(\pm \frac{2r}{l} + \frac{r^2}{l^2} - \frac{a^2}{l^2}\right) - \frac{1}{8} \cdot \left(\pm \frac{2r}{l} + \frac{r^2}{l^2} - \frac{a^2}{l^2}\right)^2\right],$$

so ergibt sich leicht

$$x = r \cdot \left(1 - \cos\alpha - \frac{a}{l} \cdot \sin\alpha \pm \frac{1}{2} \cdot \frac{r}{l} \cdot \sin^2\alpha\right), \qquad (34)$$

worin das obere Vorzeichen des Störungsgliedes für die Deckelseite, das untere für die Kurbelseite gilt.

Zeichnerisch erhält man den zu einem bestimmten Kurbelwinkel α gehörigen Kolbenweg $x = \overline{BB_1}$ bzw. $\overline{BB_2}$ oder beim Rückgang $x = \overline{B'B_2}$ bzw. $\overline{B'B_1}$ nach den Angaben der Fig. 54, indem man um den Brixschen Punkt einen Kreis mit dem Halbmesser $\frac{a}{l} \cdot r$ legt und daran die Tangenten bis zu den Punkten A auf dem Kurbelkreis zieht, die auf die Achse nach B_1 bzw. B_2 heruntergelotet werden.

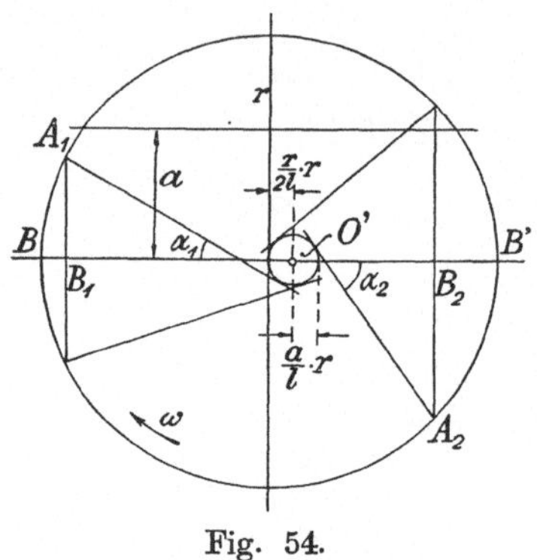

Fig. 54.

Liegt der Abstand a auf der Seite des Rückganges der Kurbel, so kehrt sich in der Formel (34) sein Vorzeichen um, und in der Zeichnung fällt der Pol O' auf die andere Seite der senkrechten Mittelachse. Der Hub des Kolbens beträgt gemäß der Fig. 53

$$s = +\sqrt{(l+r)^2 - a^2} - \sqrt{(l-r)^2 - a^2}. \qquad (35)$$

Die Auflösung der Wurzeln ergibt bei den üblichen Abmessungen dieser Getriebe mit vollkommener Genauigkeit

$$s = (l + r) \cdot \left[1 - \frac{1}{2} \cdot \left(\frac{a}{l+r}\right)^2\right] - (l - r) \cdot \left[1 - \frac{1}{2} \cdot \left(\frac{a}{l-r}\right)^2\right]$$

oder nach Ausrechnung der Klammermultiplikationen

$$s = 2r - \frac{1}{2} \cdot \frac{a^2}{l+r} + \frac{1}{2} \cdot \frac{a^2}{l-r} = 2r \cdot \left(1 + \frac{1}{2} \cdot \frac{a^2}{l^2 - r^2}\right). \qquad (35a)$$

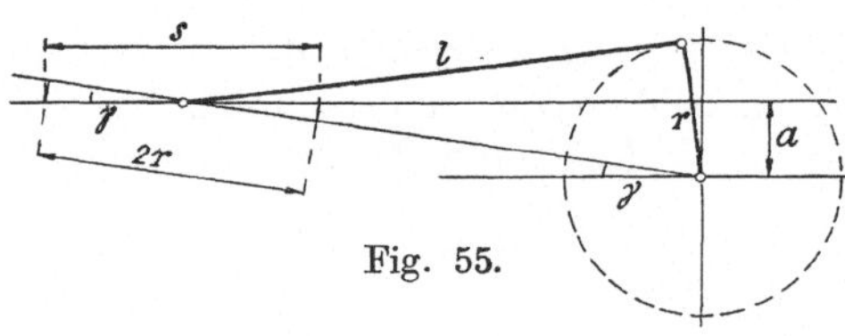

Fig. 55.

Der Hub s ist demnach größer als der Kurbelkreisdurchmesser $2r$.

Man entnimmt ferner der Fig. 55 sofort

$$s = \frac{2r}{\cos\gamma}. \qquad (36)$$

Der Antrieb durch eine schiefe Schubkurbel vom Halbmesser r erfolgt wie durch eine gerade vom Halbmesser $\frac{r}{\cos\gamma}$, wenn γ den Neigungswinkel des Antriebes bei Mittelstellung des Schiebers angibt (vgl. Bd. II, Beispiel 8).

Für die Winkel der beiden Totlagen $\alpha_1 = \beta_1$ bzw. $\alpha_2 = \beta_2$ entnimmt man der Fig. 53

$$\sin\alpha_1 = \frac{a}{l+r} = \frac{a}{l\cdot\left(1+\frac{r}{l}\right)},$$

$$\sin\alpha_2 = \frac{a}{l-r} = \frac{a}{l\cdot\left(1-\frac{r}{l}\right)}. \tag{37}$$

Durch eine der auf S. 34 genau entsprechende Rechnung folgt ferner die Kolbengeschwindigkeit

$$c = v\cdot\left(\sin\alpha - \frac{a}{l}\cdot\cos\alpha \pm \frac{1}{2}\cdot\frac{r}{l}\cdot\sin 2\alpha\right), \tag{38}$$

die Kolbenbeschleunigung

$$p = \frac{v^2}{r}\cdot\left(\cos\alpha + \frac{a}{l}\cdot\sin\alpha \pm \frac{r}{l}\cdot\cos 2\alpha\right). \tag{39}$$

Beispiel 38. Für einen Kraftwagenmotor vom Kurbelhalbmesser $r = 0{,}10$ m, der mit $n = 900$ Umdrehungen in der Minute läuft, ist der Verlauf der Kolbenbeschleunigung anzugeben für das Schubstangenverhältnis $\frac{r}{l} = \frac{1}{4{,}5}$ und $\frac{1}{3{,}8}$ bei dem geraden Schubkurbelgetriebe und für das Schubstangenverhältnis $\frac{r}{l} = \frac{1}{3{,}8}$ bei dem schiefen mit der Schränkung $\frac{a}{r} = 0{,}4$ bzw. $0{,}6$.

Die Winkelgeschwindigkeit der Kurbel beträgt

$$\omega = \frac{\pi\cdot 900}{30} = 94{,}25 \text{ 1/sk},$$

also

$$\frac{v^2}{r} = r\cdot\omega^2 = 888 \text{ m/sk}^2.$$

α^0	0	20	40	60	80	100	120	140	160	180
$\cos\alpha$	+1	+0,9397	+0,7660	+0,5000	+0,1737	−0,1737	−0,5000	−0,7660	−0,9397	−1
$\cos 2\alpha$	+1	+0,7660	+0,1737	−0,5000	−0,9397	−0,9397	−0,5000	+0,1737	+0,7660	+1
$\sin\alpha$	0	+0,3420	+0,6428	+0,8660	+0,9848	+0,9848	+0,8660	+0,6428	+0,3420	0
$\cos 2\alpha : 4{,}5$	+0,2222	+0,1702	+0,0386	−0,1111	−0,2088	−0,2088	−0,1111	+0,0380	+0,1702	+0,2222
$\cos 2\alpha : 3{,}8$	+0,2632	+0.1755	+0.0457	−0,1316	−0,2473	−0,2473	−0,1316	+0,0457	+0,1755	+0,2632
$0{,}1053\cdot\sin\alpha$	0	+0,0360	+0,0677	+0,0912	+0,1037	+0,1037	+0.0912	+0,0677	+0.0360	0
$0{,}1579\cdot\sin\alpha$	0	+0,0540	+0,1015	+0,1367	+0,1555	+0,1555	+0,1367	+0,1015	+0,0540	0
$\frac{r}{v^2}\cdot p$ 4,5	+1,2222	+1,1099	+0.8046	+0,3889	−0,0351	−0,3825	−0,6111	−0,7274	−0,7695	−0,7778
3,8	+1,2632	+1,1152	+0,8117	+0,3684	−0,0736	−0,4210	−0,6316	−0,7203	−0,7642	−0,7368
0,4	+1,2632	+1,1512	+0,8794	+0,4596	+0,0301	−0,3173	−0,5404	−0,6526	−0,7282	−0,7218
0,6	+1,2632	+1,1692	+0,9132	+0,5051	+0,0619	−0,2655	−0,4949	−0,6188	−0,7102	−0,7368
p 4,5	+1085	+986	+705	+345	−31	−340	−542	−646	−683	−690
3,8	+1121	+991	+721	+327	−65	−374	−561	−640	−649	−654
0,4	+1121	+1022	+781	+408	+27	−282	−480	−580	−647	−654
0,6	+1121	+1038	+811	+449	+55	−236	−440	−549	−631	−654

Ferner ist

$$\frac{a}{l} = \frac{a}{r} \cdot \frac{r}{l} = \frac{1}{3{,}8} \cdot 0{,}4 = 0{,}1053$$

$$\text{bzw.} \quad \frac{1}{3{,}8} \cdot 0{,}6 = 0{,}1579\,.$$

Damit ergibt sich die Zusammenstellung auf S. 45:

Beispiel 39. Statt von einer gegebenen Beschleunigungs- oder Geschwindigkeitskurve auszugehen (Beispiel 25 und 35), setzt man den Steuernocken von Gasmaschinen oft aus zwei Geraden und einem dazwischenliegenden Kreisbogen

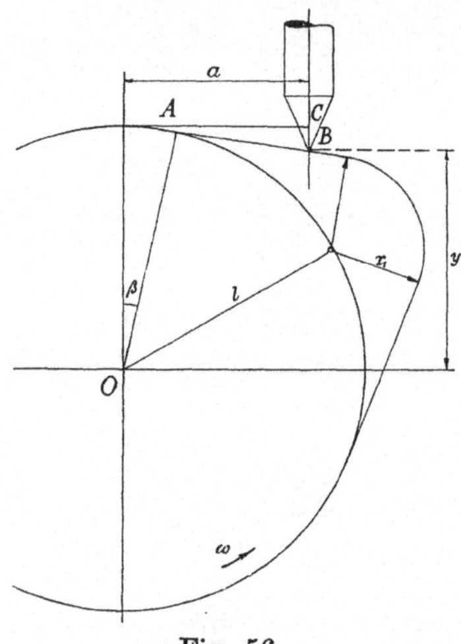

Fig. 56.

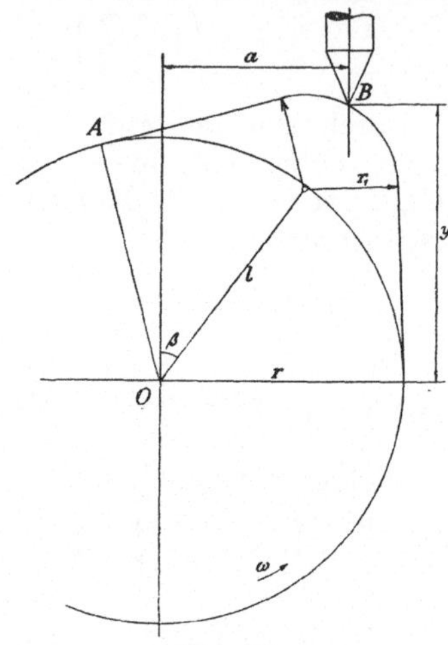

Fig. 58.

zusammen. Hierfür ist die Beschleunigung des Punktes B der Steuerstange anzugeben, wenn die Welle O mit der gleichbleibenden Winkelgeschwindigkeit ω umläuft und eine Schränkung um den Betrag a besteht (Fig. 56).

Mit den Bezeichnungen der Fig. 56 ergibt sich, solange das gerade Stück der Nockenform wirkt,

$$y = \overline{OA} \cdot \cos\beta - \overline{BC} = \overline{OA} \cdot \cos\beta - \overline{AC} \cdot \operatorname{tg}\beta$$

oder mit $\overline{OA} = r$, $\overline{AC} = a - r \cdot \sin\beta$

$$y = r \cdot \cos\beta - (a - r \cdot \sin\beta) \cdot \operatorname{tg}\beta = r \cdot \left(\frac{1}{\cos\beta} - \frac{a}{r} \cdot \operatorname{tg}\beta\right). \tag{40}$$

Die Geschwindigkeit der Steuerstange folgt hieraus mit $dt = \frac{d\beta}{\omega}$ zu

$$c = -r \cdot \omega \cdot \left(\frac{\sin\beta}{\cos^2\beta} - \frac{a}{r} \cdot \frac{1}{\cos^2\beta}\right) = -\frac{r \cdot \omega}{\cos^2\beta} \cdot \left(\sin\beta - \frac{a}{r}\right), \tag{41}$$

und entsprechend erhält man die Beschleunigung

$$p = \frac{dc}{dt} = -\omega \cdot \frac{dc}{d\beta} = r \cdot \omega^2 \cdot \left[\frac{-2}{\cos^2\beta} \cdot (-\sin\beta) \cdot \left(\sin\beta - \frac{a}{r}\right) + \frac{1}{\cos^2\beta} \cdot \cos\beta\right]$$

oder

$$p = r \cdot \omega^2 \cdot \left(\frac{2}{\cos^3\beta} - \frac{1}{\cos\beta} - 2\frac{a}{r} \cdot \frac{\sin\beta}{\cos^3\beta}\right). \tag{42}$$

Den Verlauf des Ausdruckes $\frac{2}{\cos^2\beta} - \frac{1}{\cos\beta}$ stellt die Kurve *a* der Fig. 57 in Abhängigkeit von β dar, den Verlauf des letzten Klammergliedes die Kurven *b* für verschiedene Werte von $\frac{a}{r}$ [11]. Die Kurven lassen deutlich den Vorteil einer größeren Schränkung des Triebes erkennen, die die Beschleunigung verringert.

Läuft die Steuerstange auf dem kreisförmigen Teil des Nockens (Fig. 58), so ergibt sich

$$y = l \cdot \cos\beta + \sqrt{r_1^2 - (a - l \cdot \sin\beta)^2}. \tag{43}$$

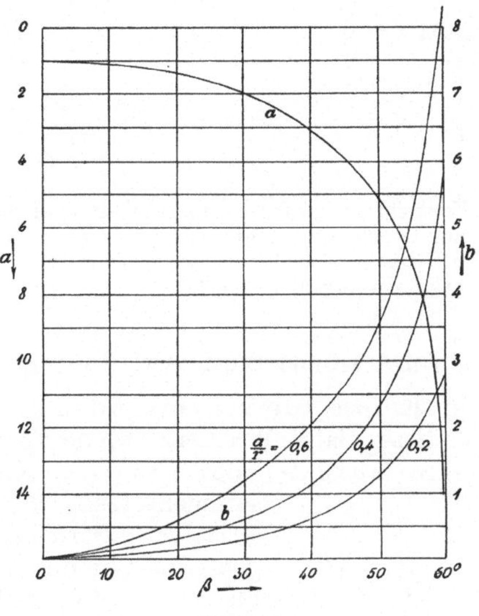

Fig. 57.

Hieraus folgt die Geschwindigkeit der Steuerstange wie oben

$$c = -\,l \cdot \omega \cdot \left[-\sin\beta + \frac{-2 \cdot \left(\frac{a}{l} - \sin\beta\right) \cdot (-\cos\beta)}{\sqrt{\left(\frac{r_1}{l}\right)^2 - \left(\frac{a}{l} - \sin\beta\right)^2}}\right] \tag{44}$$

und die Beschleunigung

$$p = l \cdot \omega^2 \cdot \left[-\cos\beta + \frac{2 \cdot \left(\frac{a}{l} - \sin\beta\right)}{\left[\left(\frac{r_1}{l}\right)^2 - \left(\frac{a}{l} - \sin\beta\right)^2\right]^{\frac{1}{2}}} \cdot \left(-\frac{\sin\beta}{\cos\beta} - \frac{\cos\beta}{\frac{a}{l} - \sin\beta}\right.\right.$$

$$\left.\left. - \frac{-2 \cdot \left(\frac{a}{l} - \sin\beta\right) \cdot (-\cos\beta)}{2 \cdot \left[\left(\frac{r_1}{l}\right)^2 - \left(\frac{a}{l} - \sin\beta\right)^2\right]^{\frac{3}{2}}}\right)\right]$$

oder

$$p = -2 \cdot l \cdot \omega^2 \cdot \left[\frac{\cos\beta}{2} + \frac{\left(1 + 4\cos^2\beta + \frac{a}{l}\sin\beta\right)}{\sqrt{\left(\frac{r_1}{l}\right)^2 - \left(\frac{a}{l} - \sin\beta\right)^2}} + \frac{\cos\beta \cdot \left(\frac{a}{l} - \sin\beta\right)}{\left[\left(\frac{r_1}{l}\right)^2 - \left(\frac{a}{l} - \sin\beta\right)^2\right]^{\frac{3}{2}}} \right]. \quad (45)$$

Der größte Wert ist für $\beta = 0$

$$p_{\max} = -2 \cdot l \cdot \omega^2 \cdot \left[\frac{1}{2} + \frac{5}{\sqrt{\left(\frac{r_1}{l}\right)^2 - \left(\frac{a}{l}\right)^2}} + \frac{\frac{a}{l}}{\left[\left(\frac{r_1}{l}\right)^2 - \left(\frac{a}{l}\right)^2\right]^{\frac{3}{2}}} \right]. \quad (45\text{a})$$

Wenn auch die Formeln leicht niederzuschreiben sind, so ist eine Übersicht über die Ergebnisse nur durch die zeichnerische Veranschaulichung zu erreichen. Bemerkt sei noch, daß die untersuchte Kurve der in den Figg. 21 und 45 gestrichelten Äquidistanten zur eigentlichen Nockenform entspricht.

6. Die Zusammensetzung von Bewegungen.

Bewegt sich ein Körper fortschreitend auf einer bestimmten Bahn und erfährt diese Bahn ihrerseits wieder eine Bewegung, so ergibt sich die wahre (absolute) Bewegung des Körpers durch Zusammensetzen der beiden Einzel- (relativen) Bewegungen. Im Grunde genommen sind alle Bewegungen, die wir verfolgen können, Relativbewegungen[24]). Jedoch faßt man bei allen Aufgaben der technischen Praxis die Erde und mit ihr festverbundene Teile stets als ruhend auf.

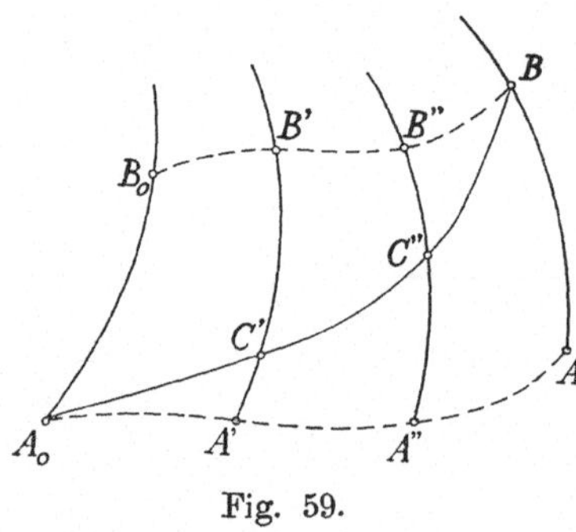

Fig. 59.

Im Fall der Fig. 59 ist die eine Relativbewegung diejenige des Punktes A_0 nach B_0 und die zweite die der Bahn A_0B_0 nach AB. Durch Verfolgen beider Bewegungen erhält man zu bestimmten Zeiten 0, t_1, t_2, t die absoluten Lagen A_0, C', C'', B des Körpers und kann so bei hinreichend dichter Folge der festgelegten Punkte die gezeichnete absolute Bahn des Körpers darstellen.

Es bewege sich ein Punkt auf der Geraden AB mit der gleichförmigen Geschwindigkeit v_1 und die Gerade AB parallel zu sich selbst derart, daß der Punkt A den geraden Weg AC mit der gleichförmigen Geschwindigkeit v_2 zurücklegt und entsprechend der Punkt B den geraden

[24]) Euler, Theoria motus corporum solidorum seu rigidorum, 1765.

Weg BD mit derselben Geschwindigkeit (Fig. 60). Nach einer bestimmten Zeit t_1 ist dann der Punkt auf dem Wege AB nach B_1 gekommen und die Gerade AB nach C_1D_1; die absolute Lage des Punktes ist also E_1. Nach einer anderen Zeit t_2 ergibt sich ebenso die absolute Lage E_2 des Punktes. Es gelten nun die Zusammenhänge

$$\frac{\overline{AB_1}}{\overline{AB_2}} = \frac{v_1 \cdot t_1}{v_1 \cdot t_2} = \frac{t_1}{t_2},$$

$$\frac{\overline{AC_1}}{\overline{AC_2}} = \frac{v_2 \cdot t_1}{v_2 \cdot t_2} = \frac{t_1}{t_2},$$

also auch

$$\frac{\overline{AB_1}}{\overline{AB_2}} = \frac{\overline{AC_1}}{\overline{AC_2}} = \frac{\overline{B_1E_1}}{\overline{B_2E_2}},$$

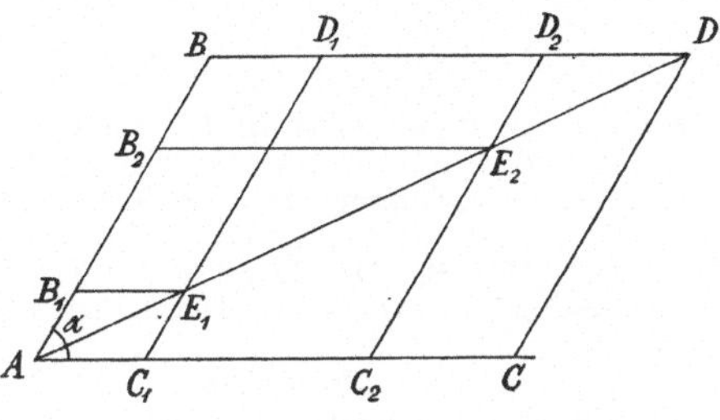

Fig. 60.

da die AC und BE gegenüberliegende Seiten in je einem Parallelogramm sind. Hieraus folgt nun, daß die Dreiecke AB_1E_1 und AB_2E_2 einander ähnlich sind. Weil aber AB_1 und AB_2 auf derselben Geraden liegen, so müssen es auch die zweiten, den gleichen Winkel einschließenden Seiten AE_1 und AE_2. Ferner gilt hiernach der Zusammenhang

$$\frac{\overline{AE_1}}{\overline{AE_2}} = \frac{\overline{AB_1}}{\overline{AB_2}} = \frac{t_1}{t_2}:$$

Sind beide Relativbewegungen geradlinig und gleichförmig, so ist es auch die absolute Bewegung.

Die geraden Relativwege AB und AC setzen sich demnach zu dem geraden absoluten Weg AE zusammen. Werden diese Wege durch die zu ihrer Zurücklegung gebrauchte gleiche Zeit t dividiert, so erhält man die entsprechenden Geschwindigkeiten. Nach dem Kosinussatz ergibt sich also die absolute Geschwindigkeit aus

$$v^2 = v_1^2 + v_2^2 + 2 \cdot v_1 \cdot v_2 \cdot \cos\alpha\,. \qquad (46\text{a})$$

Für $\alpha = 90°$ geht diese Formel über in

$$v^2 = v_1^2 + v_2^2\,, \qquad (46\text{b})$$

und für $\alpha = 0$ wird

$$\pm v = \pm v_1 \pm v_2\,. \qquad (46\text{c})$$

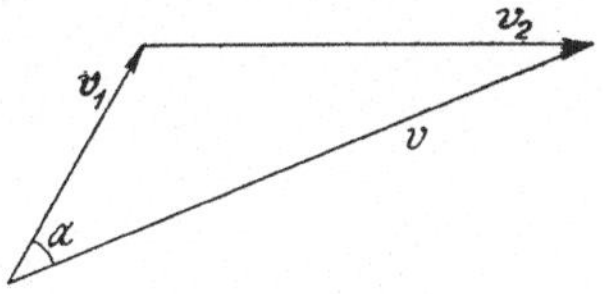

Fig. 61.

Je nach der Richtung der Bewegung addieren bzw. subtrahieren sich die in derselben Geraden wirkenden Relativgeschwindigkeiten algebraisch. Im Gegensatz hierzu bezeichnet man die Zusammensetzung nach dem Geschwindigkeitsdreieck gemäß den Formeln (46a) und (46b) als geometrische Addition (Fig. 61). Es gelten dafür sinngemäß alle in

Bd. I für die Zusammensetzung und Zerlegung von Kräften gemachten Angaben.

Die vorstehenden Darlegungen sind nicht ganz genau. Für die Formel (46c) ist eigentlich zu setzen[25])

$$\pm v = \frac{\pm v_1 \pm v_2}{1 + \frac{(\pm v_1) \cdot (\pm v_2)}{c^2}},$$

worin c die unveränderliche Lichtgeschwindigkeit im leeren Raum ist. Man bemerkt sofort, daß diese Verbesserung selbst für die größten bei technischen Anwendungen vorkommenden Geschwindigkeiten verschwindet.

Beispiel 40. Die Länge eines vorüberfahrenden Baumstammes ist durch Abschreiten zu ermitteln. Die Länge eines Schrittes beträgt im Durchschnitt 0,80 m.

Fährt der betreffende Wagen mit der Geschwindigkeit v_1 m/sk und ist die Geschwindigkeit des Abschreitenden v_2 m/sk, so ist, wenn der Abschreitende den Stamm von hinten überholt, die Relativgeschwindigkeit beider in derselben Richtung verlaufender Bewegungen $v_2 - v_1$, also die Stammlänge $s = (v_2 - v_1) \cdot t_1$, worin t_1 die zum Abschreiten erforderliche Zeit angibt.

Beim Abschreiten in entgegengesetzter Richtung ist die Relativgeschwindigkeit $v_2 + v_1$, die Länge also $s = (v_2 + v_1) \cdot t_2$, worin t_2 die jetzt erforderliche Zeit darstellt.

Durch Gleichsetzen der beiden Ausdrücke für s erhält man

$$\frac{v_1}{v_2} = \frac{t_1 - t_2}{t_1 + t_2}.$$

Wird das sich hieraus ergebende v_1 in die zweite Gleichung für s eingesetzt, so folgt

$$s = v_2 \cdot \frac{2 \cdot t_1 \cdot t_2}{t_1 + t_2}.$$

Statt die Zeiten mit der Uhr zu messen, kann man sie durch Zählen der bei gleichbleibender Geschwindigkeit v_2 zurückgelegten Schritte von bekannter Länge angeben. Ist z. B. beim Überholen die Anzahl der Schritte 92 gewesen und beim Zurückschreiten 19, so beträgt die Länge des Stammes

$$s = 0{,}80 \cdot \frac{2 \cdot 92 \cdot 19}{92 + 19} = 25{,}4 \text{ m}.$$

Beispiel 41. Ein Ruderboot, dessen Fahrtgeschwindigkeit $v_1 = 1{,}2$ m/sk beträgt, wird senkrecht zur Strömungsrichtung über einen Fluß von $s = 240$ m Breite gesteuert, dessen Wasser an der Oberfläche die Geschwindigkeit $v_2 = 1{,}0$ m/sk hat. Anzugeben ist, wie weit das Boot abgetrieben wird.

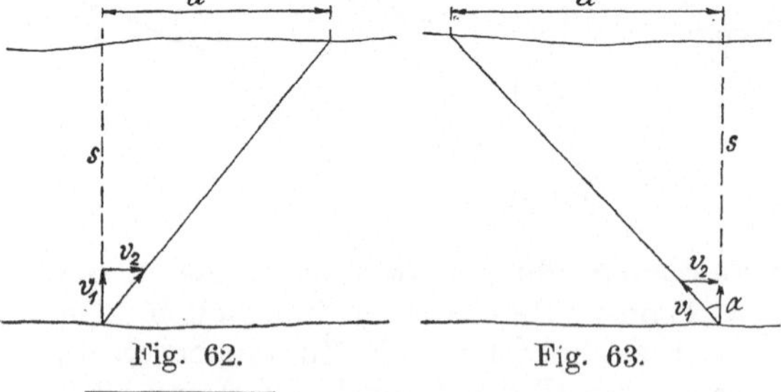

Fig. 62. Fig. 63.

Man entnimmt der Fig. 62 sofort

$$\frac{a}{s} = \frac{v_2}{v_1},$$

also

$$a = s \cdot \frac{v_2}{v_1} = 240 \cdot \frac{1{,}0}{1{,}2} = 200 \text{ m}.$$

Der Fahrtdauer beträgt

$$t = \frac{s}{v_1} = \frac{240}{1{,}2} = 200 \text{ sk}.$$

[25]) Einstein, Ann. d. Physik 1905.

Soll das Boot den Fluß rechtwinklig überqueren, so muß es unter dem Winkel α gegen s stromaufwärts gesteuert werden (Fig. 63). Der Neigungswinkel ermittelt sich aus

$$\sin\alpha = \frac{v_2}{v_1} = \frac{1,0}{1,2} = 0,833,$$

dem $\alpha \sim 56^\circ\,30'$ entspricht. Es muß also ein Punkt im Abstande

$$a = s \cdot \operatorname{tg}\alpha = 240 \cdot 1,511 = 363 \text{ m}$$

flußaufwärts angesteuert werden. Die Fahrtdauer beträgt dabei

$$t = \frac{s : \cos\alpha}{v_1} = \frac{240}{0,552 \cdot 1,2} = 376 \text{ sk.}$$

Beispiel 42. Ein Eisenbahnzug fährt mit der Geschwindigkeit $v_1 = 25$ m/sk, ein zweiter entgegengesetzt fahrender Zug habe die Geschwindigkeit $v_2 = 20$ m/sk. Der Schall des Pfiffes der ersten Lokomotive pflanzt sich in mittelfeuchter Luft von $+10$ bis $+24^\circ$ C mit der Geschwindigkeit $v = 331$ m/sk fort[26]) und seine Schwingungszahl sei etwa $z = 900$ in der Sekunde.

Ein Beobachter im zweiten Zug nähert sich der pfeifenden Lokomotive in der Sekunde um $v_1 + v_2 = 45$ m, so daß sich die wahrgenommenen Schallschwingungen im Verhältnis $\frac{331-45}{331} = 0,864$ verkürzen. Die Schwingungszahl scheint demnach $\frac{900}{0,864} = 1042$ zu sein.

Entsprechend verlängern sich nach dem Überholen die wahrgenommenen Schallschwingungen im Verhältnis $\frac{331-45}{331} = 1,135$ und die Schwingungszahl scheint $\frac{900}{1,135} = 793$ zu sein[27]).

Sind beide Relativbewegungen geradlinig und nach demselben Gesetz gleichförmig oder sonstwie beschleunigt, so kann in Fig. 60 $\overline{AB_1} = dv_1$ und $\overline{AC_1} = dv_2$ gesetzt werden. Wird jetzt durch die zugehörige Zeit dt dividiert, so ergibt sich durch dieselbe Überlegung wie auf S. 49, daß die absolute Bewegung wieder geradlinig und nach demselben Gesetz wie die beiden Relativbewegungen beschleunigt ist.

Die Sätze vom Kräftedreieck und ihre Folgerungen (Bd. I) gelten also für geradlinige Bewegungen, Geschwindigkeiten, Beschleunigungen oder Verzögerungen. Natürlich können nur gleichartige Elemente, also Kräfte oder Wege oder Geschwindigkeiten oder Beschleunigungen bzw. Verzögerungen so vereinigt oder zerlegt werden, keinesfalls aber Bewegungen und Kräfte oder Geschwindigkeiten und Beschleunigungen.

Beispiel 43. Auf denselben Körper wirken zwei reine Schwingungen senkrecht zueinander ein von gleicher Periode und gleicher Phase, d. i. übereinstimmender Schwingung, die jedoch verschiedene Höchstanschläge r_1 und r_2 besitzen. Anzugeben ist die entstehende absolute Bewegung.

Man kann für jeden Winkel α die beiden Ausschläge $x = r_1 \cdot \sin\alpha$ und $y = r_2 \cdot \sin\alpha$ gemäß Fig. 64 zu einem einzigen vereinigen von der Größe

$$\sqrt{x^2 + y^2} = \sin\alpha \cdot \sqrt{r_1^2 + r_2^2},$$

---

26) Low, nach Landolt-Börnstein, Physikalisch-Chemische Tabellen.

27) Für Lichtstrahlen berechnet von Doppler 1842, an Schallwellen nachgewiesen von Buys-Ballot 1845.

der gegen die eine y-Schwingungsachse geneigt ist um den Winkel β. Es ist

$$\operatorname{tg}\beta = \frac{x}{y} = \frac{r_1}{r_2}.$$

Haben die beiden auf denselben Körper rechtwinklig zueinander einwirkenden Schwingungen zwar die gleiche Periode und den gleichen Höchstausschlag r, sind sie aber in der Phase um $90° = \frac{\pi}{2}$ gegeneinander verschoben (Fig. 65), so gilt für die Bewegung bzw. Geschwindigkeit bzw. Beschleunigung in der einen Rich-

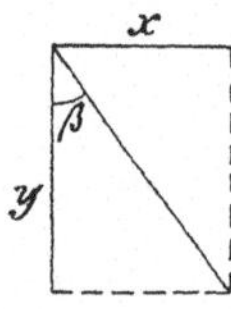

Fig. 64.

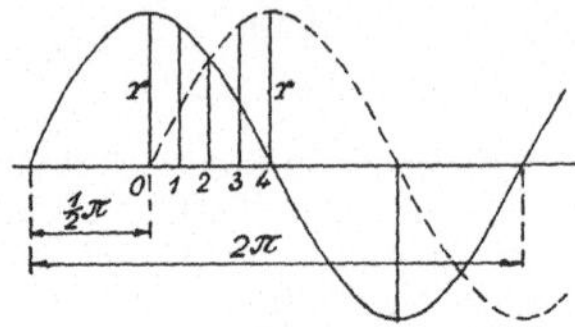

Fig. 65.

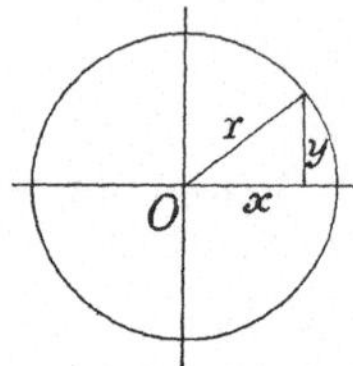

Fig. 66.

tung $x = r \cdot \sin\alpha$, und für die Bewegung bzw. Geschwindigkeit bzw. Beschleunigung in der zweiten dazu senkrechten ist der zu gleicher Zeit stattfindende Ausschlag $y = r \cdot \sin\left(\frac{\pi}{2} + \alpha\right) = r \cdot \cos\alpha$.

Werden beide Gleichungen quadriert und dann addiert, so folgt

$$x^2 + y^2 = r^2 \cdot (\sin^2\alpha + \cos^2\alpha) = r^2 .$$

Das ist die Mittelpunktsgleichung eines Kreises, wie die Fig. 66 sogleich erkennen läßt. Beide Schwingungsbewegungen setzen sich zusammen zu einer Kreisbewegung mit dem Halbmesser r.

Man kommt zu demselben Ergebnis, wenn man für die beliebig aus der Fig. 65 herausgegriffenen Stellen 0, 1, 2, 3, 4, . . . nach der Fig. 67 die beiden Einzelbewegungen rechtwinklig zusammensetzt.

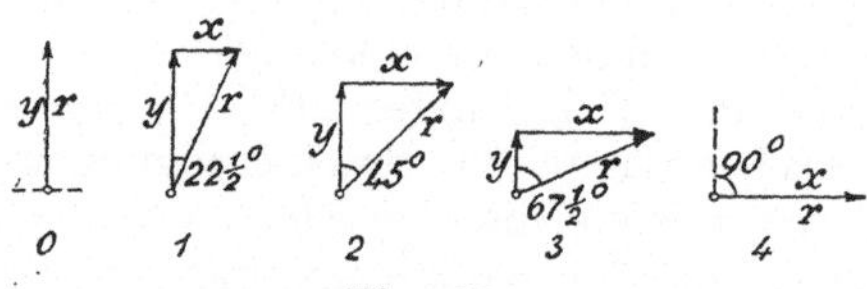

Fig. 67.

Sind die Ausschläge r_1 und r_2 verschieden, so erhält man durch die entsprechende Rechnung

$$\frac{x^2}{r_1^2} + \frac{y^2}{r_2^2} = 1 ,$$

die Mittelpunktsgleichung einer Ellipse (Bd. II, S. 97).

Ist der Phasenunterschied der beiden Schwingungen von gleicher Periode ein beliebiger φ, so entsteht ebenfalls eine elliptische Bewegung.

Beispiel 44. Von zwei Schwingungen in derselben Ebene werde der Ausschlag der einen gemäß Formel (27) dargestellt als $x_1 = r_1 \cdot \sin(\omega_1 \cdot t + \varphi_1)$ und der der anderen als $x_2 = r_2 \cdot \sin(\omega_2 \cdot t + \varphi_2)$. Anzugeben ist die zusammengesetzte Schwingung.

Beide Ausschläge desselben Punktes addieren sich algebraisch. Setzt man noch abkürzungsweise

$$\omega_2 - \omega_1 = \Delta\omega , \qquad \varphi_2 - \varphi_1 = \Delta\varphi ,$$

so ergibt sich leicht

$$x = x_1 + x_2 = r_1 \cdot [\sin(\omega_1 \cdot t) \cdot \cos\varphi_1 + \cos(\omega_1 \cdot t) \cdot \sin\varphi_1]$$
$$+ r_2 \cdot [\sin(\omega_1 \cdot t + \Delta\omega \cdot t) \cdot \cos\varphi_2 + \cos(\omega_1 \cdot t + \Delta\omega \cdot t) \cdot \sin\varphi_2]$$

oder

$$x = \sin(\omega_1 \cdot t) \cdot [r_1 \cdot \cos\varphi_1 + r_2 \cdot \cos\varphi_2 \cdot \cos(\Delta\omega \cdot t) - r_2 \cdot \sin\varphi_2 \cdot \sin(\Delta\omega \cdot t)]$$
$$+ \cos(\omega_1 \cdot t) \cdot [r_1 \cdot \sin\varphi_1 - r_2 \cdot \cos\varphi_2 \cdot \sin(\Delta\omega \cdot t) + r_2 \cdot \sin\varphi_2 \cdot \cos(\Delta\omega \cdot t)]$$

oder

$$x = \sin(\omega_1 \cdot t) \cdot [r_1 \cdot \cos\varphi_1 + r_2 \cdot \cos(\Delta\omega \cdot t + \varphi_2)]$$
$$+ \cos(\omega_1 \cdot t) \cdot [r_1 \cdot \sin\varphi_1 - r_2 \cdot \sin(\Delta\omega \cdot t - \varphi_2)]\,,$$

wofür abkürzungsweise geschrieben werde

$$x = \sin(\omega_1 \cdot t) \cdot r_s \cdot \cos\varphi_s + \cos(\omega_1 \cdot t) \cdot r_s \cdot \sin\varphi_s\,,$$

womit man schließlich erhält

$$x = r_s \cdot \sin(\omega_1 \cdot t + \varphi_s)\,. \tag{47}$$

Die Formel (47) stellt eine Schwingung von derselben Periode wie die erste dar, bei der jedoch sowohl der größte Ausschlag r_s als auch die Phasenverschiebung φ_s von der Zeit t abhängig ist.

Indem man die beiden Bestimmungsgleichungen für r_s und φ_s quadriert und addiert, wird

$$r_s^2 = r_1^2 + r_2^2 + 2 \cdot r_1 \cdot r_2 \cdot \cos(\Delta\varphi - \Delta\omega \cdot t)\,. \tag{48}$$

Der größte und kleinste Wert des Kosinus ist $+1$ bzw. -1; r_s schwankt also zwischen den Beträgen $r_1 + r_2$ und $r_1 - r_2$ in der Periode

$$T_s = \frac{\pi}{\Delta\omega} = \frac{\pi}{\omega_2 - \omega_1} = \frac{\pi}{\frac{2\pi}{T_2} - \frac{2\pi}{T_1}} = \frac{T_1 \cdot T_2}{2(T_1 - T_2)}\,, \tag{49}$$

worin T_1 und T_2 die Perioden der beiden Einzelschwingungen sind.

Man nennt die beschriebene Schwingung eine S c h w e b u n g und bezeichnet T_s als Schwebungsdauer. Den Verlauf einer solchen Schwebung und ihre Entstehung aus zwei einfachen harmonischen Schwingungen zeigt die Fig. 68.

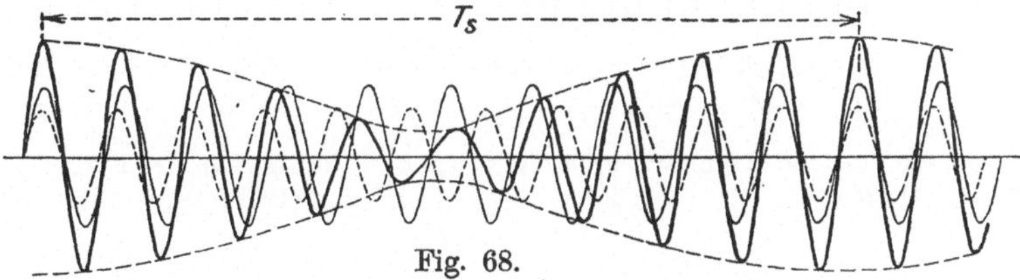

Fig. 68.

Eine ähnliche Entwicklung läßt sich durchführen für eine beliebige Anzahl n von einzelnen Schwingungen in derselben Ebene. Sie wird besonders einfach, wenn die Schwingungsdauer der einzelnen Schwingungen ganzzahlige Vielfache einer bestimmten kleinsten Schwingungsdauer sind. Wird die letztere mit α bezeichnet, so gilt

$$x = \sum_1^n r_i \cdot \sin(i \cdot \alpha + \varphi_i)\,.$$

Wird jetzt die Sinusfunktion wie oben aufgelöst, so ergibt sich[28]) mit

$$A_i = r_i \cdot \sin\varphi_i\,, \qquad B_i = r_i \cdot \cos\varphi_i$$
$$x = f(\alpha) = \sum A_i \cdot \cos(i \cdot \alpha) + \sum B_i \cdot \sin(i \cdot \alpha)\,. \tag{50}$$

Man kann somit jede beliebige stetige Schwingungskurve der Art, wie sie bei technischen Anwendungen nur vorkommen, und die analytisch durch den Aus-

[28]) F o u r i e r, Theorie de la chaleur, 1822.

druck $f(\alpha)$ dargestellt wird, in die Summe einer Anzahl Einzelschwingungen auflösen.

Zur Bestimmung der Festwerte A und B wird die Gleichung (50) mit $\cos(n \cdot \alpha) \cdot d\alpha$ multipliziert und zwischen 0 und 2π integriert:

$$\int_0^{2\pi} f(\alpha) \cdot \cos(n \cdot \alpha) \cdot d\alpha = \Sigma A_i \cdot \int_0^{2\pi} \cos(i \cdot \alpha) \cdot \cos(n \cdot \alpha) \cdot d\alpha$$

$$+ \Sigma B_i \cdot \int_0^{2\pi} \sin(i \cdot \alpha) \cdot \cos(n \cdot \alpha) \cdot d\alpha,$$

worin n ebenfalls wie i eine ganze Zahl ist.

Nun ist das mit B_i multiplizierte Integral bei Benutzung der Formeln auf S. 35 in Bd. II

$$\int_2 = \int_0^{2\pi} \tfrac{1}{2} \cdot [\sin(i+n)\alpha + \sin(i-n)\alpha] \cdot d\alpha$$

$$= c_1 \cdot (\cos 2\pi - \cos 0) + c_2 \cdot (\cos 2\pi - \cos 0) = 0.$$

Entsprechend wird das mit A_i multiplizierte Integral

$$\int_1 = \int_0^{2\pi} \tfrac{1}{2} \cdot [\cos(i-n)\alpha + \cos(i+n)\alpha] \cdot d\alpha = 0,$$

solange $i \gtrless n$ ist. Nur für den einen Fall $i = n$ ist

$$\int_1 = \int_0^{2\pi} \cos^2(i \cdot \alpha) \cdot d\alpha = \left[\tfrac{1}{2} \cdot i\,\alpha + \tfrac{1}{4} \cdot \sin(2 \cdot i\,\alpha)\right]_0^{2\pi} = \pi.$$

Damit geht die Ausgangsgleichung über in

$$A_i = \frac{1}{\pi} \cdot \int_0^{2\pi} f(\alpha) \cdot \cos(n \cdot \alpha) \cdot d\alpha \cdot \qquad (51\,a)$$

Durch eine gleiche Rechnung erhält man nach Multiplikation der Formel (50) mit $\sin(n \cdot \alpha) \cdot d\alpha$

$$B_i = \frac{1}{\pi} \cdot \int_0^{2\pi} f(\alpha) \cdot \sin(n \cdot \alpha) \cdot d\alpha. \qquad (51\,b)$$

Damit sind die Faktoren der Reihe 50 ermittelt.

Soll z. B. der im oberen Teil der Fig. 71 in Abhängigkeit vom Kurbelwinkel gegebene Linienzug der auf eine Einzylinder-Dampfmaschinenwelle vom Triebwerk ausgeübten Drehmomente durch eine Reihe der Winkelfunktionen dargestellt werden, so zerlegt man die Länge 360° durch die mit 1 bis 24 bezeichneten Geraden gewöhnlich in 24 gleiche Teile, setzt also $\alpha = 15°$ und mißt die in den Spalten 2 der beiden folgenden Zahlentafeln stehenden Ordinaten in mm auf. Mit dem Maßstab 1 mm = 50 mkg ergeben sich daraus die Zahlenreihen der Spalten 3. Man schreibt dann die Kosinus und Sinus der zugehörigen Winkel und ihrer Vielfachen bis zum fünften Vielfachen auf; das sechste Vielfache verschwindet bei der angegebenen Teilung, und die weiteren sind fast immer bedeutungslos. Die Zahlen der folgenden Spalten ergeben sich leicht durch Abzählen aus denen der Spalten $\cos 1\alpha$ bzw. $\sin 1\alpha$. Die betreffende Aufstellung kann stets wiederverwendet werden. Durch Multiplizieren der Größen $f(\alpha)$ mit den dahinterstehenden Werten erhält man dann die letzten Spalten beider Zusammenstel-

Nr.	$f(\alpha)$ mm	$f(\alpha)$ mkg	cos 1α	cos 2α	cos 3α	cos 4α	cos 5α	1	2	3	4	5
1	− 3,5	−175	+0,966	+0,866	+0,707	+0,500	+0,259	−169	−151,5	−124	− 87,5	− 45,5
2	+ 4,0	+200	+0,866	+0,500	0	−0,500	−0,866	+173	+100	0	−100	−173
3	+11,4	+570	+0,707	0	−0,707	−1	−0,707	+403	0	−403	−570	−403
4	+12,7	+635	+0,500	−0,500	−1	−0,500	+0,500	+317,5	−317,5	−635	−317,5	+317,5
5	+ 8,4	+420	+0,259	−0,866	−0,707	+0,500	+0,966	+109	−364	−297	+210	+406
6	+ 6,0	+300	0	−1	0	+1	0	0	−300	0	+300	0
7	+ 3,4	+170	−0,259	−0,866	+0,707	+0,500	−0,966	− 44	−147	+120	+ 85	−164
8	+ 1,0	+ 50	−0,500	−0,500	+1	−0,500	−0,500	− 25	− 25	+ 50	− 25	− 25
9	− 2,8	−140	−0,707	0	+0,707	−1	+0,707	+ 99	0	− 99	+140	− 99
10	− 8,4	−420	−0,866	+0,500	0	−0,500	+0,866	+363,5	−210	0	+210	−363,5
11	−14,1	−705	−0,966	+0,866	−0,707	+0,500	−0,259	+681	−610,5	+498	−352,5	+182,5
12	−11,1	−555	−1	+1	−1	+1	−1	+555	−555	+555	−555	+555
13	− 3,0	−150	−0,966	+0,866	−0,707	+0,500	−0,259	+145	−130	+106	− 75	+ 39
14	+ 5,3	+265	−0,866	+0,500	0	−0,500	+0,866	−229,5	+132,5	0	−132,5	+229,5
15	+12,4	+620	−0,707	0	+0,707	−1	+0,707	−438	0	+438	−620	+438
16	+10,0	+500	−0,500	−0,500	+1	−0,500	−0,500	−250	−250	+500	−250	−250
17	+ 5,6	+280	−0,259	−0,866	+0,707	+0,500	−0,966	− 72,5	−242,5	+198	+140	−270,5
18	+ 2,5	+125	0	−1	0	+1	0	0	−125	0	+125	0
19	+ 0,9	+ 45	+0,259	−0,866	−0,707	+0,500	+0,966	+ 11,5	− 39	− 32	+ 22,5	+ 43,5
20	− 2,0	−100	+0,500	−0,500	−1	−0,500	+0,500	− 50	+ 50	+100	+ 50	− 50
21	− 6,0	−300	+0,707	0	−0,707	−1	−0,707	−212	0	+212	+300	+212
22	− 9,3	−465	+0,866	+0,500	0	−0,500	−0,866	−403	−232,5	0	+232,5	+403
23	−13,3	−665	+0,966	+0,866	+0,707	+0,500	+0,259	−642,5	−576	−470,5	−332,5	−172
24	−11,1	−555	+1	+1	+1	+1	+1	−555	−555	−555	−555	−555
							$\pi \cdot A =$	−233	−4548	+161,5	−2157,5	+258,5

Nr.	$f(\alpha)$ mm	$f(\alpha)$ mkg	sin 1α	sin 2α	sin 3α	sin 4α	sin 5α	1	2	3	4	5
1	− 3,5	−175	+0,259	+0,500	+0,707	+0,866	+0,966	− 45,5	− 87,5	−124	−151,5	−169
2	+ 4,0	+200	+0,500	+0,866	+1	+0,866	+0,500	+100	+173	+200	+173	+100
3	+11,4	+570	+0,707	+1	+0,707	0	−0,707	+403	+570	+403	0	−403
4	+12,7	+635	+0,866	+0,866	0	−0,866	−0,866	+550	+550	0	−550	−550
5	+ 8,4	+420	+0,966	+0,500	−0,707	−0,866	+0,259	+406	+210	−297	−364	+109
6	+ 6,0	+300	+1	0	−1	0	+1	+300	0	−300	0	+300
7	+ 3,4	+170	+0,966	−0,500	−0,707	+0,866	+0,259	+164	− 85	−120	+ 85	+ 44
8	+ 1,0	+ 50	+0,866	−0,866	0	+0,866	−0,866	+ 43,5	− 43,5	0	+ 43,5	− 43,5
9	− 2,8	−140	+0,707	−1	+0,707	0	−0,707	− 99	+140	− 99	0	+ 99
10	− 8,4	−420	+0,500	−0,866	+1	−0,866	+0,500	−210	+363,5	−420	+363,5	−210
11	−14,1	−705	+0,259	−0,500	+0,707	−0,866	+0,966	−182,5	+352,5	−498	+610,5	−681
12	−11,1	−555	0	0	0	0	0	0	0	0	0	0
13	− 3,0	−150	−0,259	+0,500	−0,707	+0,866	−0,966	+ 39	− 75	+106	−130	+145
14	+ 5,3	+265	−0,500	+0,866	−1	+0,866	−0,500	−132,5	+229,5	−265	+229,5	−132,5
15	+12,4	+620	−0,707	+1	−0,707	0	+0,707	−438	+620	−438	0	+438
16	+10,0	+500	−0,866	+0,866	0	−0,866	+0,866	−433	+433	0	−433	+433
17	+ 5,6	+280	−0,966	+0,500	+0,707	−0,866	−0,259	−270,5	+140	+198	−242,5	− 72,5
18	+ 2,5	+125	−1	0	+1	0	−1	−125	0	+125	0	−125
19	+ 0,9	+ 45	−0,966	−0,500	+0,707	+0,866	−0,259	− 43,5	− 22,5	+ 32	+ 39	− 11,5
20	− 2,0	−100	−0,866	−0,866	0	+0,866	+0,866	+ 86,5	+ 86,5	0	− 86,5	− 86,5
21	− 6,0	−300	−0,707	−1	−0,707	0	+0,707	+212	+300	+212	0	−212
22	− 9,3	−465	−0,500	−0,866	−1	−0,866	−0,500	+232,5	+403	+465	+403	+232,5
23	−13,3	−665	−0,259	−0,500	−0,707	−0,866	−0,966	+172	+332,5	+470,5	+576	+642,5
24	−11,1	−555	0	0	0	0	0	0	0	0	0	0
							$\pi \cdot B =$	+719	+4590	−349,5	+535,5	−153,5

lungen. Ihre Addition liefert gemäß den Formeln (51a) und (51b) die Werte A_i und B_i mit π multipliziert[29]).

Für die schnelle zahlenmäßige Berechnung ist es vorteilhaft, die einzelnen Ausdrücke mit gleichem i nicht in der Form der Formel (27a) zu verwenden, sondern in die der Formel (27) umzurechnen. Man bestimmt also

$$r_i = \sqrt{A_i^2 + B_i^2}\,, \qquad \operatorname{tg}\varphi_i = \frac{B_i}{A_i} \tag{52}$$

gemäß der dritten Zusammenstellung und erhält so schließlich

$$f(\alpha) = 240{,}5 \cdot \sin(108^\circ + \alpha) + 2057 \cdot \sin(135^\circ + 2\alpha) + 122{,}5 \cdot \sin(295^\circ + 3\alpha) + 707{,}5 \cdot \sin(166^\circ + 4\alpha) + 95{,}5 \cdot \sin(329^\circ + 5\alpha)\,.$$

Nr.	$\pi \cdot A$	$\pi \cdot B$	$(\pi \cdot A)^2$	$(\pi \cdot B)^2$	$\pi \cdot r$	r	$\operatorname{tg}\varphi$	φ
1	−233	+ 719	54 289	516 961	755,8	240,5	−3,085	108°
2	−4548	+4590	206 844	210 681	6461,6	2057	−1,010	135°
3	+ 161,5	− 349,5	26 082	122 151	385	122,5	−2,161	295°
4	−2157,5	+ 535,5	4 654 850	286 760	2223	707,5	−0,248	166°
5	+ 258,5	− 153,5	66 822	25 563	300,5	95,5	−0,594	329°

Für die in der Elektrotechnik gebräuchliche rechnerische Lösung von Schwingungsaufgaben ist die im vorstehenden gegebene Auflösung einer beliebigen Schwingungsfunktion in eine Fouriersche Reihe erst die Vorbehandlung. In derselben Zeit läßt sich die gestellte Aufgabe auf zeichnerischem Wege vollständig und mit größerer Genauigkeit lösen, da die Rechnung gewöhnlich zur Ermöglichung der Lösung Vereinfachungen vornehmen muß.

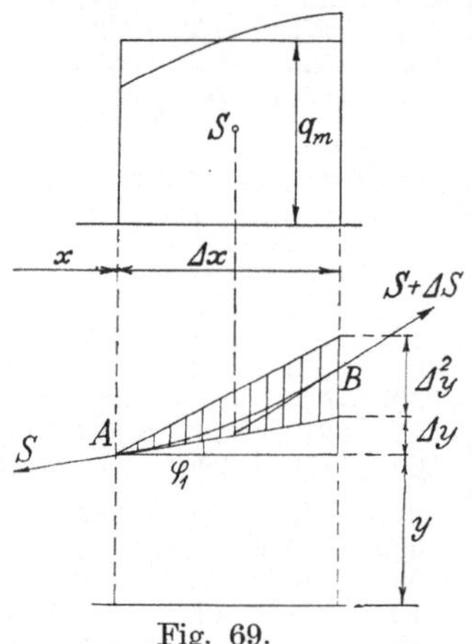

Fig. 69.

Bei einem zeichnerischen Verfahren faßt man die gegebene Kurve als Belastung eines ausgespannten Seiles von der Länge x auf und zerlegt sie in eine Anzahl kleiner Abschnitte Δx, wovon die Fig. 69 einen mit der mittleren Belastung q_m und ihrem Schwerpunkt S darstellt. Das zugehörige Stück AB der Seillinie, an dem sich die Kräfte S, $S + \Delta S$ und $q_m \cdot \Delta x$ das Gleichgewicht halten, ist darunter gezeichnet. Im Punkt A ist die Neigung der Tangente in bekannter Weise gegeben durch $\operatorname{tg}\varphi_1 = \frac{\Delta y}{\Delta x}$; im Punkt B erhält man

$$\Delta^2 y = (\Delta y)_{x+\Delta x} - (\Delta y)_x\,.$$

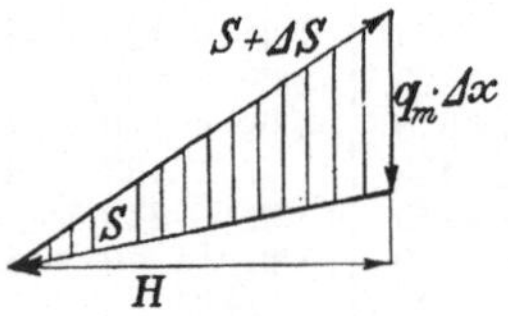

Fig. 70.

Das entsprechende Kräftedreieck gibt Fig. 70 wieder. Aus der Ähnlichkeit der schraffierten Dreiecke folgt mit der überall gleichen wagerechten Seitenkraft H

$$\frac{\Delta^2 y}{\Delta x} = \frac{q_m \cdot \Delta x}{H} \quad \text{oder} \quad \frac{\Delta^2 y}{\Delta x^2} = \frac{q_m}{H}\,. \tag{53}$$

[29]) Arnold, Die Wechselstromtechnik, Bd. I, 1902.

Die dem Seileck für die Abstände Δx einbeschriebene Kurve gibt demnach unmittelbar[30]) die Lösung der Differentialgleichung

$$H \cdot \frac{d^2 y}{d x^2} = q\,. \tag{53a}$$

Beispiel 45. Zu bestimmen ist der Verlauf des Drehwinkels α in Abhängigkeit von der Zeit t, wenn die Kurve der Drehmomente die obere der Fig. 71 ist

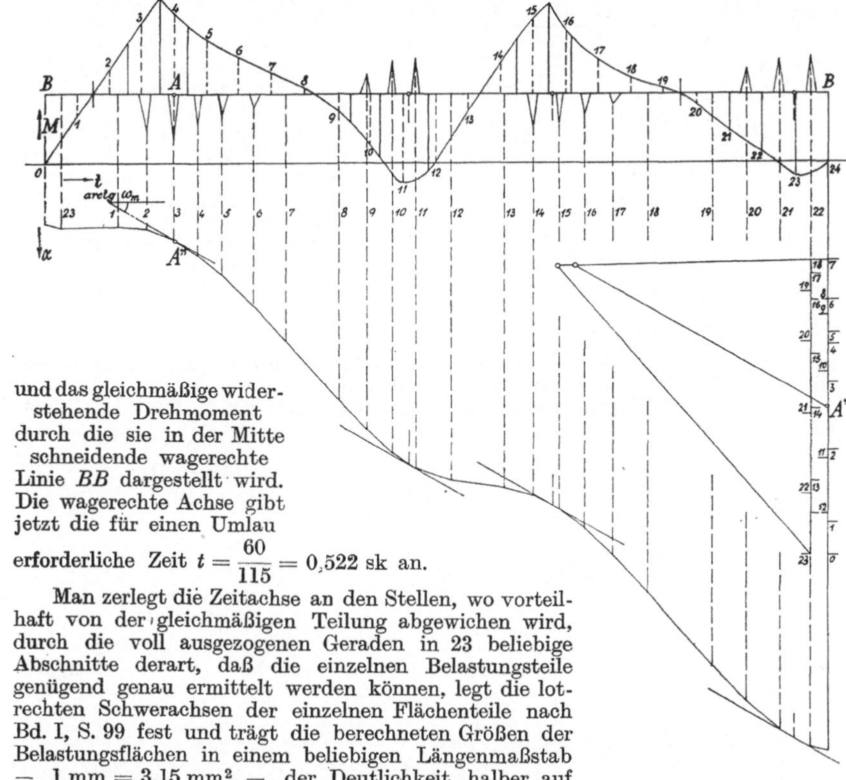

und das gleichmäßige widerstehende Drehmoment durch die sie in der Mitte schneidende wagerechte Linie BB dargestellt wird. Die wagerechte Achse gibt jetzt die für einen Umlau erforderliche Zeit $t = \frac{60}{115} = 0{,}522$ sk an.

Fig. 71.

Man zerlegt die Zeitachse an den Stellen, wo vorteilhaft von der gleichmäßigen Teilung abgewichen wird, durch die voll ausgezogenen Geraden in 23 beliebige Abschnitte derart, daß die einzelnen Belastungsteile genügend genau ermittelt werden können, legt die lotrechten Schwerachsen der einzelnen Flächenteile nach Bd. I, S. 99 fest und trägt die berechneten Größen der Belastungsflächen in einem beliebigen Längenmaßstab — 1 mm = 3,15 mm² — der Deutlichkeit halber auf zwei parallelen Lotrechten so auf, daß die über der Mittellinie BB gelegenen Flächenteile hier hintereinander nach oben laufen und die darunter liegenden nach unten zurückkehren. Dann wählt man irgendeinen Polabstand und zieht von einem Punkt A', der einer Stelle A im gegebenen Diagramm entspricht, wo die mittlere bekannte Winkelgeschwindigkeit ω_m besteht, den ersten Polstrahl parallel zu der in A'' gezogenen Neigungslinie $\frac{d\alpha}{dt} = \omega_m$ für diese Stelle und legt so den Pol O fest. Jetzt trägt man die Parallelen zu den einzelnen, der Deutlichkeit halber nicht gezogenen Polstrahlen von der Stelle A'' beginnend zwischen den Schwerlinien der Flächenteile nacheinander ab. Bei hinreichend enger Teilung ergibt sich so die Kurve der Drehwinkel α, deren Abweichungen von einem der Zeit genau

[30]) Gümbel, Z. d. V. d. I. 1919.

entsprechenden Verlauf (geneigte Gerade) bei dem gewählten großen Maßstab ziemlich beträchtlich erscheinen. Die Stellen, wo die Winkelgeschwindigkeit dieselbe ist wie bei A, sind durch parallele Tangenten bezeichnet.

Beispiel 46. Kleine Füllungen des Dampfzylinders lassen sich bei Schiebersteuerungen nur durch Anwendung von zwei Exzentern erreichen, indem man entweder eine Kulisse einschaltet (Bd. II, Beispiel 8) oder beiderseits an den für große Füllung entworfenen Grundschieber einen Dampfkanal ansetzt und diesen durch einen zweiten einstellbaren Abschlußschieber früher schließt (Fig. 72). Der Grundschieber werde von einem Exzenter mit dem Halbmesser r_1 und dem Voreilwinkel δ_1 bewegt, der Abschlußschieber durch ein Exzenter r_2, δ_2, deren Größen zu ermitteln sind, wenn das Dampfdiagramm der Fig. 74 verwirklicht werden soll.

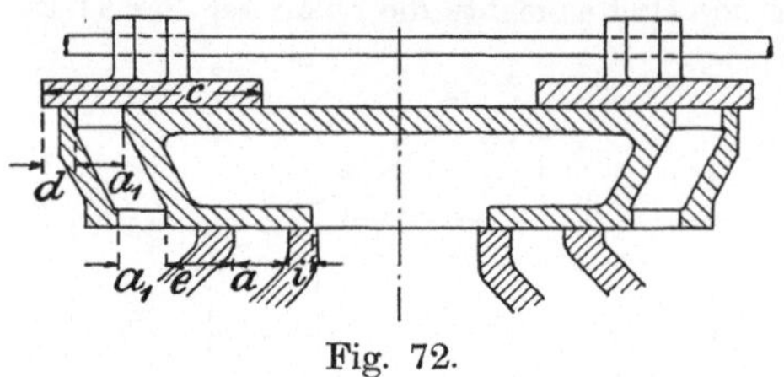

Fig. 72.

Die genannten beiden Schieberbewegungen setzen sich zu einer Relativbewegung des Abschlußschiebers gegenüber dem Grundschieber zusammen, deren Ausschlag gleich dem Unterschied der beiden ersteren ist. Haben beide genau oder wenigstens annähernd dasselbe Stangenverhältnis $\frac{r}{l}$, so ist die Relativbewegung nach dem Satz S. 51 ebenfalls eine Schubkurbelbewegung, die durch ein Exzenter r_r, δ_r hervorgebracht zu denken ist.

Für einen beliebigen Drehwinkel α der Welle gilt gemäß Formel (31) der Schieberausschlag

$$x_1 = r_1 \cdot \left[1 - \cos(\delta_1 + \alpha) \pm \frac{1}{4} \cdot \frac{r}{l} \cdot [1 - \cos 2(\delta_1 + \alpha)]\right]$$

und entsprechend nach Auflösung von $\cos(\delta_2 + \alpha)$

$$x_2 = r_2 \cdot \Big[1 - \cos\delta_2 \cdot \cos\alpha + \sin\delta_2 \cdot \sin\alpha$$

$$\pm \frac{1}{4} \cdot \frac{r}{l} \cdot (1 - \cos 2\delta_2 \cdot \cos^2\alpha + \sin 2\delta_2 \cdot \sin 2\alpha)\Big],$$

also die dem Drehwinkel α entsprechende Relativverschiebung beider Schieber gegeneinander

$$x = x_1 - x_2 = (r_1 - r_2) \cdot \left(1 \pm \frac{1}{4} \cdot \frac{r}{l}\right)$$

$$- \cos\alpha \cdot (r_1 \cdot \cos\delta_1 - r_2 \cdot \cos\delta_2) + \sin\alpha \cdot (r_1 \cdot \sin\delta_1 - r_2 \cdot \sin\delta_2)$$

$$\pm \frac{1}{4} \cdot \frac{r}{l} \cdot [- \cos 2\alpha \cdot (r_1 \cdot \cos 2\delta_1 - r_2 \cdot \cos 2\delta_2) + \sin 2\alpha \cdot (r_1 \cdot \sin 2\delta_1 - r_2 \cdot \sin 2\delta_2)].$$

Setzt man hierin

$$r_1 \cdot \cos\delta_1 - r_2 \cdot \cos\delta_2 = r_r \cdot \cos\delta_r ,$$
$$r_1 \cdot \sin\delta_1 - r_2 \cdot \sin\delta_2 = r_r \cdot \sin\delta_r ,$$

so ergibt sich eine neue Schubkurbelbewegung. Werden die beiden letzten Gleichungen quadriert und dann addiert, so folgt mit $\sin^2\delta + \cos^2\delta = 1$

$$r_r^2 = r_1^2 + r_2^2 - 2 \cdot r_1 \cdot r_2 \cdot \cos(\delta_1 - \delta_2);$$

durch Division der beiden Gleichungen erhält man

$$\operatorname{tg}\delta_r = \frac{r_1 \cdot \sin\delta_1 - r_2 \cdot \sin\delta_2}{r_1 \cdot \cos\delta_1 - r_2 \cdot \cos\delta_2}.$$

Ein Vergleich dieser Formeln mit der Fig. 73 lehrt, daß r_r nach Größe und Lage als dritte Seite AB des Exzenterdreieckes OAB bestimmt ist.

Man entwirft nun zuerst das Schieberdiagramm für den Grundschieber, indem man von den festgelegten Punkten C, F, A ausgeht (Fig. 74). Man erhält so als größte Füllung die rechts von $E_{\max}$ erscheinende, die man häufig bei gewöhnlichen Betriebsmaschinen gar nicht ausnutzt; oft geht man bei derartigen Einzylindermaschinen nicht über 50 v.H. Füllung. Die Zeichnung liefert so die Maße a, e, i, r_1, δ_1 für den Grundschieber.

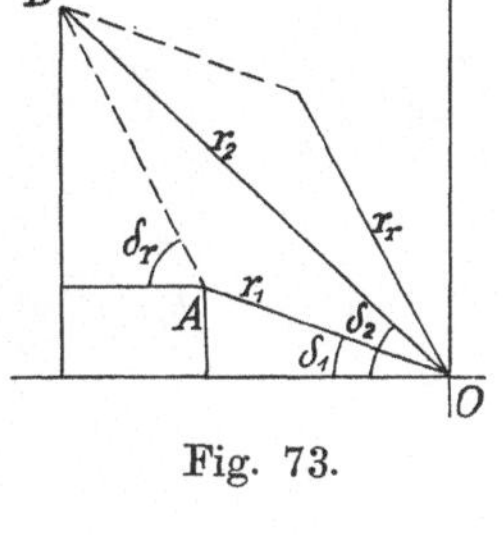

Fig. 73.

Jetzt wird der gestrichelte Kreis des Relativexzenters r_r beliebig, jedoch wenig oder gar nicht von r_1 verschieden, angenommen, der Punkt E_n der normalen Betriebsfüllung des Dampfdiagramms auf den dem Kurbelhalbmesser entsprechenden Grundkreis vom Halbmesser r_1 heruntergelotet und durch Ziehen des zugehörigen Kurbelhalbmessers auf den Relativkreis übertragen. Am günstigsten verläuft nun die Relativbewegung, wenn die Steuerkante der Abschlußplatte den Kanal a_1 mit der größtmöglichen Geschwindigkeit überschleift, wenn also das Relativexzenter in der Kanalmitte seine Mittelstellung hat. Diese Lage wird erhalten, wenn man mit $\frac{1}{2}a_1$ aus E_n einen Kreisbogen schlägt und daran vom Mittelpunkt O die Tangente zieht. Liegt E_n bei 28 v.H. des Hubes oder mehr, so ist nach den Angaben S. 36 $a_1 \backsim a$ zu machen, bei der Füllung 15 v.H. genügt für die gleiche Dampfgeschwindigkeit $a_1 = 0{,}9 \cdot a$.

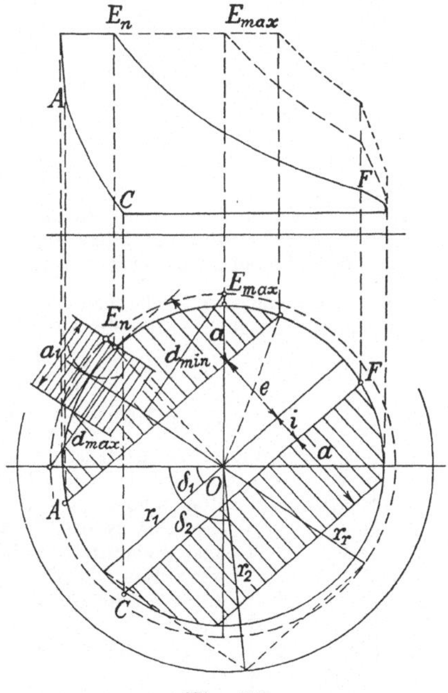

Soll die Steuerung gestatten, daß gegebenenfalls die Füllung bereits in der Totlage des Kolbens aufhört, so ist die größte Deckung des Kanals a_1 durch die Abschlußplatte (Fig. 72) die in Fig. 74 als $d_{\max}$ eingezeichnete. Bei der größten zugelassenen Füllung ist die Abschlußplatte um den Betrag $d_{\min}$ hinter die Steuerkante zurückzuziehen. Der ganze Verstellhub der Deckplatte ist also $d_{\max} + d_{\min}$. Ihre Länge c ist so groß zu machen, daß bei der größten Verschiebung $d_{\max}$ nach außen der Kanal a_1 nicht wieder von rückwärts geöffnet wird:

$$c > d_{\max} + a_1 + r_r.$$

Um nicht zu große Abmessungen der Platten zu erhalten, wird die kleinste Füllung oft zu 5 v.H. des Kolbenweges gewählt, wo das angängig ist. Die Verhältnisse werden ungünstiger, $d_{\max}$ noch größer und $d_{\min}$ nur wenig kleiner, wenn man etwa die größtmögliche Relativgeschwindigkeit auf den Augenblick des Abschlusses legt[32]).

Fig. 74.

Die Größe und den Voreilwinkel des Abschlußexzenters erhält man aus Fig. 74 durch Zeichnen der Diagonale des aus r_1 und r_2 gebildeten Parallelogramms gemäß

[32]) Vorgeschlagen von Hollenberg, Z. d. V. d. I. 1880; Pickersgill, Z. d. V. d. I. 1905.

der Vorschrift der Fig. 73. Durch geeignete Wahl der Größe des Relativkreises läßt sich stets der bequeme Wert $\delta_2 = 90°$ erreichen.

Um den Einfluß des gewöhnlich nicht beachteten Störungsgliedes der Kolbenbewegung auszugleichen, sind auch die Deckplatten in demselben Sinn wie der Grundschieber etwas aus der Mittellage zu verschieben.

Beispiel 47. Zu bestimmen ist die Dampfverteilung, die die Heusingersteuerung einer Güterzuglokomotive nach Fig. 75 liefert, wenn die Eintrittsdampfspannung 14 at und die Auspuffspannung 1,2 at beträgt. Gegeben sind die Abmessungen

$$\begin{array}{lll} r_0 = 315 \text{ mm}, & r = 150 \text{ mm}, & \delta = -90°, \\ l = 2850 \;\text{„}, & l_1 = 1938 \;\text{„}, & l_1' = 1400 \text{ mm}, \\ b_1 = 1890 \;\text{„}, & b_2 = 570 \;\text{„}, & d = 500 \;\text{„}, \\ c = 395 \;\text{„}, & m = 725 \;\text{„}, & n = 108 \;\text{„}, \\ u = \pm 214 & \pm 134 & \pm 800 \text{ mm}. \end{array}$$

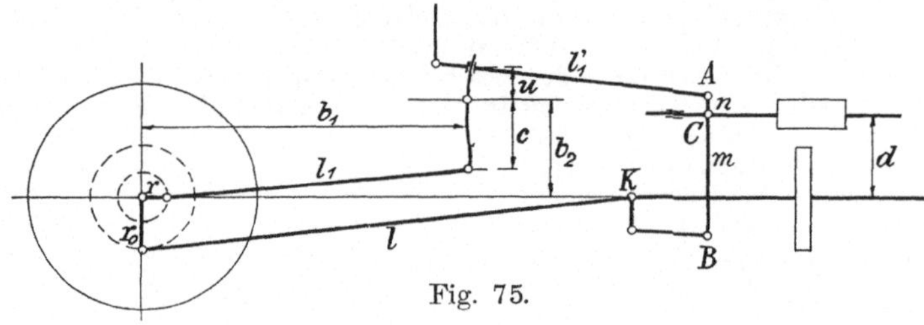

Fig. 75.

Die Exzenterkurbel r treibt das untere Kulissenende so an, daß es sich auf einem Kreisbogen um den Befestigungszapfen bewegt, und der Endpunkt A des vor der Schieberstange eingeschalteten Übersetzungshebels macht somit bei vorläufig fest gedachter Drehachse B den größten Ausschlag $r \cdot \frac{u}{c}$. Infolgedessen ist der zugehörige größte Schieberausschlag

$$r_2 = r \cdot \frac{u}{c} \cdot \frac{m}{m+n} = u \cdot \frac{15}{39{,}5} \cdot \frac{72{,}5}{83{,}3}$$
$$= 7{,}07 \quad 4{,}43 \quad 2{,}64 \quad 0 \text{ cm}.$$

Da die Hebelübersetzung der Kulisse die Bewegung beim Vorwärtsgang umkehrt, so ist der Voreilwinkel $\delta_2 = +90°$; beim Rückwärtsgang bleibt die Bewegungsrichtung dieselbe, also $\delta_2 = -90°$, wie erforderlich.

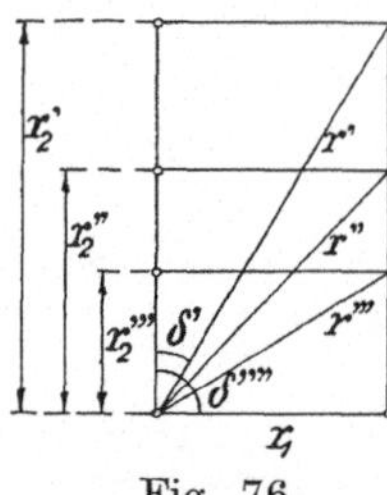

Fig. 76.

Das zweite Exzenter bildet die Hauptkurbel. Bei jetzt fest gedachter Drehachse A ergibt sich der entsprechende, vom Kreuzkopf K hergeleitete größte Schieberausschlag unveränderlich zu

$$r_1 = r_0 \cdot \frac{n}{m+n} = \frac{31{,}5 \cdot 10{,}8}{83{,}3} = 4{,}09 \text{ cm}.$$

Der zugehörige Voreilwinkel ist $\delta_1 = 0$, da die Bewegung mit der des Kolbens übereinstimmt.

Die Zusammensetzung beider Exzenter ist in Fig. 76 dargestellt. Man entnimmt ihr

$$\begin{array}{lllll} r = 8{,}17 & 6{,}03 & 4{,}87 & 4{,}09 \text{ cm}, \\ \delta \sim 30° & 43° & 57° & 90°. \end{array}$$

In Fig. 77 sind diese Exzenterkreise in $^1/_4$ der natürlichen Größe und ihre Voreilwinkel eingetragen. Der Außenkreis stellt den Kurbelkreis dar. Es ist für den praktischen Betrieb vorteilhaft, in der Mittelstellung des Kulissensteines nicht $e = r$ zu wählen, dem die Füllung 0 des Zylinders entsprechen würde, sondern man läßt noch eine geringe Füllung zu, die im vorliegenden Fall 6 v.H. beträgt. Die weitere Abstufung bis zum völligen Abschluß wird mit dem Handregler bewirkt. Die Voreinströmung wird dann ebenso groß wie die kleinste Füllung, was den Vorteil bietet, daß die Endspannung der Zusammendrückung nicht über die Schieberkastenspannung steigen kann.

Mit dem so bestimmten Wert der äußeren Überdeckung $e = 3{,}6$ cm wird ein Halbkreis geschlagen und an ihn werden die Tangenten parallel zu den strichpunktierten Schenkeln der Voreilwinkel δ gelegt. Durch Ziehen der Halbmesser durch die Schnittpunkte mit den zugehörigen Exzenterkreisen bis zum Kurbelkreis ergeben sich die Voreinströmungen und Füllungen. Obwohl der Voreinströmungswinkel sich stark ändert, bleibt die Voreröffnung des Kanals in der Totlage des Kolbens bei allenSteinstellungen dieselbe.

Ebenso werden an den mit der inneren Überdeckung $i = 1{,}8$ cm geschlagenen Halbkreis die parallelen Tangenten gelegt und so die Vorausströmungen und Zusammendrückungen bestimmt.

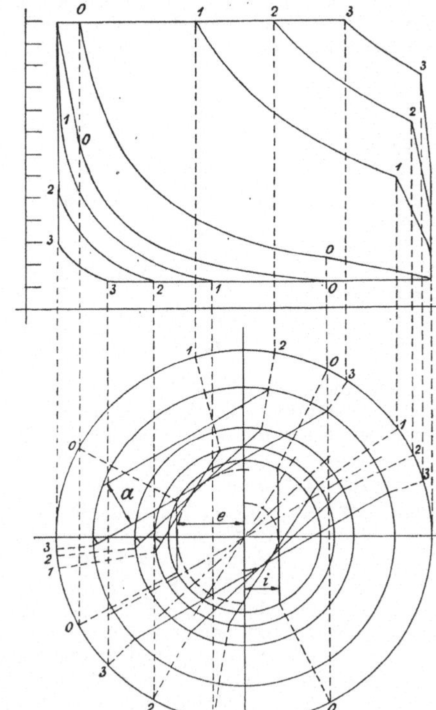

Fig. 77.

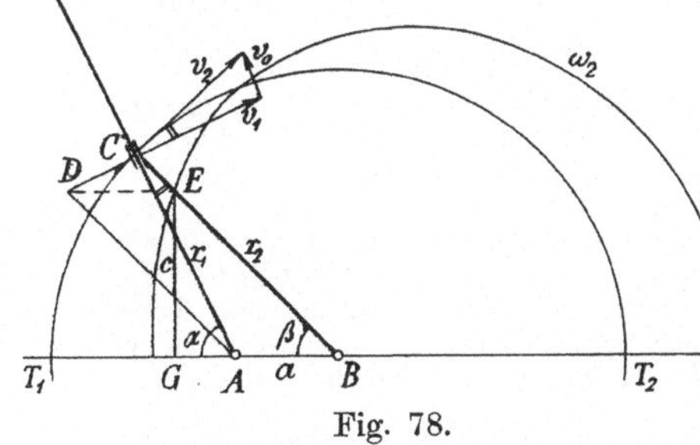

Fig. 78.

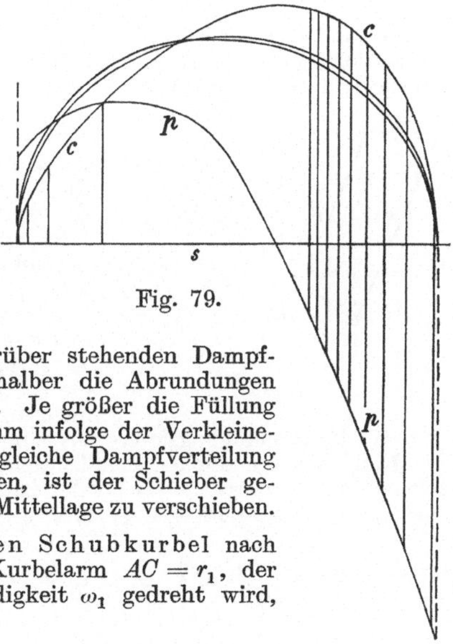

Fig. 79.

Es ergeben sich damit die vier darüber stehenden Dampfdiagramme, bei denen der Deutlichkeit halber die Abrundungen und Drosselungen nicht gezeichnet sind. Je größer die Füllung ist, desto völliger wird das Dampfdiagramm infolge der Verkleinerung der Zusammendrückung. Um die gleiche Dampfverteilung auf beiden Seiten des Kolbens zu erhalten, ist der Schieber gemäß Fig. 52 nach der Kurbelseite aus der Mittellage zu verschieben.

Beispiel 48. Bei der umlaufenden Schubkurbel nach Fig. 78 sitzt auf dem veränderlichen Kurbelarm $AC = r_1$, der mit der gleichförmigen Winkelgeschwindigkeit ω_1 gedreht wird, ein Schieber, der von dem zweiten Kurbelarm $BC = r_2$ auf einem Kreise geführt wird. Die Drehgeschwindigkeit v_1 der Kurbel AC setzt sich mit der Schiebergeschwindigkeit v_0 zu der Drehgeschwindigkeit v_2 der Kurbel BC zusammen.

Es gilt also

$$v_2 = \frac{v_1}{\cos(\alpha - \beta)}$$

oder

$$r_2 \cdot \omega_2 = \frac{r_1 \cdot \omega_1}{\cos(\alpha - \beta)},$$

also

$$\omega_2 = \omega_1 \cdot \frac{r_1}{r_2} \cdot \frac{1}{\cos(\alpha - \beta)}. \tag{54}$$

Ferner ist

$$\frac{a}{r_2} = \frac{\sin(\alpha - \beta)}{\sin\alpha}, \qquad \frac{r_1}{r_2} = \frac{\sin\beta}{\sin\alpha}.$$

Die rechnerische Beseitigung von β liefert, wie oft bei den Kreisfunktionen, recht umständliche Formeln, und es ist zweckmäßiger, ω_2 zeichnerisch zu bestimmen: Zieht man durch A die Parallele zu BC bis zum Schnitt D mit der Senkrechten zu AC im Punkte C und DE parallel AB, so stellt die Strecke $\overline{BE}$ die Winkelgeschwindigkeit ω_2 gemäß Formel (54) dar, wenn ω_1 gleich dem Halbmesser $\overline{BC} = r_2$ angenommen wird[33]). Wird die Aufzeichnung für eine Reihe von Stellungen des Schiebers C durchgeführt, so erhält man den Kurvenzug ω_2 der Fig. 78 in Polarkoordinaten aus B.

Greift nun an C eine Schubstange an, deren zweiter Endpunkt auf der Verlängerung der Achse T_1T_2 gerade geführt wird, so ist die Feststellung der Bewegung dieses Schubstangenendes auf den Fall des gewöhnlichen Schubkurbelgetriebes zurückgeführt. Wird von dem Endpunkt E der Winkelgeschwindigkeit ω_2 eine Senkrechte auf die Achse T_1T_2 gefällt, so ist gemäß Formel (32) das Lot $\overline{EG}$ ein Maß der Geschwindigkeit des Endpunktes der Schubstange, wenn letztere sehr lang im Verhältnis zu r_2 angenommen wird:

$$c' = r_2 \cdot \omega_2 \cdot \sin\beta. \tag{55}$$

Die endliche Länge der Stange läßt sich leicht mit Hilfe des Brixschen Kreises berücksichtigen. Die Kurve der Kreuzkopfgeschwindigkeiten c in Abhängigkeit vom jeweiligen Hub wird also erhalten, indem man daneben nochmals den Kurbelkreis mit dem Halbmesser r_2 schlägt, dieselben Kurbelstellungen wie bei der Aufzeichnung von ω_2 in Fig. 78 einträgt und jetzt die Höhen c' auf die zugehörigen Senkrechten überträgt (Fig. 79). Sie werden schließlich im Verhältnis der ebenfalls eingetragenen v-Kurve des gewöhnlichen Schubkurbelgetriebes zu r_2 vergrößert bzw. verkleinert.

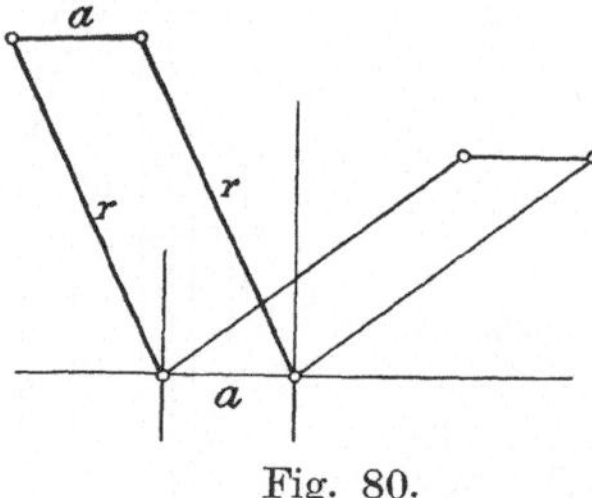

Fig. 80.

Nach der Vorschrift der Fig. 24 läßt sich hieraus die Beschleunigungskurve p zeichnen. Eine Eigentümlichkeit der umlaufenden Kurbelschleife, die sie mit der Schleppkurbel nach Fig. 80 gemeinsam hat, ist der verhältnismäßig flache Verlauf der Beschleunigungskurve bis zum Kurbelwinkel 85°. Vernachlässigt man den Einfluß der endlichen Schubstangenlänge[33]), so ergibt sich eine ebensosehr von der gezeichneten abweichende, zum Teil fast wagerechte Beschleunigungskurve, wie etwa in Fig. 44 die Kurve von der Geraden abweicht.

---

[33]) Marcus, Z. d. V. d. I. 1902; Brandt, D. p. J. 1908.

Die Aufzeichnung ist durchgeführt worden für das Verhältnis $\frac{a}{r_2} = 0,35$, das die günstigsten Werte für die Verwendung als Schleudergetriebe liefert[33b]), und für das Schubstangenverhältnis $\frac{r_2}{l} = \frac{1}{7}$. Nimmt man als Umdrehungszahl in der Minute $n = 60$, so ist nach Formel (6)

$$\omega_1 = \frac{\pi \cdot 60}{30} = 6{,}283\ 1/\text{sk},$$

und die Winkelgeschwindigkeit der Kurbel r_2 schwankt zwischen

$$\omega_2' = 6{,}283 \cdot 0{,}65 = 4{,}084\ 1/\text{sk}$$

und

$$\omega_2'' = 6{,}283 \cdot 1{,}35 = 8{,}482\ 1/\text{sk}.$$

Ist ferner in der Ausführung $r_2 = 10$ cm, so wird der Maßstab der c-Kurve in Fig. 79 bestimmt aus

$$r_2 \cdot \omega_1 = 0{,}10 \cdot 6{,}283\ \text{m/sk} = 25\ \text{mm},$$

zu

$$1\ \text{mm} = 0{,}0251\ \text{m/sk}.$$

Es ist also nach der Zeichnung

$$c_{\max} = 0{,}0251 \cdot 30{,}5 = 0{,}766\ \text{m/sk}.$$

Der Maßstab der Beschleunigungskurve p wird entsprechend bestimmt aus $r_2 \cdot \omega_1^2 = 0{,}10 \cdot 6{,}283^2\ \text{m/sk}^2 = 25$ mm zu

$$1\ \text{mm} = 1{,}578\ \text{m/sk}^2.$$

Die größte positive, bei dem Kurbelwinkel $\beta \sim 60°$ auftretende Beschleunigung ist hiernach

$$p_{\max} = 21 \cdot 1{,}578 = 3{,}314\ \text{m/sk}^2.$$

Erfolgen zwar beide Einzelbewegungen geradlinig, jedoch nach verschiedenen Beschleunigungsgesetzen, so ist die Bahn der wahren Bewegung des betreffenden Körpers eine gekrümmte.

Der einfachste Sonderfall ist der, daß die eine Bewegung eine gleichförmige, also mit der Beschleunigung 0 ist. Wird ein Körper von irgendeinem Punkt O aus unter dem Winkel α gegen die Wagerechte mit der Geschwindigkeit v abgeworfen, so zerlegt man v in die beiden Seitengeschwindigkeiten $v_x = v \cdot \cos\alpha$ in Richtung der wagerechten, durch O gehenden Achse und $v_y = v \cdot \sin\alpha$ in Richtung der lotrechten, durch O gelegten Achse (Fig. 81). Die wagerechte Seitengeschwindigkeit v_x bleibt unverändert, solange von Luft- und sonstigen Widerständen abgesehen werden kann, die lotrechte wird durch die auf den Körper einwirkende Fallbeschleunigung g stetig verringert (Formel 13b):

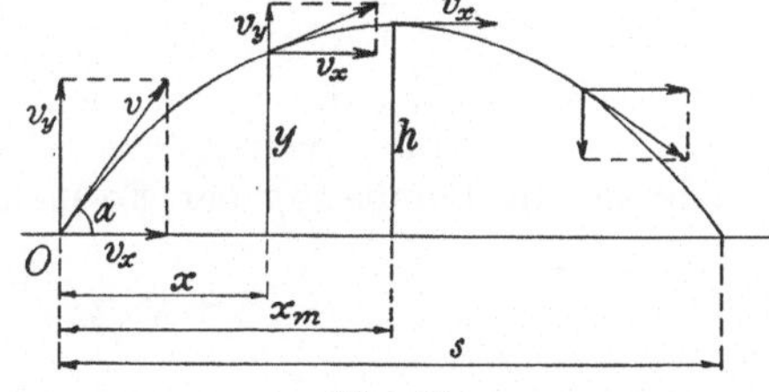

Fig. 81.

$$v_y = v \cdot \sin\alpha - g \cdot t. \tag{56}$$

Die Geschwindigkeit zur Zeit t, etwa an der Stelle x, y, ist gemäß Fig. 81

$$v' = \sqrt{v_x^2 + v_y^2} = v \cdot \sqrt{1 - 2 \cdot \sin\alpha \cdot \frac{g \cdot t}{v} + \left(\frac{g \cdot t}{v}\right)^2}\,. \tag{57}$$

Der nach Ablauf der Zeit t zurückgelegte Weg ist in wagerechter Richtung

$$x = v_x \cdot t = v \cdot \cos\alpha \cdot t \tag{58}$$

und in lotrechter Richtung

$$y = v \cdot \sin\alpha \cdot t - \tfrac{1}{2} \cdot g \cdot t^2\,. \tag{59}$$

Der höchste Punkt der Bahn wird in dem Augenblick erreicht, wo $v_y = 0$ wird (Fig. 81). Die Gleichung (56) gibt die zugehörige Zeit an zu

$$t = \frac{v \cdot \sin\alpha}{g}\,.$$

Hiermit folgt aus Gleichung (58) der zugehörige Abstand

$$x_m = \frac{2 \cdot v^2 \cdot \sin\alpha \cdot \cos\alpha}{2 \cdot g} = \frac{v^2}{2 \cdot g} \cdot \sin 2\alpha \tag{60}$$

und aus Gleichung (59) die größte Steighöhe

$$h = \frac{v^2 \cdot \sin^2\alpha}{g} - \frac{g}{2} \cdot \frac{v^2 \cdot \sin^2\alpha}{g^2} = \frac{v^2}{2 \cdot g} \cdot \sin^2\alpha\,. \tag{61}$$

Die Gleichung der Bahnkurve erhält man, indem t aus Gleichung (56) ausgerechnet und in Gleichung (58) eingesetzt wird:

$$y = x \cdot \operatorname{tg}\alpha - x^2 \cdot \frac{g}{2 \cdot v^2 \cdot \cos^2\alpha}\,.$$

Rechnet man jetzt die y von dem höchsten Punkt der Bahn aus: $y' = h - y$ und die x von x_m aus: $x' = x_m - x$, so geht diese Kurvengleichung mit Benutzung der Formeln (60) und (61) über in

$$x'^2 = 2 \cdot y' \cdot \frac{(v \cdot \cos\alpha)^2}{g}\,.$$

Die Bahnkurve ist demnach eine Parabel (Bd. II, S. 98) und verläuft also symmetrisch zu h, so daß man den ganzen Wurfweg erhält zu

$$s = 2 \cdot x_m = \frac{v^2}{g} \cdot \sin 2\alpha\,. \tag{62}$$

Die Zeitdauer des ganzen W u r f e s ist nun

$$t_1 = \frac{s}{v_x} = \frac{2 \cdot v^2 \cdot \sin\alpha \cdot \cos\alpha}{g \cdot v \cdot \cos\alpha} = \frac{2 \cdot v \cdot \sin\alpha}{g}\,. \tag{63}$$

Soll der in gleicher Höhe mit dem Ausgangspunkt O im Abstand s gelegene Punkt getroffen werden, so ergibt Formel (62) den Wurfwinkel bei gegebener Geschwindigkeit v aus

$$\sin 2\alpha = \frac{s \cdot g}{v^2}. \tag{62a}$$

Es gibt nun zwei Winkel, die denselben Sinus haben:

$$(2\alpha)_1 = \frac{\pi}{2} + \varphi \quad \text{und} \quad (2\alpha)_2 = \frac{\pi}{2} - \varphi ,$$

also

$$\alpha_1 = \frac{\pi}{4} + \frac{\varphi}{2} \quad \text{und} \quad \alpha_2 = \frac{\pi}{4} - \frac{\varphi}{2}.$$

Das Ziel kann also sowohl durch eine flache als auch eine steile Wurfbahn erreicht werden.

Für $\alpha = \frac{\pi}{4} = 45^\circ$ fallen beide Bahnen zusammen und ergeben die größte erreichbare Wurfweite

$$s_{\max} = \frac{v^2}{g}. \tag{62b}$$

Liegt das Ziel in der Entfernung x_1 um den Betrag $\pm y_1$ über oder unter der durch den Ausgangspunkt O gezogenen Wagerechten, so geht man auf die Gleichung der Bahnkurve (S. 64) zurück, indem man darin einsetzt

$$\frac{1}{\cos^2\alpha} = 1 + \operatorname{tg}^2\alpha .$$

Man erhält so

$$\operatorname{tg}^2\alpha - 2 \cdot \operatorname{tg}\alpha \cdot \frac{v^2}{2 \cdot x_1} \pm \frac{2 \cdot v^2 \cdot y_1}{g \cdot x_1} + 1 = 0$$

als Bestimmungsgleichung für $\operatorname{tg}\alpha$, die wieder zwei Werte für eine steile und eine flache Wurfbahn liefert:

$$\operatorname{tg}\alpha = \frac{v^2}{g \cdot x_1} \cdot \left[1 \pm \sqrt{1 \mp \frac{2 \cdot g \cdot y_1}{v^2} - \left(\frac{g \cdot x_1}{v^2}\right)^2}\right]. \tag{64}$$

Beispiel 49. Das Schwungrad einer durchgehenden Dampfmaschine von $D \sim 3{,}35$ m Schwerpunktsdurchmesser zersprang in 21 Stücke, von denen eins $s = 280$ m entfernt aufgefunden wurde[34]). Anzugeben ist die Geschwindigkeit des Rades und seine Umdrehungszahl in der Minute im Augenblick des Zerspringens.

Aus Formel (62) ergibt sich $v = \sqrt{\frac{s \cdot g}{\sin 2\alpha}}$, und es ist anzunehmen, daß der Abschleuderwinkel mindestens nahezu dem des weitesten Wurfes $\alpha = 45^\circ$ entsprach, da alle anderen Stücke weniger weit geflogen sind. Man erhält somit

$$v = \sqrt{s \cdot g} = \sqrt{280 \cdot 9{,}81} = 52{,}4 \text{ m/sk}.$$

[34]) Pietzsch, Z. d. V. d. I. 1907.

Nach Formel (5) beträgt die zugehörige Umlaufzahl in der Minute

$$n = \frac{60 \cdot v}{\pi \cdot D} = \frac{60 \cdot 52{,}4}{\pi \cdot 3{,}35} = 298\,.$$

Die regelmäßige Umlaufzahl der betreffenden Maschine war $n = 110$.

Beispiel 50. Bei einem Wurf mit der Geschwindigkeit $v = 42$ m/sk soll das im Abstand $x_1 = 135$ m befindliche Ziel getroffen werden, das

1. sich in gleicher Höhe mit der Abwurfstelle befindet,
2. $y_1 = 25$ m darüber liegt,
3. $y_1 = 25$ m darunter liegt.

Anzugeben ist der Wurfwinkel α und die zum Wurf erforderliche Zeit t_1.

1. Man erhält aus Formel (62a)

$$\sin 2\alpha = \frac{135 \cdot 9{,}81}{42^2} = 0{,}751\,,$$

also $2\alpha = 48^\circ\,40'$

und damit $\alpha_1 = 24^\circ\,20'$ bzw. $\alpha_2 = 65^\circ\,40'$.

Damit wird nach Formel (63)

$$t_1 = \frac{2 \cdot 42}{9{,}81} \cdot \begin{cases} 0{,}412 \\ 0{,}911 \end{cases} = 3{,}53 \quad \text{bzw.} \quad 7{,}80 \text{ sk.}$$

Die größte beim Wurf in der Mitte erreichte Höhe folgt aus Gleichung (61) zu

$$h = \frac{42^2}{2 \cdot 9{,}81} \cdot \begin{cases} 0{,}412^2 \\ 0{,}911^2 \end{cases} = 15{,}26 \quad \text{bzw.} \quad 74{,}60 \text{ m.}$$

2. Man erhält aus Formel (65)

$$\operatorname{tg}\alpha = \frac{42^2}{2 \cdot 9{,}81} \cdot \left[1 \pm \sqrt{1 - \frac{2 \cdot 9{,}81 \cdot 25}{42^2} - \left(\frac{9{,}81 \cdot 135}{42^2}\right)^2}\,\right]$$

$$= 1{,}332 \cdot (1 \pm \sqrt{1 - 0{,}278 - 0{,}564}) = 1{,}332 \cdot (1 \pm 0{,}3975)\,,$$

also

$$\operatorname{tg}\alpha = 0{,}8025 \quad \text{bzw.} \quad 1{,}861\,,$$

$$\alpha = 38^\circ\,45' \quad \text{bzw.} \quad 61^\circ\,45'.$$

Die Wurfzeit folgt am einfachsten aus

$$t_1 = \frac{x_1}{v \cdot \cos\alpha} = \frac{135}{42} : \begin{cases} 0{,}780 \\ 0{,}473 \end{cases} = 4{,}12 \quad \text{bzw.} \quad 6{,}79 \text{ sk.}$$

Die Länge x_m der höchsten Stelle des Wurfes erhält man gemäß Fig. 80 aus $\frac{dy}{dx} = 0$, also mit Formel (62) aus

$$\operatorname{tg}\alpha - \frac{2 \cdot x \cdot g}{2 \cdot v^2} \cdot (1 + \operatorname{tg}^2\alpha)$$

zu

$$x_m = \frac{v^2}{g} \cdot \frac{\operatorname{tg}\alpha}{1 + \operatorname{tg}^2\alpha}\,;$$

$$x_m = \frac{42^2}{9{,}81} \cdot \frac{0{,}8025}{1{,}645} = 87{,}70 \text{ m} \quad \text{bzw.} \quad \frac{42^2}{9{,}81} \cdot \frac{1{,}861}{4{,}462} = 74{,}97 \text{ m.}$$

Nun liefert die Gleichung (62)

$$h = 87{,}70 \cdot 0{,}8025 - \frac{87{,}70^2 \cdot 9{,}81}{2 \cdot 42^2} \cdot 1{,}645 = 25{,}7 \text{ m}$$

bzw.

$$h = 74{,}97 \cdot 1{,}861 - \frac{74{,}97^2 \cdot 9{,}81}{2 \cdot 42^2} \cdot 4{,}462 = 51{,}3 \text{ m.}$$

3. Es wird mit den obigen Zahlenwerten

$$\operatorname{tg}\alpha = 1{,}332 \cdot (1 \pm \sqrt{1 + 0{,}278 - 0{,}564}) = 1{,}332 \cdot (1 \pm 0{,}845),$$

also

$$\operatorname{tg}\alpha = 0{,}2065 \quad \text{bzw.} \quad 2{,}458,$$
$$\alpha = 11^\circ\,40' \quad \text{bzw.} \quad 67^\circ\,50'.$$

Die Wurfzeit wird jetzt

$$t_1 = \frac{135}{42} : \begin{cases} 0{,}979 \\ 0{,}377 \end{cases} = 3{,}28 \quad \text{bzw.} \quad 8{,}52 \text{ sk.}$$

Die Länge der höchsten Wurfstelle wird

$$x_m = \frac{42^2}{9{,}81} \cdot \frac{0{,}2065}{1{,}0426} = 35{,}65 \text{ m} \quad \text{bzw.} \quad \frac{42^2}{9{,}81} \cdot \frac{2{,}458}{7{,}045} = 62{,}65 \text{ m}$$

und damit die Höhe

$$h = 35{,}65 \cdot 0{,}2065 - \frac{35{,}65^2 \cdot 9{,}81}{2 \cdot 42^2} \cdot 1{,}0426 = 36{,}75 \text{ m}$$

bzw.

$$h = 62{,}65 \cdot 2{,}458 - \frac{62{,}65^2 \cdot 9{,}81}{2 \cdot 42^2} \cdot 7{,}045 = 77{,}05 \text{ m.}$$

4. Nur bei ganz geringem Höhenunterschied zwischen dem Ausgangs- und dem Zielpunkt kann der Ansatz gemacht werden:

Neigung der Ziellinie

$$\operatorname{tg}\beta = \frac{y_1}{x_1} = \pm\frac{25}{135} = \pm 0{,}1852,$$

also

$$\beta \sim 10^\circ\,30'.$$

Erforderlicher Wurfwinkel im Fall 1

$$\alpha = 24^\circ\,20' \quad \text{bzw.} \quad 65^\circ\,40',$$

also Wurfwinkel im Fall 2

$$\alpha + \beta = 34^\circ\,50' \quad \text{bzw.} \quad 76^\circ\,10'$$

und im Fall 3

$$\alpha - \beta = 13^\circ\,50' \quad \text{bzw.} \quad 55^\circ\,10'.$$

Diese Winkel stimmen, besonders beim steilen Wurf, auch nicht näherungsweise mit den oben berechneten überein.

Beispiel 51. Aus einem Flugzeug, das mit der Geschwindigkeit $V = 110$ km/st fährt, wird ein Körper ohne Anfangsgeschwindigkeit abgeworfen. Anzugeben ist sein Weg in Abhängigkeit von der Fallzeit.

Man erhält nach Formel (2b) die Fahrtgeschwindigkeit

$$v_1 = \frac{V}{3{,}6} = \frac{110}{3{,}6} = 30{,}6 \text{ m/sk.}$$

Es gelten nun die für den schrägen Wurf abgeleiteten Formeln, wenn man einsetzt

$$v_1 = v \cdot \cos\alpha, \quad 0 = v \cdot \sin\alpha.$$

Damit wird der wagerechte Weg

$$x = v_1 \cdot t$$

und der lotrechte Weg

$$y = \tfrac{1}{2} \cdot g \cdot t^2.$$

Die Wurfkurve ist hiernach eine Parabel, deren Scheitelpunkt der Abwurfpunkt ist.

Ferner ist die Geschwindigkeit in Richtung des Lotes

$$v_y = \frac{1}{2} \cdot g \cdot t$$

und die Gesamtgeschwindigkeit

$$v = \sqrt{v_1^2 + v_y^2}.$$

Somit ergibt sich, allerdings bei Außerachtlassen des Luftwiderstandes, die Zusammenstellung:

t sek	x m	y m	v_y m/sk	v m/sk
0	0	0	0	30,6
1	30,6	4,905	4,905	31,2
2	61,2	19,62	9,81	32,2
3	91,8	44,145	14,72	34,0
4	122,4	78,48	19,62	36,4
5	153,0	122,6	24,53	39,2
6	183,6	176,6	29,43	42,5
8	244,8	313,9	39,24	50,8
10	306	490,5	49,05	55,0
12	367	706	58,9	66,4
14	428	961	68,7	75,2
16	490	1256	78,5	84,2
18	551	1589	88,3	93,4
20	612	1962	98,1	102,8
25	765	3066	122,6	130,5
30	918	4415	130,5	150,2

7. Die Drehbewegung.

Einen ebenen Teil eines starren Körpers kann man in jede beliebige komplane Lage, d. h. auf derselben ja nach allen Richtungen unbegrenzten Ebene, bringen durch Drehen um einen ganz bestimmten Punkt der Ebene.

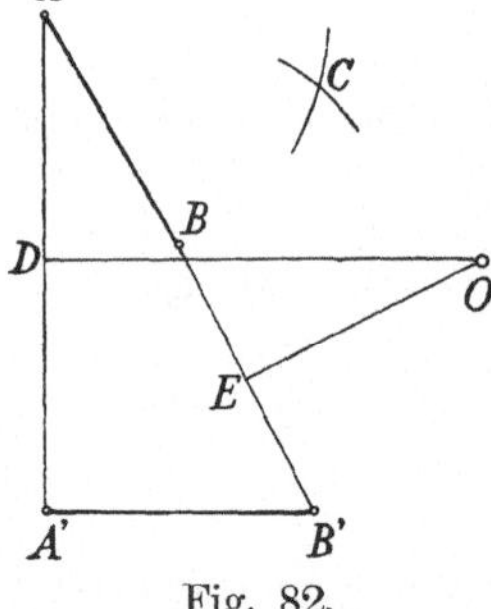

Fig. 82.

Die Lage des betreffenden Teiles ist vollständig bestimmt durch die zweier Punkte A und B, denn jeder andere Punkt C in derselben Ebene ist gegeben als der Schnittpunkt der beiden mit seinen Abständen $\overline{AC}$ bzw. $\overline{BC}$ von den Grundpunkten geschlagenen Kreisen (Fig. 82). Geht nun die Lage der Punkte A, B im Laufe der Bewegung in die Lage A', B' über, so kann man AA' in D halbieren und darauf die Senkrechte DO errichten, ebenso BB' in E halbieren und darauf die Senkrechte EO errichten. Die Drehung des betreffenden ebenen Körperteiles um jeden Punkt der Geraden DO bewirkt, daß sich A auf einem Kreisbogen bewegt, der durch A' geht. Das gleiche gilt bei der Drehung um jeden Punkt der Geraden EO für die Punkte B und B'. Der Schnittpunkt O beider Geraden ist also der gesuchte Drehpunkt in der Ebene.

Sind die beiden Lagen dicht beieinander gelegen, so ist O der augenblickliche Drehpunkt[35]) der Elementardrehung (vgl. Bd. I, S. 122), der jetzt als Schnittpunkt der beiden, zu den betreffenden Bahnelementen der Punkte A und B Senkrechten erhalten wird.

Beispiel 52. Mit dem Amslerschen Polarplanimeter (Fig. 83) wird der Inhalt der Fläche F durch Umfahren mit dem Fahrstift A ermittelt, während der Punkt B des Armes BC fest liegt und das Rad D am Ende der Stange ACD sich unter Rollen und Gleiten ebenfalls auf einer geschlossenen Kurve verschiebt. Die Drehung des Rades gibt die Größe der Fläche F an.

Da der Punkt C der Stange sich auf dem mit r geschlagenen Kreisbogen um B bewegt und A in Richtung der Tangente des betreffenden Kurvenstückchens, so liegt der augenblickliche Drehpunkt O auf der zur Flächenbegrenzung Senkrechten AO und dem Arm BC. In der benachbarten, um den kleinen Drehwinkel $d\varphi$ gegen die erste geneigte Lage $A'D'$ hat sich der Fußpunkt E des von O auf AD gefällten Lotes nach E' verschoben, und die Bewegung kann aufgefaßt werden als eine gerade Verschiebung um den Betrag $\overline{EE'}$, die keine Drehung des Rädchens bewirkt, und die Drehung um den Winkel $d\varphi$ des Halbmessers $\overline{DE} = \overline{DE'} = \varrho$, die das Rädchen dreht um den kleinen Bogen $db = \varrho \cdot d\varphi$. Dieser Betrag

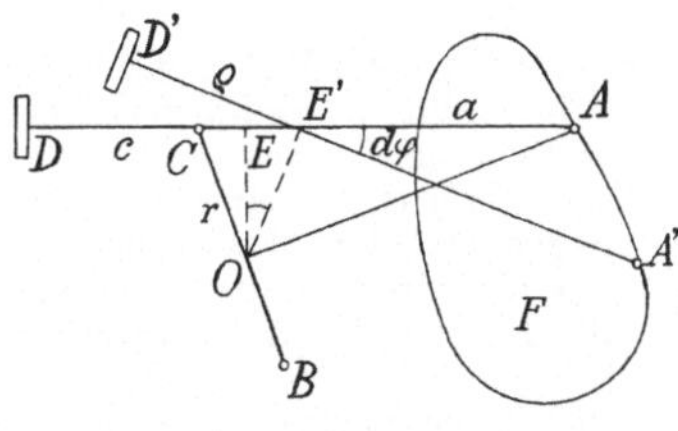

Fig. 83.

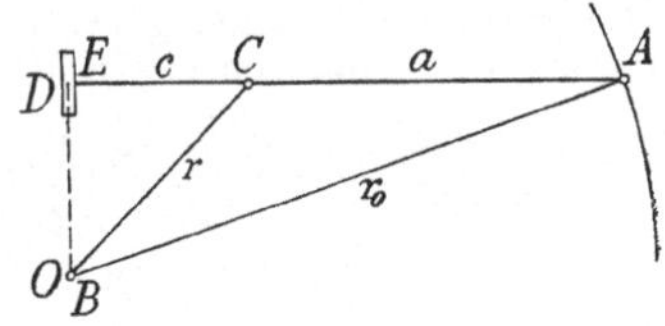

Fig. 84.

wird Null, wenn $\varrho = 0$ ist, d. h. wenn E und D zusammenfallen. Fällt außerdem der Pol O mit dem festen Punkt B zusammen, wie Fig. 84 angibt, so kann man den Fahrstift A auf dem Kreise vom Halbmesser r_0 rund herum bewegen, ohne daß das Rad D sich dreht. Dieser Kreis heißt deswegen der Nullkreis.

Umfährt man mit A einen zum Nullkreis konzentrischen innen liegenden Kreis vom Halbmesser $r_1 < r_0$, so rückt E nach A hin und mit $\overline{DE} = \varrho$ erhält man die vom Rad D angegebene Drehung zu $b_1 = 2 \cdot \pi \cdot \varrho_1$. Entsprechend erhält man beim Umfahren eines konzentrischen außen liegenden Kreises vom Halbmesser $r_2 < r_0$, daß E in der Verlängerung von AD über D hinaus liegt und infolgedessen das Rad D sich nach der anderen Seite dreht um $b_2 = 2 \cdot \pi \cdot \varrho_2$. In beiden Fällen ist ϱ während des ganzen Umfahrens unveränderlich, da ja die Einstellung des Apparates dieselbe bleibt.

Man entnimmt nun der Fig. 84 den Zusammenhang

$$r_0^2 = (a + c)^2 + (r^2 - c^2) = a^2 + 2 \cdot a \cdot c + r^2 .$$

Entsprechend ergibt sich

$$r_1^2 = (a + c - \varrho_1)^2 + r^2 - (\varrho_1 - c)^2 = a^2 - 2a \cdot (\varrho_1 - c) + r^2 ,$$

$$r_2^2 = (a + c + \varrho_2)^2 + r^2 - (\varrho_2 + c)^2 = a^2 + 2a \cdot (\varrho_1 + c) + r^2 .$$

Damit wird der Inhalt der zwischen dem Nullkreis und dem Innenkreis gelegenen Fläche

$$F_1 = (r_0^2 - r_1^2) \cdot \pi = 2 \cdot a \cdot \varrho_1 \cdot \pi = b_1 \cdot a$$

und der Inhalt der zwischen dem Nullkreis und dem Außenkreis gelegenen Fläche

$$F_2 = (r_2^2 - r_0^2) \cdot \pi = 2 \cdot a \cdot \varrho_2 \cdot \pi = b_2 \cdot a .$$

[35]) Joh. Bernoulli, De centro spontaneo rotationis.

Wird jetzt der konzentrisch zum Nullkreis gelegene Ringausschnitt F_1 der Fig. 85 im Sinne der Pfeile rund herum umfahren, so liefert der Außenbogen die Raddrehung $\frac{1}{n} \cdot b_1$, die beiden entgegengesetzt befahrenen Halbmesserteile heben die von ihnen einzeln hervorgerufene Raddrehung auf und der Bogen des Nullkreises liefert ja keine Drehung. Es ist also $F_1 = \frac{1}{n} \cdot b_1 \cdot a$. Wird die Fläche des innenliegenden Ringausschnittes F_2 in demselben Sinne umfahren, so wird der innere Bogen, der allein in Betracht kommt, entgegengesetzt befahren wie der äußere von F_1, so daß das Rad sich in demselben Sinne dreht wie dort, und es ist $F_1 = \frac{1}{n} \cdot b_2 \cdot a$. Bei der Fläche F_3 addieren sich die beiden Angaben zu $F_3 = \frac{1}{n} \cdot (b_1 + b_2) \cdot a$.

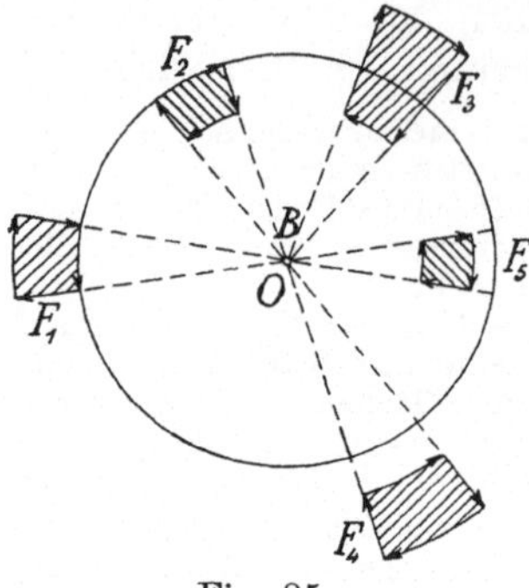

Fig. 85.

Bei der Fläche F_4 wird zuerst die Fläche F_1 gezählt und dann entgegengesetzt dazu, also negativ die kleine daran fehlende Fläche. Dasselbe gilt für die Fläche F_5.

Für eine Reihe beliebig aneinander gereihter Ringstücke nach Fig. 86 addieren sich die Bogenangaben des Rädchens innen und außen und die radialen Befahrungen heben sich vollständig auf, da jede zweimal in entgegengesetzter Richtung gemacht wird. Man kann also die Reihenfolge der Umfahrungen auch so ändern, daß nur die Außenkanten der zusammengesetzten Figur umfahren werden. Irgendeine beliebige Fläche kann nun aus sehr kleinen, zum Nullkreis konzentrischen Flächenstückchen zusammengesetzt gedacht werden. Für sie gilt somit dasselbe: Der Inhalt der umfahrenen Fläche ist gleich den Angaben des Rades multipliziert mit der Armlänge a.

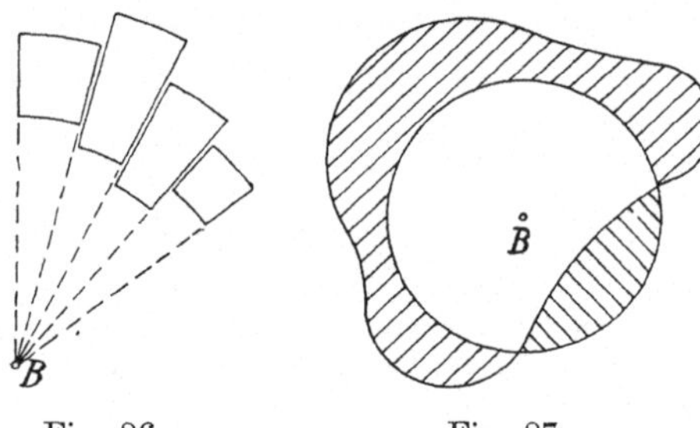

Fig. 86. Fig 87

Ist die Fläche so groß, daß der Pol B darin liegen muß (Fig. 87), so zählt die Umfahrung nur den rechts schraffierten Teil positiv, dagegen den links schraffierten negativ. Es muß demnach der Inhalt des Nullkreises, der am besten durch Probieren bestimmt wird, dazuaddiert werden, um den ganzen Flächeninhalt zu erhalten[36]).

Bei irgendeiner beliebigen komplanen Bewegung einer Ebene 1 zu einer anderen Ebene 2 ändert sich im allgemeinen die Lage des augenblicklichen Drehpunktes oder Poles der Ebene 1 auf der festen 2. Die Folge seiner einzelnen Lagen heißt die ruhende Polkurve. Da nun die gegenseitige Bewegung beider Ebenen auch durch die Bewegung von Ebene 2 zu der jetzt fest gedachten 1 möglich ist, so ergibt sich dadurch eine zweite bewegte Polkurve, deren einzelne Punkte bei reiner gegenseitiger Drehung sich mit den zugehörigen der ruhenden Polkurve decken. Eine derartige ohne Verschieben stattfindende Bewegung

---

[36]) Amsler, 1854; Kirsch, Z. d. V. d. I. 1890; Land, Z. d. V. d. I. 1899.

zweier Kurven aufeinander nennt man Rollen; die beiden Polkurven rollen also aufeinander ab.

Ein Punkt bewege sich mit der gleichförmigen Winkelgeschwindigkeit ω, also der Umfangsgeschwindigkeit $v = r \cdot \omega$ auf einem Kreis vom Halbmesser r (Fig. 88), er lege in dem kleinen Zeitabschnitt dt den Weg $AB = ds$ zurück. In dieser Zeit hat sich dann die Geschwindigkeit v zwar nicht der Größe, wohl aber der Richtung nach geändert. Trägt man im Endpunkt B der Strecke ds die stets in den Bogen fallende, also tangential gerichtete Geschwindigkeit v wieder an, so kann man sie als entstanden auffassen aus der ursprünglichen, im Punkt A vorhanden gewesenen v und einer senkrecht zum Bogenteilchen ds, also nach dem Mittelpunkt hin gerichteten Geschwindigkeit du.

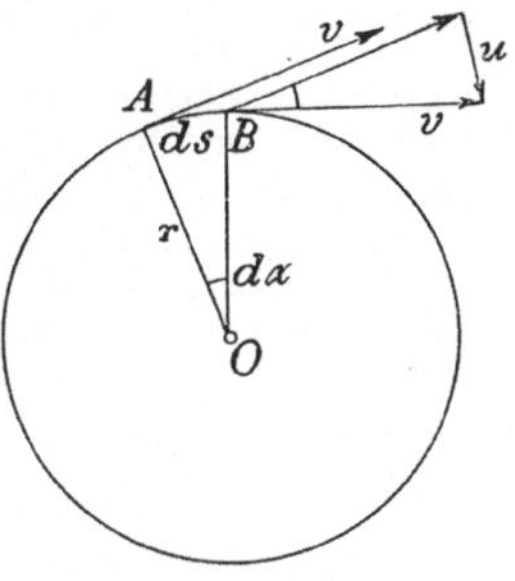

Fig. 88.

Den ähnlichen Dreiecken entnimmt man

$$\frac{du}{v} = \frac{ds}{r} \quad \text{oder} \quad du = ds \cdot \frac{v}{r}.$$

Wird jetzt auf beiden Seiten durch dt dividiert, so folgt

$$\frac{du}{dt} = \frac{ds}{dt} \cdot \frac{v}{r}$$

oder, da $\frac{ds}{dt} = v$ ist und $\frac{du}{dt} = p_r$ eine Beschleunigung ist

$$p_r = \frac{v^2}{r}. \tag{65a}$$

Damit der Punkt sich mit der gleichförmigen Geschwindigkeit v auf einem Bogen vom Halbmesser r bewegt, muß er dauernd die angegebene, nach dem Mittelpunkt gerichtete Beschleunigung erfahren[37]).

Setzt man darin ein $v = r \cdot \omega$, so wird

$$p_r = r \cdot \omega^2. \tag{65b}$$

Man kann diese Gleichung auch schreiben

$$p_r = (r \cdot \omega) \cdot \omega = v \cdot \omega. \tag{65c}$$

Bewegt sich der Punkt auf einer beliebig gekrümmten Kurve, so ist in die Formeln (65) der Krümmungshalbmesser des zugehörigen Bogenstückes einzusetzen, und wenn die Geschwindigkeit veränderlich ist, die augenblickliche Winkel- oder Umfangsgeschwindigkeit. Man hat demnach bei solchen Bewegungen bzw. Beschleunigungen zu unter-

---

[37]) Newton, Principia philosophiae naturalis mathematica, 1687.

scheiden die obige Zentralbeschleunigung und die in die Tangente der Bahnkurve fallende Tangentialbeschleunigung

$$p_t = r \cdot \varepsilon\,, \tag{17}$$

worin $\varepsilon = \dfrac{d\omega}{dt}$ die Winkelbeschleunigung des Punktes ist (vgl. S. 17).

Beide Beschleunigungen lassen sich leicht zeichnerisch darstellen. Ist in Fig. 89 A_1A_2 ein sehr kleines, in der Zeit dt durchlaufenes Teilchen der Bahn eines Punktes, O der zugehörige Krümmungsmittelpunkt der Bahn ($\overline{OA_2} = \varrho$), v die Geschwindigkeit im Punkte A_1 tangential zur Bahn gerichtet und v' die um 90° gedrehte Geschwindigkeit, B_1B_2 das zu A_1A_2 gehörige Stück der Geschwindigkeitskurve, so ist A_1C die Subnormale der Geschwindigkeitskurve in B_1, und die aus O gezogene Gerade OC schneidet auf der in B_1 zu A_1B_1 errichteten Senkrechten die Strecke $B_1D = p_t$ ab. Denn es ist $\widehat{A_1A_2} = ds = \varrho \cdot (\omega \cdot dt)$ und $\widehat{B_1B_2} = (\varrho + v') \cdot (\omega \cdot dt)$, ferner $\overline{B_2E} = dv' = dv$, also

$$\varphi \sim \operatorname{tg}\varphi = \frac{\overline{B_2E}}{\overline{B_1B_2}} = \frac{dv \cdot 1}{(\varrho + v)\cdot(\omega \cdot dt)} = \frac{dv}{\varrho + v} \cdot \frac{\varrho}{ds} = \frac{\varrho}{\varrho + v} \cdot \frac{dv}{ds}\,.$$

Nun ist

$$\overline{B_1D} = \overline{A_1C} \cdot \frac{\varrho + v}{\varrho} = v \cdot \operatorname{tg}\varphi \cdot \frac{\varrho + v}{\varrho}\,.$$

Wird hierin der vorstehende Wert von $\operatorname{tg}\varphi$ eingesetzt, so folgt

$$\overline{B_1D} = v \cdot \frac{\varrho}{\varrho + v} \cdot \frac{dv}{dt} \cdot \frac{dt}{ds} \cdot \frac{\varrho + v}{\varrho} = v \cdot \frac{dv}{dt} \cdot \frac{1}{v} = p_t\,.$$

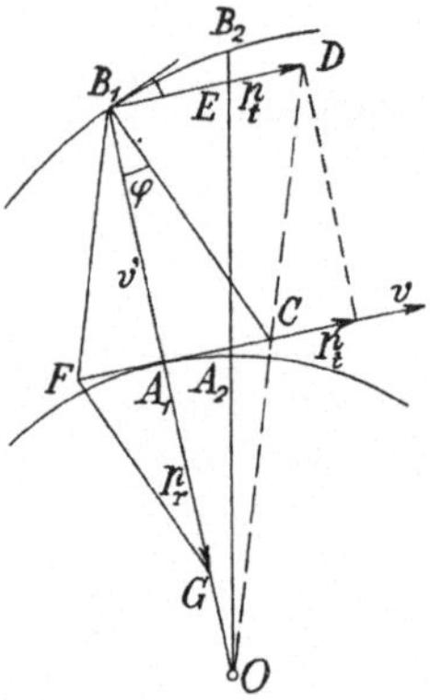

Zieht man ferner noch

$$B_1F \parallel OD \quad \text{und} \quad FG \parallel B_1C\,,$$

so ist aus ähnlichen Dreiecken ($B_1A_1C \sim GA_1F$)

$$\overline{A_1G} = \overline{A_1F} \cdot \frac{\overline{A_1B_1}}{\overline{A_1C}}\,.$$

Ferner ist ($OA_1C \sim B_1A_1F$)

$$\overline{A_1F} = \overline{A_1B_1} \cdot \frac{\overline{A_1C}}{\overline{OA_1}}\,,$$

also

$$\overline{A_1G} = \frac{\overline{A_1B_1} \cdot \overline{A_1C}}{\overline{OA_1}} \cdot \frac{\overline{A_1B_1}}{\overline{A_1C}} = \frac{v^2}{\varrho} = p_r\,.$$

Fig. 89.

Beispiel 53. Der Schwerpunktdurchmesser des Schwungradkranzes einer Großgasmaschine betrage $D = 6{,}32$ m. Das Rad laufe mit $n = 120$ Umdrehungen in der Minute um. Anzugeben ist die Größe der auf jedes Kranzteilchen entfallenden Normalbeschleunigung.

Es ist nach Formel (65b)

$$p_r = \frac{6{,}32}{2} \cdot \left(\frac{\pi \cdot 120}{30}\right)^2 = 3{,}16 \cdot 12{,}566^2 = 500{,}88 \text{ m/sk}^2.$$

Beispiel 54. Kreissägen arbeiten in hartem Holz mit $v = 15$ m/sk längs und quer zur Faser, in ziemlich weichem Holz mit $v = 30$ m/sk quer zur Faser und $v = 60$ m/sk längs der Faserrichtung[38]). Anzugeben ist die Beschleunigung, die die Zähne eines Sägenblattes von $D = 0{,}60$ m Durchmesser erfahren.

Es ist

$$\text{für} \quad v = 15 \qquad 30 \qquad 60 \text{ m/sk}$$
$$v^2 = 225 \qquad 900 \qquad 3\,600 \text{ m}^2/\text{sk}^2$$
$$p = \frac{v^2}{r} = 742 \qquad 3000 \qquad 12\,000 \text{ m/sk}^2.$$

Beispiel 55. Anzugeben ist die Zentralbeschleunigung, die die Schaufeln einer Dampfturbine erfahren, deren Rad von $D = 1{,}24$ m Durchmesser $n = 2000$ Umdrehungen in der Minute macht.

Man erhält nach Formel (65b)

$$p_r = \frac{1{,}24}{2} \cdot \left(\frac{\pi \cdot 2000}{30}\right)^2 = 0{,}62 \cdot 209{,}44^2 = 26751{,}8 \text{ m/sk}^2.$$

Beispiel 56. Anzugeben ist die Beschleunigung, die irgendein Körper in einem Eisenbahnzug erfährt, wenn letzterer eine Kurve von

$$r = 300 \; - \; 400 \; - \; 600 \text{ m Halbmesser}$$

mit der Geschwindigkeit

$$V = 30 \qquad 45 \qquad 60 \qquad 75 \qquad 90 \quad \text{km/st}$$

durchfährt.

Nach Formel (2b) erhält man

$v =$	8,333	12,500	16,667	20,833	25,000	m/sk	
$v^2 =$	69,44	156,25	277,78	434,02	625,00	m²/sk	
$p =$	0,2315	0,5208	0,9259	1,4467	2,0833	m/sk²	$r = 300$ m
	0,1761	0,3906	0,6944	1,0851	1,5625	„	400 „
	0,1157	0,2604	0,4630	0,7234	1,0417	„	600 „

Beispiel 57. Der Mond bewegt sich auf seiner nahezu kreisförmigen Bahn um die Erde, deren Halbmesser nach trigonometrischen Bestimmungen, die gleichzeitig von zwei verschiedenen Stellen der Erdoberfläche aus vorgenommen wurden, das 60,274fache des Äquatorhalbmessers der Erde von $r = 6\,377\,397$ m beträgt, in $t = 27$ Tagen 7 st 43 min 11,5 sk einmal um die Erde. Anzugeben ist die Größe seiner Normalbeschleunigung.

Die Winkelgeschwindigkeit ist

$$\omega = \frac{2\pi}{t} = \frac{2 \cdot 3{,}14159265}{2\,360\,591{,}5} \text{ 1/sk}.$$

Da die Bewegung des Mondmittelpunktes um den gemeinsamen Schwerpunkt von Erde und Mond erfolgt, der den Mittelpunktabstand im Verhältnis $\frac{81}{82}$ teilt, so wird

$$p_r = r \cdot \omega^2 = \frac{81}{82} \cdot 60{,}274 \cdot 6\,377\,397 \cdot \left(\frac{2 \cdot 3{,}14159265}{2\,360\,591{,}5}\right)^2 = 0{,}002595 \text{ m/sk}^2.$$

Die Beschleunigung eines fallenden Körpers auf der Erdoberfläche am Äquator ist zu $g = 9{,}78014$ m/sk² (S. 11) gemessen worden. Nun dreht sich die Erde um ihre Achse in $t' = 86\,164{,}1$ sk (S. 2), und die dadurch hervorgebrachte Zentralbeschleunigung jedes an der Äquatoroberfläche befindlichen Körpers beträgt

$$p_r' = 6\,377\,397 \cdot \left(\frac{2 \cdot \pi}{86164{,}1}\right)^2 = 0{,}03391 \text{ m/sk}^2.$$

---

38) v. Denffer, W.-T. 1913.

Um diesen Betrag ist die gemessene Beschleunigung zu vergrößern auf 9,81405 m/sk², damit man die wahre Fallbeschleunigung erhält.

Das Verhältnis beider Beschleunigungen ist demnach[39])

$$\frac{p_r}{g} = \frac{0{,}002695}{9{,}81405} = \frac{1}{3641{,}6} = \frac{1}{60{,}345^2}.$$

Die Rechnung vernachlässigt, daß die Ebene der Mondbahn nicht mit der Äquatorebene der Erde zusammenfällt.

Der Arm $\overline{O_1 O_2} = a$ drehe sich mit der Winkelgeschwindigkeit ω_1 um O_1, so daß er nach einem kleinen Zeitabschnitt dt die Lage $O_1 O_2'$ angenommen hat (Figg. 90 und 91). Um O_2 drehe sich in derselben oder einer parallelen Ebene der Arm $O_2 A$ mit der Winkelgeschwindigkeit ω_2. Der besseren Übersicht wegen werde vorausgesetzt, daß die

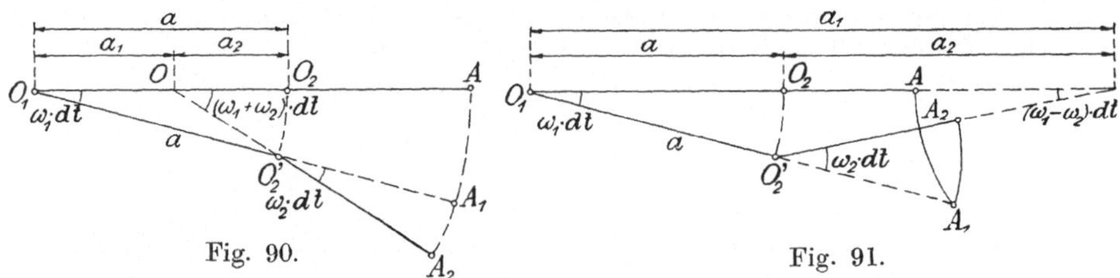

Fig. 90. Fig. 91.

Anfangslage $O_1 O_2 A$ eine gestreckte Gerade ist. Nach Ablauf der Zeit dt ist der Punkt A dann in die Lage A_2 gekommen. In Fig. 90 sind beide Drehungen gleichsinnig, in Fig. 91 entgegengesetzt.

Man sieht sogleich, daß der Punkt A sich mit der Gesamtwinkelgeschwindigkeit $\omega_1 \pm \omega_2$ gedreht hat, und zwar um den Punkt O, der auf der Verbindungsgeraden der beiden Relativdrehpunkte O_1 und O_2 liegt. Denn der Bogen AA_2 muß sowohl senkrecht zu OA_2 wie O_1A stehen, sein Mittelpunkt sich also auf beiden genannten Geraden befinden. Im ersteren Fall teilt O die Strecke a innen, im zweiten außen in die beiden Abschnitte a_1 und a_2.

Dem Dreieck OO_1O_2' wird entnommen

$$\frac{a_1}{a} = \frac{\sin(\omega_2 \cdot dt)}{\sin(\omega_1 \pm \omega_2) \cdot dt}$$

oder, da die Winkel als sehr klein vorausgesetzt werden, so daß der Sinus gleich dem Bogen gesetzt werden kann,

$$\frac{a_1}{a} = \frac{\omega_2}{\omega_1 \pm \omega_2}. \tag{66a}$$

Ferner ist nach den Fig. 90 und 91

$$a \cdot (\omega_1 \cdot dt) = a_2 \cdot (\omega_1 \pm \omega_2) \cdot dt$$

oder

$$\frac{a_2}{a} = \frac{\omega_1}{\omega_1 \pm \omega_2}. \tag{66b}$$

[39]) Newton, 1682.

Wenn die beiden Winkelgeschwindigkeiten ω_1 und ω_2 unveränderlich sind, behält der Mittelpunkt der Gesamtdrehbewegung oder kurz gesagt der Pol O seine Lage auf der Verbindungsgeraden O_1O_2 dauernd bei. Die Polbahn ist dann ein Kreis aus dem Mittelpunkt O_1.

Ist eine oder jede der beiden Winkelgeschwindigkeiten veränderlich, so wandert der Pol O bei der Drehung auf der Geraden O_1O_2.

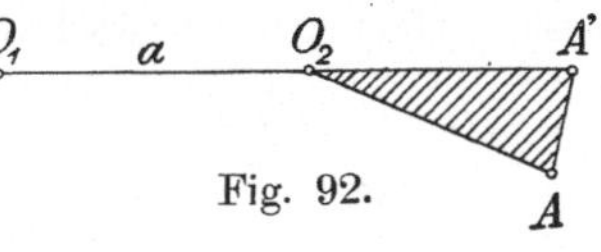

Fig. 92.

Sind beide Winkelgeschwindigkeiten gleich, aber entgegengesetzt gerichtet, so ergibt die Fig. 91 sofort, daß dann $O_2'A_2 \parallel O_1A$ ist. Der Pol rückt ins unendlich Ferne, d. h. es findet eine geradlinige Verschiebung des Punktes A senkrecht zur Geraden O_1O_2 statt.

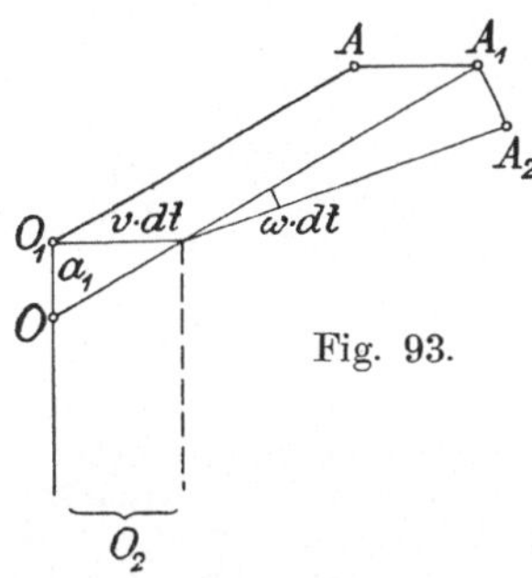

Fig. 93.

Liegt A anfänglich nicht auf der Geraden O_1O_2 (Fig. 92), so kann man mit dem Arm O_2A starr einen zweiten O_2A' verbinden, der die obige Bedingung wieder erfüllt. Das oben Gesagte gilt demnach auch für jeden Punkt, der mit dem starren Dreieck O_2AA' fest verbunden ist.

Eine Schiebung mit der Geschwindigkeit v und eine Drehung um eine zur Ebene der Schiebung senkrechte Achse O_1 mit der Winkelgeschwindigkeit ω ergibt eine Drehung um den Pol O auf der senkrecht zu v in O_1 errichteten Geraden, der den Abstand $a_1 = \frac{v}{\omega}$ von v hat (Fig. 93). Denn man kann die Schiebung als eine Drehung um den unendlich fernen Punkt O_2 auffassen und erhält so aus Gleichung (66 a), wenn man wieder

$$\overline{O_1O_2} = a = \infty$$

setzt,

$$a_1 = a \cdot \frac{\frac{v}{a}}{\frac{v}{a} + \omega} = \frac{v}{0 + \omega} = \frac{v}{\omega}, \qquad (67)$$

wie angegeben.

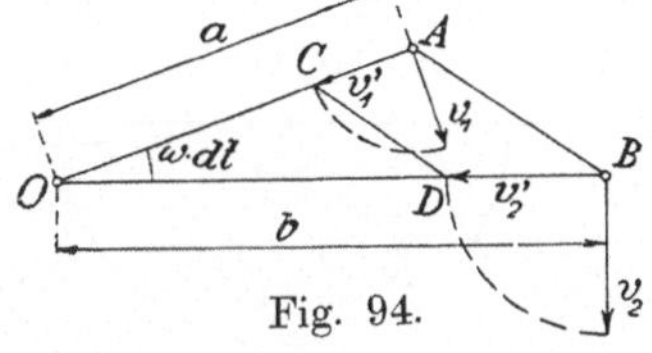

Fig. 94.

Häufig fällt der Pol O in Fig. 91 sehr weit weg, so daß die genaue Aufzeichnung Schwierigkeiten macht. Man arbeitet dann vorteilhaft mit den um 90° gegen die wirkliche Richtung in demselben Sinne gedrehten Geschwindigkeiten. Ist in Fig. 94 O der augenblickliche Drehpunkt einer sich mit der Winkelgeschwindigkeit ω drehenden Fläche, so daß gilt

$$v_1 = a \cdot \omega = v_1', \quad v_2 = b \cdot \omega = v_2',$$

dann folgt aus der Figur

$$\frac{\overline{OC}}{\overline{OD}} = \frac{a - a \cdot \omega}{b - b \cdot \omega} = \frac{a}{b}.$$

Es ist also

$$CD \parallel AB:$$

Die Endpunkte der um 90° gedrehten Geschwindigkeiten der Punkte einer Geraden AB liegen auf einer Parallelen CA zu ihr.

Beispiel 58. Die Geschwindigkeiten v_1 und v_2 der beiden Punkte A und B eines starren Vierecks $ABCD$ (Fig. 95) seien nach Größe und Richtung bestimmt. Festzustellen sind die Geschwindigkeiten v_3 und v_4 der beiden Punkte C und D.

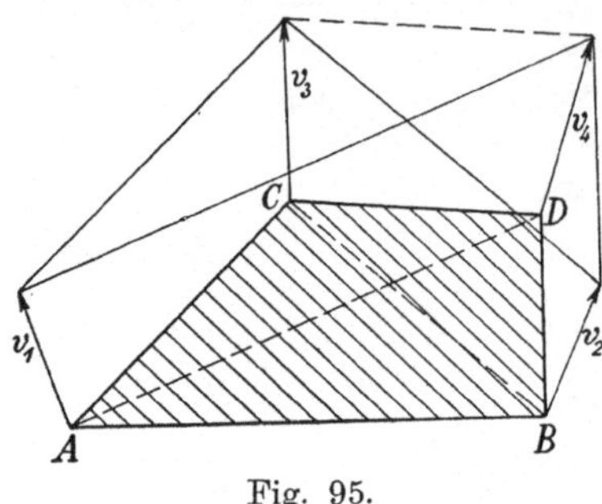

Fig. 95.

Man dreht beide Geschwindigkeiten um 90° (Fig. 95) und zieht durch den so erhaltenen Endpunkt von v_1 eine Parallele zur Seite AC und durch den Endpunkt von v_2 eine Parallele zur Diagonale BC. Beide treffen sich dann im Endpunkt der gesuchten Geschwindigkeit v_3.

Ebenso zieht man durch den Endpunkt von v_2 eine Parallele zur Seite BD und durch den Endpunkt von v_1 eine Parallele zur Diagonale AD. Beide schneiden sich im Endpunkt der um 90° gedrehten v_4.

Die Richtigkeit der Zeichnung wird dadurch geprüft, daß die Verbindungslinie der Endpunkte von v_3 und v_4 parallel zur Seite CD sein muß.

Beispiel 59. Anzugeben ist der Verlauf der Geschwindigkeit c und der Beschleunigung p des Kreuzkopfes B des geschränkten Kurbeltriebes nach Fig. 96 in Abhängigkeit von der Kreuzkopfstellung, wenn die gleichförmige Umlaufgeschwindigkeit des Kurbelzapfens A um die Welle O zu $v = 12{,}42$ m/sk festgelegt ist und das Schubstangenverhältnis $\frac{r}{l} = \frac{1}{4}$ beträgt.

Man macht am bequemsten die um 90° gedrehte Geschwindigkeit v gleich dem Halbmesser r, so daß also der Maßstab 12,42 m/sk = 15 mm beträgt. Die

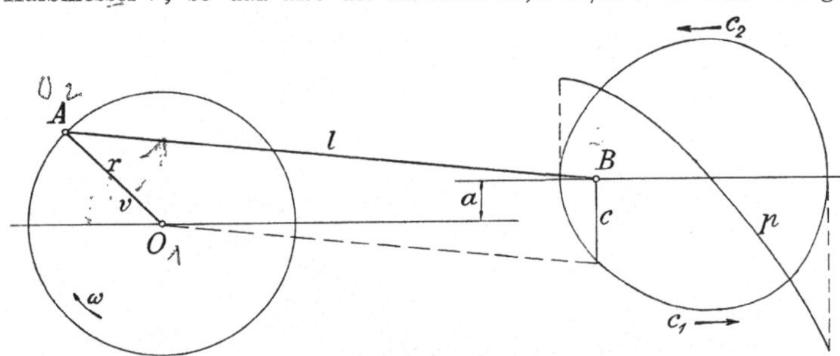

Fig. 96.

Richtung der um 90° gedrehten Geschwindigkeit von B ist ebenfalls gegeben, und ihre Größe wird für eine bestimmte Kurbelstellung A durch Ziehen der Parallelen zu $\overline{AB} = l$ erhalten. Man erhält so die beiden einander gleichen Kurvenzüge c_1 und c_2 für den Hin- und Rückgang. Die Aufzeichnung hat jedoch den Nachteil, daß sie selbst bei großem Maßstab wenig genau ist.

Die Beschleunigungskurve p wird aus der Geschwindigkeitskurve durch Zeichnen der Subnormalen gemäß Fig. 24 entwickelt.

Zwei Drehungen um zwei sich schneidende Achsen O_1 bzw. O_2 mit den Winkelgeschwindigkeiten ω_1 bzw. ω_2 können vereinigt werden zu einer Drehung um eine in die Ebene der beiden gegebenen Achsen fallende Achse O, die durch den Schnittpunkt A der beiden ersteren geht (Fig. 97). Man trägt vom Schnittpunkt A die beiden Winkelgeschwindigkeiten ω_1 und ω_2 auf den zugehörigen Achsen in einem beliebigen Längenmaßstab ab, bildet daraus das Geschwindigkeitsdreieck und erhält als Schlußlinie die Größe und den Drehsinn der Winkelgeschwindigkeit ω. Der Beweis folgt daraus, daß zur Aufrechterhaltung einer bestimmten Winkelgeschwindigkeit ω_1 gegenüber den sich ergebenden Widerständen ein Drehmoment M_1 erforderlich ist, und ebenso zur Aufrechterhaltung von ω_2 ein Drehmoment M_2. Beide Drehmomente werden nun nach Bd. I, S. 83 in der für die beiden ω angegebenen Weise zu einem sie ersetzenden Drehmoment M vereinigt, das also die Winkelgeschwindigkeit ω gegenüber den Widerständen aufrechterhält.

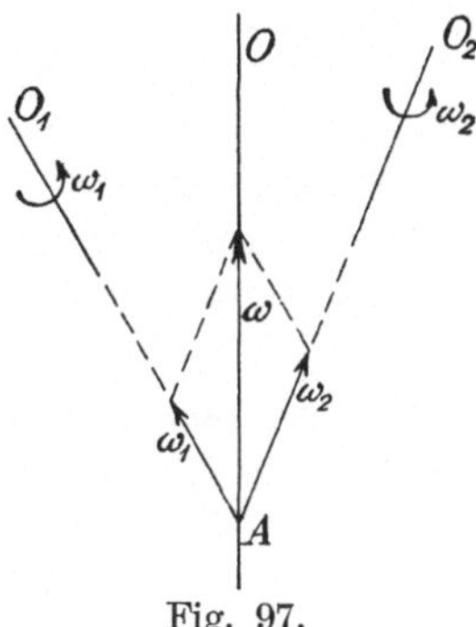

Fig. 97.

Beispiel 60. Ältere Kugellager zur Aufnahme größerer Kräfte haben die Form der Fig. 98, die Kugeln liegen beiderseits an zwei Stellen an. Die Winkelgeschwindigkeit ω_1 der Wellenachse O_1 gibt mit der ω_2 der Kugeln um die Achse O_2 die Winkelgeschwindigkeit ω_3 um die Achse O_3, die sich alle drei im Punkte A schneiden.

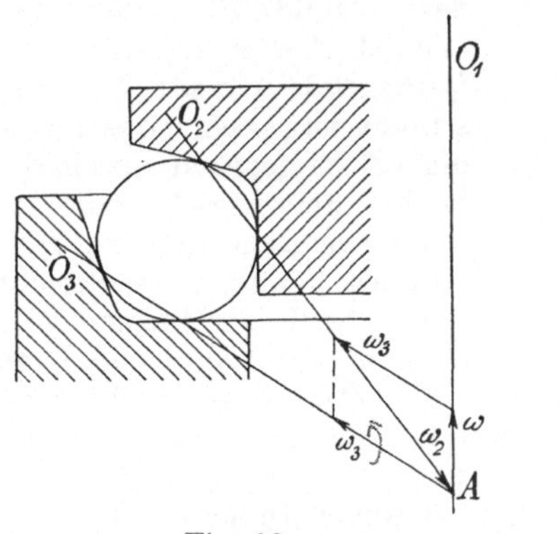

Fig. 98.

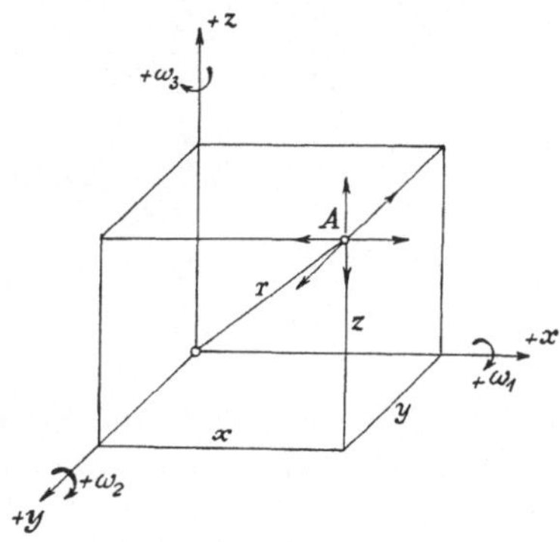

Fig. 99.

Sind drei Winkelgeschwindigkeiten ω_1, ω_2, ω_3 um drei in demselben Punkt O zueinander senkrecht stehende Achsen gegeben (Fig. 99), so hat ein Punkt A mit den auf den Drehachsen gemessenen Abständen x, y, z vom Ausgangspunkt O folgende Seitengeschwindigkeiten:

$$\left.\begin{aligned} v_x &= +\omega_2 \cdot z - \omega_3 \cdot y\,, \\ v_y &= +\omega_3 \cdot x - \omega_1 \cdot z\,, \\ v_z &= +\omega_1 \cdot x - \omega_2 \cdot y \end{aligned}\right\} \tag{68}$$

Setzt man in den Ausgangsgleichungen (68) die linken Seiten gleich 0, so ergibt sich für die Punkte, die bei der Drehung in Ruhe bleiben, die Bedingung

$$\frac{\omega_1}{x} = \frac{\omega_2}{y} = \frac{\omega_3}{z}.$$

Hierdurch wird eine Gerade, die Drehachse der Gesamtbewegung, dargestellt, die durch den Anfangspunkt O geht.

Die Gesamtwinkelgeschwindigkeit für diese Achse ist, wie nach dem Vorhergehenden leicht einzusehen ist,

$$\omega^2 = \omega_1^2 + \omega_2^2 + \omega_3^2. \tag{69}$$

Während sich die Geschwindigkeiten zweier Relativdrehungen oder einer Drehung und einer Schiebung nach dem Vorstehenden leicht zu einer vereinigen lassen, ist die Vereinigung der Beschleunigungen umständlicher. Ein Punkt B, der in der Zeichenebene eine Drehung um die Achse O ausführt (Fig. 100), habe zu einer bestimmten Zeit t die Lage B_1, die in Polarkoordinaten durch den Abstand $\overline{OB_1} = r$ und den Winkel $AOB = \alpha$ gegen die festliegende Gerade OA bestimmt ist. Seine Geschwindigkeit sei gegeben durch die beiden Seitengeschwindigkeiten v_r in Richtung des Polstrahles r und v_α senkrecht dazu. Nach der kleinen Zeit dt habe der Punkt die Lage B_2, und seine wieder in die Richtung von $r + dr$ und senkrecht dazu verlaufenden Seitengeschwindigkeiten werden zerlegt nach den Richtungen von v_r und v_α in die größeren $v_r + dv_r$ und $v_\alpha + dv_\alpha$; die kleineren ergeben sich dann aus den rechtwinkligen Dreiecken mit dem Spitzenwinkel $d\alpha$ unter Vernachlässigung der kleinen Größen zweiter Ordnung zu $v_r \cdot d\alpha$ und $v_\alpha \cdot d\alpha$.

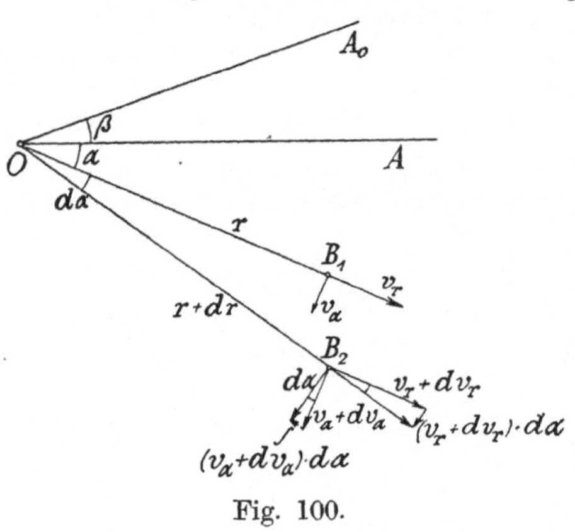

Fig. 100.

Man erhält hiermit die Beschleunigung in Richtung von r zu

$$p_r = \frac{(v_r + dv_r - v_\alpha \cdot d\alpha) - v_r}{dt} = \frac{dv_r}{dt} - \frac{v_\alpha \cdot d\alpha}{dt}$$

und senkrecht dazu

$$p_\alpha = \frac{(v_\alpha + dv_\alpha + v_r \cdot d\alpha) - v_\alpha}{dt} = \frac{dv_\alpha}{dt} + \frac{v_r \cdot d\alpha}{dt}.$$

Nun ist ja ohne weiteres

$$v_r = \frac{dr}{dt} \quad \text{und} \quad v_\alpha = \frac{r \cdot d\alpha}{dt},$$

und damit wird

$$p_r = \frac{d\frac{dr}{dt}}{dt} - r \cdot \frac{d\alpha}{dt} \cdot \frac{d\alpha}{dt} = \frac{d^2 r}{dt^2} - r \cdot \left(\frac{d\alpha}{dt}\right)^2,$$

$$p_\alpha = \frac{d\left(r \cdot \frac{d\alpha}{dt}\right)}{dt} + \frac{dr}{dt} \cdot \frac{d\alpha}{dt} = \frac{dr}{dt} \cdot \frac{d\alpha}{dt} + r \cdot \frac{d^2\alpha}{dt^2} + \frac{dr}{dt} \cdot \frac{d\alpha}{dt}$$

$$= r \cdot \frac{d^2\alpha}{dt^2} + 2 \cdot \frac{dr}{dt} \cdot \frac{d\alpha}{dt}.$$

Die bis jetzt als fest angesehenen Geraden drehen sich aber ebenfalls um O, und feste Bezugsachse sei jetzt die Gerade OA_0 der Fig. 100. Dann ist die Lage des Punktes B_1 gegeben durch den Strahl r und den Winkel $\beta + \alpha$, und man erhält jetzt als seine Seitengeschwindigkeiten

$$v'_r = \frac{dr}{dt} \text{ unverändert}, \quad v'_\alpha = r \cdot \frac{d(\alpha + \beta)}{dt}$$

bzw. als Seitenbeschleunigungen

$$p'_r = \frac{d^2 r}{dt^2} - r \cdot \left(\frac{d(\alpha + \beta)}{dt}\right)^2 = \frac{d^2 r}{dt^2} - r \cdot \left(\frac{d\alpha}{dt} + \frac{d\beta}{dt}\right)^2,$$

$$p'_\alpha = r \cdot \frac{d^2(\alpha + \beta)}{dt^2} + 2 \cdot \frac{dr}{dt} \cdot \frac{d(\alpha + \beta)}{dt}$$

$$= r \cdot \left(\frac{d^2\alpha}{dt^2} + \frac{d^2\beta}{dt^2}\right) + 2 \cdot \frac{dr}{dt} \cdot \left(\frac{d\alpha}{dt} + \frac{d\beta}{dt}\right).$$

Durch Auflösen der Klammern folgt, wenn die obenstehenden Formeln beachtet werden und $\frac{d\beta}{dt} = \omega$ die Winkelgeschwindigkeit des Strahles OA und der damit verbundenen Punkte gegenüber der festen Geraden OA_0, entsprechend $\frac{d^2\beta}{dt^2} = \varepsilon$ die zugehörige Winkelbeschleunigung angibt,

$$p'_r = p_r - 2 \cdot v_\alpha \cdot \omega - r \cdot \omega^2, \qquad p'_\alpha = p_\alpha + r \cdot \varepsilon + 2 \cdot v_r \cdot \omega.$$

Diese beiden senkrecht zueinander stehenden Beschleunigungen können zu einer vereinigt werden: $p' = \sqrt{p_r'^2 + p_\alpha'^2}$.

Nun ergibt

$\sqrt{p_r^2 + p_\alpha^2} = p$ die Gesamtbeschleunigung in dem Relativsystem,

$\sqrt{(r \cdot \omega^2)^2 + (r \cdot \varepsilon)^2} = p_0$ die Beschleunigung des Punktes B gegenüber der festen Achse,

$2 \cdot \omega \cdot \sqrt{v_a^2 + v_r^2} = 2 \cdot \omega \cdot v = p_1$ eine Zusatzbeschleunigung[40]),

[40]) Clairaut, Mém. de l'Acad. des Sciences, Paris 1742; Coriolis, Mém. des sav. étrangers, 1832; J. de l'école polytechn., 1832.

die senkrecht zur Geschwindigkeit v im Relativsystem steht, und zwar nach der Seite hin, die der Drehrichtung des Relativsystems entspricht (Fig. 101). Diese drei Beschleunigungen ergeben nach Größe und Richtung zusammengesetzt die Gesamtbeschleunigung p'.

Faßt man O jetzt als den Pol einer beliebigen Drehung und Schiebung in der Ebene auf, so folgt, daß die gegebene Zusammensetzung allgemeine Gültigkeit hat.

Nachdem so festgestellt ist, daß nur eine Zusatzbeschleunigung senkrecht zur Relativgeschwindigkeit v vorhanden ist, ist der Nachweis ihrer Größe leicht mit Hilfe der Fig. 102 zu führen. In der Stellung OA des Halbmessers r habe Punkt A die Geschwindigkeit v in Richtung von r. Einen Augenblick dt später hat sich der Fahrstrahl mit der Winkelgeschwindigkeit ω um $d\alpha = \omega \cdot dt$ gedreht und ist Punkt A' nach B um dr mit der Geschwindigkeit $v = \frac{dr}{dt}$ gerückt. Nun hat sich bei dieser Drehung v in die Lage v' gedreht, und es ist eine Zusatzgeschwindigkeit $u = v \cdot d\alpha = v \cdot \omega \cdot dt$ nötig, damit v in v' übergeht. Ihr entspricht die Beschleunigung $p_1' = \frac{du}{dt} = v \cdot \omega$. Ferner hat der Punkt B gegenüber A' eine um $\omega \cdot dr$ größere Umfangsgeschwindigkeit; der Zunahme entspricht die Beschleunigung $p_1'' = \omega \cdot \frac{dr}{dt} = \omega \cdot v$, die der Richtung nach mit p_1' übereinstimmt.

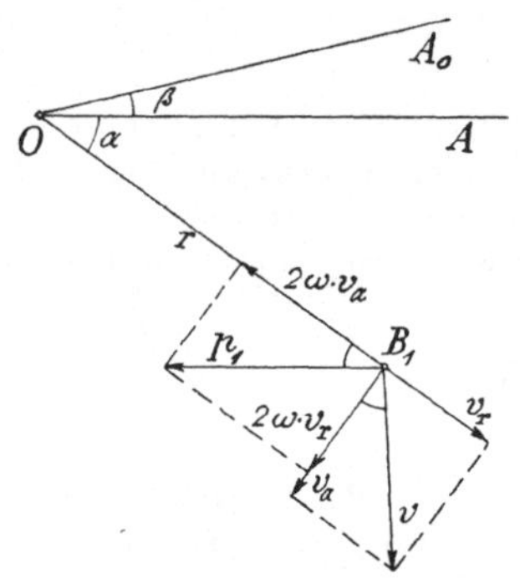

Fig. 101.

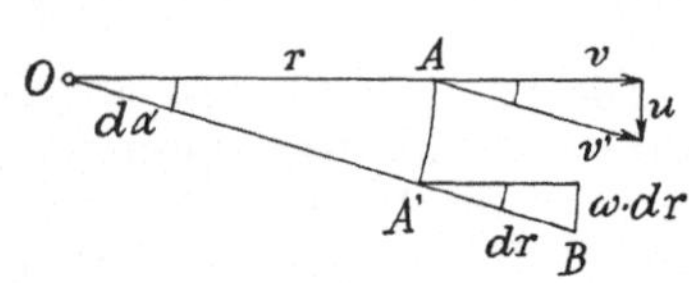

Fig. 102.

Die Gesamtbeschleunigung ist also, wie oben angegeben,

$$p_1 = 2 \cdot \omega \cdot v_1 . \tag{70}$$

Beispiel 61. Anzugeben ist die Beschleunigung, die die Schwungkugel eines Kraftmaschinenreglers erfährt, wenn die Maschine plötzlich um $\frac{1}{m} = \frac{1}{2}$ ihrer mittleren Leistung entlastet wird. Der Regler mache $n = 160$ Umdrehungen in der Minute, und der Mittelpunkt der Schwungkugel sei $x = 0{,}26$ m von der Spindelachse entfernt; die zum vollen Anlaufen der Maschine aus der Ruhe bis zur angegebenen Umdrehungszahl erforderliche Zeit betrage $t = 10$ sk.

Die Winkelbeschleunigung des Reglers ist dann nach Formel (16)

$$\varepsilon = \frac{1}{m} \cdot \frac{\omega}{t},$$

also die Umfangsbeschleunigung der Kugel

$$p_1 = x \cdot \varepsilon = \frac{x}{m} \cdot \frac{\omega}{t} = \frac{0{,}26}{2} \cdot \frac{\pi \cdot 160}{30 \cdot 10} = 0{,}218 \text{ m/sk}^2.$$

Da die Kugel sich von der Spindel mit einer Geschwindigkeit entfernt, die bei guten Federreglern $v > 0{,}10$ m/sk und bei guten Gewichtsreglern $v \sim 0{,}25$ m/sk beträgt[41]), so tritt hierzu noch die Zusatzbeschleunigung in derselben Richtung

$$p_2 = 2 \cdot \omega \cdot v,$$

also unter Annahme eines Federreglers

$$p_2 = 2 \cdot \frac{\pi \cdot 160}{30} \cdot 0{,}10 = 3{,}352 \text{ m/sk}^2,$$

das 15,35fache des ersteren Betrages.

Die Gesamtbeschleunigung ist somit $p = 3{,}57$ m/sk².

Beispiel 62. Anzugeben ist die Beschleunigung eines i. M. 78 m unter der Erdoberfläche in Freiburg ($\varphi = 50° 55'$, $h \sim 460$ m) frei fallenden Körpers.

Den Hauptanteil bildet die in Beispiel 16 gegebene Beschleunigung nach dem Erdmittelpunkt

$$g = 9{,}80617 \cdot (1 + 0{,}002644 \cdot 0{,}20507 + 0{,}000007 \cdot 0{,}20507^2) - 0{,}0003086 \cdot 0{,}382 = 9{,}815858 \text{ m/sk}^2.$$

Hierin ist schon enthalten die in die Wirkungslinie von g, aber nach der entgegengesetzten Richtung fallende Seitenbeschleunigung (Fig. 103)

$$r \cdot \omega^2 \cdot \cos\varphi = R \cdot \omega^2 \cdot \cos\varphi^2 = (6370283 + 382) \cdot \left(\frac{0{,}63044}{14361}\right)^2 = 0{,}01228 \text{ m/sk}^2,$$

worin $\omega = \frac{2 \cdot \pi}{86164{,}1} = \frac{1}{14361}$ 1/sk eingesetzt ist, ferner die in der Meridianebene nach Süden gerichtete Beschleunigung

$$r \cdot \omega^2 \cdot \sin\varphi = R \cdot \omega^2 \cdot \cos\varphi \cdot \sin\varphi = \frac{6370665 \cdot 0{,}63044 \cdot 0{,}77623}{14361^2} = 0{,}01512 \text{ m/sk}^2,$$

die freilich nicht durch unmittelbare Messung nachzuweisen ist, da der Fußpunkt eines Lotes um denselben Betrag nach Süden abgelenkt wird, wie sein Aufhängepunkt. Beide Einflüsse lassen sich durch Versuche nicht von g trennen.

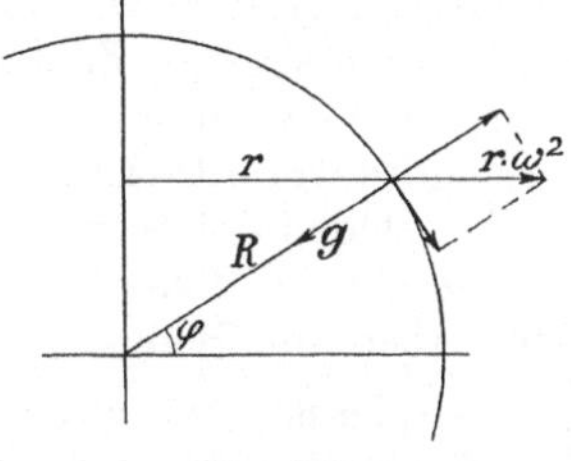

Fig. 103.

Wohl aber ist die Zusatzbeschleunigung durch Messung nachzuweisen. Sie hat den Wert $p_1 = 2 \cdot \omega \cdot v$ und ist von Westen nach Osten gerichtet. Hierin ist $v = g \cdot t \cdot \cos\varphi$ die senkrecht dazu, also in die Ebene des Parallelkreises fallende Seitengeschwindigkeit des Falles im luftleeren Raum. Es wird somit

$$p_1 = \frac{2 \cdot 9{,}815858 \cdot 0{,}63044}{14361} \cdot t = 0{,}0008635 \cdot t.$$

Nach Formel (9b) kann dafür geschrieben werden

$$\frac{d^2 x}{dt^2} = 0{,}0008635 \cdot t,$$

was die Ablenkung ergibt

$$x = \int_0^t 0{,}0008635 \cdot dt \cdot \int_0^t t \cdot dt = 0{,}0008635 \cdot \frac{t^3}{6}.$$

[41]) Tolle, Die Regelung der Kraftmaschinen. 1905.

Nun ist bei gegebener Fallhöhe $s = 158{,}30$ m nach Formel (10b)

$$t = \sqrt{\frac{2 \cdot s}{g}} = \sqrt{\frac{2 \cdot 158{,}3}{9{,}81586}} = 5{,}6790 \text{ sk.}$$

Damit wird die Ablenkung nach Osten[42])

$$x = 0{,}0263 \text{ m.}$$

Gemessen wurde[43]) an einem Körper, der zwar nur geringen Luftwiderstand hatte, dadurch aber doch eine Verzögerung erfuhr, $x = 0{,}0283$ m.

Die Ablenkung, die dadurch entsteht, daß der Abwurfpunkt eine um $s \cdot \cos\varphi \cdot \omega$ größere Geschwindigkeit hat als die Auffangebene, beträgt[44])

$$x' = s \cdot \cos\varphi \cdot \omega \cdot t = \frac{158{,}30 \cdot 0{,}63044 \cdot 5{,}6790}{14361} = 0{,}0395 \text{ m.}$$

II. Die Grundlehren der Dynamik.

In den vorhergehenden Abschnitten wurden die Bewegungen als gegeben angesehen und ihre Eigenschaften und Zusammenhänge durch rein mathematische Betrachtungen festgestellt. Die Hauptaufgabe der Dynamik ist jedoch, die Bewegungen der Körper aus den auf sie einwirkenden Kräften herzuleiten bzw. aus den ermittelten Bewegungen die wirkenden Kräfte zu bestimmen. Dazu müssen, wie zu Beginn der Statik, gewisse Erfahrungssätze herangezogen werden, deren Richtigkeit sowohl die landläufige Erfahrung als auch der Umstand ergibt, daß die daraus gezogenen Folgerungen durch Beobachtungen bzw. Versuche beglaubigt werden.

8. Masse, Kraft, Beschleunigung.

Man kommt in der Dynamik mit dem Grundgesetz aus[45]):

Jeder Körper bzw. jedes System von irgendwie verbundenen Körpern beharrt in seinem Zustand der Ruhe oder der geradlinigen, gleichförmigen Bewegung, solange nicht äußere Kräfte eine Änderung dieses Zustandes veranlassen.

Es ist das der Satz vom Beharrungsvermögen der Körper oder das Gesetz der Trägheit[46]), das gar nicht unmittelbar aus Versuchen, wohl aber aus Beobachtungen der Fixsterne nachzuweisen ist.

Beispiel 63. Das gesamte Sonnensystem bewegt sich, soweit die bisherigen Bestimmungen sicher sind, derart im Weltenraum, daß sein Schwerpunkt, der mit dem Mittelpunkt der Sonne nahezu übereinstimmt, mit der gleichförmigen Geschwindigkeit von 1,623 Erdbahnhalbmessern im Jahr[47]) in gerader Richtung auf einen Punkt in der Nähe des Sternes λ Herculis[48]) zustrebt. Denn bei den großen Entfernungen bis zu den nächsten Fixsternen ist keine Einwirkung von ihnen mehr vorhanden.

---

42) Poisson, J. de l'ecole polytechn. 1838.

43) Reis, Ann. Phys. 1833.

44) Benzenberg, Versuche über die Gesetze des Falles, 1804.

45) Hertz, Die Prinzipe der Mechanik, 1895.

46) Olivi ca. 1300 nach Jansen, Philosoph. Jahrb. 1920; Galilei, Discorsi, 1638; Newton, Principia, 1687.

47) Struve.

48) W. Herschel.

Der nächste Fixstern ist der Doppelstern α Centauri, dessen Verschiebung am Himmel, von den Endpunkten der großen Achse der Erdbahn aus betrachtet, $2 \cdot 0{,}88''$ beträgt[49]). Dem entspricht ein Abstand von 234 400 Halbmessern der Erdbahn. Die vom Erdäquator aus gesehene Parallaxe der Sonne ist gerade 10 mal so groß, so daß ihr mittlerer Abstand von der Erde 23 439 Erdhalbmesser beträgt. Hieraus ergibt sich, daß die Erde mit der mittleren Geschwindigkeit 29,9 km/sk um die Sonne umläuft.

Daß die Fixsterne sich mit gleichförmiger Geschwindigkeit bewegen, lehrt die Verschiebung der Spektrallinien[27b]) (vgl. Beispiel 42), die mit Leichtigkeit die Seitengeschwindigkeit in der Richtung Erde—Fixstern zu messen gestattet. Z. B. bewegt sich der Sirius (Parallaxe 0,23''[50])) mit der Geschwindigkeit 33 km/sk von der Erde weg[51]).

Auf der Erde sind Anordnungen, die das Grundgesetz selbst genau zu prüfen gestatten, nicht zu verwirklichen, da hier immer störende Anziehungskräfte vorhanden sind, oder, wenn sie durch besondere Einrichtungen aufgehoben werden, Reibungskräfte u. dgl. das Ergebnis trüben.

Der Trägheitssatz schließt in seiner allgemeinen Form den folgenden ein: Jede durch irgendeine Kraft hervorgebrachte Änderung der Geschwindigkeit ist unabhängig von der bereits vorhandenen Geschwindigkeit des betreffenden Körpers, also auch von den etwa noch wirkenden Kräften, die ihrerseits bestimmte Geschwindigkeitsänderungen hervorrufen.

Auf einen Körper, der sich mit der gleichförmigen und geradlinigen Geschwindigkeit v_0 bewegt, wirke von einer bestimmten Zeit an eine nach Größe und Richtung gleichbleibende Kraft in der Bahnrichtung ein. Nach dem kurzen Zeitabschnitt dt hat sich dann die Geschwindigkeit um den Betrag dv in $v_0 \pm dv$ geändert, je nachdem die Kraftrichtung mit der Bewegungsrichtung übereinstimmt oder entgegengesetzt dazu ist. In einem zweiten kleinen Zeitabschnitt dt findet nach dem vorstehenden Grundsatz wieder eine Änderung um den gleichen Betrag wie vorher statt, da die Änderung nur von der einwirkenden Kraft, aber nicht von der vorhandenen Geschwindigkeit abhängt. Die erhaltene Geschwindigkeit ist also $v_0 \pm 2 \cdot dv$, und nach einer bestimmten Zeit t beträgt sie

$$v = v_0 \pm \int_0^t dv\,.$$

Zur Auflösung des Integrals erweitert man es mit $\frac{dt}{dt}$ und erhält so

$$v = v_0 \pm \int_0^t \frac{dv}{dt} \cdot dt\,.$$

Nun ist, da dv in gleichen Zeitabschnitten denselben Wert beibehält, $\frac{dv}{dt} = p$ eine unveränderliche Beschleunigung bzw. Verzögerung, und man kann schreiben:

$$v = v_0 \pm \int_0^t p \cdot dt\,;$$

49) Maclear, 1864.

50) Henderson.

51) Huggins, 1868.

Eine unveränderliche Kraft ruft je nach ihrer Richtung eine gleichförmig beschleunigte oder verzögerte Bewegung hervor.

War der betreffende Körper in Ruhe oder hatte er wenigstens nach der Richtung der Kraft keine Geschwindigkeit, so fällt in der vorstehenden Gleichung der Betrag v_0 weg. Andererseits kann man annehmen, daß die Geschwindigkeit v_0 durch die vorherige oder auch gleichzeitige Wirkung einer anderen Kraft entstanden ist, die mit der ersteren dieselbe Wirkungslinie hat. Ist die Wirkungslinie eine andere, so setzen sich die in jedem Zeitpunkt vorhandenen Geschwindigkeiten nicht algebraisch, sondern geometrisch mit Berücksichtigung ihrer Richtungen zusammen (Abschnitt 6).

Zur Ermittlung des Zusammenhanges zwischen der Kraft P und der von ihr hervorgerufenen Beschleunigung p geht man davon aus, daß die Masse m der Träger aller physikalischen Eigenschaften des Körpers ist, also auch seiner Trägheit im Sinne des Grundgesetzes.

Erteilt eine gegebene Kraft P einer bestimmten Masse m die Beschleunigung p (Fig. 104), so erteilt eine dazukommende zweite Kraft P von gleicher Größe und Richtung derselben Masse m auch wieder dieselbe Beschleunigung; es entsteht die Darstellung der Fig. 105. Ein beliebiges Vielfache $n \cdot P$ beschleunigt also dieselbe Masse m um das $n \cdot p$-fache:

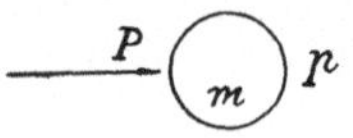

Fig. 104. 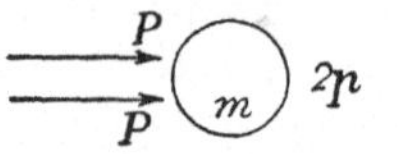 Fig. 105. 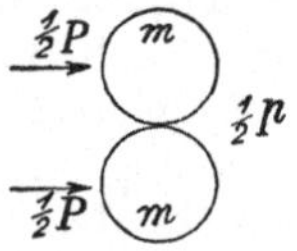 Fig. 106.

Bei gleicher Masse entsprechen die Beschleunigungen den Kräften.

Die halbe Kraft erteilt somit der unveränderlich gebliebenen Masse m die Beschleunigung $\frac{1}{2}p$ (Fig. 106). Wenn jetzt die gleiche Masse m und die gleiche Kraft $\frac{1}{2}P$ dazukommt, so bleibt die Beschleunigung dieselbe $\frac{1}{2}p$. Die Kraft P erteilt also der Masse $2\,m$ die Beschleunigung $\frac{p}{2}$:

Bei gleicher Kraft entsprechen die Beschleunigungen den Massen umgekehrt.

Die beiden vorstehenden Sätze lassen sich zusammenfassen zu der Formel[37])

$$\frac{p_1}{p_2} = \frac{P_1}{P_2} \cdot \frac{m_2}{m_1}$$

oder

$$p = k \cdot \frac{P}{m}, \tag{71}$$

worin k eine Verhältniszahl ist, deren Wert von den gewählten Einheiten für die drei Hauptgrößen abhängt.

Unter dem Einfluß seines Gewichtes G erfährt nun jeder Körper von der beliebigen Masse m im luftleeren Raum dieselbe Beschleunigung g

des freien Falles (Beispiel 16). Es gilt also hierfür ebenfalls die Gleichung (71) in der Schreibung

$$g = k \cdot \frac{G}{m}.$$

Durch Division der ursprünglichen Gleichung (71) durch die vorstehende folgt nun

$$\frac{p}{g} = \frac{P}{G} \quad \text{oder} \quad \frac{p}{P} = \frac{g}{G}. \tag{72}$$

Die Beschleunigung verhält sich zur erzeugenden Kraft wie die Fallbeschleunigung zum Gewicht des betreffenden Körpers.

Man kann die Gleichung (72) auch in der Form schreiben

$$p = 1 \cdot \frac{P}{\frac{G}{g}}$$

und erhält durch den Vergleich mit Formel (71): Der Faktor k wird 1, wenn für die Masse m der Quotient $\frac{G}{g}$ eingesetzt wird.

Man kann somit auch mit den beiden Formeln rechnen

$$p = \frac{P}{m}, \qquad m = \frac{G}{g}, \tag{73}$$

worin das Maß für m $\frac{\text{kg} \cdot \text{sk}^2}{\text{m}}$ ist, wenn das von G und P kg und von p und g m/sk^2 ist. Grundgröße der Masse ist die in Breteuil aufbewahrte Masse von 1 kg Gewicht.

Die erste Gleichung (72) wird vielfach geschrieben

$$P = m \cdot p. \tag{73a}$$

Hierin heißt $m \cdot p$ die Trägheitskraft des Körpers von der Masse m, auf den die Kraft P einwirkt. Auch hier ist somit der Satz von der Kraft und Gegenkraft (Bd. I, S. 13) erfüllt, indem die Trägheitskraft der Masse die Gegenkraft zu der bewegenden äußeren Kraft darstellt.

Wirken auf einen Körper in einer bestimmten Richtung ein die treibende Kraft P_1, eine widerstehende Kraft P_2 und bewegt sich der Körper vom Gewicht G mit der Beschleunigung p in dieser Richtung, so gilt nach dem obigen

$$P_1 - P_2 = m \cdot p$$

oder

$$P_1 - P_2 - G \cdot \frac{p}{g} = 0. \tag{72a}$$

Die Gleichung treffe etwa für die beliebig gewählte x-Achse zu. Für die dazu und aufeinander senkrechten y- und z-Achsen lassen sich entsprechende Gleichungen aufstellen. Man erhält so — vorläufig für den Fall, daß alle Wirkungslinien der Kräfte durch den Schwerpunkt des Körpers gehen, in dem die Trägheitskraft genau so wie das Gewicht angreift —, den Satz[52]):

Man rechnet bei bewegten Körpern nach den Regeln der Statik, nachdem die Trägheitskräfte entgegengesetzt zur Beschleunigungsrichtung zu den übrigen Kräften zugefügt sind.

Bewegt sich der Körper auf einer gekrümmten Bahn vom Krümmungshalbmesser r mit der Geschwindigkeit v oder Winkelgeschwindigkeit ω, so setzt er nach den Formeln (72a) und (65) dieser Bewegung einen radial nach außen gerichteten Widerstand

$$Z = m \cdot \frac{v^2}{r} = G \cdot \frac{r \cdot \omega^2}{g} \tag{74}$$

entgegen. Als Trägheitskraft ist dann diese sogenannte Schwungkraft anzusetzen.

Beispiel 64. Eine Kranlast von $Q = 4300$ kg einschließlich Haken- und Seilgewicht (Bd. I, Beispiel 135) soll mit der Geschwindigkeit $v = 0{,}5$ m/sk angehoben werden; die zur Beschleunigung verfügbare Zeit beträgt unter ungünstigen Umständen nur $t = 0{,}3$ sk. Anzugeben ist die Kraft, für die das Seil zu berechnen ist.

Nach Formel (10) ist die Beschleunigung

$$p = \frac{v}{t} = \frac{0{,}5}{0{,}3} = 1{,}67 \text{ m/sk}^2.$$

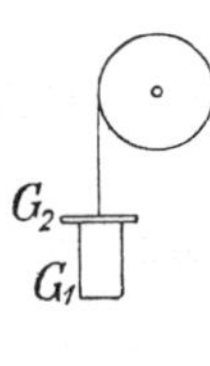

Fig. 107.

Damit wird nach Formel (70) die Seilspannkraft

$$S = Q + P = Q \cdot \left(1 + \frac{p}{g}\right) = 4300 \cdot (1 + 1{,}67 \cdot 0{,}102) = 5030 \text{ kg}.$$

Beispiel 65. Die Fallbewegung kann durch die Anordnung der Fig. 107[53]) so weit verlangsamt werden, daß man sie bequem beobachten kann. Über eine leichte Rolle ist ein dünner Faden gelegt, an dessen Enden die beiden gleichen Gewichte G_1 hängen. Wird jetzt das obere Gewicht um den kleinen Betrag G_2 vergrößert, so sinkt es langsam herab, und zwar ist nach Formel (72) die Beschleunigung des Ganzen

$$p = g \cdot \frac{G_2}{2G_1 + G_2}.$$

Ist z. B. $G_1 = 0{,}150$ kg und $G_2 = 0{,}003$ kg, so wird (für Deutschland genau genug)

$$p = 9{,}81 \cdot \frac{3}{303} = 0{,}097 \text{ m/sk}^2.$$

Die Gewichte legen also gemäß Formel (8a) die folgenden Wege zurück:

$t =$	1	2	3	4	5	6	7 sk
$s =$	0,048	0,194	0,437	0,776	1,164	1,552	1,940 m.

[52]) d'Alembert, Traité de dynamique, 1743, enthält diese Vorschrift zuerst in recht unklarer Weise. Das Prinzip von Hamilton (London Philosoph. Transactions, 1834) und das der kleinsten Wirkung von Maupertuis (Mém. de l'Acad. Paris, 1740) sind übereinstimmend mit dem von d'Alembert (Voß, Math. Annalen, 1884).

[53]) Atwood, On the rectilinear motion and rotation of bodies, 1784.

Wird etwa an der Stelle 0,776 m das Gewicht G_2 durch einen Ring abgehoben, so bewegen sich die Gewichte G_1 nach dem Trägheitsgesetz mit der gleichförmigen Geschwindigkeit $v = p \cdot t = 0{,}097 \cdot 4 = 0{,}388$ m/sk weiter, und man stellt dann die in der Zusammenstellung folgenden Werte von s fest.

Hierbei sind die Einflüsse des Fadens, der Rolle und der Zapfenreibung vernachlässigt worden.

Beispiel 66. Die größte Beschleunigung, die ein Dampfmaschinen-Einlaßventil vom Gewicht $G_1 = 5{,}8$ kg erfährt, beträgt nach Beispiel 19 $p = 70$ m/sk². Anzugeben ist die Spannkraft S der Feder, die zum Schließen erforderlich ist, wenn noch die Spindelreibung mit $R = 16$ kg (Bd. II, Beispiel 38) berücksichtigt wird und das Federgewicht $G_2 = 0{,}8$ kg beträgt.

Das eine Ende der Schraubenfeder wird festgehalten, das andere macht die Bewegung des Ventils mit. Die Verhältnisse sind die gleichen, wie auch leicht rechnerisch nachzuweisen ist, wenn das halbe Gewicht der Feder voll beschleunigt gerechnet wird. Man erhält dann nach Formel (72a)

$$S = \left(G_1 + \frac{1}{2} G_2\right) \cdot \frac{p}{g} - G + R$$
$$= (5{,}8 + 0{,}4) \cdot 70 \cdot 0{,}102 - 5{,}8 + 16 = 54{,}5 \text{ kg}.$$

Beispiel 67. Der Rammbär einer Handramme einschließlich Seil usw. habe das Gewicht $G = 308$ kg. Der Hub betrage im Durchschnitt $h = 1{,}4$ m. Während der ersten $^6/_{10}$ des Anhubes wird er annähernd gleichförmig beschleunigt bewegt, während der letzten $^4/_{10}$ ebenso verzögert. Anzugeben ist die Kraft, die jeder der $i = 15$ Mann auszuüben hat, wenn der ganze Hub in $t = 1$ sk gemacht wird.

Aus Formel (8a) folgt die Beschleunigung im ersten Hubteil

$$p = \frac{2 \cdot 0{,}6 \cdot h}{(0{,}6 \cdot t)^2} = \frac{2 \cdot 1{,}4}{0{,}6 \cdot 1} = 4{,}65 \text{ m/sk}^2.$$

Damit wird nach Formel (72) die Beschleunigungskraft

$$P = G \cdot \frac{p}{g} = 308 \cdot \frac{4{,}65}{9{,}81} = 146 \text{ kg},$$

die zu dem Gewicht des Rammbärs hinzutritt.

Jeder Mann hat also mit

$$\frac{G + P}{i} = \frac{308 + 146}{15} = 30{,}25 \text{ kg}$$

anzuziehen. Am Schluß des Hubes verringert sich seine Anstrengung auf

$$\frac{308}{15} = 20{,}5 \text{ kg}.$$

Der Rammbär fällt die gehobene Strecke (Formel 10a) in

$$t = \sqrt{\frac{2 \cdot 1{,}4}{9{,}81}} = 0{,}53 \text{ sk}.$$

Beispiel 68. Um die Stoßkraft zu bestimmen, die ein in regelmäßigen Schwingungen bewegter Körper erfährt, kann damit ein leichtes Gestell A verbunden werden, in dem eine kleine Platte B elektrisch isoliert an einer Blattfeder C befestigt ist, die die Platte B gegen eine mit Hilfe der Gegenmutter E einstellbare Schraube D mit einer durch Eichung meßbaren Kraft Q drückt (Fig. 108). Ist das Gewicht von B G kg, so gilt nach Formel (72) $\frac{Q}{G} = \frac{p}{g}$; wenn sich bei einem Stoß B gerade von D löst, was durch die Unterbrechung des elektrischen Stromes festgestellt wird.

Die Größe der Kraft Q kann gemessen werden durch die Verstellung der Schraube D. Ist nun G_0 das Gewicht des Körpers, z. B. der Schubstange eines Kurbelgetriebes, dessen Stoßbeanspruchung gemessen werden soll, so ist die Stoßkraft im Augenblick des Aufschlagens

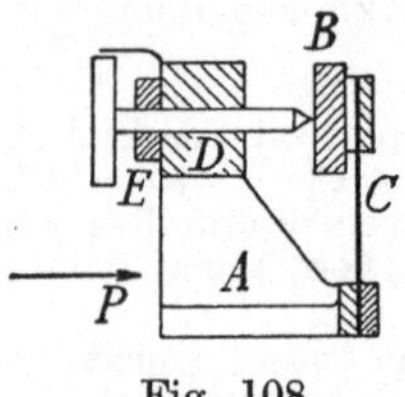

Fig. 108.

$$P = G_0 \cdot \frac{p}{g} = \frac{G_0}{G} \cdot Q \cdot$$

Man erhält so ein einfaches Meßgerät[54]) dafür.

Auf einem ähnlichen Grundgedanken beruht ein Beschleunigungsmesser für Förderkörbe u. dgl.[55]).

Beispiel 69. Anzugeben ist die vorteilhafteste Anzahl Umdrehungen in der Minute des in Beispiel 47 untersuchten Antriebes einer Förderrinne, sowie der Vorschub des Fördergutes (Kohlen) bei den Neigungen (Fig. 109)

$\operatorname{tg}\gamma = +0{,}20 \quad +0{,}15 \quad +0{,}10 \quad +0{,}05 \quad 0 \quad -0{,}05 \quad -0{,}10 \quad -0{,}15 \quad -0{,}20$

Förderung nach aufwärts — Förderung nach abwärts.

Beim Vorwärtsgang der Rinne ist die das darin liegende Fördergut bewegende Kraft bestimmt aus der Beziehung (Fig. 109)

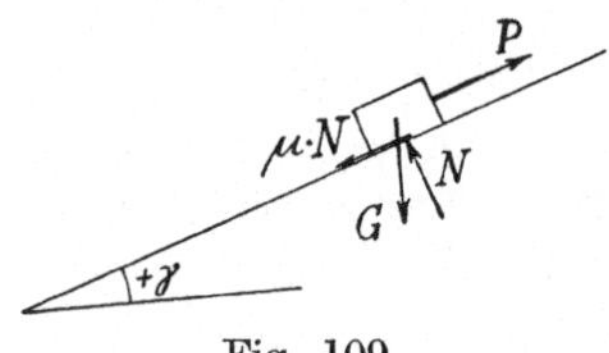

Fig. 109.

$$P - G \cdot \frac{p}{g} = G \cdot (-\sin\gamma + \mu_0 \cdot \cos\gamma).$$

Damit nun $\mathfrak{S}$fache Sicherheit gegen eine unerwünschte Relativbewegung des Gutes zur Rinne besteht, darf die Beschleunigung der Rinne höchstens sein

$$p = \frac{g}{\mathfrak{S}} \cdot \cos\gamma \cdot (-\operatorname{tg}\gamma + \mu_0)\,.$$

Hierin ist für Kohlen auf Eisen[33a]) einzusetzen $\mu_0 \sim 0{,}5$, und gewöhnlich wird gewählt[33b]) $\mathfrak{S} = 1{,}15$. Damit ergibt sich der höchstzulässige Betrag

$$p_1 = 2{,}51 \quad 2{,}95 \quad 3{,}39 \quad 3{,}83 \quad 4{,}26 \quad 4{,}68 \quad 5{,}09 \quad 5{,}48 \quad 5{,}85 \text{ m/sk}^2.$$

Der größte Wert der nach vorn gerichteten Beschleunigung ist nach Beispiel 48 bei $n = 60$ Umdrehungen in der Minute $p_1' = 3{,}314$ m/sk². Da nun beim Schubkurbelgetriebe die Beschleunigung dem Quadrat der Winkelgeschwindigkeit ω bzw. der Umdrehungszahl n entspricht, so wird die größte zulässige Umdrehungszahl der Antriebswelle in der Minute

$$n = 60 \cdot \sqrt{\frac{p_1}{p_1'}} = 52{,}1 \quad 51{,}5 \quad 60{,}6 \quad 64{,}5 \quad 68{,}0 \quad 71{,}2 \quad 74{,}5 \quad 77{,}0 \quad 79{,}6\,.$$

Das Fördergut bewegt sich nun gegenüber der Rinne weiter nach vorn, sobald ihre Verzögerung den Wert

$$p_2 = g \cdot \cos\gamma \cdot (+\operatorname{tg}\gamma + \mu_0)$$

erreicht, also bei

$$p_2 = -6{,}74 \; -6{,}30 \; -5{,}85 \; -5{,}38 \; -4{,}90 \; -4{,}41 \; -3{,}91 \; -3{,}39 \; -2{,}88 \text{ m/sk}^2.$$

Diese Werte sind wieder im Verhältnis $\left(\frac{60}{n}\right)^2$ umzurechnen, damit die Fig. 79 dafür paßt, auf

$$p_2' = -8{,}93 \; -7{,}11 \; -5{,}74 \; -4{,}66 \; -3{,}82 \; -3{,}13 \; -2{,}54 \; -2{,}05 \; -1{,}64 \text{ m/sk}^2.$$

---

[54]) Polster, Z. d. V. d. I. 1914.

[55]) Jahnke-Keinath, D. p. J. 1920.

Man entnimmt dann der Fig. 79 den zugehörigen Betrag des Rinnenhubes, bei dem das Rutschen beginnt,

$$\frac{x_1}{s} = - \quad 0{,}956 \quad 0{,}898 \quad 0{,}872 \quad 0{,}828 \quad 0{,}786 \quad 0{,}760 \quad 0{,}738 \quad 0{,}714 .$$

Bei der Aufwärtsneigung 1:5 bleibt das Gut bereits liegen.

Mit Rücksicht auf den großen Trägheitswiderstand der Rinne und des darin liegenden Fördergutes wird der Hub nicht größer als $s = 0{,}20$ m genommen. Damit erhält man

$$x_1 = - \quad 0{,}191 \quad 0{,}180 \quad 0{,}174 \quad 0{,}166 \quad 0{,}157 \quad 0{,}152 \quad 0{,}148 \quad 0{,}143 \text{ m}.$$

Die Fig. 79 liefert ferner die zugehörige Geschwindigkeit der Rinne und des Fördergutes

$$c_1' = - \quad 0{,}362 \quad 0{,}528 \quad 0{,}608 \quad 0{,}653 \quad 0{,}693 \quad 0{,}713 \quad 0{,}731 \quad 0{,}739 \text{ m/sk},$$

die im Verhältnis $\frac{n}{60}$ umzurechnen ist auf die tatsächliche

$$c_1 = - \quad 0{,}314 \quad 0{,}515 \quad 0{,}614 \quad 0{,}702 \quad 0{,}786 \quad 0{,}885 \quad 0{,}938 \quad 0{,}980 \text{ m/sk}.$$

Diese Geschwindigkeit, mit der das Gut anfängt zu rutschen, wird auf seinem Wege verzögert durch die entgegenwirkende Reibung und die entsprechende Seitenkraft des Gewichtes G um

$$p_3 = g \cdot \cos\gamma(+ \operatorname{tg}\gamma + \mu) .$$

Hierin ist als Reibungsziffer der Bewegung für Kohlen auf Eisen $\mu \sim 0{,}20$ anzusetzen[33a]). Man erhält so

$$p_3 = 3{,}85 \quad 3{,}39 \quad 2{,}93 \quad 2{,}45 \quad 1{,}96 \quad 1{,}47 \quad 0{,}976 \quad 0{,}484 \quad 0 \text{ m/sk}^2.$$

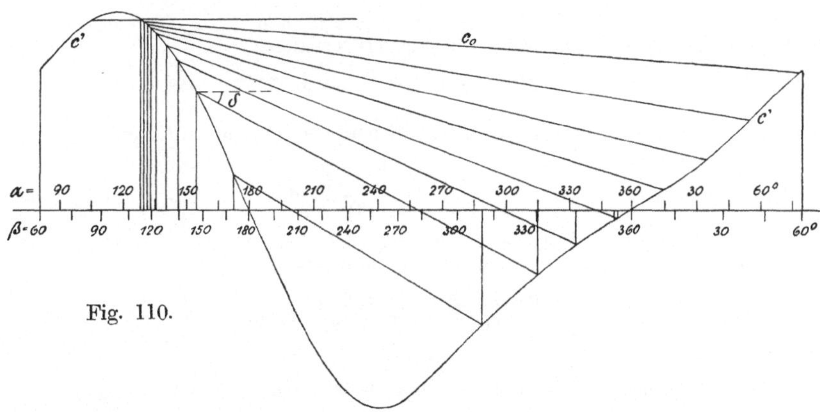

Fig. 110.

Trägt man jetzt die Geschwindigkeit c' in Abhängigkeit vom Winkel α in Fig. 110 auf, so ist von dem oben festgelegten Wert c_1' aus die gleichförmige Geschwindigkeitsabnahme durch die Verzögerung p_3' als um den Winkel δ nach unten geneigte Grade anzutragen, gemäß $\operatorname{tg}\delta = p_3'$, worin wie oben $p_3' = p_3 \cdot \left(\frac{60}{n}\right)^2$ zu setzen ist:

$$p_3' = 5{,}10 \quad 3{,}56 \quad 2{,}87 \quad 2{,}12 \quad 1{,}52 \quad 1{,}04 \quad 0{,}63 \quad 0{,}294 \quad 0 \text{ m/sk}^2.$$

Man hat also auf der Wagerechten durch c_1' die Bogenlänge 1 abzutragen und vom Endpunkt senkrecht herunter die Strecke p_3'. So ergeben sich die gezeichneten schrägen Geraden für die Rutschgeschwindigkeit des Fördergutes. Es erreicht die Geschwindigkeit der Rinne wieder bei

$c_2' = \quad -0{,}764 \quad -0{,}703 \quad -0{,}534 \quad -0{,}344 \quad -0{,}151 \quad +0{,}070 \quad +0{,}352 \quad +0{,}741$ m/sk,

d. h. es wird außer bei der steileren Abwärtsförderung auf dem unterhalb der Achse liegenden Teil der c_0-Linien von der zurückgehenden Rinne ein Stück mitgenommen.

Trägt man diese Werte c_2' wieder in den linken Teil der Fig. 79 zurück, so entnimmt man ihr die zugehörige Beschleunigung

$$p_4' = - \quad 0{,}71 \quad 2{,}48 \quad 3{,}31 \quad 2{,}76 \quad 1{,}89 \quad 1{,}58 \quad 2{,}79 \quad 1{,}735 \text{ m/sk}^2.$$

Durch Multiplikation mit $\left(\frac{n}{60}\right)^2$ ergibt sich die tatsächliche Beschleunigung an der Stelle zu

$$p_4 = - \quad 6{,}75 \quad 2{,}53 \quad 3{,}83 \quad 3{,}54 \quad 2{,}67 \quad 2{,}43 \quad 4{,}50 \quad 3{,}10 \text{ m/sk}^2.$$

Das Gut kommt sogleich zur Ruhe, wenn

$$p_4 < g \cdot \cos\gamma \cdot (+ \operatorname{tg}\gamma + \mu_0)$$

ist mit der Reibungsziffer der relativen Ruhe, was nur bei den letzten beiden Neigungen nach unten nicht erfüllt ist, sodaß es in den Fällen weiter rutscht.

Der Vorschub des Gutes auf der Gleitstrecke, der allein für die Förderung in Frage kommt, entspricht der Relativgeschwindigkeit zwischen Rinne und Gut:

$$x = \int (c_0 - c_1) \cdot dt = \int (c_0 - c_1) \cdot \frac{d\alpha}{\omega} = \frac{1}{\omega} \cdot \int (c_0 - c_1) \cdot d\alpha .$$

Die Summe wird leicht durch Berechnen der zwischen den c_0-Geraden und der c_1'-Kurve gelegenen Flächenstücke in Fig. 110 erhalten:

$$\int = 0 \quad 302 \quad 693 \quad 1279 \quad 1954 \quad 2806 \quad 3956 \quad 5253 \quad 7058 \text{ mm}^2.$$

Sie ist zur Berücksichtigung der tatsächlichen Umdrehungszahlen mit $\frac{n}{60}$ zu multiplizieren, wird jedoch durch $\omega = 2\pi \cdot \frac{n}{60}$ dividiert, so daß beide $\frac{n}{60}$ sich aufheben.

Bei den Maßstäben 110,5 mm $= 2\pi$ für die α und 1 mm $= 0{,}0251$ m/sk für die c (Beispiel 48) sind die Werte also zu multiplizieren mit

$$\frac{1}{2\pi} \cdot \frac{0{,}0251 \cdot 2 \cdot \pi}{110{,}5} = \frac{0{,}2271}{1000} \text{ m/mm}^2$$

und es wird so

$$x = 0 \quad 0{,}069 \quad 0{,}157 \quad 0{,}291 \quad 0{,}444 \quad 0{,}638 \quad 0{,}898 \quad 1{,}193 \quad 1{,}603 \text{ m}.$$

Vernachlässigt man die geringe Weiterbewegung des Gutes in den letzten beiden Fällen, die durch Verkleinerung der Umdrehungszahl aufgehoben werden kann, so ist der Gesamtweg des Fördergutes in einer Minute das $n$fache hiervon:

$$n \cdot x = 0 \quad 4{,}02 \quad 9{,}52 \quad 18{,}77 \quad 30{,}19 \quad 45{,}43 \quad 66{,}88 \quad 91{,}8 \quad 127{,}5 \text{ m}.$$

Beispiel 70. Anzugeben ist die Anfahrbeschleunigung eines Schnellzuges, bestehend aus 11 Durchgangswagen von je 44 t bzw. 13 Abteilwagen von je 37 t, also vom Höchstgewicht[56]) $G_0 \sim 480$ t, der von einer vierzylindrigen 2 C-Heißdampflokomotive gezogen wird, deren 2 Laufachsen mit dem Tender die Belastung $G_1 = 92$ t liefern, während die 3 Kuppelachsen die Belastung $G_2 = 51$ t haben.

Der Widerstand der Wagen und der Lokomotivlaufachsen beträgt nach Bd. II, S. 109 auf ebener Strecke bei V km/st Geschwindigkeit und mittelstarkem Seitenwind

$$W_0 + W_1 = 2{,}5 \cdot (G_0 + G_1) + \frac{1}{40} \cdot \left(\frac{V+12}{10}\right)^2 = 1430 + 0{,}00025 \cdot (V+12)^2 \text{ kg},$$

der Widerstand der Kuppelachsen der Lokomotive mit der Gesamtquerschnittsfläche $F \sim 10$ m²

$$W_2 = 7{,}3 \cdot G_2 + 0{,}6 \cdot F \cdot \left(\frac{V+12}{10}\right)^2 = 383 + 0{,}06 \cdot (V+12)^2 \text{ kg}.$$

Die größte Zugkraft der Lokomotive wird mit $\mu = 0{,}165$ bei $v = 2$ m/sk Geschwindigkeit (Bd. II S. 29) berechnet zu

$$P = \mu \cdot G = 0{,}167 \cdot 51 \cdot 1000 = 8502 \text{ kg}.$$

Nun gilt nach Formel (72)

$$P - (W_0 + W_1 + W_2) = (G_0 + G_1 + G_2) \cdot \frac{p}{g},$$

also mit den berechneten Zahlenwerten

$$p = \frac{9{,}81}{623000} \cdot [8520 - 1813 - 0{,}06025 \cdot (V+12)^2]$$

$$= 0{,}1056 - \frac{0{,}948 \cdot (V+12)^2}{1\,000\,000} \text{ m/sk}^2.$$

Man erhält hieraus

$V =$	0	9	18	27	29 kg/st
$p =$	0,1055	0,1052	0,1047	0,1042	0,1041 m/sk².

Die Beschleunigung ändert sich anfänglich nur wenig, so daß praktisch mit dem Mittelwert $p = 0{,}105 \sim \frac{1}{9{,}5}$ m/sk² bei dem schwersten zulässigen Zug auf wagerechter Strecke gerechnet werden kann.

Bei $V = 29$ km/st ist nach Beispiel 97 die Grenze der Kesselleistung erreicht und die Zugkraft geht jetzt stark zurück. Die Zusammenstellung setzt sich weiter fort:

$V =$	30	36	45	54	63	72	80	89	98 km/st
$P =$	8370	7440	6360	5750	5190	4730	4370	4010	3700 kg
$p =$	0,1015	0,0864	0,0685	0,0579	0,0479	0,0392	0,0323	0.0249	0,0182 m/sk².

Für die Fahrt auf der Strecke und dem größeren Teil des Anfahrens reicht eine Kuppelachse weniger aus, da sie infolge der geringeren Leistung des Kessels doch nicht ausgenutzt wird. Lokomotiven, die beim ersten Anfahren mit verstärkter Belastung der Kuppelachsen arbeiten, sind mehrfach gebaut worden[57]).

Beispiel 71. Das Rollenspurlager nach Fig. 111 hat die Abmessungen

$$R_4 = 58{,}0\,, \quad R_3 = 52{,}0\,, \quad R_2 = 45{,}6\,, \quad R_1 = 39{,}4 \text{ cm},$$
$$d = 10{,}16\,, \quad l = 5{,}6\,, \quad d_1 = 3{,}81 \text{ cm},$$

[56]) Eisenbahn-Bau- u. Betriebsordnung, 1904/7.
[57]) Keller, Z. d. V. d. I. 1903.

die Regelumlaufzahl in der Minute ist $n = 250$. Anzugeben ist die Druckkraft, die die Kugeln vom Durchmesser d_1 auf den Führungsring ausüben.

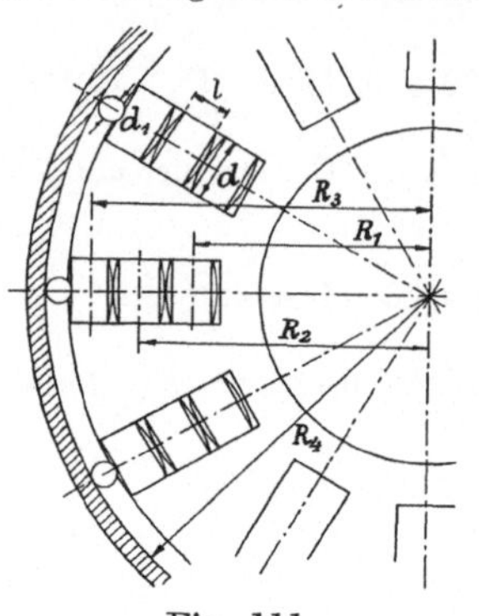

Fig. 111.

Das Gewicht einer Rolle ist

$$G = \frac{\pi}{4} \cdot d^2 \cdot l \cdot \gamma = \frac{\pi}{4} \cdot 1{,}016^2 \cdot 0{,}56 \cdot 7{,}86 = 3{,}57 \text{ kg},$$

die Winkelgeschwindigkeit des Lagers ist

$$\omega = \frac{\pi \cdot n}{30} = \frac{\pi \cdot 250}{30} = 26{,}2 \text{ 1/sk},$$

das Gewicht der Kugel ist

$$G_1 = \frac{\pi}{6} \cdot d_1^3 \cdot \gamma = \frac{\pi}{6} \cdot 0{,}381^3 \cdot 7{,}86 = 0{,}23 \text{ kg}.$$

Damit wird die Schwungkraft nach Formel (73)

$$Z = \frac{\omega^2}{g} \cdot \left[G \cdot (R_1 + R_2 + R_3) + G_1 \cdot \left(R_4 - \frac{d_1}{2}\right)\right]$$

$$= \frac{26{,}2^2}{9{,}81} \cdot [3{,}57 \cdot (0{,}394 + 0{,}456 + 0{,}520) + 0{,}23 \cdot (0{,}580 - 0{,}019)] = 352 \text{ kg}.$$

Beispiel 72. Zu berechnen ist die Beanspruchung des Fußes der Bronzeschaufel einer Dampfturbine gemäß Beispiel 55, wenn das Einheitsgewicht $\gamma = 8{,}8$ kg/dm³ und ihre Länge $l = 18$ cm beträgt.

Ist der Querschnitt der prismatischen Schaufel F cm², so ist die Schleuderkraft nach Formel (73)

$$Z = \frac{F \cdot l \cdot \gamma}{1000 \cdot g} \cdot p_r = F \cdot \sigma,$$

worin σ kg/cm² die Zugbeanspruchung angibt.

Es wird so

$$\sigma = \frac{l \cdot \gamma \cdot p_r}{1000 \cdot g} = \frac{18 \cdot 8{,}8 \cdot 26\,751{,}8}{1000 \cdot 9{,}81} = 432 \text{ kg/cm}^2.$$

Wird der Fuß, wie bei manchen Ausführungen, durch schwalbenschwanzförmige Einkerbungen um $\frac{1}{3}$ geschwächt, so steigt die Beanspruchung dort auf

$$\sigma_1 = \tfrac{3}{2} \cdot \sigma = 648 \text{ kg/cm}^2.$$

Beispiel 73. Durch sogenanntes statisches Auswägen einer Welle mit aufgesetzten Rädern auf wagerechten Stahllinealen lassen sich kleinere Verlagerungen des Gesamtschwerpunktes aus der Wellenachse, als der Hebelarm des Rollwiderstandes $f = 0{,}05$ mm beträgt, nicht nachweisen. Anzugeben ist bei einem Gesamtgewicht von $G = 2200$ kg und $n = 3000$ Umdrehungen in der Minute die entstehende Schwungkraft.

Es ist nach Formel (74)

$$Z = \frac{1}{2} \cdot \frac{2200}{9{,}81} \cdot 0{,}00005 \cdot \left(\frac{\pi \cdot 3000}{30}\right)^2 = 536 \text{ kg},$$

also fast $\frac{1}{4}$ des Gewichtes. Die Belastung der Welle schwankt also im Betriebe in jeder Sekunde 50 mal zwischen 2736 und 1664 kg, wenn die Auswuchtung nicht weiter getrieben wird.

Zu dem Zweck läßt man die Welle in Lagern laufen, die auf Kugeln seitlich frei beweglich sind und deren Bewegungen nur durch Federn gedämpft werden. Empfindliche Zeigereinrichtungen lassen jeden Ausschlag nach den Seiten erkennen und geben an, wo Ausgleicharbeiten nötig sind (vgl. Beispiel 155). Man kann so den Fehler der Schwerpunktslage bis auf $\frac{1}{1000}$ mm verringern.

Unter sonst gleichen Verhältnissen ist dann

$$Z' = 536 \cdot \tfrac{20}{1000} \sim 10{,}7 \text{ kg}.$$

Die dadurch hervorgerufenen Schwingungen genügen, um die Umlaufzahl durch mitschwingende Federn von bekannter Schwingungszahl messen zu lassen, die einfach auf das Gehäuse der Maschine gesetzt werden (Frahms Geschwindigkeitsmesser).

Beispiel 74. Anzugeben ist die Spannkraft, die in einem Treibriemen von der Breite b und der Stärke s entsteht, der mit der Geschwindigkeit v umläuft.

Auf jedes Teilchen, das sich auf der Riemenscheibe vom Halbmesser r befindet (Fig. 112), wirkt beim Laufen die Schleuderkraft gemäß Formel (73). Das Gewicht des Teilchens beträgt

$$G = r \cdot d\alpha \cdot b \cdot s \cdot \gamma\,,$$

wenn γ das Einheitsgewicht des Riemenmaterials angibt.

Es ist[58]) i. M. für

lohgares Treibriemenleder	$\gamma = 0{,}95 - 0{,}99$ kg/dm³,
eichenlohe gegerbtes Treibriemenleder	0,95 „ ,
modern „ „	1,04 „ ,
„hydrodynamisch“ gegerbtes Treibriemenleder . . .	0,90 „ ,
chromgegerbtes Treibriemenleder	0,80 „ ,
Kamelhaartreibriemen je nach Güte	0,95—1,05 — 1,15 „ ,
gewebte Baumwolltreibriemen geölt	1,07 — 1,16 „ ,
Balata-(Baumwolltuch-)Riemen	0,91 — 0,93 „ ,
Stahlbänder	7,86 „ .

Aufgenommen wird die Schleuderkraft nur durch die Spannkräfte S, und das Kräftedreieck liefert

$$\tfrac{1}{2} \cdot Z = S \cdot \sin(\tfrac{1}{2} \cdot d\alpha)\,,$$

also

$$Z = S \cdot d\alpha\,.$$

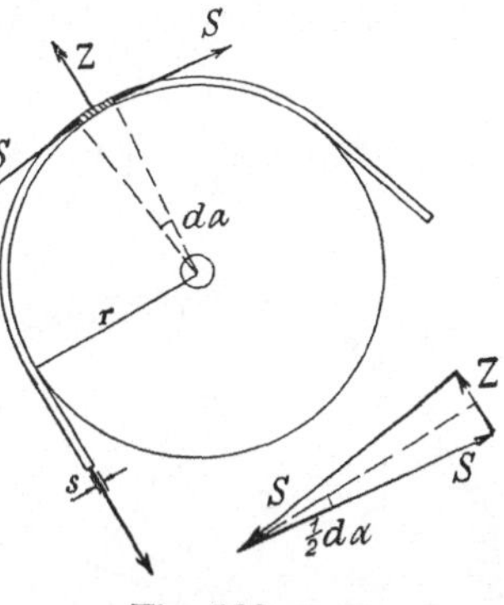

Fig. 112.

Durch Gleichsetzen mit Formel (73) erhält man so

$$\frac{r \cdot d\alpha \cdot b \cdot s \cdot \gamma}{g} \cdot \frac{v^2}{r} = S \cdot d\alpha\,,$$

also die gesuchte Spannkraft

$$S = b \cdot s \cdot \frac{\gamma}{g} \cdot v^2$$

oder die auf 1 cm² des Querschnittes entfallende Spannung

$$\sigma_f = \frac{S}{b \cdot s} = \frac{\gamma}{g} \cdot v^2\,, \qquad (75)$$

worin alle Längen in cm einzusetzen sind.

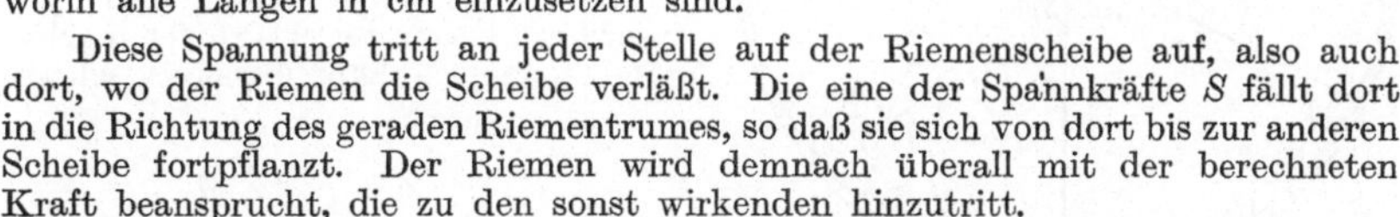

Diese Spannung tritt an jeder Stelle auf der Riemenscheibe auf, also auch dort, wo der Riemen die Scheibe verläßt. Die eine der Spannkräfte S fällt dort in die Richtung des geraden Riementrumes, so daß sie sich von dort bis zur anderen Scheibe fortpflanzt. Der Riemen wird demnach überall mit der berechneten Kraft beansprucht, die zu den sonst wirkenden hinzutritt.

Für eichenlohe-gegerbtes Treibriemenleder erhält man mit $\gamma = 0{,}95$ kg/dm³ bei $v = 5$ m/sk

$$\sigma_f = \frac{0{,}95}{1000} \cdot \frac{1}{981} \cdot 500^2 = 0{,}24 \text{ kg/cm}^2$$

[58]) Stephan, Die Treibriemen und Riementriebe, 1920.

und entsprechend für

$v =$	5	10	15	20	25	30	35	m/sk
$\sigma_t =$	0,24	0,97	2,18	3,88	6,05	8,72	11,87	kg/cm².

Beispiel 75. Zu bestimmen ist die günstigste Umdrehungszahl n in der Minute für eine Kugelmühle vom Querschnitt nach Fig. 113 mit dem Innendurchmesser $D = 100$ cm und dem Kugeldurchmesser $d = 6$ cm[59]).

Die Kugeln und das Mahlgut werden von der umlaufenden Trommel mitgenommen bis zur Stelle A, wo die Schwungkraft Z von der in die Richtung des Halbmessers fallenden Seitenkraft des Gewichtes $G \cdot \sin\alpha$ aufgehoben wird. Man erhält sofort durch Gleichsetzen mit Formel (73)

$$\sin\alpha = r_1 \cdot \frac{\omega^2}{g}$$

und die dort erhaltene Wurfgeschwindigkeit $v = r_1 \cdot \omega$.

Bei dem Wurf gilt nun für den Weg in wagerechter Richtung nach Fig. 113

$$v \cdot \cos\alpha \cdot t = r_1 \cdot \cos\alpha + r_2 \cdot \sin\beta$$

und für den Weg in lotrechter Richtung

$$-v \cdot \sin\alpha \cdot t + \tfrac{1}{2} \cdot g \cdot t^2 = r_1 \cdot \sin\alpha + r_2 \cdot \cos\beta\,.$$

Rechnet man aus der ersten Gleichung t aus und setzt es in die zweite ein (vgl. Abschnitt 6), so folgt mit den vorherstehenden Werten von v und $\sin\alpha$ mit $\cos\alpha = \sqrt{1 - \sin^2\alpha}$

$$\left(1 + \frac{r_2}{r_1} \cdot \frac{\sin\beta}{\sqrt{1 - \left(r_1 \cdot \frac{\omega^2}{g}\right)^2}}\right)^2$$

$$= (2r_1)^2 \cdot \left(\frac{\omega^2}{g}\right)^2 \cdot \left(1 + \frac{1}{2} \cdot \frac{r_2}{r_1} \cdot \frac{\sin\beta}{\sqrt{1 - \left(r_1 \cdot \frac{\omega^2}{g}\right)^2}}\right) + 2 \cdot r_2 \cdot \left(\frac{\omega^2}{g}\right) \cdot \cos\beta$$

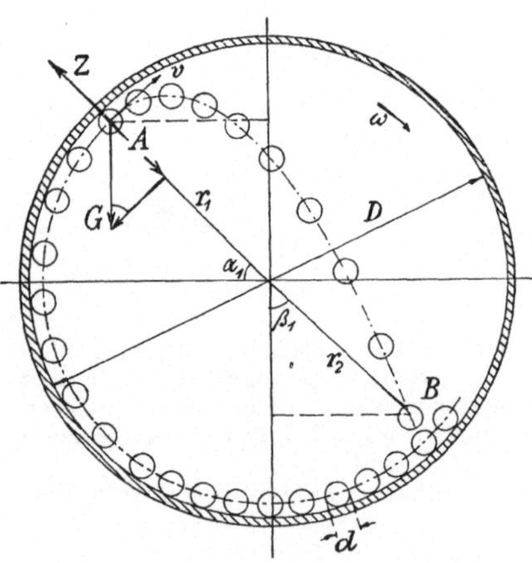

Fig. 113.

Man entnimmt nun der Fig. 113 noch

$$r_1 = \tfrac{1}{2} \cdot (D - d)\,, \quad r_2 = \tfrac{1}{2} \cdot (D - 3\,d)\,.$$

Für die Schonung der Trommel ist es natürlich vorteilhaft, daß die fallende Kugel bei B noch auf eine dort liegende Kugel mit dem Mahlgut auftrifft, was erfahrungsgemäß[59]) für $\beta \sim 40°$ geschieht.

Die vorstehende Gleichung, in die diese Zahlenwerte einzusetzen sind, wird am besten durch Probieren gelöst, indem man sie abkürzungsweise schreibt

$$(1 + y)^2 = (2 \cdot r_1)^2 \cdot x^2 \cdot (1 + \tfrac{1}{2} \cdot y) + 2\,r_2 \cdot \cos\beta \cdot x\,,$$

worin gilt

$$x = \frac{\omega^2}{g} = \frac{\pi^2 \cdot n^2}{30^2 \cdot 9{,}81} = 0{,}00112 \cdot n^2\,.$$

[59]) Fischer, Z. d. V. d. I. 1904.

Man wählt jetzt $n = 32$ und 35
und erhält so $x = 1{,}147$ „ $1{,}372$,

$\sqrt{1-(r_1 \cdot x)^2} = 0{,}842$ „ $0{,}764$,

$y = 0{,}667$ „ $0{,}7345$.

Damit geht die obige Gleichung über in

$2{,}78 = 0{,}884 \cdot 1{,}316 \cdot 1{,}333 + 0{,}628 \cdot 1{,}147 = 2{,}273$, um 0,507 zu klein,
bzw. $3{,}00 = 0{,}884 \cdot 1{,}882 \cdot 1{,}367 + 0{,}628 \cdot 1{,}372 = 3{,}136$, um 0,136 zu groß.

Wenn man annimmt, daß bei dem geringen Unterschied der n die Änderung etwa geradlinig erfolgt, so ergibt sich

$$n = 32 + 3 \cdot \frac{0{,}507}{0{,}507 + 0{,}136} \sim 34{,}4 .$$

Hiermit wird

$$\sin\alpha_1 = \frac{D-d}{2 \cdot g} \cdot \left(\frac{\pi \cdot n}{30}\right)^2 = \frac{0{,}948}{2 \cdot 9{,}81} \cdot \left(\frac{\pi \cdot 34{,}4}{30}\right)^2 = 0{,}5983 ,$$

also $\alpha_1 = 40^\circ\, 45'$.

Für die zweite Lage der Kugeln, die mit Rücksicht auf das dazwischenliegende Mahlgut im Mittenabstande $\frac{3}{2}\, d$ von der Trommelwand angenommen werden kann, erhält man jetzt den Abwurfwinkel α_2 aus

$$\sin\alpha_2 = \frac{D-3d}{2 \cdot g} \cdot \left(\frac{\pi \cdot n}{30}\right)^2 = \frac{0{,}820}{2 \cdot 9{,}81} \cdot \left(\frac{\pi \cdot 34{,}4}{30}\right)^2 = 0{,}476$$

zu $\alpha_2 \sim 28^\circ\, 30'$.

Für die dritte Lage wird ebenso aus

$$\sin\alpha_3 = \sin\alpha_2 \cdot \frac{D-5d}{D-3d} = 0{,}476 \cdot \frac{70}{82} = 0{,}406$$

$\alpha_3 \sim 24^\circ$.

Wenn im Ruhezustand das Rohr der Kugelmühle zu $\varphi = 0{,}4 \div 0{,}45$ des ganzen Querschnittes mit Kugeln und Mahlgut gefüllt ist, steigen im Betrieb nur 3 Kugellagen an der Wand in die Höhe. Bei Füllung bis $\varphi = 0{,}50$ sind es 4 Lagen[60]). Es ist ferner $\beta_2 \sim 21\frac{1}{2}^\circ$, $\beta_3 \sim 14^\circ$.

Beispiel 76. Die Neigung der Fahrbahn in schnell durchfahrenen Krümmungen ist zu begründen und ihr günstigster Wert anzugeben.

Auf den mit der Geschwindigkeit V km/st durch die in wagerechter Ebene liegende Krümmung vom Halbmesser r fahrenden Wagen vom Gewicht G und dem Radabstand a wirken die in Fig. 114 eingetragenen Kräfte. Es sind in lotrechter Richtung das Gewicht G und die Raddrücke $\Sigma N = G$, in wagerechter Richtung nach außen die Schleuderkraft

$$Z = \frac{G}{9{,}81} \cdot \left(\frac{V}{3{,}6}\right)^2 \cdot \frac{1}{r} = \frac{G}{127} \cdot \frac{V^2}{r}$$

und nach innen die Reibungskraft $R = \mu \cdot G$.

Der Wagen beginnt zu rutschen, sobald die beiden letzten einander gleich werden:

$$\frac{V^2}{r} = 127 \cdot \mu . \qquad (76)$$

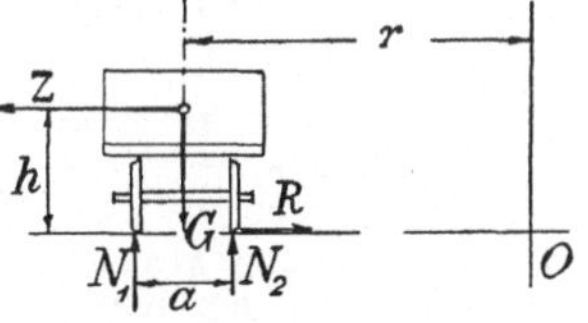

Fig. 114.

Die inneren Räder werden entlastet, sobald die Drehmomente von Z und G in bezug auf die äußeren Räder einander gleich werden:

$$Z \cdot h = G \cdot \tfrac{1}{2} a$$

[60]) Dreyer, D. p. J. 1908.

oder
$$\frac{V^2}{r} = 63{,}5 \cdot \frac{a}{h}.$$

Unter gewöhnlichen Verhältnissen ist die erstere Bedingung ausschlaggebend.

Auch bei Personenkraftwagen, wo die Hinterräder sich frei gegeneinander bewegen können, gleiten die Räder in einer Kurve immer etwas, besonders die auf der Achse festen Vorderräder, die in der Kurve eine geringe Seitenbewegung machen müssen. Infolgedessen ist nach Bd. II, S. 50 die Reibungsziffer in Richtung des Krümmungshalbmessers ziemlich klein. Sie kann bei Verwendung von Gleitschutzreifen höchstens zu $\mu = 0{,}30$ angesetzt werden. In einer Kurve vom Halbmesser $r = 100$ m ist dann die Grenzgeschwindigkeit nach Formel (75)
$$V = \sqrt{100 \cdot 127 \cdot 0{,}30} \sim 62 \text{ km/st.}$$

Bei glatten Reifen auf schlüpfriger Straße ist mit etwa $\mu = 0{,}15$ unter gleichen Umständen
$$V' = \sqrt{100 \cdot 127 \cdot 0{,}15} \sim 43 \text{ km/st.}$$

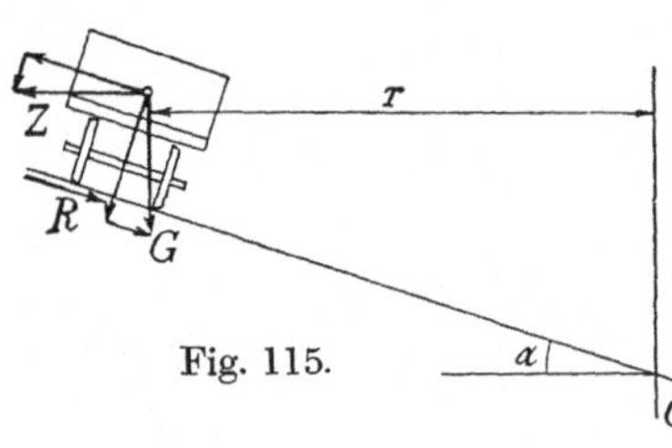

Fig. 115.

Ist die Fahrbahn um den Winkel α gegen die Wagerechte geneigt (Fig. 115), so bleibt die durch den Mittelpunkt O der Krümmung gehende lotrechte Drehachse unverändert. Die zur schrägen Fahrbahn parallelen Kräfte müssen an der Rutschgrenze der Bedingung genügen:
$$+ Z \cdot \cos\alpha - G \cdot \sin\alpha - R = 0.$$
Nun ist
$$R = \mu \cdot (Z \cdot \sin\alpha + G \cdot \cos\alpha).$$

Damit ergibt sich
$$\frac{V^2}{r} = 127 \cdot \frac{\operatorname{tg}\alpha + \mu}{1 - \mu \cdot \operatorname{tg}\alpha} = 127 \cdot \operatorname{tg}(\alpha + \varrho), \tag{77}$$
worin $\varrho = \operatorname{arc\,tg}\mu$ den Reibungswinkel darstellt.

Ist etwa $\operatorname{tg}\alpha = \frac{1}{20}$, so ergibt sich mit sonst denselben Werten wie oben

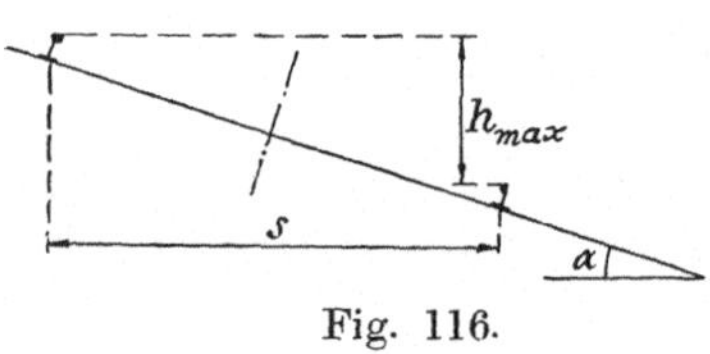

Fig. 116.

$$V_1 = \sqrt{100 \cdot 127 \cdot \frac{0{,}35}{0{,}985}} \sim 67 \text{ km/st}$$
bzw. $$V_1' = \sqrt{100 \cdot 127 \cdot \frac{0{,}20}{0{,}9925}} \sim 50 \text{ km/st.}$$

Soll eine Kurve von $r = 60$ m Halbmesser mit der Geschwindigkeit $V_2 = 100$ km/st gerade noch mit Sicherheit befahren werden können, so muß die Straße geneigt sein um
$$\operatorname{tg}\alpha = \frac{V_2^2 - 127 \cdot \mu \cdot r}{V_2^2 \cdot \mu + 127 \cdot r} = \frac{100^2 - 127 \cdot 0{,}30 \cdot 60}{100^2 \cdot 0{,}30 + 127 \cdot 60} = 0{,}726,$$
dem der Neigungswinkel $\alpha = 33°$ entspricht, den amerikanische Kraftwagen-Rennbahnen in den Kurven aufweisen.

Wird die Kurve auch von langsam fahrenden Wagen durchfahren, so darf die Neigung nie so groß werden, daß sie etwa nach innen abrutschen. Die Grenzbedingung dafür lautet $\operatorname{tg}\alpha = \mu$. Dem entspricht für $\mu = 0{,}30$ der Neigungswinkel $\alpha \sim 16° 40'$.

Dieser Fall liegt auch bei den Kurven der Eisenbahnen vor. Man berechnet deshalb dort die größte zulässige Schienenüberhöhung (Fig. 116) zu[56])
$$h_{\max} = \frac{V_{\max}}{2 \cdot r}, \tag{78}$$

worin V_{max} die größte in der betreffenden Krümmung zulässige Fahrtgeschwindigkeit ist. Man erhält so für Hauptbahnen

r =	1300	1200	1100	1000	900	800	700	600	500	400	300	250	200	180	m
V_{max} =	120	115	110	105	100	95	90	85	80	75	65	60	50	45	km/st
h_{max} =	46	48	50	53	56	59	64	71	80	94	108	120	125	125	mm
V_m =	71,2	69,9	68,3	67,0	65,3	63,2	61,6	60,1	58,2	56,4	52,4	50,4	51,1	43,7	km/st

Bei Eisenbahnfahrzeugen mit fest auf der Achse sitzenden Rädern findet bei schneller Fahrt in der Kurve schon ein ziemlich bedeutendes Gleiten in der Fahrtrichtung statt, so daß man bei der an sich schon geringen Reibungsziffer $\mu = 0{,}165$ auf trockenen Schienen in Formel (77) $\mu \sim 0$ einzusetzen hat (besonders im Fall feuchter Schienen). Dann wird

$$\operatorname{tg}\alpha = \frac{V^2}{127 \cdot r} \tag{79}$$

oder umgekehrt die der Überhöhung h_{max} entsprechende Fahrtgeschwindigkeit

$$V_m = \sqrt{127 \cdot r \cdot \frac{h_{max}}{s}}\,, \tag{80}$$

die in der letzten Zeile der Zusammenstellung angegeben ist. Bei den höchsten Geschwindigkeiten entspricht dem Unterschied $V_{max} - V_m$ der Wert $\operatorname{tg}\alpha \sim 0{,}02$, der noch als ruhiger Gang empfunden wird. Dagegen wird schon $\operatorname{tg}\alpha \sim 0{,}04$ als unangenehm empfunden[61]).

Beispiel 77. Anzugeben ist die Belastung, die der Schubstangenzapfen eines geschränkten Kurbeltriebes nach Fig. 117 erfährt, wenn sich die Kurbel vom Halbmesser r in der Minute n mal gleichförmig herumdreht.

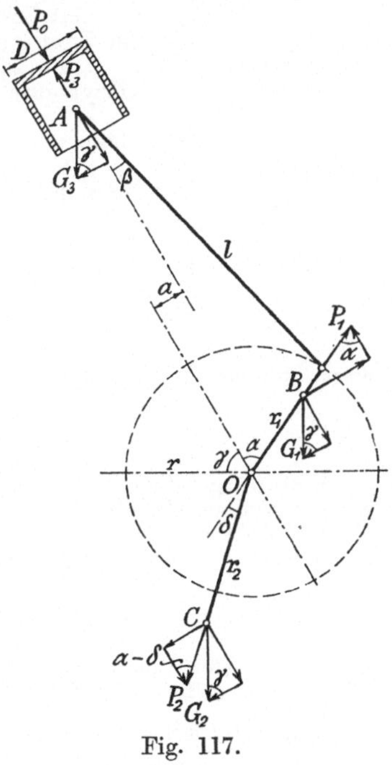

Fig. 117.

Auf den Zapfen A wirken bei einem Motor in Richtung der Bewegung die Überdruckkraft des Gases $P_0 = +\frac{\pi}{4} \cdot D^2 \cdot q_i$ und die Seitenkraft des Gewichtes G_3 der hin und her gehenden Teile $+ G_3 \cdot \sin\gamma$, senkrecht dazu die Seitenkraft $+ G_2 \cdot \cos\gamma$, und schließlich entgegengesetzt zur Bewegungsrichtung die Trägkeitskraft $P_3 = - G_3 \cdot \frac{p_3}{g}$ bzw. mit Anwendung der Formel (39)

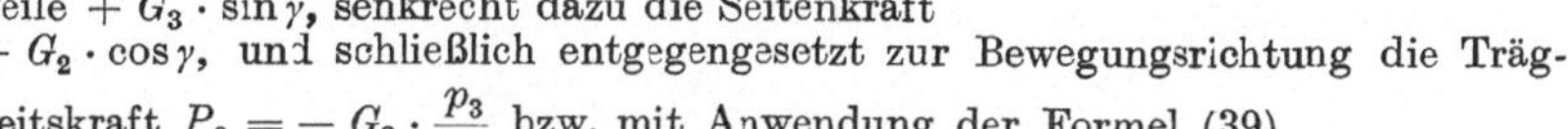

$$P_3 = - G_3 \cdot \frac{r \cdot \omega^2}{g} \cdot \left(\cos\alpha + \frac{a}{l} \cdot \sin\alpha \pm \frac{r}{l} \cos 2\alpha\right).$$

Man kann nun überschlägig ansetzen

$$G_3 = \frac{\pi}{4} \cdot D^2 \cdot q\,, \tag{81}$$

und zwar ist für Dampfmaschinen[62])

[61]) Petersen, Z. d. V. d. I. 1902.

[62]) Radinger, Über Dampfmaschinen mit großer Kolbengeschwindigkeit, 3. Aufl. 1892.

liegende, ohne Kondensation bis $s = 0{,}7$ m Hub: $q = 0{,}28$ kg/cm²,
„ „ „ mit $s > 0{,}7$ m „ $q = 0{,}40 \cdot s$ „ ,
„ mit Kondensator hinter dem Zylinder: $q = 0{,}33$ „ ,
Lokomotiven ohne Kuppelstangen: $q = 0{,}33 \cdot s$ „ ,
„ mit „ : $q = 0{,}45 \cdot s \div 0{,}55 \cdot s$ „ ,
stehende Schiffsmaschinen, Hochdruckzylinder: $q = 0{,}45 \cdot s$ „ ,
„ „ Mittel „ : $q = 0{,}20 \cdot s$ „ ,
„ „ Nieder „ : $q = 0{,}12 \cdot s$ „ ,

für Gasmaschinen mit Verpuffung[63])
einfach wirkend $s < 1{,}5 \cdot D$: $q = 0{,}25 \div 0{,}28$ kg/cm²,
„ „ $s > 1{,}5 \cdot D$: $q = 0{,}30 \div 0{,}33$ „ ,
mit Kreuzkopf ($s \sim 1{,}6 \cdot D$): $q = 0{,}40 \div 0{,}50$ „ ,
„ „ für Kraftwagen: $q = 0{,}03 \div 0{,}05$ „ ,
„ „ in Reihenanordnung: $q = 0{,}60 \div 0{,}75$ „ ,
doppelt „ einzylindrig ohne hintere Führungsbahn:
$q = 0{,}50 \div 0{,}60$ „ ,
„ „ einzylindrig mit hinterer Führungsbahn:
$q = 0{,}60 \div 0{,}70$ „ ,
„ „ in Reihenanordnung: $q = 0{,}75 \div 0{,}90$ „ ,
„ „ „ „ mit Gebläsezylinder: $q \sim 1{,}0$ „ .

Bei Dieselmotoren erhöht sich q i. M. um 0,05 kg/cm².

Man erhält hiermit die Gesamtkraft in Richtung der Bewegung

$$P_1 = \frac{\pi}{4} \cdot D^2 \cdot \left[q_0 + q \cdot \sin\gamma - q \cdot \frac{r\omega^2}{g} \cdot \left(\cos\alpha + \frac{a}{l} \pm \frac{r}{l} \cdot \cos 2\alpha\right)\right], \tag{82a}$$

hierzu kommt noch die kleine dazu senkrechte Seitenkraft

$$P_2 = \frac{\pi}{4} \cdot D^2 \cdot q \cdot \cos\gamma\,. \tag{82b}$$

Wird wie gewöhnlich die Forderung gestellt, daß der Druckwechsel am Zapfen vor der Totlage eintritt, so ist der kleinste zulässige Betrag des Einströmungsdampfdruckes im Hochdruckzylinder einer Verbund-Dampfmaschine mit dem Gegendruck $q' = 2{,}5$ at gegeben durch

$$q_0 = q' + q \cdot \left[\frac{r \cdot \omega^2}{g}\right] \cdot \left(1 \pm \frac{r}{l}\right) \mp \sin\gamma\Big]\,, \tag{83}$$

worin die oberen Vorzeichen für die Deckelseite, die unteren für die Kurbelseite des Kolbens gelten. Denn bei Dampfmaschinen ist stets $a = 0$. Bei liegender Anordnung ist ferner $\gamma = 0$ und fast immer $\frac{r}{l} = \frac{1}{5} = 0{,}20$. Rechnet man nun mit $n = 125$, $s = 2 \cdot r = 0{,}75$ m, so wird

$$\frac{r \cdot \omega^2}{g} = \frac{0{,}75}{2 \cdot 9{,}81} \cdot \left(\frac{\pi \cdot 125}{30}\right)^2 = 6{,}50\,,$$

also mit $q = 0{,}40 \cdot s$

$$q_0 = 2{,}5 + 0{,}40 \cdot 0{,}75 \cdot 6{,}50 \cdot 1{,}20 = 4{,}7 \text{ at.}$$

Für den Niederdruckzylinder ergibt sich entsprechend mit $q' = 0{,}15$ at

$$q_0 = 0{,}15 + 0{,}30 \cdot 0{,}75 \cdot 6{,}50 \cdot 1{,}20 = 1{,}8 \text{ at.}$$

Die Forderung ist demnach bei den gebräuchlichen Dampfmaschinen gewöhnlich erfüllt, wenn man auch beim Niederdruckzylinder oft an die Grenze kommt: Bei einer stehenden Dampfmaschine, wo $\sin\gamma = 1$ ist, wird unter sonst gleichen Verhältnissen, allerdings mit $\frac{r}{l} = \frac{1}{4{,}5}$

$$q_0 = 0{,}15 + 0{,}20 \cdot 0{,}75 \cdot (6{,}50 \cdot 1{,}222 - 1) \sim 1{,}2 \text{ at.}$$

[63]) Güldner, Z. d. V. d. I. 1901.

Dagegen kann es im Hochdruckzylinder oder bei kleiner Füllung vorkommen, daß die Massendrucklinie die Dampfdruckkurve in der Mitte des Hubes schneidet, wie die Fig. 118 bei D für die Deckelseite und bei K für die Kurbelseite zeigt[41]). Bei gleicher Füllung auf beiden Seiten ist die Gefahr des Stoßes in der Hubmitte am größten auf der Kurbelseite. Die geringste zulässige Füllung gibt diejenige Ausdehnungslinie des Dampfes, die mit der Massendrucklinie dieselbe Tangente

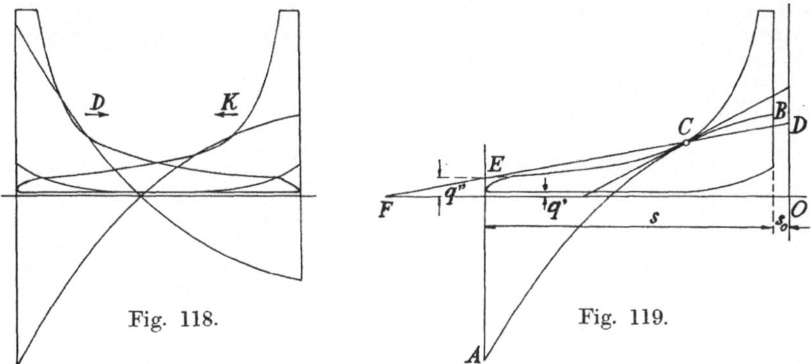

Fig. 118. Fig. 119.

hat. Nun wird der Tangentenabschnitt der gleichseitigen Hyperbel, die man als Dampfausdehnungslinie zeichnet, zwischen der Nullachse des Dampfes und der des schädlichen Zylinderraumes im Berührungspunkt halbiert (Fig. 119). Man hat also an die Massendrucklinie nur eine Tangente zu ziehen, die dieser Bedingung genügt, was mit Hilfe eines angehaltenen Maßstabes sofort zu machen ist. Beliebige andere Punkte der Ausdehnungslinie, z. B. den am Hubende, ergibt die Tatsache, daß für jede Sehne der gleichseitigen Hyperbel $\overline{DC} = \overline{EF}$ gilt. Man erhält so leicht auf zeichnerischem Wege die folgende Zusammenstellung[41]) für die Endspannung q'' einer Einzylindermaschine bei $\frac{r}{l} = \frac{1}{5}$ und $s_0 = 0{,}04 \cdot s$:

$\frac{r \cdot \omega^2}{g} \cdot q =$	1	1,5	2,0	2,5	3,0	3,5	4,0 at,	
$q' = 0{,}2$ at:	0,21	0,29	0,37	0,44	0,52	0,60	0,68 „.	
$\frac{r \cdot \omega^2}{g} \cdot q =$	4,5	5,0	5,5	6,0	6,5	7,0	7,5	8,0 at,
$q' = 0{,}2$ at:	0,76	0,84	0,92	1,00	1,07	1,15	1,23	1,31 „,
$q' = 1{,}1$ at:	1,06	1,14	1,22	1,29	1,36	1,44	1,52	1,65 „.

Beispiel 78. An einem Fahrzeugmotor vom Zylinderdurchmesser $D = 15$ cm und dem Hub $s = 20$ cm, der mit $n = 900$ Umdrehungen in der Minute läuft, ist das Schubstangenverhältnis $\frac{r}{l} = \frac{1}{4}$, das Gewicht der hin und her gehenden Teile $q = 0{,}05$ kg/cm²; den Gasdruck während des Treibhubes stellt die Kurve a der Fig. 120 dar, den während des Preßhubes die Kurve b. Anzugeben ist der Verlauf der vom Kolben auf die Zylinderwandungen ausgeübten Druckkraft.

Man erhält gemäß Formel (83)

$$\frac{r \cdot \omega^2}{g} = \frac{0{,}10}{9{,}81} \cdot \left(\frac{\pi \cdot 900}{30}\right)^2 = 90{,}6\,,$$

also

$$q \cdot \frac{r \cdot \omega^2}{g} = 0{,}05 \cdot 90{,}6 = 4{,}53 \text{ at.}$$

Nach den Angaben der Fig. 44 ergibt sich hiermit die Kurve c der Fig. 120 für den Beschleunigungsdruck mit dem Anfangs- bzw. Endwert

$$4{,}53 \cdot (1 \pm \tfrac{1}{4}) = 5{,}67 \quad \text{bzw.} \quad 3{,}40 \text{ at.}$$

Die Summierung der Höhen der Kurven a und c liefert den Verlauf d des Kolbendruckes beim Treibhub und entsprechend die Summierung der Höhen der Kurven b und c den Kolbendruck e beim Preßhub. Die Beschleunigungs- und Verzögerungskräfte der bewegten Gewichte vergleichmäßigen die Druckkurven ganz bedeutend.

Die auf die Wandung entfallende Druckkraft N beträgt nun nach Bd. I, S. 35, wenn P die Kolbenkraft angibt,

$$N = P \cdot \operatorname{tg}\beta = P \cdot \frac{r}{l} \cdot \sin\alpha \cdot \left[1 + \frac{1}{2} \cdot \left(\frac{r}{l} \cdot \sin\alpha\right)^2\right]. \tag{84}$$

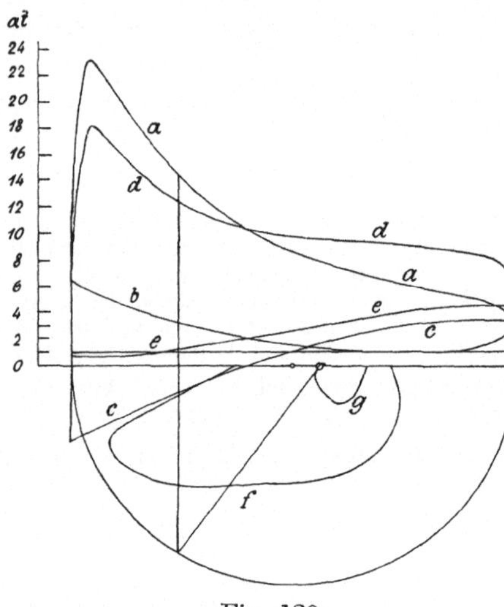

Fig. 120.

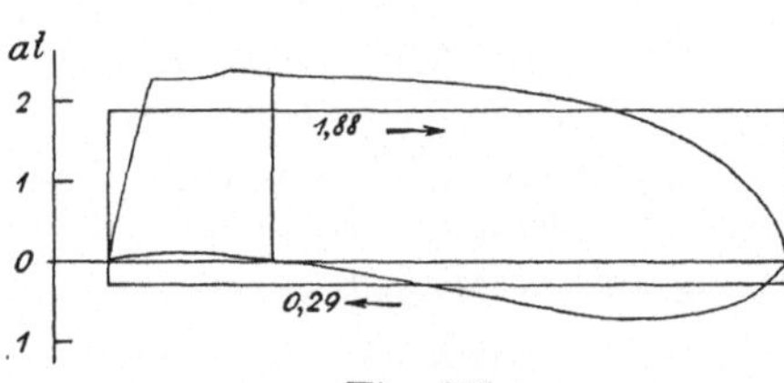

Fig. 121.

Zur Aufzeichnung trägt man über dem Hub einen Halbkreis auf (Fig. 120), zieht aus dem um $\frac{1}{2} \cdot \frac{1}{4} \cdot r$ aus der Mittellage verschobenen Pol nach den Schnittpunkten der einzelnen Diagrammhöhen mit diesem Halbkreis und trägt darauf die Höhen der Kurven d und e ab. Das zweite Glied des Klammerausdruckes in Formel (84) kann als bedeutungslos unbeachtet bleiben. Es entstehen so die Kurven f und g der Fig. 119 als Polardiagramme der Kolbenkräfte, und zwar der Überdrucke über die Außenatmosphäre.

Die Senkrechten zwischen diesen Kurvenzügen und der Nullachse werden in Fig. 121 in den Kolbenstellungen aufgetragen, die zu den betreffenden Strahlen gehören. Nach Formel (84) ergeben sich so die Wandungsdrücke für 1 cm² Kolbenfläche in $\frac{l}{r} = 4$facher Vergrößerung, deren mittlere Größe nach der Trapezregel (Bd. I, S. 5) gefunden wird.

Die mittlere Druckkraft wird hiernach

beim Treibhub:

$$N_1 = 1{,}88 \cdot \frac{\pi}{4} \cdot 15^2 = 317 \text{ kg},$$

beim Preßhub:

$$N_2 = 0{,}29 \cdot \frac{\pi}{4} \cdot 15^2 = 49 \text{ kg}.$$

Neuerdings wird vielfach für derartige Maschinen der geschränkte Kurbeltrieb gewählt, z. B. $\frac{a}{r} = \frac{1}{4}$. Bei unveränderten Kurven a und b wird die Kurve c durch Zufügung des Gliedes $\frac{a}{r} \cdot \frac{r}{l} \cdot \sin\alpha$ (Formel 39) ein wenig gewölbter, und es engeben sich durch Summierung der zusammengehörigen Höhen die Kurven d und e der Fig. 122.

Bei der Aufzeichnung der Kurven f und g ist jetzt um den Pol ein Kreis mit dem Halbmesser

$$\frac{a}{l} \cdot r = \frac{1}{4} \cdot \frac{1}{4} \cdot 2{,}5 = 0{,}156 \text{ cm}$$

zu schlagen, und die Polstrahlen tangieren diesen Kreis. Die zugehörigen Höhen der Kurven d und werden auf ihnen vom Schnittpunkt des betreffenden Strahles mit der Nullachse abgetragen.

Nun gilt hier, wie leicht der Fig. 53 zu entnehmen ist,

$$N = P \cdot \operatorname{tg}\beta = P \cdot \left(\frac{r}{l} \cdot \sin\alpha \mp \frac{a}{l}\right) = P \cdot \frac{r}{l} \cdot \left(\sin\alpha \mp \frac{a}{r}\right); \qquad (85)$$

die weiteren Glieder sind praktisch bedeutungslos. Man trägt also die Höhen zwischen der Nullachse und den Kurven f und g in Fig. 123 senkrecht zu den zugehörigen Kolbenstellungen von der Achse O' aus ab und verlegt dann die Achse um den Betrag $\frac{a}{r}$ nach der Seite der Kurve des Treibhubes. Mit Hilfe der Trapezregel ergeben sich die eingeschriebenen mittleren Wandungsdrücke und es wird

beim Treibhub:

$$N_1 = 0{,}78 \cdot \frac{\pi}{4} \cdot 15^2 = 138 \text{ kg},$$

beim Preßhub:

$$N_2 = 1{,}17 \cdot \frac{\pi}{4} \cdot 15^2 = 207 \text{ kg}.$$

Fig. 122.

Da der Verschleiß auf beiden Seiten des Kolbens diesen Werten entspricht, so wirkt die Schränkung dahin, daß sich die Zylinder weniger leicht unrund abnutzen[64]). Gleiche Abnutzung auf beiden Seiten ergibt etwa die Schränkung $\frac{a}{r} \backsim 0{,}20$.

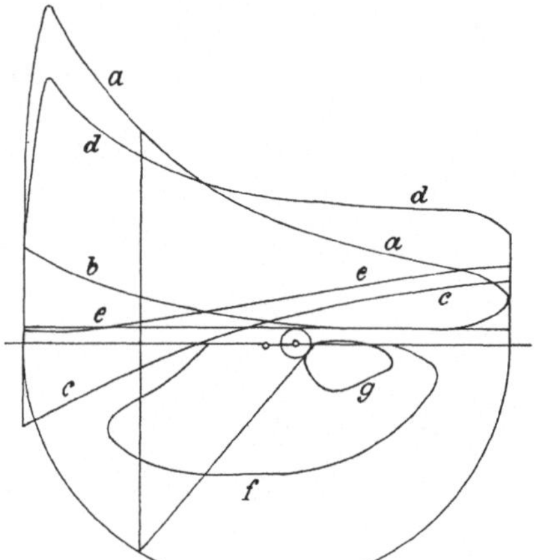

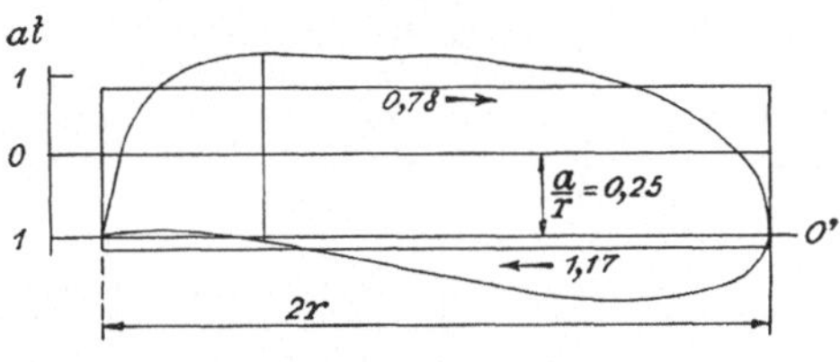

Fig. 123.

Beispiel 79. Die auf die Hauptwelle des Kurbeltriebes kommende Kraft bei der Anordnung nach Fig. 117 ist anzugeben.

Wird das Gewicht der Schubstange so auf den hin und her gehenden Kolben bzw. sich drehenden Kurbelzapfen verteilt, wie es bei freier wagerechter Auflagerung in den Lagermittelpunkten darauf wirkt (Beispiel 131), so ergibt sich, wenn r_1 den Halbmesser bis zum Schwerpunkt der Kurbel bedeutet, in Richtung der Kolbenbewegung

$$P' = \pm P_0 - P_3 \pm G_3 \cdot \sin\gamma - P_1 \cdot \cos\alpha \pm G_1 \cdot \sin\gamma + P_2 \cdot \cos(\alpha - \delta) \pm G_2 \cdot \sin\gamma$$

und senkrecht dazu

$$P'' = + G_3 \cdot \cos\gamma \mp P_1 \cdot \sin\alpha + G_1 \cdot \cos\gamma \pm P_2 \cdot \sin(\alpha - \delta) + G_2 \cdot \cos\gamma;$$

---

[64]) Schwerdtfeger, Motorwagen 1910.

ferner ist das Drehmoment in bezug auf die Achse O im Sinne der Kurbeldrehung

$$M' = +(P_0 \mp P_3 + G_3 \cdot \sin\gamma) \cdot a - G_3 \cdot (\pm r \cdot \cos\alpha + l \cdot \cos\beta)$$
$$\pm G_1 \cdot r_1 \cdot \cos(\gamma + \alpha) \mp G_2 \cdot r_2 \cdot \cos(\gamma + \alpha \mp \delta),$$

worin die oberen Vorzeichen für den gezeichneten Vorwärtsgang und die unteren für den Rückwärtsgang gelten. (Bei der doppelt wirkenden Dampfmaschine hat P_0 im letzteren Fall die entgegengesetzte Richtung.

Setzt man hierin die in Beispiel 77 stehenden Werte ein, so folgt, wenn q_0 den treibenden Dampf- oder Gasdruck und q' den auf der Gegenseite wirkenden Gegendruck bedeutet

$$P' = \frac{\pi}{4} \cdot D^2 \cdot \left[\pm q_0 \mp q' \pm \sin\gamma \cdot (q + q_1 + q_2) - \frac{r \cdot \omega^2}{g} \cdot \cos\alpha \cdot \left(q + q_1 \cdot \frac{r_1}{r}\right.\right.$$
$$\left.\left. - q_2 \cdot \frac{r_2}{r} \cdot \frac{\cos(\alpha - \delta)}{\cos\alpha}\right) - \frac{r \cdot \omega^2}{g} \cdot \sin\alpha \cdot q \cdot \frac{a}{l} \mp \frac{r \cdot \omega^2}{g} \cdot \cos 2\alpha \cdot q \cdot \frac{r}{l}\right],$$

$$P'' = \frac{\pi}{4} \cdot D^2 \cdot \left[+ \cos\gamma \cdot (q + q_1 + q_2)\right.$$
$$\left. \mp \frac{r \cdot \omega^2}{g} \cdot \sin\alpha \cdot \left(q_1 \cdot \frac{r_1}{r} - q_2 \cdot \frac{r_2}{r} \cdot \left(\frac{\sin(\alpha - \delta)}{\sin\alpha}\right)\right)\right]$$

und mit
$$\cos\beta \sim 1 - \frac{1}{2} \cdot \left(\frac{r}{l} \cdot \sin\alpha \mp \frac{a}{l}\right)^2,$$
$$2\sin^2\alpha = 1 - \cos 2\alpha$$

$$M' = \frac{\pi}{4} \cdot D^2 \cdot r \cdot \left[+(q_0 - q') \cdot \frac{a}{r} - q \cdot \left(-\frac{a}{r} \cdot \sin\gamma + \frac{l}{r} - \frac{1}{4} \cdot \frac{r}{l} - \frac{1}{2} \cdot \frac{l}{r} \cdot \left(\frac{a}{l}\right)^2\right)\right.$$
$$\mp \cos\alpha \cdot \left(q \cdot \left(1 + \frac{r \cdot \omega^2}{g} \cdot \frac{a}{r}\right) - q_1 \cdot \frac{r_1}{r} \cdot \frac{\cos(\gamma + \alpha)}{\cos\alpha} + q_2 \cdot \frac{r_2}{r} \cdot \frac{\cos(\gamma + \alpha \mp \delta)}{\cos\alpha}\right)$$
$$\left. \mp \sin\alpha \cdot q \cdot \frac{a}{l} \cdot \left(1 + \frac{r \cdot \omega^2}{g} \cdot \frac{a}{r}\right) - \cos 2\alpha \cdot q \cdot \frac{r}{l} \cdot \left(\frac{1}{4} + \frac{r \cdot \omega^2}{g} \cdot \frac{a}{r}\right)\right]. \tag{87}$$

Man ersieht sofort, daß die zweckmäßigste Vereinfachung $\delta = 0$, also die Anordnung des Gegengewichtes gegenüber der Kurbel ist.

Bei stehenden Einzylindermaschinen, für die $\gamma = 90°$ ist, wird $P'' = 0$, wenn nur die sich drehenden Gewichte ausgeglichen werden, d. h. $G_1 \cdot r_1 = G_2 \cdot r_2$ gemacht wird. Die wirkenden Kräfte werden dann unmittelbar ins Fundament übertragen durch

$$P' = \frac{\pi}{4} \cdot D^2 \cdot \left[\pm(q_0 - q' + q + q_1 + q_2)\right.$$
$$\left. - \frac{r \cdot \omega^2}{g} \cdot q \cdot \left(\cos\alpha + \frac{a}{l} \cdot \sin\alpha \pm \frac{r}{l} \cdot \cos 2\alpha\right)\right]. \tag{86a}$$

Das Fundament erfährt ein Kippmoment im Sinne der Maschinendrehung von der Größe

$$M' = \frac{\pi}{4} \cdot D^2 \cdot r \cdot \left[+(q_0 - q') \cdot \frac{a}{r} - q \cdot \left(\frac{l}{r} - \frac{1}{4} \cdot \frac{r}{l} - \frac{1}{2} \cdot \frac{l}{r} \cdot \left(\frac{a}{l}\right)^2 - \frac{a}{r}\right)\right.$$
$$\left. \mp q \cdot \left(1 + \frac{r \cdot \omega^2}{g} \cdot \frac{a}{r}\right) \cdot \left(\cos\alpha + \frac{a}{l} \cdot \sin\alpha\right) - q \cdot \left(\frac{1}{4} + \frac{r \cdot \omega^2}{g} \cdot \frac{a}{r}\right) \cdot \frac{r}{l} \cdot \cos 2\alpha\right], \tag{87a}$$

das sich bei Fortfall der Schränkung, also bei allen größeren Maschinen vereinfacht zu

$$M' = G_3 \cdot r \cdot \left(\frac{l}{r} - \frac{1}{4} \cdot \frac{r}{l} \pm \cos\alpha + \frac{1}{4} \cdot \frac{r}{l} \cdot \cos 2\alpha\right).$$

Dabei sind die Wirkungen der Kräfte, die sich am Kolben- bzw. Kreuzkopfzapfen durch die Zerlegung des Dampf- oder Gasdruckes in Richtung der Schubstange und senkrecht zur Gleitbahn ergeben, nicht berücksichtigt, da sie unmittelbar vom Maschinengestell aufgenommen werden.

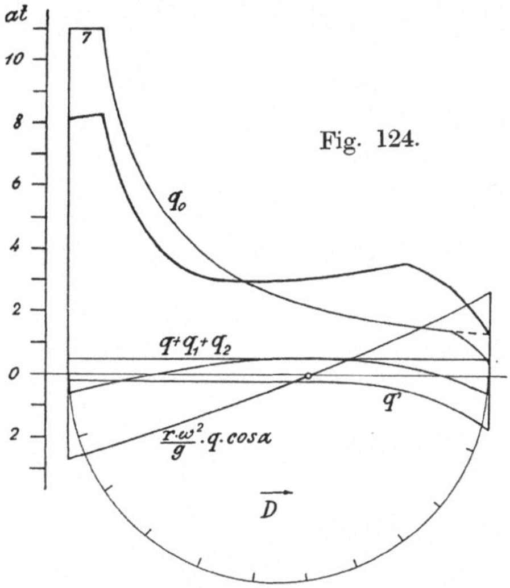

Fig. 124.

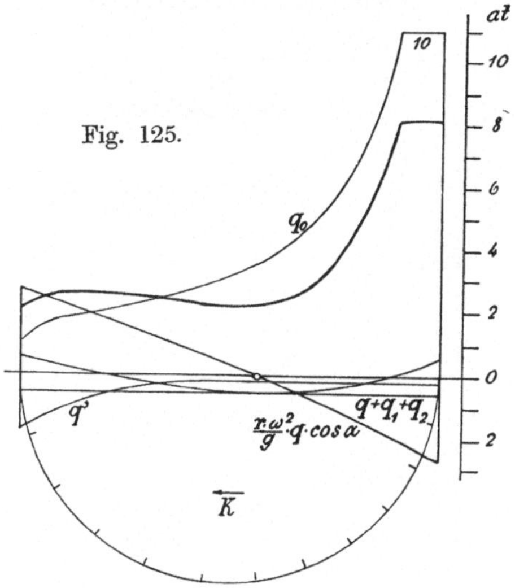

Fig. 125.

Für eine stehende Dampfmaschine vom Hub $s = 72$ cm, dem Schubstangenverhältnis $\frac{r}{l} = \frac{1}{4{,}5}$, deren Eintrittsdampfspannung $q_{0,e} = 10$ at Überdruck beträgt und die mit der Kondensatorspannung $q_a' = 0{,}15$ at arbeitet, ergeben sich mit $q = 0{,}40 \cdot \frac{\pi}{4} \cdot D^2$, $q_1 = 0{,}06 \cdot \frac{\pi}{4} \cdot D^2$, $q_2 = 0{,}1 \cdot \frac{\pi}{4} \cdot D^2$ bei $n = 110$ Umdrehungen in der Minute die in Fig. 124 aufgetragenen Einzelwerte von $P' : \frac{\pi}{4} \cdot D^2$ für die obere Seite des Kolbens mit 7 v. H. Füllung und die in Fig. 125 veranschaulichten für die Unterseite mit 10 v. H. Füllung. Die stärker ausgezogenen Linien stellen die durch Addition der Einzelwerte gewonnenen Endwerte dar. Trotz der größeren Füllung ist auf der Unterseite der mittlere Betrag von $P' : \frac{\pi}{4} \cdot D^2$ noch immer kleiner als auf der Oberseite. In derselben Weise, also ebenfalls in Abhängigkeit vom Hub ist in Fig. 126 das Kippmoment $M' : G_3 \cdot r$ für Hin- und

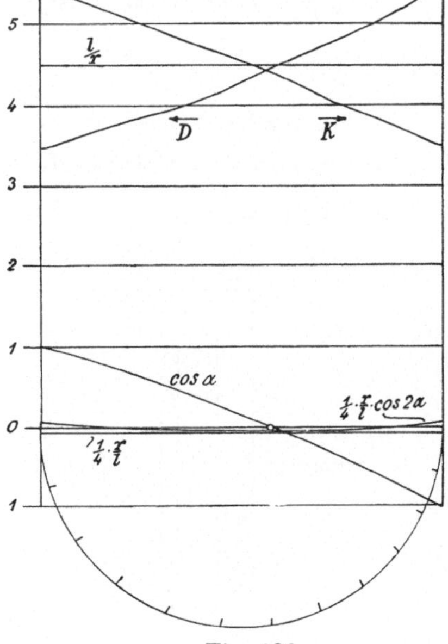

Fig. 126.

Rückgang des Kolbens aus den Einzelbeträgen zusammengesetzt. Der unveränderliche Anteil von P' wird im Gestell ausgeglichen bzw. addiert sich einfach zu den anderen Gewichten der Maschine. Im übrigen sind Schwingungen erster Ordnung (abhängig vom Drehwinkel α) von verhältnismäßig großem Ausschlag vorhanden, und zwar sowohl bei P' als auch bei M'; dagegen verschwinden die Schwingungen zweiter Ordnung (abhängig vom doppelten Drehwinkel, also nur die halbe Schwingungszeit besitzend), die in den Fig. 124 bis 126 unbezeichnet geblieben sind, beinahe gänzlich.

Bei liegenden Einzylindermaschinen, für die $\gamma = 0$ ist, kann man die ganzen bewegten Gewichte ausgleichen, also

$$G_2 \cdot r_2 = G_1 \cdot r_1 + G_3 \cdot r$$

machen. Dann wird mit $a = 0$ die wagerechte Kraft

$$P' = \frac{\pi}{4} \cdot D^2 \cdot \left(\pm (q_0 - q') \mp \frac{r \cdot \omega^2}{g} \cdot q \cdot \frac{r}{l} \cdot \cos 2\alpha \right) \qquad (86\,\text{b})$$

und die lotrechte

$$P'' = \frac{\pi}{4} \cdot D^2 \cdot \left(q + q_1 + q_2 \mp \frac{r \cdot \omega^2}{g} \cdot q \cdot \sin \alpha \right). \qquad (86\,\text{c})$$

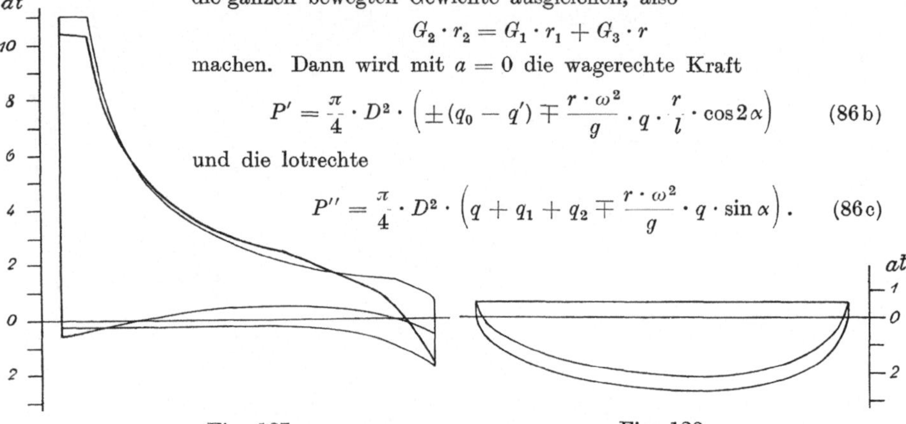

Fig. 127. Fig. 128.

Das Kippmoment im Sinne der Drehbewegung beträgt

$$M' = -G_3 \cdot r \cdot \left(\frac{l}{r} - \frac{1}{4} \cdot \frac{r}{l} \pm 2 \cdot \cos\alpha + \frac{1}{4} \cdot \frac{r}{l} \cdot \cos 2\alpha \right). \qquad (87\,\text{b})$$

Für dieselben Zahlenwerte wie vorher, nur mit $\frac{r}{l} = \frac{1}{5}$ ergeben sich die Auftragungen der Fig. 127 und 128 für beide Kolbenseiten. Ein Vergleich der Fig. 127 und 124 bzw. 125 zeigt, daß der vollständige Ausgleich der Schwingungen erster Ordnung in der wagerechten Richtung die Dampfdrucklinie q_0 viel deutlicher

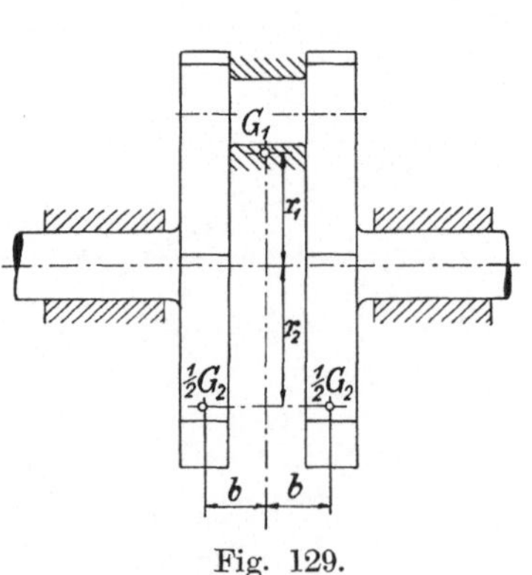

Fig. 129.

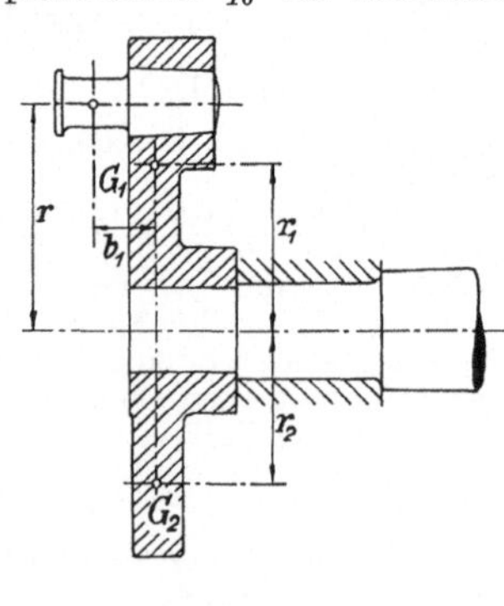

Fig. 130.

hervortreten läßt, also größere Kraftschwankungen hervorruft. Im Kippmoment haben die Schwingungen erster Ordnung den doppelten Ausschlag der bei der stehenden Maschine von gleichem Hub und gleicher Umdrehungszahl gefundenen. Ein praktisch brauchbarer vollständiger Ausgleich auch der Schwingungen zweiter Ordnung ist nur durch Zufügung von entgegengesetzt geführten Kurbeltrieben möglich[65]).

Die vorstehende Rechnung setzt noch voraus, daß sämtliche Kräfte in derselben Ebene wirken, was aber nur bei gekröpften Wellen zutrifft (Fig. 129). Die einseitige Anbringung des Gegengewichtes G_2 bei der Stirnkurbel im Abstande b_1 von der Hauptachse (Fig. 130) würde ein Kippmoment von der Größe $G_2 \cdot b_1$ auf die Welle hervorrufen. Um das zu vermeiden und die erwähnte Ungleichmäßigkeit des Antriebes zu verringern, pflegt man die bewegten Gewichte gewöhnlich nur teilweise oder auch gar nicht auszugleichen.

Beispiel 80. Ein Sägegatter von der Rahmenweite 80 cm und dem Hub $s = 50$ cm enthält $i = 12$ Sägen, es macht in der Minute $n = 215$ Doppelhübe[66]). Die hin und her gehenden Teile wiegen $G = 450$ kg, das Gewicht der beiden

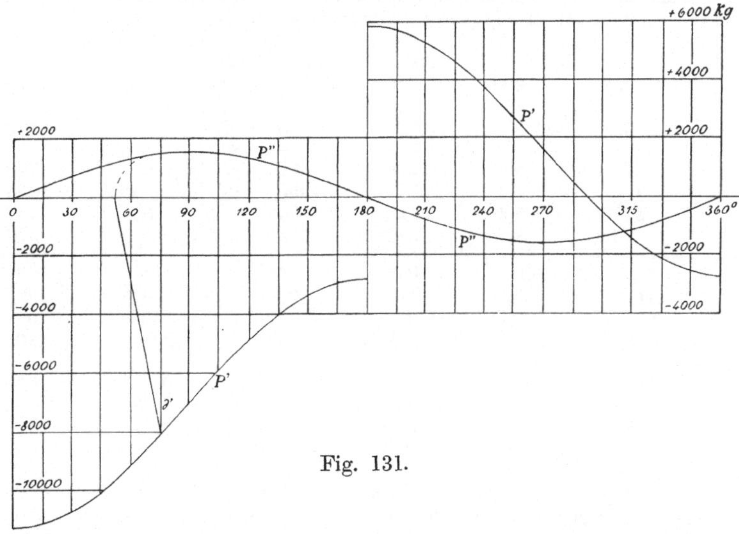

Fig. 131.

Kurbelzapfen mit dem zugehörigen Anteil der beiden Schubstangen beträgt $G_1 = 60$ kg, an den Kurbelscheiben sitzen Gegengewichte $G_2 = 90$ kg im Abstande $r_2 = 50$ cm von der Drehachse, die Welle wiegt einschließlich Antriebsriemenscheibe $G_3 = 1000$ kg, das Schubstangenverhältnis ist $\frac{r}{l} = \frac{1}{12}$, der Schnittwiderstand einer Säge bei der mittleren Schnittgeschwindigkeit $v = 3{,}58$ m/sk ist $P_0 = 720$ kg[67]). Anzugeben ist der Verlauf des Lagerdruckes der Welle.

In den Formeln (86) ist $\gamma = 90°$, $\delta = 0$, $\frac{a}{l} = 0$. Damit wird der lotrechte Teil der Lagerdruckkraft

$$P' = -i \cdot P_0 + G + G_1 + G_2 + G_3 - \frac{r \cdot \omega^2}{g} \cdot \left(G + G_1 - G_2 \cdot \frac{r_2}{r}\right) \cdot \cos\alpha$$
$$- G \cdot \frac{r}{l} \cdot \cos 2\alpha \,,$$

65) Yarrow, 1892. Eine Ausführung beschreibt Gerb, Z. d. V. d. I. 1920.
66) v. Denffer, D. p. J. 1907.
67) Fischer, Die Holzbearbeitungsmaschinen, 1900.

worin beim Rückgang das erste Glied wegfällt. Der wagerechte Anteil ist

$$P'' = -\frac{r \cdot \omega^2}{g} \cdot \left(G_1 - G_2 \cdot \frac{r_2}{r}\right) \cdot \sin\alpha .$$

Nun ist

$$\frac{r \cdot \omega^2}{g} = \frac{0{,}25}{9{,}81} \cdot \left(\frac{\pi \cdot 215}{30}\right)^2 = 12{,}95 .$$

Hiermit und mit den anderen Zahlenwerten folgt

$$P' = -8640 + 1600 - 4273 \cdot \cos\alpha - 37{,}5 \cdot \cos 2\alpha ,$$
$$P'' = +1553 \cdot \sin\alpha .$$

Aus beiden folgt die Gesamtdruckkraft

$$R = \sqrt{P'^2 + P''^2} .$$

Die folgende Zusammenstellung, in der das positive Vorzeichen von R angibt, daß die Welle auf der unteren Lagerschale aufliegt, und das negative, daß sie an der oberen anliegt, ist in Fig. 131 zeichnerisch aufgetragen.

α =	0	15	30	45	60	75	90	
P' =	−11 350	−11 200	−10 760	−10 090	−9155	−8105	−7000	kg
P'' =	0	+ 400	+ 775	+ 1095	+1345	+1500	+1535	kg
R =	−11 350	−11 210	−10 820	−10 130	−9260	−8250	−7170	kg
R =	− 2710	− 2590	− 2250	− 1800	−1440	+1590	+2260	kg
P'' =	0	− 400	− 775	− 1095	−1345	−1500	−1535	kg
P' =	− 2710	− 2560	− 2120	− 1430	− 515	+ 535	+1640	kg
α =	360	345	330	315	300	285	270	

α =	105	120	135	150	165	180°	
P' =	−5905	−4885	−3990	−3360	−2945	−2805	kg
P'' =	+1500	+1345	+1095	+ 775	+ 400	0	kg
R =	−6090	−5060	−4160	−3450	−2980	−2805	kg
R =	+3120	+3990	+4750	+5335	+5700	+5835	kg
P'' =	−1500	−1345	−1095	− 775	− 400	0	kg
P' =	+2735	+3755	+4650	+5280	+5695	+5835	kg
α =	255	240	225	210	195	180°	

Wird P'' um 90° gedreht und der Endpunkt mit dem von P' verbunden, so ergibt sich R und der Neigungswinkel γ der Gesamtdruckkraft gegen die Lotrechte.

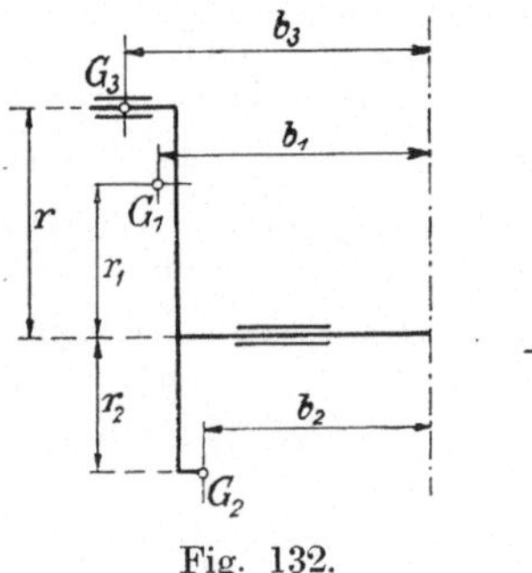

Fig. 132.

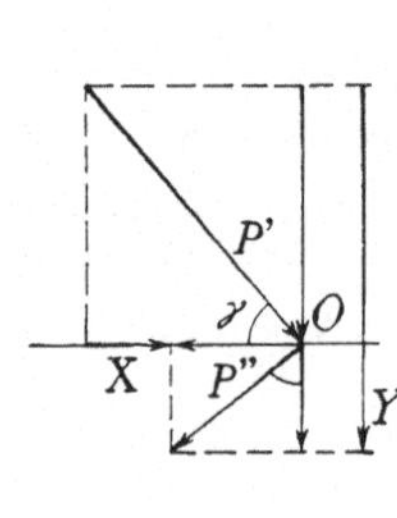

Fig. 133.

Beispiel 81. Zu untersuchen ist der Gewichtsausgleich des Kurbelgetriebes von Mehrkurbelmaschinen.

Es gelten für jeden Zylinder die Bezeichnungen der Fig. 132. Die wagerechte Bezugsachse sei die X-Achse, die dazu senkrechte die Y-Achse; die Kurbel schließe in der Außentotlage mit einem beliebig angenommenen Halbmesser der Welle den Winkel α_0 ein. Parallel zur Welle seien die Abstände der Schwerpunkte der einzelnen Gewichte von einer beliebigen, senkrecht zur Welle stehenden Ebene b_1, b_2, b_3 (Fig. 132). In den Formeln (86) und (87) haben nur die mit Funktionen des jetzt als $\alpha_0 + \alpha$

bezeichneten Kurbelwinkels Einfluß auf die Rechnung, die unveränderlichen Glieder können nach den Angaben S. 104 hier unterdrückt werden.

Gemäß Fig. 133 erhält man die in die Richtung der beiden Achsen fallenden Kräfte zu

$$X = P' \cdot \cos\gamma - P'' \cdot \sin\gamma\,,$$
$$Y = P' \cdot \sin\gamma + P'' \cdot \cos\gamma\,,$$

und nach Einsetzen der Werte aus Beispiel 77

$$X = \frac{\pi}{4} \cdot D^2 \cdot \frac{r \cdot \omega^2}{g} \cdot \Big[-\cos(\alpha_0 + \alpha) \cdot \cos\gamma \cdot \Big(q + q_1 \cdot \frac{r_1}{r} - q_2 \cdot \frac{r_2}{r} \cdot \frac{\cos(\alpha_0 + \alpha - \delta)}{\cos(\alpha_0 + \alpha)} \Big)$$
$$- \sin(\alpha_0 + \alpha) \cdot \Big(\cos\gamma \cdot q \cdot \frac{a}{l} \mp \sin\gamma \cdot q_1 \cdot \frac{r_1}{r} \pm \sin\gamma \cdot q_2 \cdot \frac{r_2}{r} \cdot \frac{\sin(\alpha_0 + \alpha - \delta)}{\sin(\alpha_0 + \alpha)} \Big)$$
$$\mp \cos 2(\alpha_0 + \alpha) \cdot \cos\gamma \cdot q \cdot \frac{r}{l} \Big]\,,$$

$$Y = \frac{\pi}{4} \cdot D^2 \cdot \frac{r \cdot \omega^2}{g} \cdot \Big[-\cos(\alpha_0 + \alpha) \cdot \sin\gamma \cdot \Big(q + q_1 \cdot \frac{r_1}{l} - q_2 \cdot \frac{r_2}{r} \cdot \frac{\cos(\alpha_0 + \alpha - \delta)}{\cos(\alpha_0 + \alpha)} \Big)$$
$$- \sin(\alpha_0 + \alpha) \cdot \Big(\sin\gamma \cdot q \cdot \frac{a}{l} \pm \cos\gamma \cdot q_1 \cdot \frac{r_1}{r} \mp \cos\gamma \cdot q_2 \cdot \frac{r_2}{r} \cdot \frac{\sin(\alpha_0 + \alpha - \delta)}{\sin(\alpha_0 + \alpha)} \Big)$$
$$\mp \cos 2(\alpha_0 + \alpha) \cdot \sin\gamma \cdot q \cdot \frac{r}{l} \Big]\,.$$

Es sind jetzt die Funktionen der Winkelsummen aufzulösen. Wird wieder nach Funktionen des veränderlichen Winkels α geordnet, so folgt

$$X = \frac{\pi}{4} \cdot D^2 \cdot \frac{r \cdot \omega^2}{g} \cdot \Big[-\cos\alpha \cdot \Big(+ \cos\gamma \cdot \Big(+ \cos\alpha_0 \cdot \Big(q + q_1 \cdot \frac{r_1}{r} \Big) - \cos(\alpha_0 - \delta) \cdot q_2 \cdot \frac{r_2}{r}$$
$$+ \sin\alpha_0 \cdot q \cdot \frac{a}{l} \Big) \pm \sin\gamma \cdot \Big(-\sin\alpha_0 \cdot q_1 \cdot \frac{r_1}{r} + \sin(\alpha_0 - \delta) \cdot q_2 \cdot \frac{r_2}{r} \Big) \Big)$$
$$- \sin\alpha \cdot \Big(+ \cos\gamma \cdot \Big(+ \cos\alpha_0 \cdot q \cdot \frac{a}{l} + \sin(\alpha_0 - \delta) \cdot q_2 \cdot \frac{r_2}{r} - \sin\alpha_0 \cdot \Big(q + q_1 \cdot \frac{r_1}{r} \Big) \Big)$$
$$\pm \sin\gamma \cdot \Big(-\cos\alpha_0 \cdot q_1 \cdot \frac{r_1}{r} + \cos(\alpha_0 - \delta) \cdot q_2 \cdot \frac{r_2}{r} \Big) \Big)$$
$$\mp \cos 2\alpha \cdot \cos 2\alpha_0 \cdot \cos\gamma \cdot q \cdot \frac{r}{l} \pm \sin 2\alpha \cdot \sin 2\alpha_0 \cdot \cos\gamma \cdot q \cdot \frac{r}{l} \Big]\,,$$

$$Y = \frac{\pi}{4} \cdot D^2 \cdot \frac{r \cdot \omega^2}{g} \cdot \Big[\cos\alpha \cdot \Big(+ \sin\gamma \cdot \Big(+ \cos\alpha_0 \cdot \Big(q + q_1 \cdot \frac{r_1}{r} \Big) - \cos(\alpha_0 - \delta) \cdot q_2 \cdot \frac{r_2}{r}$$
$$+ \sin\alpha_0 \cdot q \cdot \frac{a}{l} \Big) \pm \cos\gamma \cdot \Big(+ \sin\alpha_0 \cdot q_1 \cdot \frac{r_1}{r} - \sin(\alpha_0 - \delta) \cdot q_2 \cdot \frac{r_2}{r} \Big) \Big)$$
$$- \sin\alpha \cdot \Big(+ \sin\gamma \cdot \Big(-\sin\alpha_0 \cdot \Big(q + q_1 \cdot \frac{r_1}{r} \Big) + \sin(\alpha_0 - \delta) \cdot q_2 \cdot \frac{r_2}{r} + \cos\alpha_0 \cdot q \cdot \frac{a}{l} \Big)$$
$$\pm \cos\gamma \cdot \Big(+ \cos\alpha_0 \cdot q_1 \cdot \frac{r_1}{r} - \cos(\alpha_0 - \delta) \cdot q_2 \cdot \frac{r_2}{r} \Big) \Big)$$
$$\mp \cos 2\alpha \cdot \cos 2\alpha_0 \cdot \sin\gamma \cdot q \cdot \frac{r}{l} \pm \sin 2\alpha \cdot \sin 2\alpha_0 \cdot \sin\gamma \cdot q \cdot \frac{r}{l} \Big]\,.$$

Entsprechend erhält man aus Formel (87) für das Drehmoment in bezug auf die Welle mit $\overline{q} = q \cdot \Big(1 + \frac{r \cdot \omega^2}{g} \cdot \frac{a}{r} \Big)$

$$M = \frac{\pi}{4} \cdot D^2 \cdot r \cdot \Big[\mp \cos\alpha \cdot \Big(+ \cos\alpha_0 \cdot \overline{q} - \cos(\alpha_0 + \gamma) \cdot q_1 \cdot \frac{r_1}{r}$$

$$+ \cos(\alpha_0 + \gamma \mp \delta) \cdot q_2 \cdot \frac{r_2}{r} + \sin\alpha_0 \cdot \overline{q} \cdot \frac{a}{l}\Big)$$

$$\pm \sin\alpha \cdot \Big(+ \sin\alpha_0 \cdot \overline{q} - \sin(\alpha_0 + \gamma) \cdot q_1 \cdot \frac{r_1}{r}$$

$$+ \sin(\alpha_0 + \gamma \mp \delta) \cdot q_2 \cdot \frac{r_2}{r} - \cos\alpha_0 \cdot \overline{q} \cdot \frac{a}{l}\Big)$$

$$- \cos 2\alpha \cdot \cos 2\alpha_0 \cdot \Big(\overline{q} - \frac{3}{4} q\Big) \cdot \frac{r}{l} + \sin 2\alpha \cdot \sin 2\alpha_0 \cdot \Big(\overline{q} - \frac{3}{4} q\Big) \cdot \frac{r}{l}\Big].$$

Ferner sind noch die Momente der X- und Y-Kräfte in bezug auf die Achse, von der aus die Abstände b gezählt werden, aufzuschreiben. Sie werden erhalten, indem man in den obigen Gleichungen für X und Y jedes q mit dem zugehörigen b multipliziert.

Soll nun ein vollkommener Ausgleich stattfinden, so müssen die über alle vorhandenen Kurbeltriebe genommenen Summen jedes der erhaltenen 5 Ausdrücke bei allen Werten von α für sich 0 ergeben. Das ist nur möglich, wenn jede Summe der mit $\cos\alpha$, $\sin\alpha$, $\cos 2\alpha$, $\sin 2\alpha$ multiplizierten Klammerausdrücke allein 0 ergibt. Man kommt so auf die folgenden 20 Gleichungen, von welchen die ersten 10 den Ausgleich erster Ordnung betreffen und die weiteren 10 den Ausgleich zweiter Ordnung. Die Formeln lassen sich bei einigen Vernachlässigungen sehr viel einfacher schreiben[68]), müssen aber für die wirkliche Berechnung doch in der angegebenen Form verwendet werden.

1. $$\sum\Big[\cos\gamma \cdot \Big(+ \cos\alpha_0 \cdot \Big(G_3 + G_1 \cdot \frac{r_1}{r}\Big) - \cos(\alpha_0 - \delta) \cdot G_2 \cdot \frac{r_2}{r} + \sin\alpha_0 \cdot G_3 \cdot \frac{a}{l}\Big)$$

$$\pm \sin\gamma \cdot \Big(- \sin\alpha_0 \cdot G_1 \cdot \frac{r_1}{r} + \sin(\alpha_0 - \delta) \cdot G_2 \cdot \frac{r_2}{r}\Big)\Big] = 0,$$

2. $$\sum\Big[\cos\gamma \cdot \Big(+ \cos\alpha_0 \cdot \Big(G_3 \cdot b_3 + G_1 \cdot \frac{r_1}{r} \cdot b_1\Big) - \cos(\alpha_0 - \delta) \cdot G_2 \cdot \frac{r_2}{r} \cdot b_2 + \sin\alpha_0 \cdot G_3 \cdot \frac{a}{l}$$

$$\pm \sin\gamma \cdot \Big(- \sin\alpha \cdot G_1 \cdot \frac{r_1}{r} \cdot b_1 + \sin(\alpha_0 - \delta) \cdot G_2 \cdot \frac{r_2}{r} \cdot b_2\Big)\Big] = 0,$$

3. $$\sum\Big[\sin\gamma \cdot \Big(+ \cos\alpha_0 \cdot \Big(G_3 + G_1 \cdot \frac{r_1}{r}\Big) - \cos(\alpha_0 - \delta) \cdot G_2 \cdot \frac{r_2}{r} + \sin\alpha_0 \cdot G_3 \cdot \frac{a}{l}\Big)$$

$$\mp \cos\gamma \cdot \Big(- \sin\alpha_0 \cdot G_1 \cdot \frac{r_1}{r} + \sin(\alpha_0 - \delta) \cdot G_2 \cdot \frac{r_2}{r}\Big)\Big] = 0,$$

4. $$\sum\Big[\sin\gamma \cdot \Big(+ \cos\alpha_0 \cdot \Big(G_3 \cdot b_3 + G_1 \cdot \frac{r_1}{r} \cdot b_1\Big) - \cos(\alpha_0 - \delta) \cdot G_2 \cdot \frac{r_2}{r} \cdot b_2 + \sin\alpha_0 \cdot G_3 \cdot \frac{a}{l}$$

$$\mp \cos\gamma \cdot \Big(- \sin\alpha_0 \cdot G_1 \cdot \frac{r_1}{r} \cdot b_1 + \sin(\alpha_0 - \delta) \cdot G_2 \cdot \frac{r_2}{r} \cdot b_2\Big)\Big] = 0,$$

5. $$\sum\Big[\cos\gamma \cdot \Big(- \sin\alpha_0 \cdot \Big(G_3 + G_1 \cdot \frac{r_1}{r}\Big) + \sin(\alpha_0 - \delta) \cdot G_2 \cdot \frac{r_2}{r} + \cos\alpha_0 \cdot G_3 \cdot \frac{a}{l}\Big)$$

$$\pm \sin\gamma \cdot \Big(- \cos\alpha_0 \cdot G_1 \cdot \frac{r_1}{r} + \cos(\alpha_0 - \delta) \cdot G_2 \cdot \frac{r_2}{r}\Big)\Big] = 0,$$

[68]) z. B. Lorenz, Z. d. V. d. I. 1919.

6. $\sum\Big[\cos\gamma\cdot\Big(-\sin\alpha_0\cdot\Big(G_3\cdot b_3+G_1\cdot\frac{r_1}{r}\Big)\cdot b_1+\sin(\alpha_0-\delta)\cdot G_2\cdot\frac{r_2}{r}\cdot b_2+\cos\alpha_0\cdot G_3\cdot\frac{a}{l}\cdot b_3\Big)$

$\pm\sin\gamma\cdot\Big(-\cos\alpha_0\cdot G_1\cdot\frac{r_1}{r}\cdot b_1+\cos(\alpha_0-\delta)\cdot G_2\cdot\frac{r_2}{r}\cdot b_2\Big)\Big]=0\,,$

7. $\sum\Big[\sin\gamma\cdot\Big(-\sin\alpha_0\cdot\Big(G_3+G_1\cdot\frac{r_1}{r}\Big)+\sin(\alpha_0-\delta)\cdot G_2\cdot\frac{r_2}{r}+\cos\alpha_0\cdot G_3\cdot\frac{a}{l}\Big)$

$\mp\cos\gamma\cdot\Big(-\cos\alpha_0\cdot G_1\cdot\frac{r_1}{r}+\cos(\alpha_0-\delta)\cdot G_2\cdot\frac{r_2}{r}\Big)\Big]=0\,,$

8. $\sum\Big[\sin\gamma\cdot\Big(-\sin\alpha_0\cdot\Big(G_3\cdot b_3+G_1\cdot\frac{r_1}{r}\Big)\cdot b_1+\sin(\alpha_0-\delta)\cdot G_2\cdot\frac{r_2}{r}\cdot b_2+\cos\alpha_0\cdot G_3\cdot\frac{a}{l}\cdot b_3\Big)$

$\mp\cos\gamma\cdot\Big(-\cos\alpha_0\cdot G_1\cdot\frac{r_1}{r}\cdot b_1+\cos(\alpha_0-\delta)\cdot G_2\cdot\frac{r_2}{r}\cdot b_2\Big)\Big]=0\,,$

9. $\sum\Big[\cos\alpha_0\cdot\overline{G_3}+\sin\alpha_0\cdot\overline{G_3}\cdot\frac{a}{l}-\cos(\alpha_0+\gamma)\cdot G_1\cdot\frac{r_1}{r}+\cos(\alpha_0+\gamma\mp\delta)\cdot G_2\cdot\frac{r_2}{r}\Big]=0\,,$

10. $\sum\Big[\sin\alpha_0\cdot G_3-\cos\alpha_0\cdot\overline{G_3}\cdot\frac{a}{l}-\sin(\alpha_0+\gamma)\cdot G_1\cdot\frac{r_1}{r}+\sin(\alpha_0+\gamma\mp\delta)\cdot G_2\cdot\frac{r_2}{r}\Big]=0\,.$

11. $\sum\cos2\alpha_0\cdot\cos\gamma\cdot G_3\cdot\frac{r}{l}=0\,,$ (89)

12. $\sum\cos2\alpha_0\cdot\cos\gamma\cdot G_3\cdot\frac{r}{l}\cdot b_3=0\,,$

13. $\sum\cos2\alpha_0\cdot\sin\gamma\cdot G_3\cdot\frac{r}{l}=0\,,$

14. $\sum\cos2\alpha_0\cdot\sin\gamma\cdot G_3\cdot\frac{r}{l}\cdot b_3=0\,,$

15. $\sum\sin2\alpha_0\cdot\cos\gamma\cdot G_3\cdot\frac{r}{l}=0\,,$

16. $\sum\sin2\alpha_0\cdot\cos\gamma\cdot G_3\cdot\frac{r}{l}\cdot b_3=0\,,$

17. $\sum\sin2\alpha_0\cdot\sin\gamma\cdot G_3\cdot\frac{r}{l}=0\,,$

18. $\sum\sin2\alpha_0\cdot\sin\gamma\cdot G_3\cdot\frac{r}{l}\cdot b_3=0\,,$

19. $\sum\cos2\alpha_0\cdot G_3\cdot\frac{r}{l}\cdot\Big(1+\frac{r\cdot\omega^2}{g}\cdot\frac{a}{r}\Big)=0\,,$

20. $\sum\sin2\alpha_0\cdot G_3\cdot\frac{r}{l}\cdot\Big(1+\frac{r\cdot\omega^2}{g}\cdot\frac{a}{r}\Big)=0\,.$

In weitaus den meisten Fällen ist $\gamma=0$ bzw. $\frac{\pi}{2}$ und $\frac{a}{l}=0$, wodurch sich die Formeln sehr vereinfachen. Die dynamische Aufgabe des Ausgleiches bewegter Gewichte ist dadurch auf eine rein statische Gleichgewichtsaufgabe zurückgeführt worden.

Bei einer liegenden Verbund-Dampfmaschine mit zwei um 180° gegeneinander versetzten Kurbeln nach Fig. 134 ist $\gamma = 0$, $\alpha_{0,a} = 0$, $\alpha_{0,b} = \pi$, $a = 0$, G_2 steckt im Schwungrad und wird natürlich nur einmal eingesetzt, ferner ist $G_{1,a} = G_{1,b}$. Damit gehen die Gleichungen (88) und (89), wenn noch die Abstände b von der Achse des Zylinders A aus gezählt werden, über in

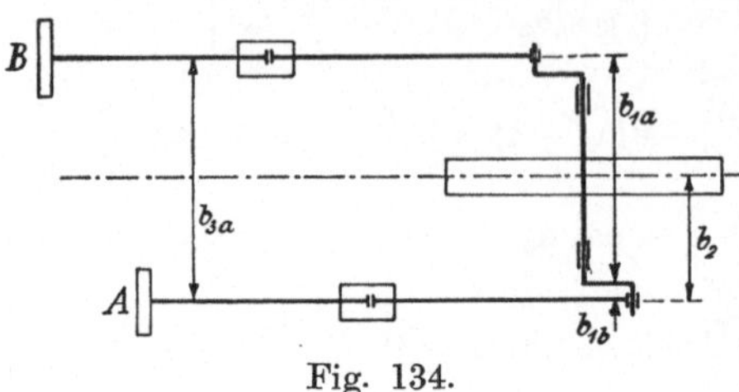

Fig. 134.

3., 5., 10.: $\quad -\sin\delta \cdot G_2 \cdot \frac{r_2}{r} = 0\,,$

damit fallen die Gleichungen (4) und (6) weg, da $b_2 \lessgtr 0$ ist, und es folgt $\delta = 0$.

7.: $$-G_1 \cdot \frac{r_1}{r} + \cos\delta \cdot G_2 \cdot \frac{r_2}{r} + G_1 \cdot \frac{r_1}{r} = 0$$

ergibt $G_2 = 0$.

1., 9.: $$G_{3,a} + G_1 \cdot \frac{r_1}{r} - \cos\delta \cdot G_2 \cdot \frac{r_2}{r} - G_{3,b} - G_1 \cdot \frac{r_1}{r} = 0;$$

es muß $G_{3,a} = G_{3,b}$ sein, also der Hochdruckkolben entsprechend beschwert werden.

2.: $$G_{3,a} \cdot b_{3,b} + G_1 \cdot \frac{r_1}{r} \cdot b_{1,a} - \cos\delta \cdot G_2 \cdot \frac{r_2}{r} \cdot b_2 - G_1 \cdot \frac{r_1}{r} \cdot b_{1,b} = 0;$$

diese Gleichung ist nicht erfüllbar, sondern sie gibt ein Drehmoment, das die Maschine in der wagerechten Ebene zu drehen sucht:

$$M_1 = G_{3,a} \cdot b_{3,a} + G_1 \cdot \frac{r_1}{r} \cdot (b_{1,a} - b_{1,b})\,.$$

8.: $$-G_1 \cdot \frac{r_1}{r} \cdot b_{1,a} + \cos\delta \cdot G_2 \cdot \frac{r_2}{r} \cdot b_2 + G_1 \cdot \frac{r_1}{r} \cdot b_{1,b} = 0$$

ist ebenfalls nicht erfüllbar, sondern liefert ein Drehmoment, das die Maschine um ihre Mittellängsachse zu kippen sucht:

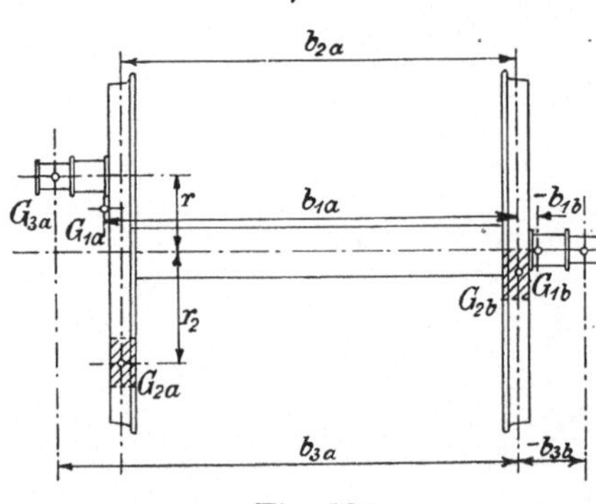

Fig. 135.

$$M_2 = G_1 \cdot \frac{r_1}{r} \cdot (b_{1,a} - b_{1,b})\,.$$

11., 19.: $\quad \frac{r}{l} \cdot (G_{3,a} - G_{3,b}) = 0$

ist bereits durch 1. und 9. vorgeschrieben.

12.: $\quad G_{3,a} \cdot b_{3,a} = M_3 = M_1 - M_2$

ist ebenfalls bereits durch 2. und 8. vorgeschrieben.

Die übrigen Gleichungen verschwinden.

Die für den Ausgleich beste, sonst für den Betrieb wenig günstige Anordnung der Zweizylindermaschine mit um 180° versetzten Kurbeln ist nicht völlig ausgleichbar.

Bei der Lokomotivmaschine mit um 90° versetzten Kurbeln und einem Gegengewicht in jedem Treib- bzw. Kuppelrad[69]) erhält man, wenn die Abstände b

[69]) Lechatelier, Etudes sur la stabilité des machines locomotives en mouvement, 1849; Redtenbacher, Die Gesetze des Lokomotivbaues, 1865.

von der Schwerpunktsebene des einen Gegengewichtes aus gerechnet werden (Fig. 135), folgende Gleichungen:

4.: $$-\sin\delta_a\cdot G_{2,a}\cdot\frac{r_2}{r}\cdot b_{2,a}+G_1\cdot\frac{r_1}{r}\cdot b_{1,b}=0\,,$$

8.: $$-G_1\cdot\frac{r_1}{r}\cdot b_{1,a}+\cos\delta_a\cdot G_{2,a}\cdot\frac{r_2}{r}\cdot b_{2,a}=0\,,$$

sie ergeben zusammengenommen den Gegengewichtswinkel aus

$$\operatorname{tg}\delta_a=\frac{b_{1,b}}{b_{1,a}}.$$

Damit liefert Gleichung 8.

$$G_{2,a}=G_1\cdot\frac{r_1}{r}\cdot\frac{b_{1,a}}{b_{1,b}}\cdot\frac{1}{\cos\delta_a}=G_1\cdot\frac{r_1}{r}\cdot\frac{b_{1,a}}{b_{1,b}}\cdot\sqrt{1+\left(\frac{b_{1,b}}{b_{1,a}}\right)^2}.$$

3.: $$-\sin\delta_a\cdot G_{2,a}\cdot\frac{r_2}{r}-G_1\cdot\frac{r_1}{r}+\cos\delta_b\cdot G_{2,b}\cdot\frac{r_2}{r}=0\,,$$

7.: $$-G_1\cdot\frac{r_1}{r}+\cos\delta_a\cdot G_{2,a}\cdot\frac{r_2}{r}+\sin\delta_b\cdot G_{2,b}\cdot\frac{r_2}{r}=0\,.$$

Wird die Gleichung 3. mit 4. zusammengefaßt und 7. mit 8., so folgt durch Division beider der zweite Gegengewichtswinkel aus

$$\operatorname{tg}\delta_b=\frac{1-\dfrac{b_{1,a}}{b_{2,a}}}{1+\dfrac{b_{1,b}}{b_{2,b}}}=\frac{b_{2,a}-b_{1,a}}{b_{2,a}+b_{1,b}}.$$

Da $b_{1,a}>b_{2,a}$ ist, so ist der Winkel δ_b ein überstumpfer. Damit ergibt die Gleichung 3.

$$G_{2,b}=G_1\cdot\frac{r_1}{r_2}\cdot\left(\frac{b_{1,b}}{b_{2,a}}+1\right)\cdot\frac{1}{\cos\delta_b}=G_1\cdot\frac{r_1}{r}\cdot\sqrt{\left(1+\frac{b_{1,b}}{b_{2,a}}\right)^2+\left(1-\frac{b_{1,a}}{b_{2,a}}\right)^2}.$$

1.: $$G_{3,a}+G_1\cdot\frac{r_1}{r}-\cos\delta_a\cdot G_{2,a}\cdot\frac{r_2}{r}-\sin\delta_b\cdot G_{2,b}\cdot\frac{r_2}{r}=0\,.$$

Wird hierzu noch Gleichung 7. addiert, so folgt $G_{3,a}=0$.

5.: $$-\sin\delta_a\cdot G_{2,a}\cdot\frac{r_2}{r}-G_{3,b}-G_1\cdot\frac{r_1}{r}+\cos\delta_b\cdot G_{2,b}\cdot\frac{r_2}{r}=0\,.$$

Wird hierzu die Gleichung 3. addiert, so folgt ebenso $G_{3,b}=0$, d. h. mit den vorher berechneten Gegengewichten sind nur die sich drehenden Gewichte auszugleichen, aber nicht die hin und her gehenden.

Die Gleichungen 2. und 6. sowie 9. und 10. ergeben nichts Neues.

Wenn man die hin und her gehenden Gewichte durch Vergrößerung der Gegengewichte mit ausgleicht, so ergeben sich entsprechende Druckkräfte und Kippmomente. Das hin und her gehende Gewicht einer Maschinenseite beträgt[70]) bei einer Verbund-Sattdampflokomotive 239 bzw. 297 kg, bei einer Heißdampflokomotive 333 kg. Bei $r=33$ cm Kurbelhalbmesser und der Beschleunigung $p=465$ m/sk² des im Abstande $r_2=82$ cm von der Achse angeordneten Gegengewichtes (Beispiel 32) beträgt die auf die Schienen davon ausgeübte Druckkraft

$$P=333\cdot\frac{33}{82}\cdot\frac{465}{9{,}81}\sim 6360\text{ kg},$$

die jedoch auf zwei Räder zu je 3180 kg verteilt werden kann. Nun darf[56]) der größte statische Raddruck durch die Schwungkraft des Gegengewichtes nur um

[70]) v. Borries, Z. d. V. d. I. 1902.

15 v.H., also hier um 0,15 · 8000 = 1200 kg erhöht werden, so daß das hin und her gehende Gewicht nur zu

$$\frac{1200}{3180} = 0{,}377$$

ausgeglichen werden kann (vgl. den Schlußsatz von Beispiel 78).

Die Gleichungen 11. und 19. ergeben $G_{3,a} = G_{3,b}$ als Bedingung des Ausgleiches der Schwingungen zweiter Ordnung.

Die Gleichung 12.: $G_{3,a} \cdot b_{3,a} + G_{3,b} \cdot b_{3,b} = 0$ ist allerdings nicht erfüllt, und es entsteht somit an der Achse ein Kippmoment in wagerechter Ebene.

Die übrigen Gleichungen verschwinden.

Während hiernach die Schwung- bzw. Beschleunigungskräfte bei den zweikurbligen Maschinen nicht völlig aufzuheben sind, ist es bei dreikurbligen möglich, wenn die Maschine in bezug auf die Achse des mittleren Zylinders symmetrisch gebaut ist, die Kurbeln nach Fig. 136 um je 180° gegeneinander versetzt und

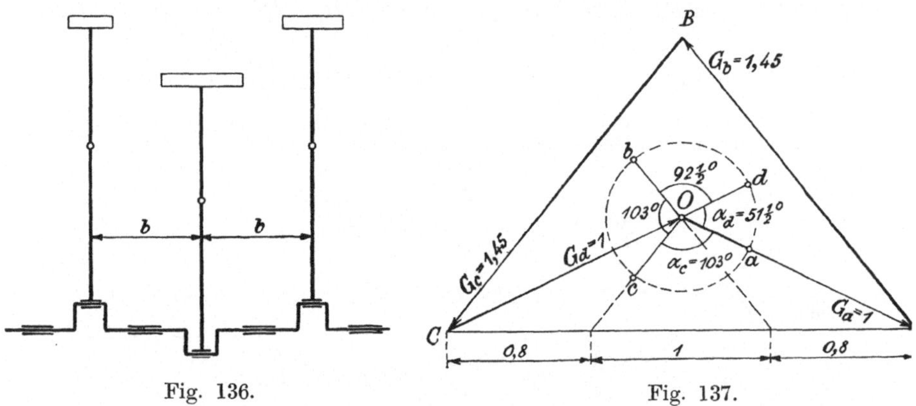

Fig. 136. Fig. 137.

die beiden äußeren hin und her gehenden Gewichte zusammen gleich dem mittleren sind. Um ein möglichst gleichmäßiges Drehmoment an der Welle zu erhalten, versetzt man jedoch die Kurbeln um je 120° gegeneinander.

Vierkurblige Maschinen lassen sich so bauen, daß die Schwingungen erster Ordnung hervorrufenden Kräfte [Gleichungen 1. bis 8.] ausgeglichen werden[71]). und zwar ohne Anordnung besonderer sich drehender Gegengewichte G_2, wenn die hin und her gehenden Gewichte G_3 entsprechend abgeglichen werden. Jedoch weichen häufig entweder die Kurbelwinkel von dem günstigsten Unterschied 90° zu sehr ab oder einige der Abstände b_3 (bei gekröpften Kurbelwellen wird $b_1 = b_3$) werden für den vorteilhaften Bau der Maschine unnötig groß[41]), wenn man nicht die Gewichte durch Beschwerung einzelner Kolben sehr vergrößert. Mit Vorteil ist ein solcher Ausgleich erst bei der Fünfkurbelmaschine stets durchführbar. Die Sechskurbelmaschine gestattet auch den Ausgleich der Schwingungen zweiter Ordnung; jedoch ist die gewöhnliche Schiffs- und Kraftwagenmaschine nicht danach ausgeglichen.

Die Aufgabe w'rd dann gewöhnlich zeichnerisch gelöst. Da $b_1 = b_3$ ist, sc zieht man $G_3 + G_1 \cdot \frac{r_1}{r} = G$ zu einem Wert zusammen und arbeitet nur mit den auf die Kurbelzapfen bezogenen Gesamtgewichten G der bewegten Teile. Die Gleichungen 1., 3., 5., 7. schreiben dann gemäß den Darlegungen in Bd. I vor,

[71]) Taylor, J. of the Amer. Soc. of Nav. Eng. 1891, einen Auszug daraus gibt Fränzel, Z. d. V. d. I. 1898; Schlick, D. R. P. 80 974 von 1893.

daß das Krafteck der G geschlossen sein muß, wenn jedes Gewicht in Richtung seiner Kurbel angetragen wird. Durch Abgleichen der Gewichte und Kurbelwinkel läßt sich so z. B. das Kräfteviereck $OABCO$ der Fig. 137 bestimmen[72]), zu dem die eingetragenen Kurbelwinkel gehören (Kaiser Wilhelm der Große).

Die Gleichungen 2., 4., 6., 8. verlangen, daß das Seileck geschlossen ist, das entsteht, wenn man die Polstrahlen in Richtung der Kurbeln zieht. Man kann diese Zeichnung mit der vorigen vereinigen, indem man die Verbindungslinie AC, die äußere Diagonale des Kräftevierecks, zieht und die Kurbeln b und c bis dahin verlängert. Die Abschnitte geben dann gemäß Bd. I, S. 76 auf der Welle die zugehörigen Kurbellagen an[72]).

Für Fahrzeug- und Flugzeugmotoren ist zu beachten, daß der Ausgleich naturgemäß verloren geht, wenn etwa ein Zylinder aussetzt[73]).

Die Beschleunigung eines von der Erde angezogenen Körpers vom Gewicht G_2, dessen Schwerpunkt sich im Abstande R vom Schwerpunkt der Erde befindet, ist nach Beispiel 57 $p = g_0 \cdot \left(\frac{r}{R}\right)^2$, worin g_0 die reine Erdbeschleunigung an ihrer Oberfläche ist und r ihr Halbmesser.

Die Größe der Beschleunigung g_0 entspricht nun der Gesamtmasse m_1 der Erde, von der sie hervorgebracht wird: $g_0 = c \cdot m_1$, worin c ein natürlich zahlenmäßig sehr kleiner Vergleichsfaktor ist. Nach Formel (70) kann man nun die Anziehungskraft, die die Masse $m_2 = \frac{G_2}{g}$ erfährt, ansetzen zu

$$P = m_2 \cdot p = \frac{m_2 \cdot m_1}{R^2} \cdot c \cdot r^2$$

oder nach Zusammenfassung der beiden letzten unveränderlichen Faktoren

$$P = k \cdot \frac{m_1 \cdot m_2}{R^2}: \tag{90}$$

Die Kraft, mit der sich zwei Massen gegenseitig anziehen, entspricht direkt den Größen beider Massen und umgekehrt dem Quadrat des Abstandes ihrer Schwerpunkte[74]).

Wird die Kraft in kg und die Beschleunigung in m/sk² gemessen, so muß das Maß der Masse kg · sk²/m sein, damit die Gleichung (70) physikalisch richtig ist. Wird R ebenfalls in m gemessen, so ist

$$k = \frac{6{,}565}{10^{10}} \frac{(\mathrm{m/sk})^4}{\mathrm{kg}}. \tag{91}$$

Der Wert wurde gemessen[75]), indem man über einem Bleiwürfel von etwa 2 m Kantenlänge eine empfindliche Wage so anordnete, daß ihre Schalen dicht über

---

72) Lüders, Z. d. V. d. I. 1899.

73) Kölsch, Gleichgang und Massenkräfte bei Fahrzeug- und Flugzeugmaschinen, 1911.

74) Bullialdus, 1645; Borelli, 1666; Hooke, 1666; Newton, Principia . . . , 1687.

75) Richarz und Krigar-Menzel, Sitzgs.-Ber. der Akad. der Wissensch. Berlin 1893/96.

dem Block schwebten und daran an Drähten, die durch den Bleiklotz hindurchgingen, dicht unter dem Block zwei weitere Wageschalen anhängte. Je nachdem sich ein genau geeichtes Kilogrammgewicht von Kugelgestalt oben oder unten befand, wurde die von der Erde darauf ausgeübte Anziehungskraft durch die des Bleiklotzes vergrößert oder verringert.

Beispiel 82. Anzugeben ist die Kraft, mit der sich zwei Schiffe von $G_1 = 14\,500$ t und $G_2 = 11\,000$ t Gewicht anziehen, die sich im Hafen im Schwerpunktsabstand $R = 85$ m gegenüberliegen.

Die Formeln (90) und (91) ergeben

$$P = \frac{6{,}565}{10^{10}} \cdot \frac{14500}{9{,}81} \cdot \frac{11000}{9{,}81} \cdot \frac{1000^2}{85^2} = 0{,}151 \text{ kg.}$$

Der Betrag der Massenanziehung ist stets verschwindend gering, wenn nicht die riesigen Massen der Weltkörper in Betracht kommen.

9. Die mechanische Arbeit und Leistung.

Auf einen bisher ruhenden Körper wirke von einem bestimmten Zeitpunkt ab eine nach Größe und Richtung unveränderliche Kraft ein, die größer ist als die entgegenwirkenden Reibungswiderstände. Die überschießende Kraft P bewegt dann den Körper in Richtung ihrer Wirkungslinie, und zwar in einer bestimmten Zeit t um eine gewisse Strecke s.

Die auf den Körper ausgeübte Wirkung der Kraft P kann unmittelbar durch die Länge des von ihm unter ihrem Einfluß zurückgelegten Weges s gemessen werden und ist andererseits von der Größe der Kraft im gleichen Verhältnis abhängig. Demnach wird die Wirkung durch das Produkt beider Größen angegeben, das als mechanische Arbeit bezeichnet wird:

$$A = s \cdot P \,. \tag{92}$$

Das Maß der Arbeit ist mithin das mkg, wenn der Weg s in m und die Kraft P in kg gemessen wird. Oft rechnet man auch mit cmkg oder mt.

Hatte der Körper bereits, bevor die Kraft P auf ihn einwirkte, eine bestimmte Bewegung oder beeinflussen ihn noch andere Kräfte, so ist seine Bahn im allgemeinen krummlinig (Fig. 138). Die Arbeit ist dann das Produkt aus der Kraft P und der Projektion $A'B$ des Gesamtweges AB auf die Kraftrichtung, denn nur die Strecke $A'B = s$ ist von dem Körper durch den Einfluß der Kraft P zurückgelegt worden.

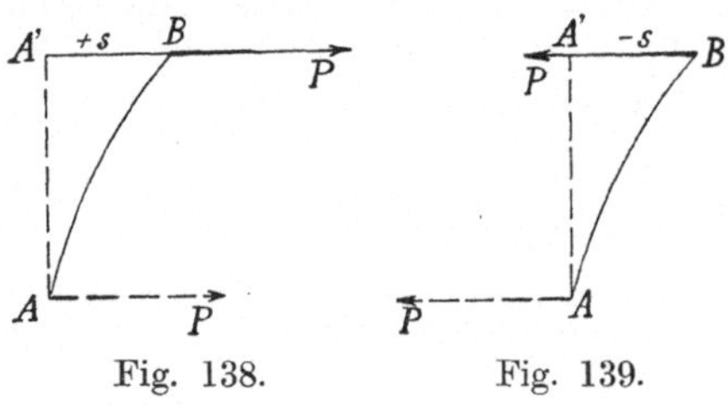

Fig. 138. Fig. 139.

Die Weglänge wird als positiv eingesetzt, wenn sie im Sinne der Kraftrichtung durchlaufen wird (Fig. 138), dagegen als negativ, wenn sie gegen die Kraftrichtung durchlaufen wird (Fig. 139). Im letzteren Fall ist also die Arbeit negativ; sie wird zur Überwindung der der Bewegung entgegenwirkenden Kraft aufgewendet.

Es folgt hieraus, daß die Arbeit einer Kraft, deren Wirkungslinie senkrecht zur Bewegungsrichtung steht, Null ist.

Ändert sich während der Bewegung die Größe und Richtung der Kraft P oder auch nur eine dieser Angaben, so ist mit den Bezeichnungen der Fig. 140 die auf dem Wege $s = AB$ von der veränderlichen Kraft P verrichtete Arbeit

$$A = \int_1^2 P \cdot \cos\alpha \cdot ds\,. \qquad (93)$$

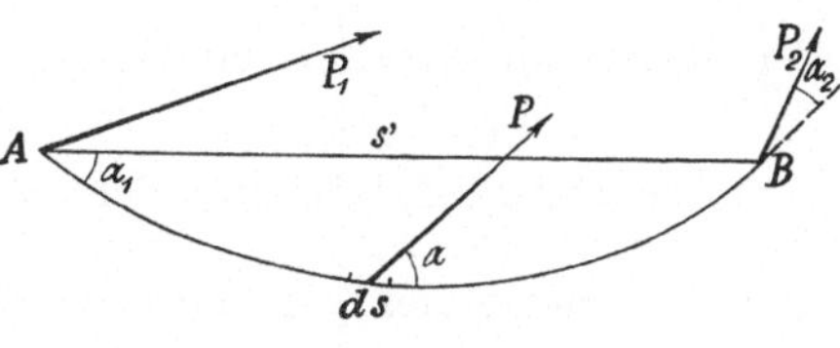

Fig. 140.

Ist der Zusammenhang zwischen der Änderung von s, P, α durch eine Formel gegeben, so kann die Arbeit hiernach rechnerisch bestimmt werden. Häufig ist es bequemer, sie zeichnerisch zu ermitteln als Summe der Flächenteilchen, die bei Streckung des im allgemeinen gekrümmten Weges s zu einer Geraden und Auftragung der Werte von $P \cdot \cos\alpha$ senkrecht dazu ent stehen, also als Flächeninhalt der Kraftkurve.

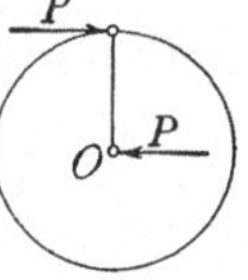

Fig. 141.

Da das Drehmoment M in demselben Maß gemessen wird wie die mechanische Arbeit A, so können sich beide nur durch einen Zahlenbeiwert unterscheiden. Wirkt auf die Kurbel vom Halbmesser r in jedem Punkt senkrecht die der Größe nach unveränderliche Kraft P ein (Fig. 141), so ist das Drehmoment bei jeder Stellung der Kurbel dasselbe: $M = P \cdot r$. Die bei einer Umdrehung verrichtete Arbeit ist $A = 2 \cdot \pi \cdot r \cdot P$. Es ist also in dem Fall

$$\frac{A}{M} = 2 \cdot \pi\,.$$

Man kann demnach den Satz vom Drehmoment der Mittelkraft ohne weiteres auf die Arbeit übertragen. Ein unmittelbarer Beweis ist der folgende:

Der Körper durchläuft in einer bestimmten Zeit fortschreitend den Weg AB der Fig. 142; die auf ihn einwirkenden Kräfte P_1, P_2 ... bilden mit der durch die Punkte A und B gelegten Bezugsachse die Winkel α_1, α_2 ..., ihre Mittelkraft R schließt damit den Winkel α_0 ein. Werden alle Kräfte wenigstens, solange der Weg s durchlaufen wird, als unveränderlich angesehen, was auch für veränderliche Kräfte zulässig ist, wenn dann die Strecke AB als sehr klein angenommen wird, so ergeben sich die Einzelwege $s_1, s_2 \ldots s_0$ der Kräfte $P_1, P_2 \ldots R$ als Projektionen von AB auf die vom Punkt A ausgehenden Wirkungslinien der Kräfte. Nun ist nach Bd. I, S. 41

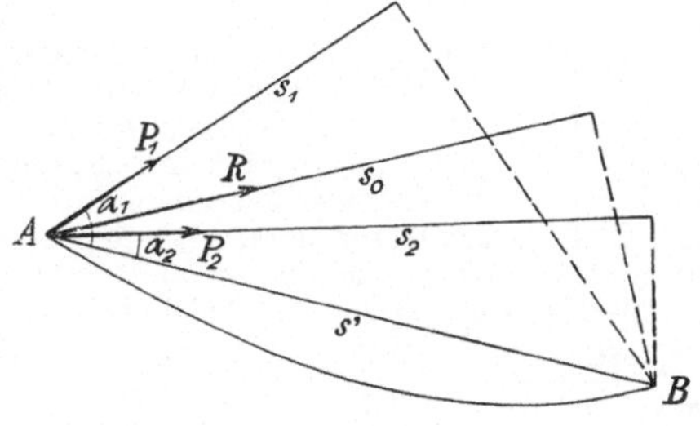

Fig. 142.

$$R \cdot \cos\alpha_0 = P_1 \cdot \cos\alpha_1 + P_2 \cdot \cos\alpha_2 + \ldots = \sum (P \cdot \cos\alpha)\,,$$

und man erhält aus rechtwinkligen Dreiecken

$$\cos\alpha_0 = \frac{s_0}{s'}, \quad \cos\alpha_1 = \frac{s_1}{s'}, \quad \cos\alpha_2 = \frac{s_2}{s'}, \quad \ldots$$

Damit geht die obige Gleichung über in

$$R \cdot \frac{s_0}{s'} = P_1 \cdot \frac{s_1}{s'} + P_2 \cdot \frac{s_2}{s'} + \ldots$$

oder nach Multiplikation mit s'

$$R \cdot s_0 = P_1 \cdot s_1 + P_2 \cdot s_2 + \ldots = \sum (P \cdot s). \tag{94}$$

Die mechanische Arbeit, die sich bei der fortschreitenden Bewegung eines Körpers für die Mittelkraft aller auf ihn einwirkenden Kräfte ergibt, ist gleich der algebraischen Summe der Arbeiten der Einzelkräfte.

Sind die Kräfte unveränderlich, so gilt der Satz für die kleinen Wegteilchen ds, ds_1, ds_2 ... und deshalb gemäß Formel (93) auch für die Gesamtwege, also ganz allgemein.

Wenn in einem beliebigen Kräftesystem Gleichgewicht besteht, so ist damit gesagt, daß entweder keinerlei Verschiebungen der einzelnen Teile des Systems gegeneinander vorkommen, wie sie etwa das Stabviereck der Fig. 143 zeigt, oder daß etwaige Verrückungen einzelner Teile durch entsprechende andere Teile wieder völlig ausgeglichen werden, wie etwa im Fall der Gewichte an der Rolle in Fig. 144. Die Verrückungen der einzelnen Teile des Systems sind nun mit den wirkenden Kräften verbunden durch die Arbeitsgleichung (94), worin als Wege verschwindend kleine Verrückungen eingesetzt werden, die nur der einen Bedingung zu entsprechen haben, daß sie in dem betreffenden System möglich sind. Sie brauchen tatsächlich gar nicht stattzufinden, sondern es genügt, wenn sie gedacht werden. Zum Unterschied von tatsächlichen Verrückungen dx ... bezeichnet man sie mit δx ... als Variationen, die rechnerisch wie Differentiale behandelt werden. Als verschwindend klein sind die Verrückungen anzusehen, weil größere mit Gleichgewichtsstörungen verbunden sein können, wie etwa bei Fig. 144, wenn statt eines gewichtslosen Fadens ein schweres Seil benutzt wird.

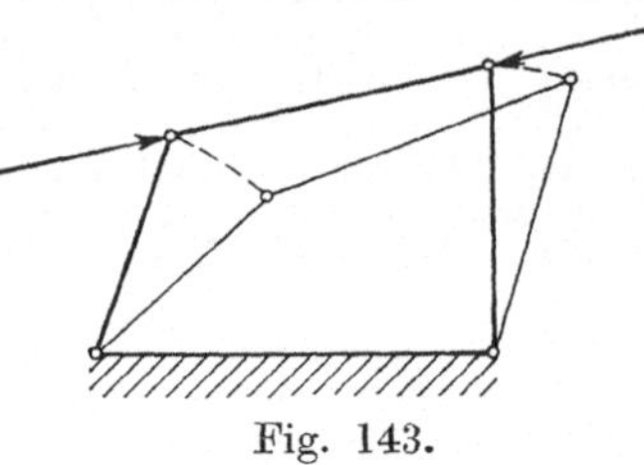

Fig. 143.

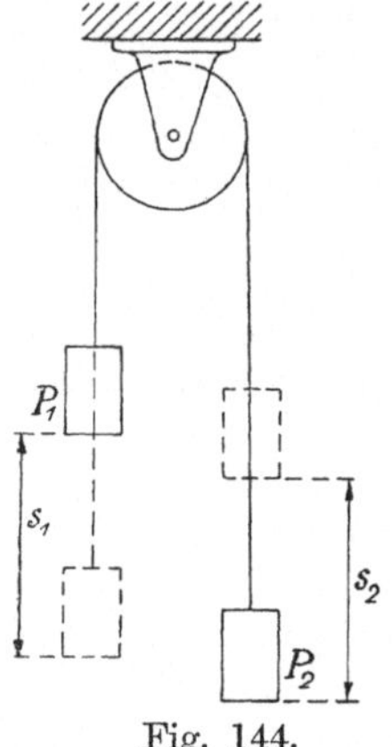

Fig. 144.

Man gelangt so zu der Gleichung

$$\sum \left[\left(\frac{G}{g} \cdot \frac{d^2x}{dt^2} - X \right) \cdot \delta x + \left(\frac{G}{g} \cdot \frac{d^2y}{dt^2} - Y \right) \cdot \delta y + \left(\frac{G}{g} \cdot \frac{d^2z}{dt^2} - Z \right) \cdot \delta z = 0: \right. \tag{95}$$

Gleichgewicht besteht, wenn bei irgendeiner kleinen gedachten Verrückung des Systems, die mit den Bedingungen des Baues des Systems vereinbar ist, die Summe aller Arbeiten der Kräfte Null ergibt. Das Prinzip[76]) ist, wie die Erfah-

[76]) Stevin, Hypomnemata mathematica, 1608; Joh. Bernoulli, Brief an Varignon, 1717; Lagrange, Mécanique analytique, 1788, Theorie des fonctions, 1813.

rung lehrt, unbeschränkt gültig, wenn sich auch die Beweise immer nur auf beschränkte Systeme beziehen können[77]).

Kann das System sich nicht beliebig frei bewegen, so sind je nach dem Grade der Unfreiheit 1 bis k Bedingungsgleichungen zwischen den insgesamt $3n$ Koordinaten des aus n Gliedern zusammengesetzten Körpersystems vorhanden von der Form $f_k(x, y, z \ldots) = 0$, wobei die Punkte andeuten, daß auch die Geschwindigkeiten und Beschleunigungen usw. darin vorkommen können. Dann sind aber die Verrückungen des Systems nicht mehr willkürlich, sondern an die Gleichungen gebunden

$$\sum\left[\left(\frac{\partial f_k}{\partial x_n}\cdot\delta x_n+\frac{\partial f_k}{\partial y_n}\cdot\delta y_n+\frac{\partial f_k}{\partial z_n}\cdot\delta t_n\right)=0\,.$$

die für alle k und n niederzuschreiben sind.

Die Schreibung $\frac{\partial f}{\partial x}$ gibt an, daß die Funktion f nach x zu differentiieren ist, während die anderen Veränderlichen y und z vorübergehend als unveränderlich anzusehen sind, während ja $\frac{df}{dx}$ vorschreibt, daß das Differential der ganzen Funktion f nach allen vorhandenen Veränderlichen durch dx zu dividieren ist. Es ist, wie leicht einzusehen,

$$df=\frac{\partial f}{\partial x}\cdot dx+\frac{\partial f}{\delta y}\cdot dy+\frac{\partial f}{\partial z}\cdot dz\,. \tag{96}$$

Das ist ein Glied der vorstehenden Gleichung, wenn nur die Differentiale der Koordinaten durch die gedachten Verrückungen (Variationen) ersetzt werden. Die Gleichung ist also der formelmäßige Ausdruck dafür, daß die Funktionen f feste Bedingungen für die Koordinaten vorschreiben.

Werden die Bedingungsgleichungen jetzt mit k_x vorläufig unbekannten Faktoren $\lambda_1 \ldots \lambda_k$ multipliziert und die so entstandenen Gleichungen von denen (95) abgezogen, so ergibt sich

$$\sum\left[\left(\frac{G}{g}\cdot\frac{d^2x}{dt^2}-X-\sum_k\lambda_k\cdot\frac{\partial f_k}{\partial x}\right)\cdot\delta x+\ldots\right]=0\,, \tag{97}$$

worin die Punkte andeuten, daß sich derselbe Ausdruck für y und z wiederholt.

Durch die Einführung der λ hat man wieder volle Freiheit erhalten, über die gedachten Verrückungen δ zu verfügen, und da die δ im allgemeinen nicht 0 sind, so müssen es eben die $3n$ Klammerausdrücke sein, deren erste beide Glieder die Trägheitskräfte und äußeren Kräfte darstellen. Die letzten Glieder[76c]) sind sogenannte Zwangskräfte, Führungsgegenkräfte u. dgl. Wenn diese Zwangskräfte und die äußeren Kräfte gegeben sind, kann man die Bewegungen der einzelnen Systemteile berechnen. Sind die Bewegungen und die äußeren Kräfte bekannt, so kann man umgekehrt die Zwangs- bzw. Führungskräfte usw. aus den Gleichungen ermitteln.

Auch eine sehr kleine Kraft kann schließlich in hinreichend langer Zeit bei der Bewegung eines Körpers eine erhebliche Arbeit verrichten. Von zwei an gleichen Körpern verrichteten gleichen Arbeiten ist nun diejenige die wertvollere, die in der kürzeren Zeit geleistet worden ist. Zur vollen Beurteilung ist also die Angabe nötig, in welcher Zeit t eine Arbeit A geleistet wurde.

Man nennt das Verhältnis

$$N=\frac{A}{t}=\frac{P\cdot s}{t}\,, \tag{98a}$$

[77]) Voss, Enzykl. d. Math. Wissensch. 1901.

mithin bei gleichförmiger Bewegung

$$N = P \cdot v \tag{98b}$$

die Leistung der Kraft P. Hierin ist nach den Angaben zu Formel (92) s bzw. v auf der Wirkungslinie von P zu bestimmen. Gemessen wird die Leistung, wie die Formeln (98) angeben, in mkg/sek.

In der technischen Praxis rechnet man gewöhnlich mit den größeren Einheiten Pferdestärke (PS) oder Kilowatt (KW):

$$1 \text{ PS} = 75 \text{ mkg/sk}, \qquad 1 \text{ KW} = 102 \text{ mkg/sk}. \tag{99}$$

Wird eine bestimmte Leistung von N_1 PS bzw. N_2 KW dadurch erhalten, daß ein Kräftepaar vom Drehmoment $M = P \cdot r$ mkg den Körper um eine feste Achse O (Fig. 141) mit n Umdrehungen in der Minute dreht, so ist

$$M = \frac{60}{2 \cdot \pi \cdot n} \cdot 75 \cdot N_1 = 716{,}2 \cdot \frac{N_1}{n} \tag{100a}$$

bzw.

$$M = \frac{60}{2 \cdot \pi \cdot n} \cdot 102 \cdot N_2 = 974{,}0 \cdot \frac{N_2}{n}. \tag{100b}$$

Die Arbeitsgleichung (92) $A = P \cdot s$ und entsprechend die Leistungsgleichungen (98) enthalten als Weg s stets den Relativweg, den die Kraft zurücklegt.

Beispiel 83. Wenn eine bestimmte Muskelkraft $P = 25$ kg eine Last in einem Eisenbahnwagen mit der Geschwindigkeit $v_1 = 0{,}4$ m/sk auf dem Boden des Wagens nach vorn bewegt, so ist die von ihr verrichtete Leistung $N = 25 \cdot 0{,}4 = 10$ mkg, gleichgültig ob der Wagen steht oder sich etwa mit der Geschwindigkeit $v_2 = 12$ m/sk nach vorn bewegt. Es ist jedenfalls verkehrt, die Gesamtleistung der Kraft zu $25 \cdot 12{,}4 = 31{,}25$ mkg zu berechnen, wenn auch die Gesamtleistung des bewegten Körpers die Summe beider Geschwindigkeiten enthält.

Dieselbe Überlegung gilt für alle Relativbewegungen, z. B. auch für Zahnräder in Planetengetrieben usw. Die Leistung des Zahndruckes P ist immer bestimmt durch das Produkt aus der Kraft und der Relativgeschwindigkeit auf der Eingrifflinie der beiden zusammenarbeitenden Räder.

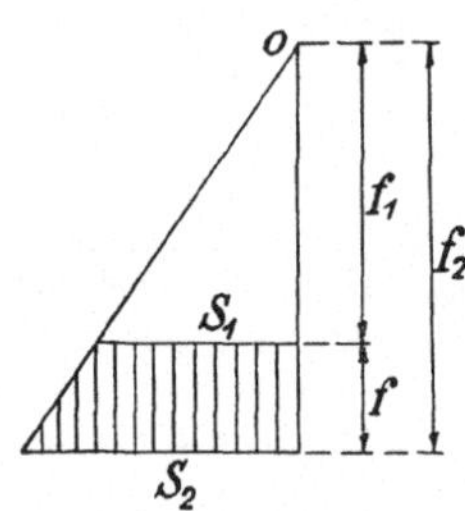

Fig. 145.

Beispiel 84. Anzugeben ist die Arbeit, die erforderlich ist, um eine Feder, die mit der Kraft $S_1 = 50$ kg bei einer Federung $f_1 = 75$ mm vorgespannt ist, um weitere $f = 18$ mm zusammenzudrücken.

Trägt man die Kräfte senkrecht zu den Federungen auf (Fig. 145), so ergibt sich, da die Kräfte den Federungen entsprechen, die am Ende der Zusammendrückung erreichte Federkraft

$$S_2 = S_1 \cdot \frac{f_2}{f_1} = S_1 \cdot \left(1 + \frac{f}{f_1}\right) = 50 \cdot \left(1 + \frac{18}{75}\right) = 62 \text{ kg}.$$

Die aufzuwendende Arbeit ist dargestellt durch die Fläche des Trapezes:

$$A = \frac{1}{2} \cdot (S_1 + S_2) \cdot f = S_1 \cdot f \cdot \left(1 + \frac{f}{2 f_1}\right), \tag{101}$$

$$A = 50 \cdot 1{,}8 \cdot \left(1 + \frac{1{,}8}{2 \cdot 7{,}5}\right) = 100{,}8 \text{ cmkg}.$$

Beispiel 85. Das Gewicht eines Aufzuges mit der Last beträgt $G_1 = 625$ kg, der leere Fahrkorb wird durch ein Gegengewicht von $G_2 = 400$ kg ausgeglichen, das heruntergeht, wenn der Fahrkorb steigt (Fig. 146). Anzugeben ist die zum Antrieb erforderliche Leistung des Elektromotors, wenn die Hubgeschwindigkeit $v = 0{,}6$ m/sk ist.

Es ist der Wirkungsgrad

des Fahrkorbes in seinen Führungen $\eta_1 = 0{,}985$,
des Gegengewichtes in seinen Führungen $\eta_2 = 0{,}99$,
der 5 Seilablenkungsrollen je $\eta_3 = 0{,}98$,
der Windentrommel $\eta_4 = 0{,}98$,
des Zahnrädervorgeleges $\eta_5 = 0{,}96$,
der Schnecke $\eta_6 = 0{,}80$,
des Elektromotors $\eta_7 = 0{,}92$.

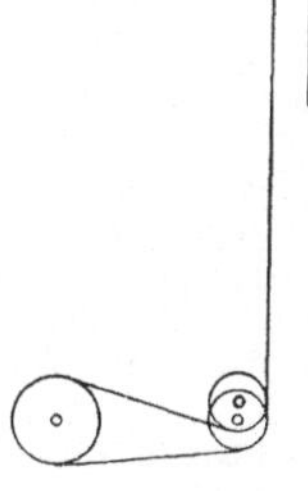

Fig. 146.

Man erhält damit gemäß den Formeln (98b) und (99)

$$N_2 = \frac{v}{102} \cdot \left(\frac{G_1}{\eta_1 \cdot \eta_3^3} - G_2 \cdot \eta_2 \cdot \eta_3^2\right) \cdot \frac{1}{\eta_4} \cdot \frac{1}{\eta_5} \cdot \frac{1}{\eta_6} \cdot \frac{1}{\eta_7}$$

$$= \frac{0{,}60}{102} \cdot \left(\frac{625}{0{,}985 \cdot 0{,}98^3} - 400 \cdot 0{,}99 \cdot 0{,}98^2\right)$$

$$\frac{1}{0{,}98 \cdot 0{,}96 \cdot 0{,}85 \cdot 0{,}92} = 2{,}50 \text{ KW}.$$

Beispiel 86. Eine Wasserkraft führt in der Sekunde $Q = 0{,}65$ m³ Wasser, die Gefällhöhe beträgt $s = 5{,}35$ m. Zu berechnen ist die von der Wasserturbine abgegebene Leistung bei voller Ausnutzung der Wasserkraft.

Als Arbeit leistendes Gewicht hat man 2650 kg/sk, als Weg in der Kraftrichtung bei Anwendung eines Saugrohres $s = 5{,}35$ m. Dann ist die Bruttoleistung der Wasserkraft

$$N_1 = \frac{2650 \cdot 5{,}35}{75} = 188{,}9 \text{ PS}.$$

Bei dem Wirkungsgrad $\eta = 0{,}82$ der Turbine ist die Nutzleistung

$$N_1 = 188{,}9 \cdot 0{,}82 = 155 \text{ PS}.$$

Beispiel 87. Anzugeben ist die Schubkraft P, die eine Schiffschraube ausübt, wenn der Dampf in der Antriebsmaschine $N_1 = 5000$ indizierte PS leistet und die Schiffsgeschwindigkeit $V_1 = 20$ Seemeilen/st beträgt.

Der Wirkungsgrad der Dampfmaschine beträgt etwa $\eta_1 = 0{,}85$, derjenige der Welle etwa $\eta_2 = 0{,}91$, der der Schraube selbst etwa $\eta_3 = 0{,}85$, also der Gesamtwirkungsgrad $\eta \sim 0{,}655$.

Nach den Formeln (99) und (4) ist

$$\eta \cdot N_1 = \tfrac{1}{75} \cdot P \cdot (0{,}514 \cdot V_1)\,,$$

also

$$P = \frac{0{,}655 \cdot 5000 \cdot 75}{1000 \cdot 0{,}514 \cdot 20} = 23{,}9 \text{ t}.$$

Beispiel 88. Zu bestimmen ist das Verhältnis der Reibungsarbeit eines Lokomotiv-Flachschiebers von $b = 36$ cm Breite und $l = 24$ cm Länge zur Kolbenarbeit der Maschine. Es sei der Höchstdruck im Schieberkasten $q = 12$ at Überdruck, der mittlere Druck im Zylinder von $D = 45$ cm Durchmesser $q = 3{,}6$ at, der Kolbenhub $s_1 = 60$ cm, der Schieberhub $s = 9{,}5$ cm.

Mit der Reibungsziffer $\mu = 0{,}10$ für mittelgute Schmierung erhält man die Reibungskraft

$$P = \mu \cdot b \cdot l \cdot q = 0{,}10 \cdot 36 \cdot 24 \cdot 12 = 1037 \text{ kg}.$$

Die mittlere Kolbenkraft ist

$$P_1 = \frac{\pi}{4} \cdot D^2 \cdot 0{,}98 \cdot p_m = \frac{\pi}{4} \cdot 45^2 \cdot 0{,}98 \cdot 3{,}6 = 5600 \text{ kg}.$$

Damit wird das Verhältnis der Arbeiten

$$\frac{P \cdot s}{P_1 \cdot s_1} = \frac{1037 \cdot 9{,}5}{5600 \cdot 60} = 0{,}029 .$$

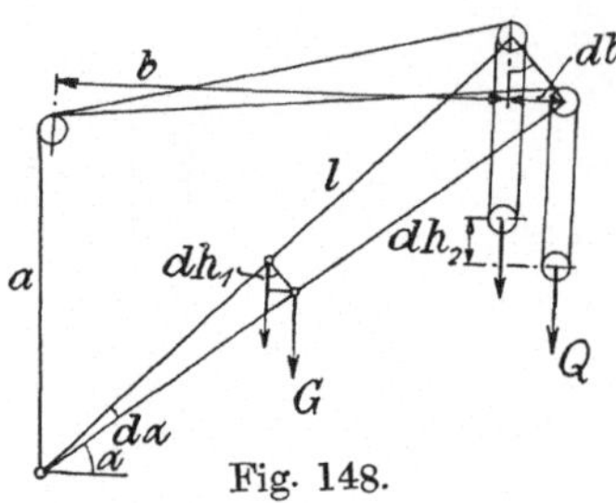

Fig. 148.

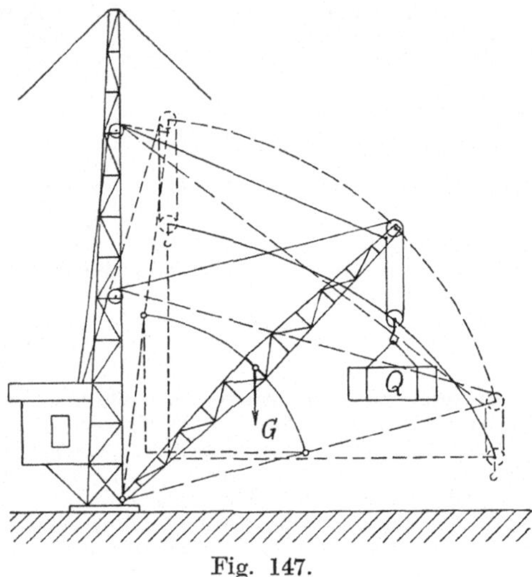

Fig. 147.

Beispiel 89. Zu berechnen ist die Arbeit, die außer zur Überwindung der Bewegungswiderstände nötig ist, um die Last eines Derrickkranes in der lotrechten Ebene zu verschieben (Fig. 147).

Beim Anheben des Auslegers bewegt sich der Angriffspunkt des Eigengewichtes G auf einem Kreisbogen vom Halbmesser $\frac{l}{2}$, und man entnimmt der Fig. 148 die Hubhöhe bei Zurücklegung des Winkels $d\alpha$ zu

$$dh_1 = \tfrac{1}{2} \cdot l \cdot d\alpha \cdot \cos\alpha .$$

Damit ist die zum Heben von G erforderliche Arbeit, wenn der Winkel sich von α_1 auf α_2 vergrößert,

$$A_1 = \int_{\alpha_1}^{\alpha_2} G \cdot dh_1 = \tfrac{1}{2} \cdot G \cdot l \cdot \int_{\alpha_1}^{\alpha_2} \cos\alpha \cdot d\alpha$$

$$= \tfrac{1}{2} \cdot G \cdot l \cdot (\sin\alpha_2 - \sin\alpha_1) = G \cdot l \cdot \cos\frac{\alpha_1 + \alpha_2}{2} \cdot \sin\frac{\alpha_2 - \alpha_1}{2} .$$

Entsprechend ergibt sich für die Last Q bei einer einfachen Unterflasche

$$dh_2 = l \cdot d\alpha \cdot \cos\alpha - \tfrac{1}{2} \cdot db ,$$

weil beim Heben um den Winkel $d\alpha$ die Seillänge db in den Flaschenzug hineingeht. Die Last bewegt sich also auf einem flacheren Bogen als das Eigengewicht. Nun ist aus dem schiefwinkligen Dreieck von den Seiten l, a, b mit dem Spitzenwinkel $\frac{\pi}{2} - \alpha$ zu entnehmen

$$b^2 = a^2 + l^2 - 2 \cdot a \cdot l \cdot \cos\left(\frac{\pi}{2} - \alpha\right) .$$

Durch Differentiieren findet man hieraus

$$2 \cdot b \cdot db = 0 + 0 - 2 \cdot a \cdot l \cdot \cos\alpha \cdot d\alpha ,$$

worin das negative Vorzeichen angibt, daß b beim Heben der Last kleiner wird. Es ist mithin

$$db = \frac{a}{b} \cdot l \cdot \cos\alpha \cdot d\alpha = \frac{2 \cdot a \cdot l \cdot d\sin\alpha}{2 \cdot \sqrt{a^2 + l^2 - 2 \cdot a \cdot l \cdot \sin\alpha}}.$$

Damit wird die zugehörige Arbeit

$$A_2 = Q \cdot \left[l \cdot \int_{\alpha_1}^{\alpha_2} d\sin\alpha - \frac{1}{4} \cdot \int_{\alpha_1}^{\alpha_2} \frac{d(2 \cdot a \cdot l \cdot \sin\alpha)}{\sqrt{(a^2 + l^2) - (2 \cdot a \cdot l \cdot \sin\alpha)}} \right]$$

$$= Q \cdot [l \cdot (\sin\alpha_2 - \sin\alpha_1) + \tfrac{1}{2} \cdot \sqrt{a^2 + l^2 - 2 \cdot a \cdot l \cdot \sin\alpha_2} - \tfrac{1}{2} \cdot \sqrt{a^2 + l^2 - 2 \cdot a \cdot l \cdot \sin\alpha_1}]$$

$$= 2 \cdot Q \cdot l \cdot \left[\cos\frac{\alpha_2 + \alpha_1}{2} \cdot \sin\frac{\alpha_2 - \alpha_1}{2} + \frac{1}{4}\sqrt{1 + \left(\frac{a}{l}\right)^2 - 2 \cdot \frac{a}{l} \cdot \sin\alpha_2} - \frac{1}{4}\sqrt{1 + \left(\frac{a}{l}\right)^2 - 2 \cdot \frac{a}{l} \cdot \sin\alpha_1} \right].$$

Ist etwa $Q = 20$ t, $G = 3$ t, $l = 22{,}5$ m, $a = 15{,}5$ m, $\alpha_1 = 20°$, $\alpha_2 = 70°$, so wird die Gesamtarbeit

$$A = A_1 + A_2 = 22{,}5 \cdot (3 + 2 \cdot 20) \cdot 0{,}7071 \cdot 0{,}4226 + \frac{22{,}5 \cdot 20}{2}$$

$$\cdot \left(-\sqrt{1 + \left(\frac{15{,}5}{22{,}5}\right)^2 - 2 \cdot \frac{15{,}5}{22{,}5} \cdot 0{,}3420} + \sqrt{1 + 0{,}475 - 2 \cdot 0{,}689 \cdot 0{,}940} \right)$$

$$= 289 - 225 \cdot (1{,}002 - 0{,}424) = 159 \text{ mt}.$$

Bei einem mehrrolligen Flaschenzug im Hubwerk erhöht sich dieser Betrag noch weiter, z. B. ist bei einem vierrolligen Flaschenzug unter sonst gleichen Verhältnissen

$$A = 289 - \frac{130}{2} = 224 \text{ mt}.$$

Diese erhebliche Hubarbeit in Fällen, wo eine reine Parallelverschiebung genügte, ist ein Nachteil der Derrickkrane, den man durch besondere Ausgleichvorrichtungen zu beheben gesucht hat[78]).

Beispiel 90. Anzugeben ist die Leistung, die ein Mann auf einem Fahrrad entwickelt, wenn er mit der Geschwindigkeit $V = 18$ bzw. 30 km/st auf guter ebener Straße bei Windstille fährt.

Nach Bd. II, S. 93 ist der Widerstand eines Fahrrades bei richtig aufgepumpten Luftreifen gegeben durch

$$W = 0{,}64 + 0{,}0922 \cdot v + 0{,}022 \cdot v^2 \text{ kg},$$

wenn die Geschwindigkeit v in m/sk gemessen wird.

Die Leistung ist nach Formel (98b)

$$N = W \cdot v = 0{,}64 \cdot v + 0{,}0922 \cdot v_2 + 0{,}022 \cdot v^3$$

mit

$$v = \frac{18}{3{,}6} = 5{,}0 \quad \text{bzw.} \quad \frac{30}{3{,}6} = 8{,}33 \text{ m/sk}.$$

Demnach wird

$$N = 3{,}20 + 2{,}30 + 2{,}75 = 8{,}25 \text{ mkg/sk}$$

bzw.

$$5{,}33 + 6{,}40 + 12{,}70 = 24{,}43 \text{ mkg/sk}.$$

---

[78]) Proetel, D. p. J. 1911.

Beispiel 91. Zu ermitteln ist die Nennleistung einer Einzylinder-Dampfmaschine vom Zylinderdurchmesser $D = 42$ cm, dem Hub $s = 75$ cm und $n = 115$ Umdrehungen in der Minute bei der Kesselspannung $q_0 = 9$ at Überdruck (ohne Überhitzung).

Mit Rücksicht auf die Widerstände in der Dampfleitung, den Ventilen und den Schieberkanälen der Maschine sowie besonders auf die Schwankungen des Kesseldruckes unterhalb des angegebenen Höchstwertes ist der Einströmungsdruck von 0 aus gerechnet höchstens zu $q_1 = 9{,}0$ at anzusetzen. Der Auspuffdruck beträgt aus den ersten Gründen etwa $q_3 = 1{,}15$ at. Das Dampfdiagramm der Nennleistung wird erhalten, wenn die Endspannung der Ausdehnungslinie des Dampfes bei C (Fig. 149) im Fall des Auspuffbetriebes $q_2 = 2{,}8 - \frac{q_1}{10} = 1{,}9$ at beträgt. Die Ausdehnungslinie der Sattdampfmaschine wird mit genügender Annäherung durch eine gleichseitige Hyperbel dargestellt, die man dadurch findet, daß durch den gegebenen Punkt C ein Lineal gelegt wird und die Strecke CC' bis zur Bezugsachse daran von der anderen Bezugsachse als $B'B$ zurückgetragen wird. Man erhält so das Füllungsverhältnis $\frac{\overline{AB}}{\overline{A'D'}} = 0{,}17$. Die Lage der senkrechten Achse OB' wird durch die Größe des schädlichen Raumes bestimmt; bei Flachschiebermaschinen ist $\frac{s_0}{s} = 0{,}05 \div 0{,}10$, bei Kolbenschiebern $\frac{s_0}{s} = 0{,}07 \div 0{,}15$, bei Ventilmaschinen etwa $0{,}05 \div 0{,}10$, bei Drehschiebern $0{,}03$ bis $\div\, 0{,}06$. Die Zusammendrückung des Dampfes beim Rückgang des Kolbens wird bei Auspuffmaschinen vorteilhaft bis zu $q_4 = 0{,}7 \cdot q_1 = 6{,}3$ at getrieben. Damit bestimmt sich aus $\overline{FF'} = \overline{EE'}$ der Beginn der Zusammendrückung. Das Dampfdiagramm ist so festgelegt, wenn noch die Voreinströmung bei F zu etwa 1 v. H. des Hubes und die Vorausströmung bei C zu $8 \div 10$ v.H. angesetzt werden.

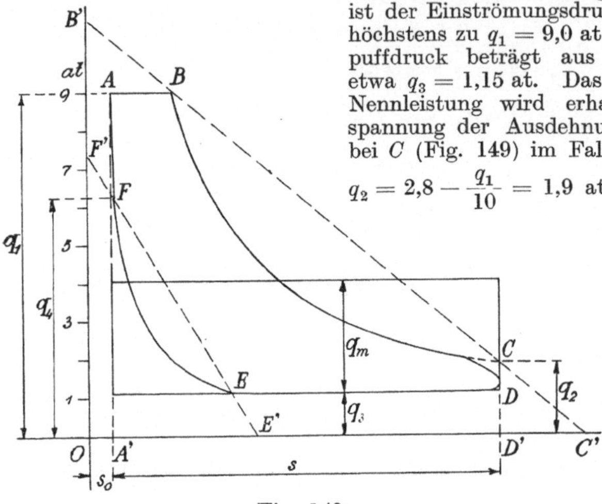

Fig. 149.

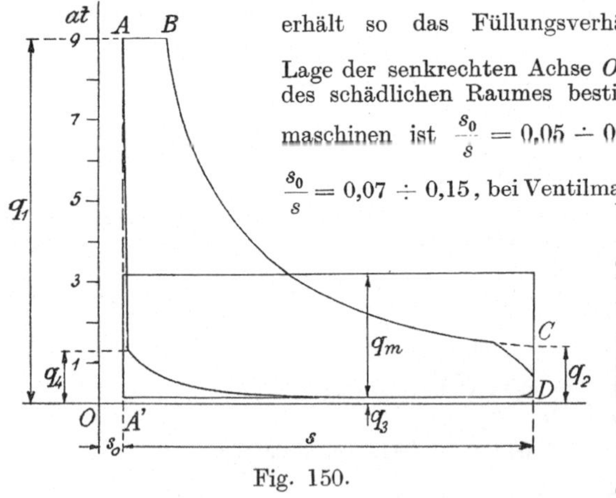

Fig. 150.

Bei Kondensationsmaschinen ist etwa $q_3 = 0{,}10 \div 0{,}15$ at, $q_2 = 2{,}0 - \frac{q_1}{15}$. Der Anfang E der Zusammendrückung wird möglichst früh gelegt, trotzdem ist ihre Endspannung q_4 nur niedrig (Fig. 150).

Bei Verbund-Dampfmaschinen mit Auspuff gilt etwa $q_2 = 2{,}50 - \frac{q_1}{25}$, mit Kondensation $q_2 = 2{,}05 - \frac{q_1}{20}$.

Wird der Flächeninhalt des Dampfdiagramms der Fig. 149 bzw. 150 etwa nach der Trapezregel in qmm berechnet und durch die Länge s in mm dividiert, so erhält man den mittleren Druck $q_m = 2{,}98$ bei der Auspuffmaschine und 3,06 bei der Kondensationsmaschine. Um diese Rechnung und die Auftragung der v.H.-Werte bequem zu haben, zeichnet man fast stets $s = 100$ mm. Man kann im Durchschnitt annehmen $q_m = 3{,}0$ at. Bei Maschinen von großer Leistung genügt 2,9 at, bei ganz kleinen steigt der Mittelwert auf 3,1 at.

Der Inhalt der Diagrammfläche $F = q_m \cdot s$ gemessen in kg/cm² · m stellt die auf jeden cm² der Kolbenfläche entfallende Dampfarbeit dar. Multipliziert man sie mit der Kolbenfläche $\frac{\pi}{4} \cdot D^2 \cdot 0{,}97$ bei beiderseits durchgehender Kolbenstange, so erhält man die Arbeit für einen Hub. Nun macht die doppeltwirkende Maschine in der Sekunde $\frac{2 \cdot n}{60}$ Arbeitshübe, so daß die Gesamtleistung mit Berücksichtigung des Wirkungsgrades $\eta = 0{,}83$ beträgt

$$N_1 = \frac{\pi}{4} \cdot \underset{(\mathrm{cm})}{D^2} \cdot 0{,}97 \cdot q_m \cdot \underset{(\mathrm{m})}{s} \cdot \frac{2 \cdot n}{60} \cdot \frac{\eta}{75} \tag{102}$$

$$= \frac{4 \cdot 42^2 \cdot 0{,}97 \cdot 3{,}0 \cdot 0{,}75 \cdot 2 \cdot 115 \cdot 0{,}83}{4 \cdot 60 \cdot 75} = 128 \text{ PS.}$$

Die Leistung kann durch Erhöhung der Füllung und des Dampfverbrauches im Dauerbetrieb auf das 1,5fache gesteigert werden: $N_{\max} = 192$ PS.

Bei Verbunddampfmaschinen mit den Zylinderdurchmessern D_1 und D_2 und dem gleichen Kolbenhub s ist für den Hochdruckzylinder der mittlere Dampfdruck $q_{m,1}$ und für den Niederdruckzylinder $q_{m,2}$ einzusetzen. Bei beiderseits durchgehender Kolbenstange ist also die Leistung gegeben als

$$N_1 = \frac{\pi \cdot (D_1^2 \cdot q_{m,1} + D_2^2 \cdot q_{m,2}) \cdot 0{,}97 \cdot s \cdot 2 \cdot n \cdot \eta}{4 \cdot 60 \cdot 75}.$$

Werden beide Dampfdiagramme so übereinander gezeichnet, daß die Längen die Rauminhalte wiedergeben[79]), so ist ja

$$V_1 = \frac{\pi}{4} \cdot D_1^2 \cdot 0{,}97 \cdot s\,,$$

$$V_2 = \frac{\pi}{4} \cdot D_2^2 \cdot 0{,}97 \cdot s\,.$$

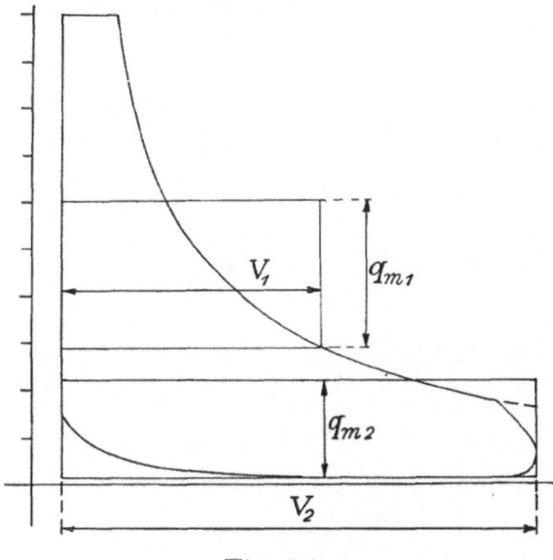

Fig. 151.

Nach Fig. 151 ist nun $V_1 \cdot q_1 + V_2 \cdot q_2$ der Flächeninhalt der gesamten Diagrammfläche, entsprechend der Einzylindermaschine.

Entnimmt man also den mittleren Dampfdruck q_m dem rankinisierten Dampfdiagramm der Fig. 151, so gilt für die Verbundmaschine ebenfalls die Gleichung (102), wenn darin für D der Durchmesser des Niederdruckzylinders genommen wird. Hierbei ist allerdings noch mit Rücksicht auf verschiedene Flächenverluste (vgl. Fig. 46) mit einer Völligkeitsziffer zu rechnen, die bei Zweifach-Verbundmaschinen zwischen 0,80 bis 0,85 beträgt und bei Drei-

[79]) Rankine. Manual of the steam engine and other prime movers, 1859.

fach-Verbundmaschinen zwischen 0,55 bis 0,65 schwankt. Mit Einschluß dieser Völligkeitsziffer beträgt der mittlere Druck bei der Nennleistung $q_m \sim 2{,}8 \div 3{,}0$ at. Der erstere Wert gilt nur für Maschinen großer Leistung.

Beispiel 92. Während man bei liegenden Dampfmaschinen darauf sieht, daß die bei einem Hub vom Dampf geleistete Arbeit auf jeder Seite des Kolbens wenigstens annähernd dieselbe ist, was bei Schiebermaschinen durch eine etwas unsymmetrische Einstellung des Schiebers erreicht werden kann (Beispiel 37), ist bei stehenden Maschinen die Ungleichheit beider Arbeiten vorteilhafter.

Ist der mittlere Dampfdruck auf der Oberseite des Kolbens q_0 at und auf der Unterseite q_u, haben ferner die hin und her gehenden Teile das auf die Flächeneinheit des Kolbens bezogene Gewicht q at (Beispiel 76), so ist die beim Abwärtshub s des Kolbens vom Durchmesser D geleistete Arbeit

$$A_1 = \frac{\pi}{4} \cdot D^2 \cdot s \cdot (q_0 + q)$$

und die beim Aufwärtshub geleistete

$$A_2 = 0{,}98 \cdot \frac{\pi}{4} \cdot D^2 \cdot s \cdot (q_u - q)\,.$$

Für den gleichmäßigen Gang der Maschine ist es am günstigsten, wenn beide Arbeiten einander gleich sind, also die Bedingung erfüllt wird

$$q_0 + q = 0{,}98 \cdot (q_u - q) = q_m\,.$$

Soll etwa der mittlere Dampfdruck $q_m = 3{,}0$ at sein und ist ferner $q = 0{,}40$ at, so ergibt sich für die

Oberseite: $q_0 = 3{,}0 - 0{,}40 = 2{,}60$ at,

Unterseite: $q_u = \dfrac{3{,}0}{0{,}98} + 0{,}40 \sim 3{,}45$ at.

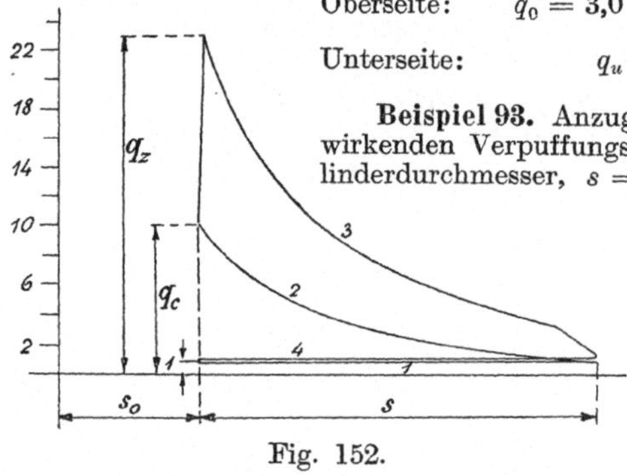

Fig. 152.

Beispiel 93. Anzugeben ist die Leistung einer einfach wirkenden Verpuffungsgasmaschine von $D = 35$ cm Zylinderdurchmesser, $s = 56$ cm Hub und $n = 180$ Umdrehungen in der Minute.

Während bei der doppelt wirkenden Dampfmaschine in zwei Hüben zwei vollständige Diagramme geschrieben werden, sind hier dazu vier Hübe nötig (Fig. 152):

1. Ansaugehub,
2. Preßhub,
3. Ausdehnungs-(Treib-)hub,
4. Ausschubhub.

Die Spannungen des ersteren und letzteren unterscheiden sich nur wenig, so daß beide Linien oft in eine zusammenfallen. Die Endspannung der Zusammendrückung hängt von dem Brennstoff ab, ebenso die Endspannung der Zündung. Es ist[80]) i. M. für

	$q_c =$	$q_z \sim$	$q_m \sim$
Leuchtgas	$5 \div 8$ at,	$22 \div 24$ at,	5,5 at,
Kraftgas	$8 \div 10$ „	$18 \div 22$ „	4,25 „
Hochofengas	$8 \div 12$ „	$20 \div 23$ „	4,0 „
Benzin	$4 \div 6$ „	$16 \div 22$ „	5,0 „
Benzol	$6 \div 9$ „	$16 \div 22$ „	5,5 „

[80]) Zum Teil nach Güldner, Das Entwerfen und Berechnen der Verbrennungsmotoren, 1903.

Durch starkes Nachbrennen der Benzin- oder Benzoldämpfe läßt sich in den schnellaufenden Kraftwagenmotoren usw. $q_m = 7{,}0 \div 8{,}0$ erzielen. Bei Gleichdruckmotoren nach dem Dieselprozeß ist etwa

$$q_c = 30 \div 35 \text{ at}, \qquad q_{\max} = 40 \div 45 \text{ at}, \qquad q_m = 7{,}5 \text{ at}.$$

Man erhält so für das Arbeiten mit gewöhnlichem Kraftgas bei dem durchschnittlichen Wirkungsgrad $\eta = 0{,}80$ die abgegebene Leistung

$$N_1 = \frac{\pi}{4} \cdot \underset{(\mathrm{cm})}{D^2} \cdot q_m \cdot \underset{(\mathrm{m})}{s} \cdot \frac{n}{2 \cdot 60} \cdot \frac{\eta}{75} \tag{103}$$

$$= \frac{4}{\pi} \cdot 35^2 \cdot 4{,}25 \cdot 0{,}56 \cdot \frac{180}{120} \cdot \frac{0{,}80}{75} = 36{,}1 \text{ PS}.$$

Es ist das die Höchstleistung, die Nennleistung ist 10 v.H. geringer: 32 PS.

Beispiel 94. Zu bestimmen ist der Verlauf des Drehmomentes der Einzylinder-Dampfmaschine in Beispiel 91, jedoch für eine Füllung, die den mittleren Druck $q_m = 3{,}5$ at liefert.

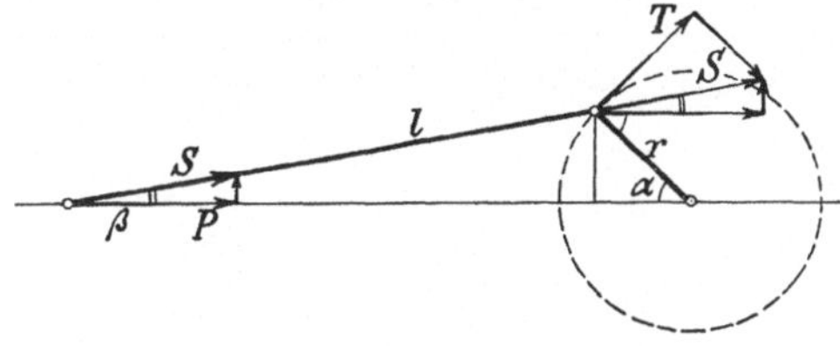

Fig. 153.

Am Kreuzkopfbolzen zerlegt sich (Fig. 153) die Kolbenkraft P in die Gegenkraft der Geradführung und die Schubstangenkraft $S = \frac{P}{\cos\beta}$. Die letztere wird am Kurbelzapfen zerlegt in eine in die Richtung der Kurbel fallende Seitenkraft und die senkrecht dazu stehende

$$T = S \cdot \cos\left(\frac{\pi}{2} - \alpha - \beta\right) = S \cdot \sin(\alpha + \beta)$$

oder

$$T = \frac{P}{\cos\beta} \cdot (\sin\alpha \cdot \cos\beta + \cos\alpha \cdot \sin\beta) = P \cdot (\sin\alpha + \cos\beta \cdot \operatorname{tg}\beta)\,.$$

Nun ist

$$\sin\beta = \frac{r}{l} \cdot \sin\alpha\,;$$

und der Fehler, der gemacht wird, wenn man $\sin\beta \sim \operatorname{tg}\beta$ setzt, beträgt im Höchstfalle bei dem Schubstangenverhältnis

$$\frac{r}{l} = \frac{1}{5} : 0{,}020\,, \qquad \frac{r}{l} = \frac{1}{4{,}5} : 0{,}0247$$

und ist im Mittel etwa $\frac{2}{3}$ davon, so daß er bei der zeichnerischen Darstellung verschwindet. Damit wird

$$T = P \cdot \sin\alpha \cdot \left(1 + \frac{r}{l} \cdot \cos\alpha\right) \tag{104a}$$

oder

$$T = P \cdot \left(\sin\alpha + \frac{1}{2} \cdot \frac{r}{l} \cdot \sin 2\alpha\right). \tag{104b}$$

Die Formel entspricht der Gleichung (32) auf S. 34.

Nach den Angaben in Beispiel 77 und 91 ist das hin und her gehende Gewicht der Maschine etwa

$$q = 0{,}40 \cdot 0{,}75 = 0{,}30 \text{ kg/cm}^2,$$

die Winkelgeschwindigkeit der Kurbelzapfenmitte

$$\omega = \frac{\pi \cdot 115}{30} = 12{,}05 \text{ 1/sk.}$$

und damit der Beschleunigungsdruck

$$\frac{r \cdot \omega^2}{g} \cdot q = \frac{0{,}75 \cdot 12{,}05^2 \cdot 0{,}30}{2 \cdot 9{,}81} = 1{,}66 \text{ at,}$$

also sein Höchstbetrag bei dem Schubstangenverhältnis $\frac{1}{5}$

$$q_{\max} = 1{,}66 \cdot 1{,}20 \sim 2{,}0 \text{ at}$$

und der Kleinstwert

$$q_{\min} = -1{,}66 \cdot 0{,}80 \sim -1{,}33 \text{ at.}$$

Damit ergibt sich die folgende Aufzeichnung. Den Verlauf des Dampftreibdruckes auf der einen Kolbenseite gibt die obere ausgezogene Kurve der Fig. 154 an, die gestrichelte gilt für den mittleren Dampfdruck $q_m = 3{,}0$ at. Der auf die

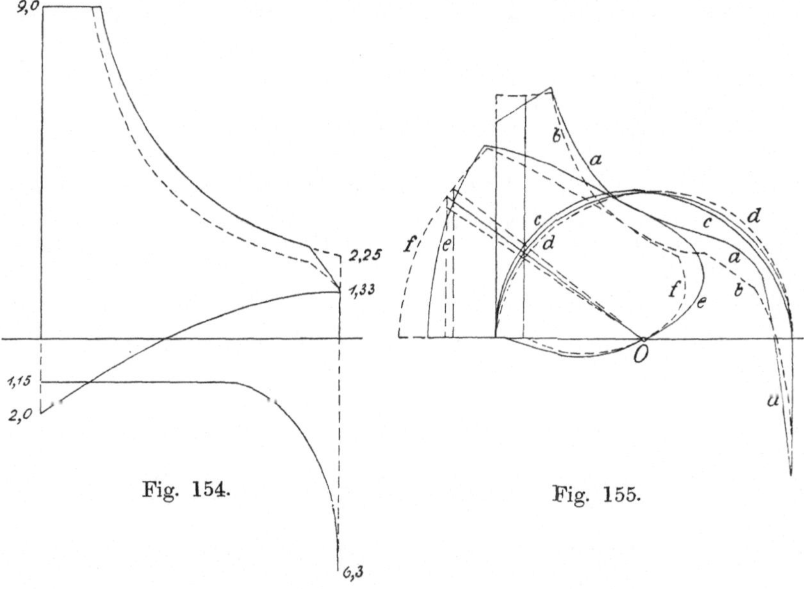

Fig. 154. Fig. 155.

andere Seite wirkende Gegendruck wird von der Bezugsachse aus nach unten aufgetragen, so daß die Zusammendrückungskurve die umgekehrte Lage hat wie in Fig. 149, wo sie für dieselbe Kolbenseite eingezeichnet ist. Dazu wird der Beschleunigungsdruck nach den Angaben der Fig. 44 aufgetragen. Durch die Summierung der Höhen dieser drei Kurven erhält man die in Fig. 155 ausgezogene Kurve *a* des auf der Deckelseite des Kolbens wirkenden Überdruckes. Für die Kurbelseite ist die Beschleunigungskurve entgegengesetzt zu nehmen, so daß dafür die in Fig. 155 gestrichelte Kurve *b* herauskommt.

Jetzt wird über $s = 2\,r$ ein Halbkreis geschlagen und die Geschwindigkeitskurve *c* bzw. *d* des Kolbens nach der Vorschrift der Fig. 43 gezeichnet. (Das betreffende Kurvenblatt wird immer wieder mit einer neuen Deckpause benutzt.) Man legt nun durch den Mittelpunkt *O* Strahlen nach den Schnittpunkten der Kolbenstellungslote mit dem Halbkreis und trägt auf ihnen die zugehörigen

Kolbendrücke aus den Kurvenzügen a und b von O aus ab. Es entsteht so die Kurve des Kolbendruckes P in Polarkoordinaten, für die Deckelseite des Kolbens die ausgezogene e, für die Kurbelseite die gestrichelte f. Bei gleichen Dampfdiagrammen ergeben sich also ziemlich bedeutende Abweichungen beider Kurven. Nun werden von O Strahlen durch die Schnittpunkte der betreffenden Höhen mit den beiden Geschwindigkeitskurven c und d bis an die durch die Kurvenpunkte von e und f gelegten Senkrechten gezogen, wie Fig. 155 für eine Stelle angibt. Die so auf den Senkrechten von der Achse aus abgeschnittenen Höhen sind gemäß Formel (104b) die Drehkräfte T.

Darauf wird der Kurbelkreis in Fig. 156 gestreckt und die jeweilige Drehkraft aus der Fig. 155 von der Achse in dem zugehörigen Punkt der Fig. 156 senkrecht aufgetragen, und zwar wird auf der ersten Hälfte die ausgezogene Polarkurve e, auf der zweiten die gestrichelte f benutzt. Damit ist der Verlauf der Drehkraft T in Abhängigkeit von dem bei einer vollen Umdrehung durchlaufenen Kurbelweg $2\pi \cdot r$ erhalten. Die mittlere Drehkraft ist durch das flächengleiche Rechteck gegeben, dessen Höhe 1,12 cm beträgt.

Dieselbe Kurve gilt für das Drehmoment, da nach Fig. 153 $M = T \cdot r$ ist. Zur Bestimmung des Maßstabes ist anzusetzen: Die Höchstdampfspannung be-

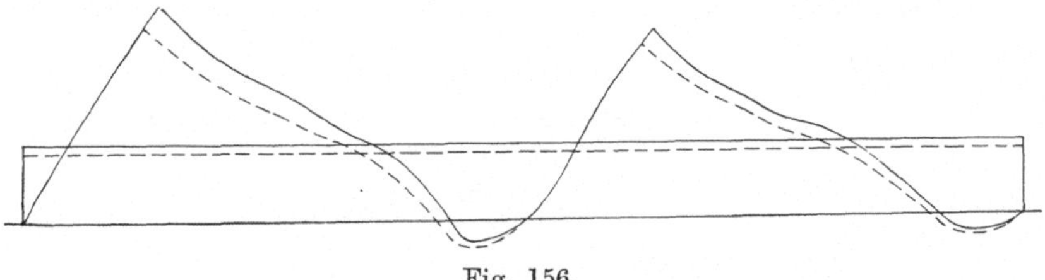

Fig. 156.

trägt $q_1 = 9$ at, die in Fig. 154 mit 4,5 cm Höhe aufgetragen ist, so daß der Druckmaßstab 1 cm = 2,0 at ist. Nun ist die Fläche des Dampfkolbens

$$F = \frac{\pi}{4} \cdot D^2 \cdot 0{,}97 = \frac{\pi}{4} \cdot 42^2 \cdot 0{,}97 = 1344 \text{ cm}^2,$$

der Kurbelarm $r = 0{,}375$ m,
der Wirkungsgrad der Maschine $\eta = 0{,}83$,
also für das an der Welle abgegebene Moment M

$$1 \text{ cm} = 2{,}0 \cdot 1344 \cdot 0{,}375 \cdot 0{,}83 = 836 \text{ mkg}.$$

Damit wird die wirkliche Größe des mittleren Drehmomentes

$$M_m = 1{,}12 \cdot 836 = 936 \text{ mkg}.$$

Nach Formel (100a) ist hieraus die Maschinenleistung

$$N_1 = \frac{M_m \cdot n}{716{,}2} = \frac{936 \cdot 115}{716{,}2} = 150 \text{ PS},$$

während die Rechnung in Beispiel 91 bei dem hier geltenden mittleren Dampfdruck 3,5 at $N_1 = \frac{3{,}5}{3{,}0} \cdot 128 = 149{,}5$ PS ergab. Auf diese Weise wird die Richtigkeit der zeichnerischen Rechnung geprüft.

Die gestrichelten Linien der Fig. 156 stellen das Ergebnis für die in Fig. 154 gestrichelte Ausdehnungslinie dar. Bei Vergrößerung der Füllung, also Höherlegung der Ausdehnungslinie im Dampfdiagramm wird der Verlauf des Drehmomentes gleichmäßiger, dagegen bei Verkleinerung der Füllung ungleichmäßiger.

Die Fig. 156 läßt noch eine andere Deutung zu: Die Höhen sind die Drehkräfte T im Maßstab

$$1 \text{ cm} = 2{,}0 \cdot 1344 \cdot 0{,}83 = 2230 \text{ kg},$$

die Länge ist der Kurbelweg im Maßstab

$$4 \text{ cm} = 0{,}75 \text{ m} \quad \text{also} \quad 1 \text{ cm} = 0{,}1875 \text{ m}.$$

Die Gesamtfläche ist die an der Kurbel geleistete Dreharbeit im Maßstabe

$$1 \text{ cm}^2 = 2230 \cdot 0{,}1875 = 418 \text{ mkg}.$$

Ein scheinbarer Mangel der Berechnung ist der, daß sie bei der Beschleunigungsdruckkurve in Fig. 153 und der Bestimmung des Kurbelwinkels völlige Gleichmäßigkeit der Winkelgeschwindigkeit ω der Welle voraussetzt, während diese infolge der Schwankungen des Drehmomentes ebenfalls schwankt (vgl. Beispiel 45). Jedoch betragen diese kleinen Änderungen gewöhnlich nur $\frac{1}{2}$ bis 2 v.H. des mittleren Wertes (Beispiel 117), so daß der gemachte Fehler zwischen 1 bis 4 v.H. liegt, da diese Einflüsse von dem Quadrat der Winkelgeschwindigkeit abhängen. Im allgemeinen bleibt der Fehler noch innerhalb der unvermeidlichen Zeichenfehler, so daß die obige Art der Berechnung für die Praxis völlig genau gilt[81]).

Beispiel 95. Für einen Viertakt-Dieselmotor von $D = 35$ cm Zylinderdurchmesser, $s = 56$ cm Hub und $n = 180$ Umdrehungen in der Minute, dessen Gasdruckdiagramm die Fig. 157 wiedergibt, ist der Verlauf des an der Welle verfügbaren Drehmomentes anzugeben.

Nach den Angaben in Beispiel 77 ist das hin und her gehende Gewicht $q = 0{,}35$ at. Die Winkelgeschwindigkeit beträgt

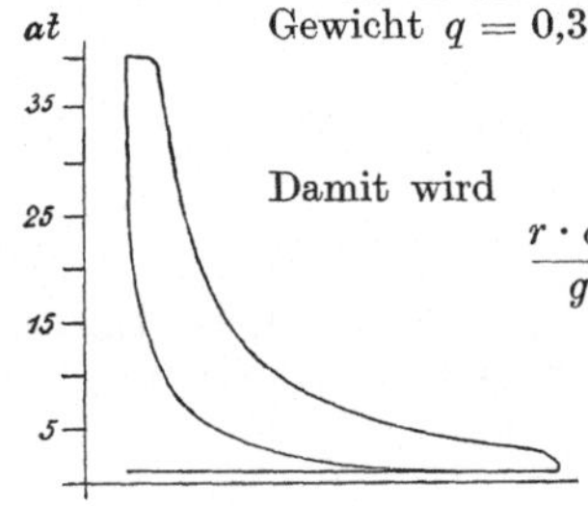

$$\omega = \frac{\pi \cdot 180}{60} = 18{,}85 \text{ 1/sk}.$$

Damit wird

$$\frac{r \cdot \omega^2}{g} \cdot q = \frac{0{,}56 \cdot 18{,}85^2 \cdot 0{,}35}{2 \cdot 9{,}81} = 3{,}21 \text{ at}$$

und bei dem Schubstangenverhältnis $\frac{1}{4{,}5}$ der stehenden Maschine

$$q_{max} = 3{,}21 \cdot 1{,}222 = 3{,}9 \text{ at},$$
$$q_{min} = 3{,}21 \cdot 0{,}778 = 2{,}5 \text{ at}.$$

at 35 25 15 5

Fig. 157.

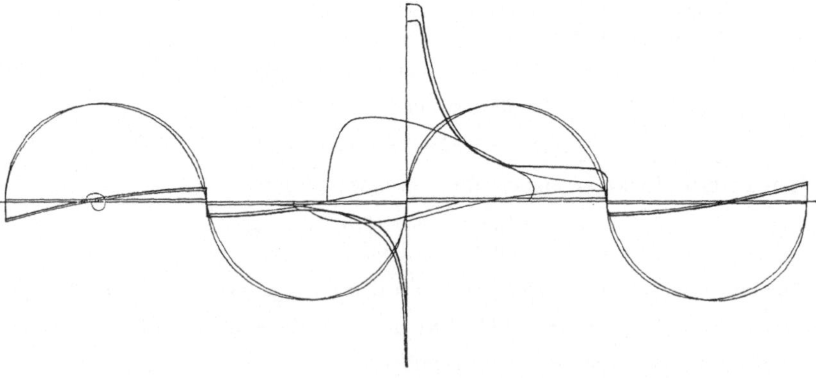

Fig. 158.

[81]) Ein Verfahren auf anderer Grundlage, das diesen theoretischen Mangel nicht hat, gibt Wittenbaur, Z. d. V. d. I. 1906.

Beim Ansaugehub wirkt allein der Beschleunigungsdruck, beim folgenden Preßhub setzt er sich mit dem Preßüberdruck zusammen, ebenso findet beim Treibhub Zusammensetzung mit dem Treibdruck statt, beim Ausschubhub wirkt der Beschleunigungsdruck wieder allein. Den Druckverlauf am Kolbenzapfen mit Berücksichtigung des kleinen Eigengewichtes stellen die stark ausgezogenen Linien der Fig. 158 für die vier Hübe eines Arbeitstaktes dar. Durch das an Fig. 155 erörterte Verfahren erhält man hieraus die Kurve der Fig. 159 für den Verlauf der Drehkraft. Der Maßstab folgt aus der Beziehung an Fig. 157: 40 at = 30 mm bei der Verkleinerung der folgenden Figuren auf $^9/_{10}$ zu

$$1\,\text{mm} = \frac{10}{9} \cdot \frac{4}{3}\,\text{at} = \frac{\pi}{4} \cdot 35^2 \cdot \frac{4}{3} \cdot \frac{10}{9} = 1425\,\text{kg}$$

oder, wenn die Kurve die Drehmomente angeben soll,

$$1\,\text{mm} = 1425 \cdot \frac{0{,}56}{2} \backsim 400\,\text{mkg}.$$

Wie die Fig. 159 zeigt, verläuft das Drehmoment im Verlauf eines Arbeitstaktes recht ungleichmäßig. Wirken auf dieselbe Welle zwei gleiche Zylinder mit um 180° versetzten Kurbeln, so kommt dieselbe Kurve um zwei Hübe verschoben dazu. Ihre Summierung liefert dann den Kurvenzug der Fig. 160. Aber erst die Zufügung von zwei weiteren Zylindern, deren Kurbeln gegen die der ersten beiden je um 90° versetzt sind, ergibt ein einigermaßen gleichförmig verlaufendes Diagramm der Drehmomente (Fig. 161).

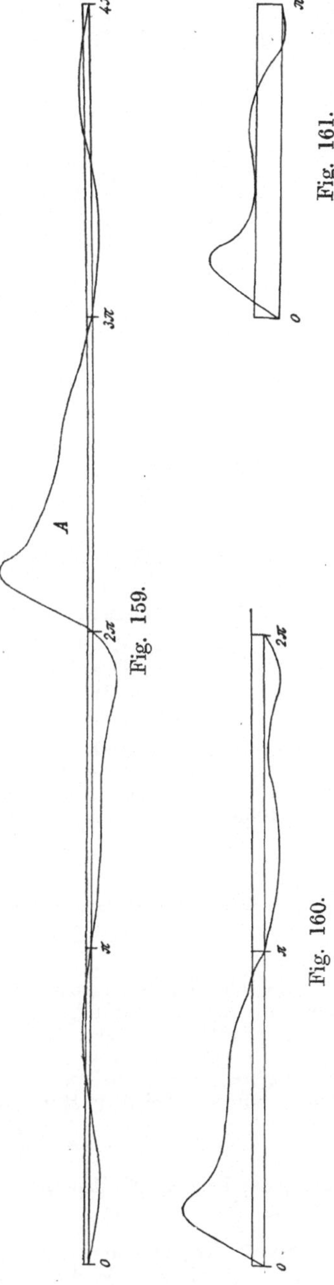

Fig. 159. Fig. 160. Fig. 161.

Beispiel 96. Durch einen Bremsversuch ist die Leistung und der Wirkungsgrad eines Elektromotors zu bestimmen, der mit $n = 1025$ Umdrehungen in der Minute umläuft.

Auf die Riemenscheibe wird eine mit Wasserspülung versehene Backenbremse gesetzt (Fig. 162), deren Reibung die Motorenleistung abbremst[82]). Das Drehmoment der Reibung wird mit einer Wage gemessen, auf die sich der eine Arm der Bremse von der Länge l vermittels einer Druckstange mit Kugellagerung stützt. Der Stützdruck der losen Bremse wird bei Beginn des Versuches durch besondere Gewichte ausgeglichen.

Es gilt dann

$$P \cdot l = M = 974{,}0\,\frac{N_2}{n}$$

und, wenn man $l = 0{,}974$ m macht,

$$N_2 = \frac{P \cdot n}{1000}\,\text{KW}.$$

[82]) Prony.

Wird etwa $P = 12{,}42$ kg gemessen, so ergibt sich

$$N_2 = 12{,}42 \cdot 1{,}025 = 12{,}74 \text{ KW}.$$

Zeigt gleichzeitig ein Wattmeter den Verbrauch von 13,9 KW an, so ist der Wirkungsgrad

$$\eta = \frac{12{,}74}{13{,}9} = 0{,}916 .$$

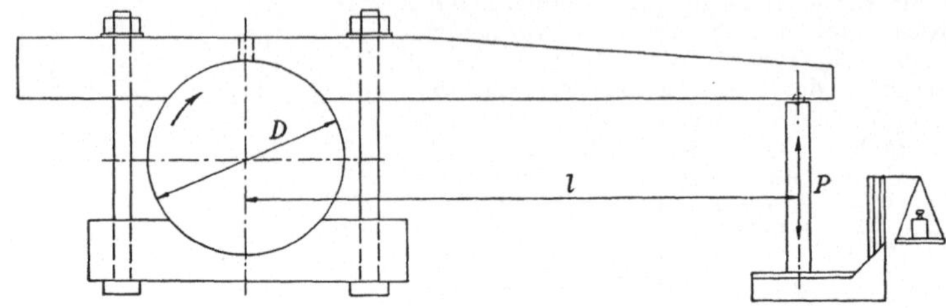

Fig. 162.

Bei der gebräuchlichen Kühlung mit Wasser ergibt sich bei ordnungsmäßigem Betrieb die kleinste Breite b der Bremsklötze aus[83])

$$\frac{M}{1875} = \frac{D^2 \cdot b}{D - \frac{1}{3}}, \tag{105}$$

wenn M in mkg, D und b in m gemessen sind.

Beispiel 97. In Bd. II wurde für die Dampfmaschine des Beispiels 91 berechnet das Drehmoment der Zapfenreibung an

dem Kreuzkopfzapfen:	$M_1 = 0{,}7$ mkg,
dem Kurbelzapfen:	$M_2 = 1{,}0$ „ ,
den beiden Wellenzapfen:	$M_3 = 6{,}5 + 1{,}9$ mkg,
den beiden Exzentern:	$M_4 = 2 \cdot 3{,}7$ „ .

Anzugeben ist der Gesamtwirkungsgrad aller Zapfen.

Es ist das Gesamtreibungsmoment $\Sigma M = 17{,}5$ mkg, das gleichmäßige Drehmoment der Maschine ohne Berücksichtigung der Reibungsverluste nach Formel (100a)

$$M = \frac{716{,}2}{115} \cdot \frac{128}{0{,}83} = 960 \text{ mkg}.$$

Damit wird der gesuchte Anteil des Wirkungsgrades

$$\eta' = 1 - \frac{\Sigma M_r}{M} = 1 - \frac{17{,}5}{960} = 0{,}982 .$$

Beispiel 98. Anzugeben ist die Zugkraft einer Lokomotive in Abhängigkeit von ihrer Fahrgeschwindigkeit.

Der mittlere indizierte Dampfdruck bei günstigstem Dampfverbrauch beträgt bei Zwillingslokomotiven $p_m \sim 3{,}6$ at, bei Verbundlokomotiven, auf den Niederdruckzylinder gerechnet, $p_m \sim 3{,}4$ at[84]). Danach ist die mittlere Dampfarbeit eines Zylinders bei dem Hub s cm

$$A = \frac{\pi}{4} \cdot D^2 \cdot 0{,}96 \cdot p_m \cdot s \text{ cmkg},$$

worin der Faktor 0,96 den Querschnitt der durchgehenden Kolbenstange berücksichtigt.

---

[83]) Wilke, Ölmotor 1919.

[84]) Strahl, Z. d. V. d. I. 1913.

An den Kuppelrädern vom Durchmesser D_1 cm ist die Arbeit der Zugkraft bei einer halben Umdrehung, entsprechend einem Hub, für beide Seiten der Lokomotive

$$2 \cdot A \cdot \eta = P \cdot \frac{\pi}{2} \cdot D_1 \text{ cmkg},$$

worin $\eta \sim 0{,}85$ den Wirkungsgrad der Lokomotivmaschine angibt.

Durch Gleichsetzen folgt hieraus für die

Zwillingsmaschine: $$P = 2{,}94 \cdot \frac{D^2 \cdot s}{D_1} \text{ kg}, \tag{106a}$$

Verbundmaschine: $$P = 2{,}77 \cdot \frac{D^2 \cdot s}{D_1} \text{ kg}. \tag{106b}$$

Die Leistung der Lokomotive bei der Geschwindigkeit V_1 km/st ist hiermit nach Formel (98b)

$$N_1 = \frac{P \cdot V_1 \cdot 1000}{75 \cdot 3600} = \frac{P \cdot V_1}{270} \text{ PS}_n. \tag{107}$$

Die Höchstleistung der Lokomotivmaschine hängt nun von der Dampfmenge ab, die der Kessel zu liefern imstande ist. Der Dampfverbrauch beträgt i. M. bei günstigster Füllung für[84])

Naßdampf-Zwillingslokomotiven: $Q_0 = 11{,}5$ kg/$\text{PS}_i \cdot$st bzw. 13,5 kg/$\text{PS}_n \cdot$st,
„ -Verbundlokomotiven: 9,75 „ „ 11,5 „ ,
Heißdampf-Zwillingslokomotiven: 7,0 „ „ 8,25 „ ,
„ -Verbundlokomotiven: 6,5 „ „ 7,6 „ ,

Die Dampfmenge Q kg/st, die ein Lokomotivkessel zu erzeugen vermag, hängt in erster Linie von der Rostfläche R m² ab, in zweiter von der gesamten Heizfläche H m² einschließlich Überhitzer. Es gilt erfahrungsgemäß[84])

$$\frac{Q}{R} = \frac{c}{1 + 7 \cdot \frac{R}{H}}, \tag{108}$$

worin einzusetzen ist für

Zwillings-Naßdampflokomotiven: $c = 4250$ kg/m²·st,
Verbund- „ $c = 4000$ „ ,
Heißdampflokomotiven: $c = 3800$ „ .

Durch Zusammennehmen der Gleichungen (106) bis (108) kann man somit aus den gegebenen Abmessungen der Lokomotive die Geschwindigkeit bestimmen, bei der sie am vorteilhaftesten läuft:

$$V_1 = \frac{270 \cdot c \cdot R}{\left(1 + 7 \cdot \frac{R}{H}\right) \cdot Q_0 \cdot 2{,}94 \cdot \frac{D^2 \cdot s}{D_1}} \text{ km/st.}$$

unter Voraussetzung einer Zwillingslokomotive. Man erhält so für die neueren Lokomotiven

Nr.	Gattung	R m²	H m²	D cm	s cm	D_1 cm	P_1 kg	V_1 km/st	N_{max} PS$_n$
1	2 C-Heißdampf-Schnellzug-Vierzylinder-Verbundlokomotive	2,95	217,5	40/61	66	198	3430	105,7	1342
2	2 B-Heißdampf-Schnellzuglokomotive	2,3	177,3	55	63	210	2670	98,3	972
3	2 C-Heißdampf-Personenzuglokomotive	2,6	199,5	59	63	175	3690	80,4	1099
4	D-Heißdampf-Güterzuglokomotive	2,35	176,9	60	66	135	5180	51,7	993

Die Leistung N bei einer anderen Fahrtgeschwindigkeit V ist nach Versuchen[84]) gegeben durch den Zusammenhang

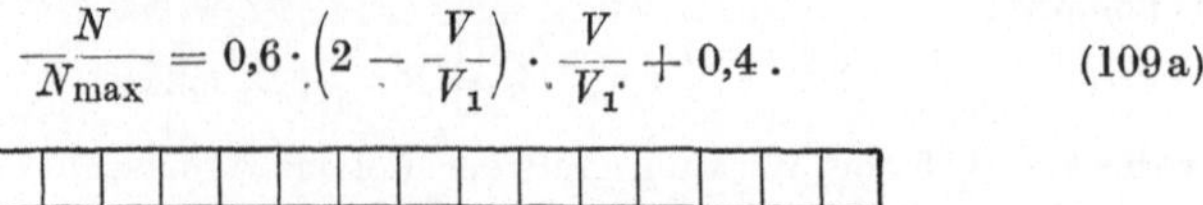

$$\frac{N}{N_{\max}} = 0{,}6 \cdot \left(2 - \frac{V}{V_1}\right) \cdot \frac{V}{V_1} + 0{,}4\,. \tag{109a}$$

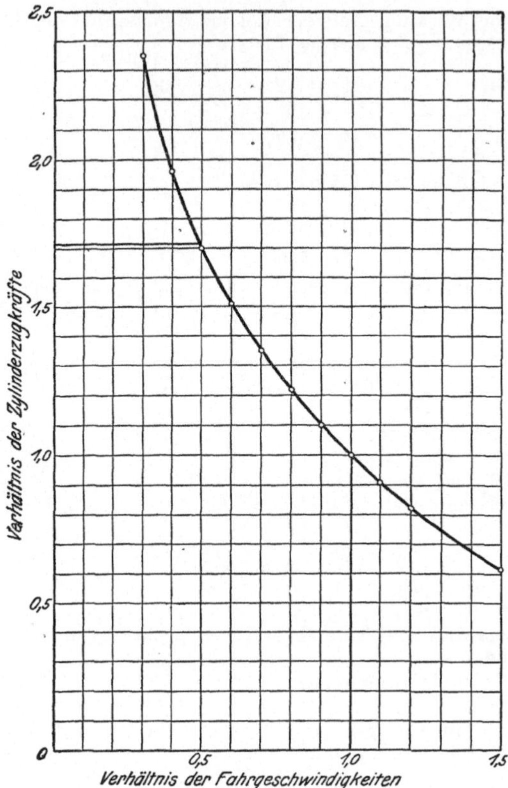

Fig. 163.

Gemäß Formel (107) erhält man daraus das Verhältnis der Zugkräfte durch Division der rechten Seite durch $\frac{V}{V_1}$ zu

$$\frac{P}{P_1} = 0{,}6 \cdot \left(2 - \frac{V}{V_1}\right) + 0{,}4\,\frac{V_1}{V}\,. \tag{109b}$$

Den Verlauf stellt die Fig. 163 in Abhängigkeit von $\frac{V}{V_1}$ dar, und es ergibt sich die folgende Zusammenstellung für die Zugkraft P:

Gattung	$V = 30$	36	45	54	63	72	80	89	98	km/st
1	8 370	7440	6360	5750	5190	4730	4370	4010	3700	kg
2	6 200	5540	4780	4270	3850	3490	3220	2930	2680	,,
3	9 880	9020	7950	7100	6380	5720	5200	4630	4450	,,
4	10 920	9720	8230	6940	6250	—	—	—	—	,,

Beispiel 99. Zu berechnen ist die Arbeit einer Anziehungskraft für den Fall, daß der betreffende Körper gänzlich aus dem Bereich der Anziehung herausgebracht wird.

Nach Formel (90) ist die Kraft, die zwischen den beiden Massen m_1 und m_2 im Abstande x wirkt, $P = \frac{k \cdot m_1 \cdot m_2}{x^2}$, und man erhält die gesuchte Arbeit nach Fig. 164 zu

$$A = \int_{x_0}^{\infty} P \cdot dx = k \cdot m_1 \cdot m_2 \cdot \int_{x_0}^{\infty} \frac{dx}{x^2} = k \cdot m_1 \cdot m_2 \cdot \left(-\frac{1}{\infty} + \frac{1}{x_0}\right),$$

also

$$A = \frac{k \cdot m_1 \cdot m_2}{x_0}. \tag{110a}$$

Obwohl der Weg unendlich groß ist, hat die Arbeit einen endlichen Wert, weil die letzten Wegstrecken nur noch verschwindend geringen Einfluß haben, wie die Fig. 164 schon andeutet. Man nennt den Ausdruck A das Potential der Anziehungskraft[85]).

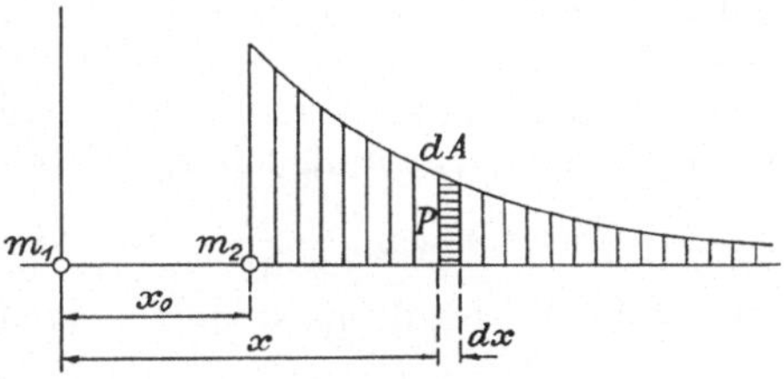

Die Rechnung ist hier für den einfachsten Fall durchgeführt worden, daß die Anziehung in Richtung der x-Achse erfolgt. Liegt das rechtwinklige Achsenkreuz x, y, z beliebig zur Anziehungsachse r, so gilt (Bd. I, S. 49) für einen beliebigen Anfangspunkt

$$r^2 = x^2 + y^2 + z^2,$$

Fig. 164.

und man erhält entsprechend

$$A = k \cdot m_1 \cdot m_2 \cdot \left(\frac{1}{x} + \frac{1}{y} + \frac{1}{z}\right): \tag{110b}$$

Die Potentiale der Seitenkräfte addieren sich algebraisch.

Umgekehrt kann man, wenn A gegeben ist, die Kraft P daraus berechnen:

$$P = \frac{dA}{dr} = \frac{dA}{dx} + \frac{dA}{dy} + \frac{dA}{dz}.$$

Man kann also auch erklären: Das Potential ist die Funktion, die nach den Koordinaten differentiiert, die Größe der an der betreffenden Stelle wirkenden Anziehungskraft ergibt.

10. Das Arbeitsvermögen.

Von einem gegebenen Augenblick ab wirke auf einen Körper vom Gewicht G allein die unveränderliche Kraft P ein. Der Körper bewegt sich dann nach den Angaben in Abschnitt 8 mit der Beschleunigung $p = g \cdot \frac{P}{G}$ (Formel 72). Nach einer bestimmten Zeit t hat er so in der Kraftrichtung den Weg $s = \frac{1}{2} \cdot p \cdot t^2$ zurückgelegt (Formel 8a) und dabei die Geschwindigkeit angenommen $v = p \cdot t = \sqrt{2 \cdot p \cdot s}$ (Formel 10a).

[85]) Lagrange, Mém. de l'Acad. Berlin 1773/77.

Die Arbeit, die die Kraft P auf dem Wege s verrichtet hat, ist nach Formel (92) $A = P \cdot s$. Setzt man jetzt aus den vorstehenden Gleichungen ein

$$P = \frac{p}{g} \cdot G \quad \text{und} \quad s = \frac{v^2}{2 \cdot p},$$

so ergibt sich[86])

$$A = \frac{G \cdot v^2}{2 \cdot g} = \frac{1}{2} \cdot m \cdot v^2 . \tag{111}$$

Die von der Kraft P auf dem Wege s an dem Körper vom Gewicht G geleistete Arbeit hat sich umgewandelt in die Geschwindigkeit v des Gewichtes G. Man bezeichnet den neuen, als Arbeit in mkg gemessenen Ausdruck als das Arbeitsvermögen des Körpers. Es stellt die Arbeit dar, die der Körper in dem betreffenden Augenblick enthält und die wieder in einer bestimmten Zeit t' gegen eine widerstehende Kraft P' auf dem Wege s' abgegeben werden kann.

Hatte der Körper bereits im Augenblick der ersten Einwirkung der Kraft P die Geschwindigkeit v_0 in Richtung von P, so besaß er schon das Arbeitsvermögen $\frac{G \cdot v_0^2}{2 \cdot g}$, und wenn sich jetzt die Geschwindigkeit auf v erhöht, so gilt nach dem obigen

$$\frac{G \cdot v_0^2}{2g} + P \cdot s = \frac{G \cdot v^2}{2g} . \tag{112}$$

Die von der wirkenden Kraft aufgewendete Arbeit ist gleich der Zunahme an Arbeitsvermögen.

Umgekehrt ist auch die Abnahme des Arbeitsvermögens des Körpers gleich der dabei geleisteten Arbeit der gegenwirkenden Kraft.

Wirken mehrere Kräfte gleichzeitig auf den Körper, so kann P als ihre Mittelkraft angesehen werden, deren Arbeit ja nach Formel (94) gleich der Summe der Arbeiten der Einzelkräfte ist:

$$A = \Sigma(P \cdot s) = \frac{G}{2g} \cdot (v^2 - v_0^2) . \tag{112a}$$

Ist jede Kraft P veränderlich, so erhält der Ausdruck $\Sigma(P \cdot s)$ einen anderen Wert $\int\limits_0^s P \cdot ds$ und damit auch die Endgeschwindigkeit v, jedoch bleibt die Formel (112a) dem Inhalt nach unverändert.

Besaß der Körper bereits vor der Einwirkung der Kraft P die Geschwindigkeit v_0 nach irgendeiner beliebigen Richtung, so ist seine Bahn im allgemeinen eine ebene Kurve. Man kann dann die Geschwin-

[86]) Huygens, Horologium oscillatorium, 1673 ($m \cdot v^2$); Leibniz, Acta eruditorum, 1695 ($m \cdot v^2$); Dan. Bernoulli, Mém. de l'Acad. Berlin 1748 ($m \cdot v^2$); Coriolis, Traité de la mécanique des corps solides . . . 1829 ($\frac{1}{2} \cdot m \cdot v^2$). Die von Rankine eingeführte Unterscheidung zwischen kinetischer und potentieller Energie hat keine praktische Bedeutung (Michalke, D. p. J. 1920).

digkeit v_0 zerlegen in eine u senkrecht zu P und eine in die Wirkungslinie von P fallende w_0; ebenso kann die nach einer gewissen Zeit t erhaltene Endgeschwindigkeit v in die Seitengeschwindigkeiten u und w zerlegt werden (Fig. 165). Die senkrecht zu P stehende Seitengeschwindigkeit u ist ja unveränderlich, da keine Kraft vorhanden ist, die eine Beschleunigung oder Verzögerung nach dieser Richtung hervorbringen könnte. Für die mit der Wirkungslinie der Kraft zusammenfallenden Seitengeschwindigkeiten gilt jetzt die Gleichung (112):

$$\frac{G \cdot w^2}{2g} - \frac{G \cdot w_0^2}{2g} = P \cdot s .$$

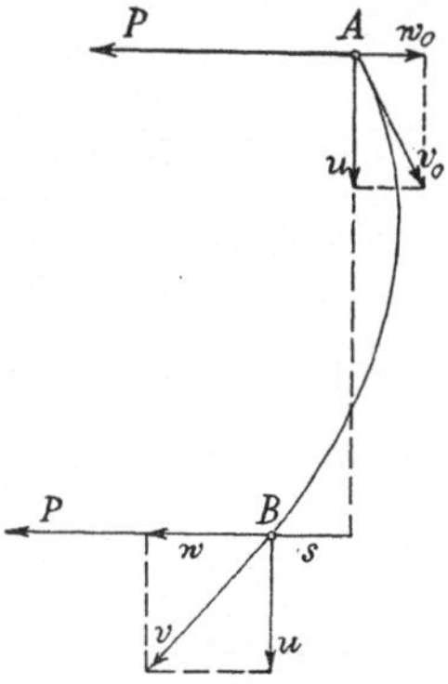

Fig. 165.

Nun ist nach Fig. 165

$$w^2 = v^2 - u^2, \qquad w_0^2 = v_0^2 - u^2 ,$$

also

$$\left(\frac{G \cdot v^2}{2g} - \frac{G \cdot u^2}{2g}\right) - \left(\frac{G \cdot v_0^2}{2g} - \frac{G \cdot u^2}{2g}\right) = P \cdot s$$

oder

$$\frac{G \cdot v^2}{2g} - \frac{G \cdot v_0^2}{2g} = P \cdot s .$$

Das ist wieder die Formel (112). Sie gilt somit auch für den Fall, daß die Geschwindigkeit des Körpers nicht allein von den Kräften herrührt, als deren Mittelkraft P betrachtet wurde, und beliebige Richtung hat.

Beispiel 100. Ein Körper werde mit der Anfangsgeschwindigkeit $v_0 = 12{,}5$ m/sk von der Plattform eines Turmes herabgeworfen, deren Höhe über dem Gelände $h = 30$ beträgt. Zu berechnen ist seine Endgeschwindigkeit v.

Die wirkende Kraft ist das Gewicht G des Körpers, dessen Arbeit den Betrag $A = G \cdot h$ hat. Nach Formel (112) ist also

$$\frac{G \cdot v^2}{2g} = G \cdot h + \frac{G \cdot v_0^2}{2g} .$$

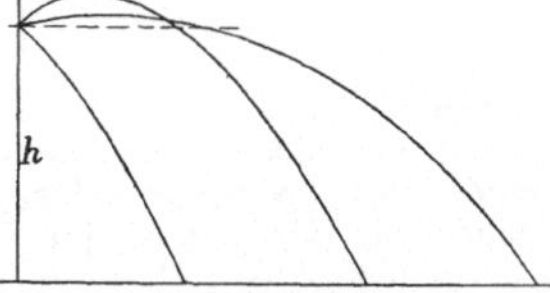

Fig. 166.

Nach Multiplikation mit $\frac{2 \cdot g}{G}$ folgt hieraus

$$v = \sqrt{v_0^2 + 2 \cdot g \cdot h} = \sqrt{12{,}5^2 + 2 \cdot 9{,}81 \cdot 30} = 26{,}9 \text{ m/sk}.$$

Die Richtung, nach der der Wurf erfolgt, ist dabei belanglos. Die Endgeschwindigkeit ist in den drei Fällen der Fig. 166 dieselbe; denn die Arbeiten auf den beiden Halbästen der über die gestrichelte Wagerechte hinausragenden Kurven heben sich nach Beispiel 21 gegenseitig auf.

Beispiel 101. Ein Gegenstand vom Gewicht $G = 1{,}2$ kg wird mit der geringen Geschwindigkeit $v_1 = 4{,}5$ m/sk senkrecht zur Fahrtrichtung aus einem Eisenbahnzug geworfen, der mit der Geschwindigkeit $v_2 = 22$ m/sk fährt; er fällt dabei über die Höhe $s = 2{,}4$ m. Anzugeben ist sein Arbeitsvermögen im Augenblick des Aufschlagens.

Die lotrechte Endgeschwindigkeit ist nach Formel (10a)

$$v_3 = \sqrt{2 \cdot g \cdot s} = \sqrt{2 \cdot 9{,}81 \cdot 2{,}4} = \sqrt{47{,}04}\ \text{m/sk}.$$

Alle drei Geschwindigkeiten stehen senkrecht zueinander und die Gesamtgeschwindigkeit ist somit

$$v = \sqrt{v_1^2 + v_2^2 + v_3^2} = \sqrt{4{,}5^2 + 22^2 + 47{,}04}\,.$$

Das Arbeitsvermögen ist also nach Formel (111)

$$A = \frac{1{,}2}{2 \cdot 9{,}81} \cdot (20{,}25 + 484 + 47{,}04) \backsim 33{,}7\ \text{mkg}.$$

Das Gesamtarbeitsvermögen des Körpers wird erhalten durch Summierung der Arbeitsvermögen, die bei den einzelnen Relativbewegungen auftreten[87]).

Beim Wurf von einer dem Erdboden gegenüber feststehenden Stelle aus hätte derselbe Körper nur das Arbeitsvermögen

$$A' = \frac{1{,}2}{2 \cdot 9{,}81} \cdot (20{,}25 + 47{,}04) = 3{,}9\ \text{mkg}.$$

Beispiel 102. Anzugeben ist die zum Anfahren und gleichmäßigen Fahren erforderliche Arbeit für einen Stadtbahnzug gemäß Beispiel 22, wenn das Zuggewicht $G \backsim 235$ t beträgt, sowie die beim Bremsen zu vernichtende Arbeit.

Die zum Anfahren auf die Geschwindigkeit $V = 50$ km/st erforderliche Arbeit beträgt nach Formel (111)

$$A_1 = \frac{235}{2 \cdot 9{,}81} \cdot (0{,}278 \cdot 50)^2 \backsim 2320\ \text{mt},$$

gleichgültig, wie groß die Beschleunigung ist.

Setzt man $v = p \cdot t$, so wird die zum gleichmäßigen Fahren erforderliche Arbeit mit den Zahlenwerten des Beispiels 22 für die Anfahrbeschleunigung $p = 0{,}3$ m/sk²

$$A_0 = \frac{235}{2 \cdot 9{,}81} \cdot (0{,}05 \cdot 46{,}9)^2 \backsim 66\ \text{mt}.$$

Die aufzuwendende Bremsarbeit ist entsprechend

$$A_2 = \frac{235}{2 \cdot 9{,}81} \cdot (0{,}60 \cdot 23{,}2)^2 \backsim 2320\ \text{mt},$$

wie beim Anfahren.

Läßt man den Zug, nachdem er die volle Fahrtgeschwindigkeit mit der Beschleunigung 0,5 m/sk² erlangt hat, gemäß Beispiel 22 auslaufen, so bleibt A_1 unverändert. Da jedoch jetzt eine schwerere Lokomotive gebraucht wird, so ist das Zuggewicht auf 245 t zu erhöhen, und es wird damit

$$A_1' = \frac{245}{235} \cdot 2320 \backsim 2420\ \text{mt}.$$

Ferner ist jetzt $A_0' = 0$,

$$A_2' = \frac{245}{2 \cdot 9{,}81} \cdot (0{,}60 \cdot 17{,}4)^2 \backsim 1360\ \text{mt}.$$

Im zweiten Fall wird also die Bremsarbeit 960 mt = 41,4 v.H. des ersteren Wertes bei jedem Anhalten gespart, was für die Erhaltung des Materials von wesentlicher Bedeutung ist. Dagegen wird zur Anfahrt mehr gebraucht die Arbeit 34 mt = 1,4 v.H.

---

[87]) König, Acta erud. 1751.

Beispiel 103. Ein Fallhammer vom Bärgewicht $Q = 150$ kg nach Fig. 167 soll bei voller Ausnutzung des Hubes die Schlagarbeit 220 mkg ausüben. Zu berechnen ist, wieviel Schläge er in der Minute geben kann, wenn die Reibungsrollen von $D = 29$ cm Durchmesser $n = 145$ Umdrehungen in der Minute machen.

Aus der Formel (92) erhält man die erforderliche Hubhöhe

$$s = \frac{220}{150} = 1{,}467 \text{ m.}$$

Die Umlaufgeschwindigkeit der Reibrollen ist nach Formel (5)

$$v = \frac{\pi \cdot 0{,}29 \cdot 145}{60} = 2{,}20 \text{ m/sk.}$$

Die Anpressung der Reibungsräder wurde in Bd. II, Beispiel 100 mit $\mathfrak{S} = 1{,}5$facher Sicherheit berechnet, so daß noch die Kraft $P = 0{,}5 \cdot 150$ kg für die Beschleunigung des Bären verfügbar ist, die nach Formel (72) mit

$$p_1 = \frac{P}{Q} \cdot g = 0{,}5 \cdot 9{,}81 \sim 4{,}90 \text{ m/sk}^2$$

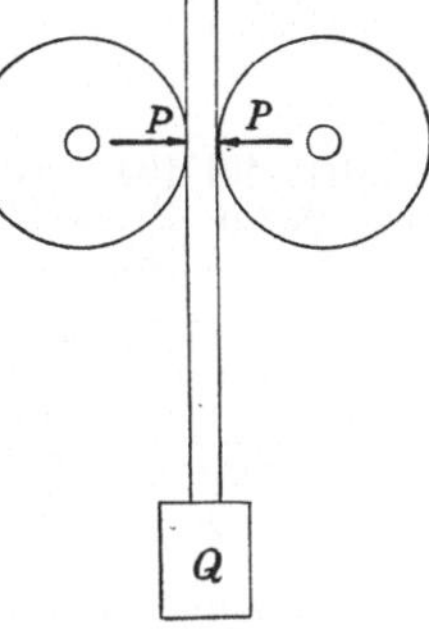

Fig. 167.

erfolgt. Die bis zum Erreichen der vollen Geschwindigkeit erforderliche Zeit ist nun nach Formel (10)

$$t_1 = \frac{v}{p_1} = \frac{2{,}20}{4{,}90} = 0{,}45 \text{ sk,}$$

und der hierin zurückgelegte Weg beträgt nach Formel (9)

$$s_1 = \tfrac{1}{2} \cdot v \cdot t_1 = \tfrac{1}{2} \cdot 2{,}20 \cdot 0{,}45 = 0{,}495 \text{ m.}$$

Auf diesem Wege muß die Reibschiene an den Rollen gleiten.

Aus der Gleichung (112) in der Form

$$\frac{Q \cdot v^2}{2g} = Q \cdot s_2$$

folgt der am Ende des Hubes bei zurückgezogenen Reibrollen noch zurückgelegte Weg

$$s_2 = \frac{2{,}20^2}{2 \cdot 9{,}81} = 0{,}247 \text{ m}$$

und die dazu gebrauchte Zeit gemäß Formel (10)

$$t_2 = \frac{2{,}20}{9{,}81} = 0{,}224 \text{ sk.}$$

Es bleibt mithin für die gleitfreie Mitnahme an den Rollen der Weg

$$s_3 = s - s_1 - s_2 = 1{,}467 - 0{,}495 - 0{,}247 = 0{,}725 \text{ m,}$$

und die dafür nötige Zeit ist

$$t_3 = \frac{s_3}{v} = \frac{0{,}725}{2{,}20} = 0{,}33 \text{ sk.}$$

Zum Fallen über die Strecke s braucht der Bär nach Formel (10b) die Zeit

$$t_4 = \sqrt{2 \cdot 1{,}467 \cdot 0{,}102} = 0{,}547 \text{ sk.}$$

Zum Einrücken nach dem Fall werde noch die Zeit $t_5 = 0{,}12$ sk angesetzt. Dann braucht ein Fall die Gesamtzeit

$$t = 0{,}45 + 0{,}224 + 0{,}33 + 0{,}547 + 0{,}12 \backsim 1{,}67 \text{ sk.}$$

Die Anzahl der Schläge in der Minute wird

$$n_1 = \frac{60}{1{,}67} = 36\,.$$

Beispiel 104. Anzugeben ist das Arbeitsvermögen einer gehärteten Stahlkugel der in Beispiel 75 berechneten Kugelmühle.

Das Gewicht einer Kugel von $d = 0{,}6$ dm Durchmesser und dem Einheitsgewicht $\gamma = 7{,}86$ kg/dm³ ist $G = \frac{\pi}{6} \cdot d^3 \cdot \gamma$. Beim Abwurf mit der Geschwindigkeit $v = r_1 \cdot \omega$ hat die Kugel nach Formel (111) das Arbeitsvermögen

$$A_1 = \frac{\pi}{6} \cdot \frac{d^3 \cdot \gamma}{2 \cdot g} \cdot \left(r_1 \cdot \frac{\pi}{30} \cdot n\right)^2 = (\pi \cdot 0{,}6)^2 \cdot \left(\frac{0{,}47 \cdot 34{,}4}{30}\right)^2 \cdot \frac{7{,}86}{6 \cdot 2 \cdot 9{,}81} = 0{,}130 \text{ mkg.}$$

Hinzu kommt die Fallarbeit des Gewichtes G auf der Strecke (Fig. 113)

$$r_1 \cdot \sin\alpha + r_2 \cdot \sin\beta:$$

$$A = \frac{\pi}{6} \cdot d^3 \cdot \gamma \cdot \left[\left(r_1 \cdot \frac{\pi \cdot n}{30}\right)^2 \cdot \frac{1}{g} + r_2 \cdot \sin\beta\right] = 2 \cdot A_1 + G \cdot r_2 \cdot \sin\beta$$

$$= 2 \cdot 0{,}130 + \frac{\pi}{6} \cdot 0{,}6^3 \cdot 7{,}86 \cdot 0{,}41 \cdot 0{,}643 = 0{,}494 \text{ mkg,}$$

so daß das Gesamtarbeitsvermögen beim Aufschlagen gemäß Formel (112) beträgt

$$A_2 = A_1 + A = 0{,}624 \text{ mkg.}$$

Die vorstehende Rechnung gilt für die äußerste Kugellage. Für die der nächsten Lage gilt mit

$$r_1' = \tfrac{1}{2} \cdot (1{,}00 - 3 \cdot 0{,}06) = 0{,}41 \text{ m}$$

$$A_1' = A_1 \cdot \frac{r_1'}{r_1} = 0{,}130 \cdot \frac{0{,}41}{0{,}47} = 0{,}113 \text{ mkg}$$

und für die dritte Lage entsprechend

$$A_1'' = 0{,}130 \cdot \frac{0{,}35}{0{,}47} = 0{,}097 \text{ mkg.}$$

Ferner ist nach den Angaben in Beispiel 75 für die Fallarbeit

$$A' = 0{,}889 \cdot (0{,}41 \cdot 0{,}478 + 0{,}35 \cdot 0{,}949) = 0{,}473 \text{ mkg,}$$
$$A'' = 0{,}889 \cdot (0{,}35 \cdot 0{,}407 + 0{,}35 \cdot 0{,}971) = 0{,}429 \text{ mkg,}$$

also das Gesamtarbeitsvermögen

$$A_2' = 0{,}586 \text{ mkg} \quad \text{bzw.} \quad A_2'' = 0{,}542 \text{ mkg.}$$

Werden statt der Stahlkugeln Flintsteinstücke von annähernd gleicher Größe genommen, so ist $\gamma \backsim 2{,}7$ kg/dm³, und man erhält

$$A_2 = 0{,}214\,, \quad A_2' = 0{,}201\,, \quad A_2'' = 0{,}186 \text{ mkg.}$$

Hiermit läßt sich leicht die zum Antrieb der Kugelmühle erforderliche Leistung berechnen. Die Kugeln bewegen sich schneller herum, als die Umdrehungszahl der Trommel angibt, weil sie einen kürzeren Weg machen, als der Trommelumfang beträgt[60]). Bei drei Kugellagen genügt es, wenn die Rechnung für die mittlere durchgeführt wird, wie die obigen Zahlenwerte lehren.

Die Zeitdauer des Anhebens der ruhenden Kugeln beträgt

$$t_1 = \frac{s}{v} = \frac{\frac{1}{2} \cdot (D - 3\,d) \cdot \frac{\pi}{180} \cdot (\beta + 90 + \alpha)}{\pi \cdot (D - 3\,d) \cdot \frac{n}{30}} = \frac{21\frac{1}{2} + 90 + 28\frac{1}{2}}{12 \cdot 34{,}4} = 0{,}339 \text{ sk.}$$

Die Zeitdauer des Wurfes bis an die höchste Stelle wird erhalten, indem man die Wurfhöhe $h = \frac{(v \cdot \cos\alpha)^2}{2 \cdot g}$ durch die mittlere Geschwindigkeit $\frac{1}{2} \cdot (0 + v \cdot \cos\alpha)$ auf dem Wege dividiert. Es wird so mit $v = \sqrt{\frac{r \cdot g}{\sin\alpha}}$

$$t_2 = \frac{v \cdot \cos\alpha}{g} = \cos\alpha \cdot \sqrt{\frac{r_2}{g \cdot \sin\alpha}} = 0{,}879 \cdot \sqrt{\frac{1 - 0{,}18}{9{,}81 \cdot 0{,}477}} = 0{,}368 \text{ sk.}$$

Die Zeitdauer des Falles ergibt sich entsprechend nach Formel (10b) zu

$$t_3 = \sqrt{\frac{h + r_2 \cdot \sin\alpha + r_3 \cdot \cos\beta}{\frac{1}{2} \cdot g}}$$

$$= \sqrt{\frac{2}{9{,}81} \cdot 0{,}82 \cdot \left(\frac{0{,}879^2}{4 \cdot 0{,}477} + 0{,}477 + \frac{0{,}70}{0{,}82} \cdot 0{,}930\right)} = 0{,}530 \text{ sk.}$$

Der Gesamtumlauf dauert also i. M. $t \sim 1{,}237$ sk, während eine Umdrehung die Zeit braucht

$$t_0 = \frac{60}{34{,}4} = 1{,}744 \text{ sk.}$$

Das Verhältnis der beiden Umläufe ist $\frac{t}{t_0} = 0{,}71$.

Nach dem obigen wird jeder Kugel vom Gewicht 0,889 kg bei einem Umlauf das Arbeitsvermögen 0,586 mkg erteilt. Auf das Gewicht 1 kg kommt also das Arbeitsvermögen

$$A_0 = \frac{0{,}586}{0{,}889} \sim 0{,}66 \text{ mkg/kg.}$$

Damit ergibt sich die Antriebsleistung für 1000 kg Inhalt, wenn die Verluste durch Reibung in den Lagern usw. sowie der Kugeln und des Mahlgutes aneinander zu 20 v.H. geschätzt werden,

$$N_1 = \frac{A_0}{t} = \frac{0{,}66 \cdot 1000}{1{,}237 \cdot 75 \cdot 0{,}80} \sim 8{,}9 \text{ PS/t.}$$

Eine Trommel von $D = 1{,}0$ m innerem Durchmesser und $l = 4{,}0$ m innerer Länge, die etwa 2,7 t Eigengewicht hat, enthält bei dem Füllungsverhältnis $\varphi = 0{,}40$ etwa 5700 kg Stahlkugeln bzw. 1950 kg Flintsteine und dazwischen etwa 600 kg Mahlgut von dem Schüttgewicht 1 t/m³. Damit erhält man die erforderliche Antriebsleistung bei Stahlkugeln zu

$$N_1 = (5{,}7 + 0{,}6) \cdot 8{,}9 \sim 56 \text{ PS}$$

bei Füllung mit Flintsteinen

$$N_1' = (1{,}95 + 0{,}60) \cdot 8{,}9 \sim 23 \text{ PS.}$$

Die Rechnung setzt die erreichbare Höchstgeschwindigkeit der Trommel voraus. Läßt man sie, wie die Praxis meist tut, 10÷15 v.H. langsamer laufen, so verringert sich die Antriebs- und Mahlleistung um etwa 6÷9 v.H.

Beispiel 105. Ein Eisenbahnwagen wird eine Rampe von der Höhe $h_0 = 2{,}2$ m und der wagerecht gemessenen Länge $a = 45$ m mit der Anfangsgeschwindigkeit $v = 3{,}5$ m/sk heruntergestoßen. Anzugeben ist, wie weit der Wagen auf der anschließenden wagerechten Strecke noch fortrollt (Fig. 168).

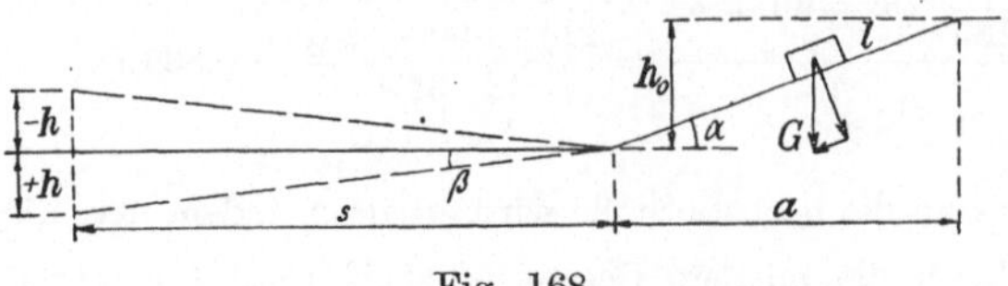

Fig. 168.

Mit Berücksichtigung der Weichen und Kreuzungen kann die Ziffer des Bewegungswiderstandes angesetzt werden zu $\mu \sim 0{,}003$. Am Ende des Weges s hat der Wagen das Arbeitsvermögen 0. Gemäß den Angaben der Fig. 168 ergibt dann Formel (112):

$$\frac{G \cdot v^2}{2 \cdot g} + G \cdot \sin\alpha \cdot l - \mu \cdot G \cdot \cos\alpha \cdot l - \mu \cdot G \cdot s = 0$$

oder mit $h_0 = l \cdot \sin\alpha$, $a = l \cdot \cos\alpha$

$$s = \frac{1}{\mu} \cdot \left(\frac{v^2}{2\,g} + h_0\right) - a = \frac{1}{0{,}003} \cdot \left(\frac{3{,}5^2}{2 \cdot 9{,}81} + 2{,}2\right) - 45 = 897 \text{ m.}$$

Wenn der Wagen einfach mit der Anfangsgeschwindigkeit 0 abläuft, wird $s' = 688$ m.

Sinkt oder steigt die Strecke s um den Betrag h, so tritt zu der obigen Ausgangsgleichung noch ein Glied $\pm G \cdot h$, und man erhält

$$s_1 = \frac{1}{\mu} \cdot \left(\frac{v^2}{2\,g} + h_0 \pm h\right) - a\,.$$

Man erkennt, daß der Satz vom Arbeitsvermögen die einfachste Lösung derartiger Aufgaben liefert.

Beispiel 106. Ein schwerer fahrbarer Bockkran hat eine Probelast von $Q = 30$ t zu tragen, das Eigengewicht der über den Tragzapfen der Füße befindlichen Eisenbauteile beträgt $G \sim 70$ t, das der Laufkatze mit den Antriebsmotoren $G_2 \sim 20$ t und das der Tragwagen $G_3 \sim 20$ t, seine Fahrtgeschwindigkeit $v = 30$ m/min, der Auslaufweg nach abgestelltem Motor $s \sim 2{,}0$ m[88]). Anzugeben ist die Größe des am Radumfang wirkenden Bewegungswiderstandes W und die Sicherheit $\mathfrak{S}$ des Kranes gegen Kippen, wenn die Schwerpunkthöhe $h = 12$ m und der Tragzapfenabstand von der Kranmitte $a = 4$ m ist (Fig. 169).

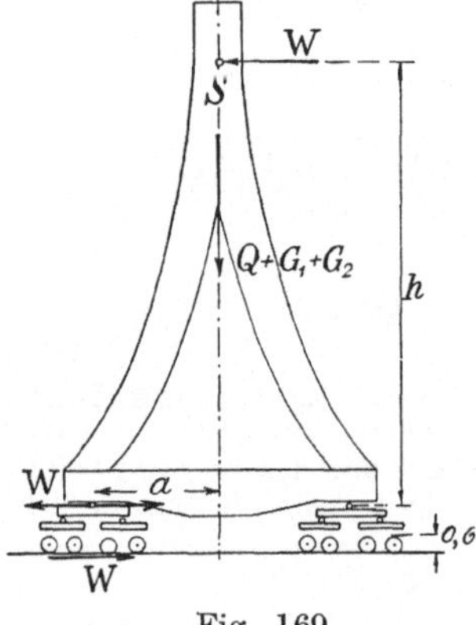

Fig. 169.

Es ist nach Formel (122)

$$W \cdot s = (Q + G_1 + G_2 + G_3) \cdot \frac{v^2}{2 \cdot g}\,,$$

also mit den gegebenen Zahlenwerten

$$W = \frac{30 + 70 + 20 + 20}{2{,}0 \cdot 2 \cdot 9{,}81} \cdot 0{,}5^2 \sim 0{,}89 \text{ t.}$$

Das Antriebsvorgelege zwischen dem Motor und den Treibrädern, das Schneckenräder enthält, darf natürlich nicht selbstsperrend sein, weil sonst beim plötzlichen Anhalten Beschädigungen des Triebwerkes und Kippen des Kranes unvermeidlich wären.

[88]) Flohr, Z. d. V. d. I. 1900.

Für das Kippen gilt (Bd. I, S. 128)

$$W \cdot h \cdot \mathfrak{S} = (Q + G_1 + G_2) \cdot a\,,$$

also

$$\mathfrak{S} = \frac{30 + 70 + 20}{0{,}89} \cdot \frac{4}{12} \sim 45\,.$$

Wenn der Kran mit einer Seite auf ein Hindernis aufläuft, so findet doch eine gewisse Verschiebung und Zusammendrückung des betreffenden Stückes statt, so daß die Kranhälfte noch immer um mindestens $s' = 5$ cm vorrückt. Die Kippsicherheit ergibt sich dann aus

$$\frac{1}{2} \cdot W \cdot \frac{s}{s'} \cdot h \cdot \mathfrak{S}' = \frac{1}{2} \cdot (Q + G_1 + G_2) \cdot a$$

zu

$$\mathfrak{S}' = 45 \cdot \frac{0{,}05}{2{,}0} = 1{,}125\,.$$

Hierin ist $W \cdot \frac{s}{s'}$ der Mittelwert des Widerstandes, den die Kranseite am Hindernis findet, der zu Anfang gering und am Ende der Bewegung wesentlich größer ist als dieser Mittelwert.

Wenn bei $\mathfrak{S}' = 1$ eine vollständige Entlastung des hinteren Wagens einträte, würde dieser seitlich wegfallen und der ganze Kran dadurch nach hinten fallen, bis sich der hintere Fuß aufsetzt; jedenfalls würde er nicht nach vorn überkippen. Denn dazu müßte sich der Schwerpunkt des Ganzen mit dem Halbmesser $r = \sqrt{h^2 + a^2}$ um die vordere Unterstützung drehen. Er wäre also erst einmal um den Betrag

$$r - h = h \cdot \left(\sqrt{1 + \left(\frac{a}{h}\right)^2} - 1\right) \sim \frac{a^2}{2\,h}$$

zu heben, wozu die Arbeit

$$A_1 = (Q + G_1 + G_2) \cdot (r - h)$$

gehört.

Im Augenblick des Auflaufens auf ein Hindernis bei sofort abgestelltem Motor ist nun das Arbeitsvermögen des ganzen Kranes gemäß der obigen Rechnung $A_2 = W \cdot s$. Die Sicherheit gegen Überstützen nach vorn ist also immer noch

$$\mathfrak{S}'' = \frac{A_1}{A_2} = \frac{30 + 70 + 20}{0{,}89 \cdot 2{,}0} \cdot \frac{4^2}{2 \cdot 12} = 44{,}5$$

in dem unwahrscheinlichen Fall, daß das Hindernis den Kran augenblicklich anhalten würde.

11. Die Bewegungsgröße, der Schwerpunktsatz.

Ein Körper oder ein Körpersystem von dem Gesamtgewicht G setze sich aus einer Anzahl kleiner Einzelteile dG zusammen, die in bezug auf ein beliebiges rechtwinkliges Achsenkreuz in einem bestimmten Augenblick die Abstände x_1, y_1, z_1; x_2, y_2, z_2 ... haben, während der Gesamtschwerpunkt zu derselben Zeit die Abstände x_0, y_0, z_0 hat. Es gilt dann nach Bd. I, S. 90

$$G \cdot x_0 = \int x \cdot dG\,, \qquad G \cdot y_0 = \int y \cdot dG\,, \qquad G \cdot z_0 = \int z \cdot dG\,.$$

Der Körper bewege sich jetzt derart, daß in dem bestimmten Augenblick sein Schwerpunkt in Richtung der x-Achse die Geschwindigkeit v_0

hat und die Einzelteile in derselben Richtung die Geschwindigkeiten $v_1, v_2 \ldots$ besitzen. Nach Ablauf des sehr kleinen Zeitteilchens dt hat dann der Schwerpunkt in der x-Richtung den Abstand $x_0 + v_0 \cdot dt$ und irgendein beliebig herausgegriffenes Teilstück des Körpers den Abstand $x + v \cdot dt$. Die obige Schwerpunktsgleichung geht damit über in

$$G \cdot (x_0 + v_0 \cdot dt) = \int (x + v \cdot dt) \cdot dG .$$

Wird die ursprüngliche Gleichung davon abgezogen, so erhält man nach Hebung von dt und Division durch die Erdbeschleunigung g

$$G \cdot \frac{v_0}{g} = \int dG \cdot \frac{v}{g} \qquad \text{oder} \qquad m \cdot v_0 = \int v \cdot dm . \tag{113}$$

Man bezeichnet den Ausdruck $\frac{G}{g} \cdot v$ als Bewegungsgröße oder auch Schwung[89]) des betreffenden Körpers bzw. Körperstückes, die in kg · sk gemessen wird, und kann somit aussprechen: Wird das Gewicht eines Körpers in seinem Schwerpunkt vereinigt gedacht, so ist die Bewegungsgröße des Schwerpunktes gleich der Summe der Bewegungsgrößen aller Einzelteile.

Wirkt eine gleichbleibende Kraft P während der Zeit t auf einen Körper vom Gewicht G, so erhält er nach Formel (72) die Beschleunigung $p = \frac{P}{G} \cdot g$ und hat also am Ende der Zeit t die Geschwindigkeit $v = p \cdot t$ angenommen. Wird dieser Wert in die Beschleunigungsgleichung eingesetzt, so ergibt sich der Satz vom Antrieb[90]):

$$P \cdot t = \frac{G \cdot v}{g} . \tag{114}$$

Nun ändert sich die Geschwindigkeit v_0 des Schwerpunktes infolge der Beschleunigung p_0 bzw. diejenige v irgendeines Teiles infolge der Beschleunigung p; dann läßt sich wie oben für ein Zeitteilchen dt schreiben

$$\frac{G}{g} \cdot (v_0 + p_0 \cdot dt) = \int \frac{dG}{g} \cdot (v + p \cdot dt) .$$

Nach Subtraktion der Gleichung (113) hiervon und Hebung des gemeinsamen Faktors dt wird

$$G \cdot \frac{p_0}{g} = \int dG \cdot \frac{p}{g} .$$

Die rechte Seite dieser Gleichung stellt die Summe aller Trägheitskräfte des Körpers in Richtung der x-Achse dar. Werden ferner alle auf ihn einwirkenden Kräfte $P_1, P_2 \ldots$ ebenfalls nach den drei Achsen-

89) Jung, Jahresb. d. deutsch. Math.-Ver. 1917.

90) Poisson, Mecanique, 1811.

richtungen zerlegt in $X_1, Y_1, Z_1 \ldots$, so gilt nach dem Satz von d'Alembert

$$\int dG \cdot \frac{p}{g} = \Sigma X .$$

Durch Einsetzen dieses Wertes in die vorstehende Gleichung folgt schließlich

$$p_0 = g \cdot \frac{\Sigma X}{G} \tag{115}$$

und entsprechend für die anderen beiden Achsenrichtungen: Der Schwerpunkt eines Körpers bewegt sich so, als ob er das Gewicht des ganzen Körpers enthielte und alle äußeren Kräfte parallel zu sich selbst verschoben darin angriffen[91]).

Dieser Satz bringt die Rechtfertigung der in früheren Beispielen vorgenommenen Beziehung der Bewegungen und Kräfte auf den Schwerpunkt des betreffenden Körpers.

Wirken auf den Körper bzw. das Körpersystem keine äußeren Kräfte ein, so liefert die Gleichung (115) $p_0 = 0$: Wenn auch beliebige innere Kräfte in dem Körpersystem auftreten, so bewegt es sich als Ganzes doch geradlinig und mit gleichförmiger Geschwindigkeit, wenn keine äußeren Kräfte vorhanden sind. Befindet sich der Schwerpunkt in Ruhe, so vermögen innere Kräfte nicht, ihn zu verschieben.

Beispiel 107. Für eine Einzylinder-Dampfmaschine von der Nennleistung $N_1 = 128$ PS bei $D = 42$ cm Zylinderbohrung, $s = 75$ cm Hub und $n = 115$ Umdrehungen in der Minute ist das Gewicht Q des Fundamentes zu bestimmen, wenn als größte Geschwindigkeit der unvermeidlichen Fundamenterschütterung infolge der Schwerpunktverlegung der hin und her gehenden Teile $v_0 = 20$ mm/sk angesetzt wird.

Die einzige äußere Kraft, die auf die Maschine einwirkt, ist der Gegendruck des Erdbodens auf das Fundament, der durch das Eigengewicht von Maschine und Fundament $G + Q$ ausgeglichen wird. Es ist also in Formel (114) $P = 0$, mithin auch die Bewegungsgröße der ganzen Maschine. Sie setzt sich nun zusammen aus der Bewegungsgröße der hin und her gehenden Teile und der entgegengesetzt gerichteten der übrigen Teile. Es gilt somit

$$\left(\frac{\pi}{4} \cdot D^2 \cdot q\right) \cdot \left(\frac{\pi \cdot s \cdot n}{30}\right) = (Q + G) \cdot v_0 ,$$

worin das auf die Flächeneinheit des Kolbens bezogene Gewicht der hin und her gehenden Teile q der Zusammenstellung in Beispiel 77 zu entnehmen ist. Ferner gilt die Gleichung (102)

$$N_1 = \frac{\pi}{4} \cdot D^2 \cdot 0{,}97 \cdot q_m \cdot \frac{2 \cdot s \cdot n}{60} \cdot \frac{\eta}{75} .$$

Durch Zusammenfassung beider erhält man

$$(Q + G) \cdot v_0 = N_1 \cdot \frac{q}{q_m} \cdot \frac{\pi \cdot 75}{2 \cdot 0{,}97 \cdot \eta} ,$$

also

$$Q = N_1 \cdot \left(\frac{122}{v_0 \cdot \eta} \cdot \frac{q}{q_m} - \frac{G}{N_1}\right), \tag{116}$$

---

[91]) Graßmann, J. f. Math. 1842.

worin $\frac{G}{N_1} \sim 0{,}10$ t/PS einzusetzen ist.

Für die Dampfmaschine mit $q = 0{,}30$, $q_m = 3{,}0$ at, $\eta = 0{,}83$ ergibt sich so, wenn v_0 in mm und $Q + G$ in t eingesetzt werden,

$$Q = 128 \cdot \left(\frac{122}{20 \cdot 0{,}83} \cdot \frac{0{,}30}{3{,}0} - 0{,}10\right) = 128 \cdot 0{,}635 \sim 81 \text{ t.}$$

Rechnet man überschlägig den Verlauf der Geschwindigkeit v_0 während eines Hubes als parabelförmig, so wird der Weg des Schwerpunktes $s = \frac{2}{3} \cdot v_0 \cdot t$, worin $t = \frac{60}{2 \cdot n}$ als Schwingungsdauer einzusetzen ist. Damit wird

$$s = 0{,}667 \cdot 20 \cdot \frac{60}{2 \cdot 115} = 3{,}48 \text{ mm.}$$

Man erkennt hieran den Wert des Ausgleiches auch bei einfachen liegenden Maschinen. Freilich verringert sich v_0 und damit s noch wesentlich durch die Mitschwingung des unter dem Fundament befindlichen Erdbodens. Die zur Aufrechterhaltung der Schwingung erforderliche Leistung, die von der Maschine auf das Fundament abzugeben ist, beträgt

$$N' = \frac{A}{75 \cdot t} = \frac{(G + Q) \cdot v_m^2}{2 \cdot g \cdot 75} \cdot \frac{2 \cdot n}{60} \tag{117}$$

$$= \frac{(81 + 12{,}8) \cdot 1000 \cdot (\frac{2}{3} \cdot 0{,}020)^2 \cdot 2 \cdot 115}{2 \cdot 9{,}81 \cdot 75 \cdot 60} = 0{,}0435 \text{ PS.}$$

Bei einer einfachwirkenden Viertakt-Gasmaschine ist gemäß Formel (103) bei sonst gleichen Bezeichnungen die Leistung $N_1 = \frac{1}{4 \cdot 0{,}97}$ der der Dampfmaschine. Notgedrungen muß man hier jedoch eine größere Geschwindigkeit v_0, etwa das Doppelte, zulassen oder, was das vorteilhaftere und gebräuchlichere ist, die hin und her gehenden Gewichte mindestens zur Hälfte durch Gegengewichte ausgleichen. Man erhält so bei gleicher Leistung mit $\eta = 0{,}80$, $\frac{G}{N_1} \sim 0{,}17$ t/PS für eine liegende Maschine (bei stehenden ist etwa $\frac{G}{N_1} = 0{,}20$ t/PS, bei großen Maschinen i. M. $\frac{G}{N_1} \sim 0{,}22$ t/PS) nach den Angaben in den Beispielen 77 und 93

$$Q = 128 \cdot \left(\frac{118}{10 \cdot 0{,}80} \cdot \frac{0{,}33}{4{,}25} - 0{,}17\right) = 128 \cdot 0{,}975 = 125 \text{ t.}$$

Beispiel 108. Bei einer Explosion zerriß ein kleiner, in einem offenen Schuppen stehender Dampfkessel in 4 Hauptstücke von den Gewichten $G_1 \sim 400$ kg, $G_2 \sim 100$ kg, $G_3 \sim 300$ kg, $G_4 \sim 120$ kg, deren Abstände x von dem ursprünglichen Standort die Fig. 170 angibt. Zu berechnen ist die zum Wegschleudern der Stücke erforderlich gewesene Arbeit.

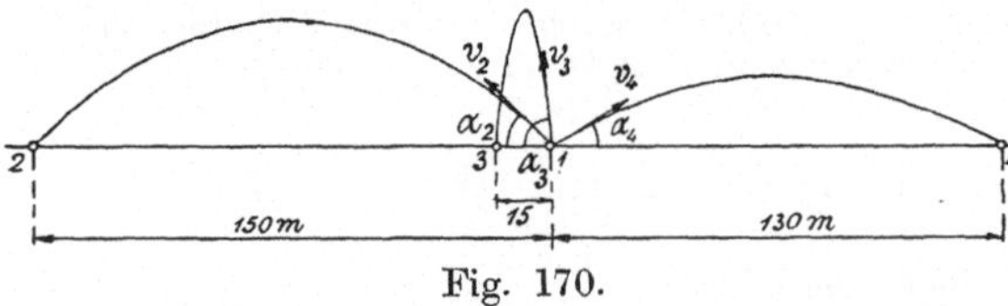

Fig. 170.

Die Aufgabe ist ohne weitere Annahmen nicht lösbar. Wenn die drei weggeflogenen Stücke gleichzeitig zur Ruhe gekommen wären, müßte nach dem Schwerpunktsatz gelten

$$+ G_2 \cdot x_2 + G_3 \cdot x_3 - G_4 \cdot x_4 = 0\,.$$

Es ist aber

$$+ 100 \cdot 150 + 300 \cdot 15 - 120 \cdot 130 = + 3900 \text{ mkg.}$$

Hieraus folgt, daß G_4 unter einem flacheren Winkel abgeschleudert wurde als G_2. Bei dem weiten Flug des Stückes G_2 kann der Wurfwinkel α_2 nicht wesentlich von 45° entfernt zu etwa 40° angesetzt werden und entsprechend der des Stückes G_4 zu etwa $\alpha_4 = 30°$, während das Stück G_3 nahezu lotrecht, etwa unter $\alpha_3 = 80°$ abgeschleudert wurde. Anzunehmen ist ferner, daß die Abwurfgeschwindigkeiten von G_2 und G_4 ziemlich gleich gewesen sind.

Aus Formel (63) folgt dann

$$v_2 = \sqrt{\frac{s_2 \cdot g}{\sin 2\alpha_2}} = \sqrt{\frac{150 \cdot 9{,}81}{0{,}990}} = 38{,}6 \text{ m/sk} \quad \text{mit } \alpha_2 = 41°,$$

$$v_4 = \sqrt{\frac{130 \cdot 9{,}81}{0{,}857}} = 38{,}6 \text{ m/sk} \quad \text{mit } \alpha_4 = 29\tfrac{1}{2}°.$$

Jetzt liefern die Sätze von der Bewegungsgröße für die Bewegung in wagerechter Richtung den Zusammenhang

$$G_2 \cdot v_2 \cdot \cos\alpha_2 + G_3 \cdot v_3 \cdot \cos\alpha_3 = G_4 \cdot v_4 \cdot \cos\alpha_4 .$$

Hieraus erhält man

$$v_3 \cdot \cos\alpha_3 = \frac{1}{300} \cdot (-100 \cdot 38{,}6 \cdot 0{,}755 + 120 \cdot 38{,}6 \cdot 0{,}870) = 3{,}68 \text{ m/sk}.$$

Andererseits folgt aus der Wurfformel (63)

$$v_3^2 \cdot \sin 2\alpha_3 = s \cdot g = 15 \cdot 9{,}81 = 147 \text{ (m/sk)}^2.$$

Wird die erstere Gleichung quadriert und die zweite dadurch dividiert, so wird

$$\operatorname{tg}\alpha_3 = \frac{147}{2 \cdot 3{,}68^2} = 5{,}42 ,$$

also $\alpha_3 = 79° \, 33'$, $\cos\alpha_3 = 0{,}181$.

Damit wird

$$v_3 = \frac{3{,}68}{0{,}181} = 20{,}3 \text{ m/sk}.$$

Die bei der Explosion zum Abschleudern der 3 Stücke aufgewendete Arbeit ist dann

$$A = \frac{1}{2 \cdot 9{,}81} \cdot (100 \cdot 38{,}6^2 + 120 \cdot 38{,}6^2 + 300 \cdot 20{,}3^2)$$
$$= 7580 + 9110 + 6300 \sim 23\,000 \text{ mkg}.$$

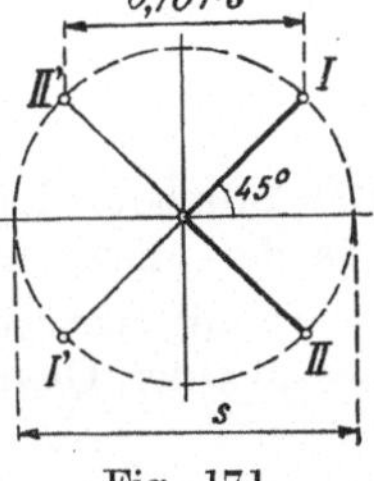

Fig. 171.

Beispiel 109. Zu berechnen ist das Wanken einer 2 B-Schnellzuglokomotive, deren hin und her gehende Gewichte von zusammen $G_1 = 540$ kg durch umlaufende Gegengewichte nur zu $\varphi = 0{,}16$ ausgeglichen sind. Die Lokomotive wiegt betriebsmäßig einschließlich des straff gekuppelten Tenders $G \sim 80$ t, der Kolbenweg beträgt $s = 0{,}60$ m[70]).

Wenn beide um 90° gegeneinander versetzte Kurbeln die 45°-Stellung haben (Fig. 171), so hat das hin und her gehende Gewicht beider Lokomotivseiten die äußerste Lage nach vorn. Bei Drehung beider Kurbeln in die entgegengesetzte Stellung liegt es am weitesten zurück, und zwar beträgt der Unterschied $2 \cdot r \cdot \cos 45° = 0{,}707 \cdot s$.

Da diese Verlegung nur von inneren Kräften herrührt, so wird die Bewegung des Gesamtschwerpunktes der Lokomotive davon nicht beeinflußt. Er wankt also bei jeder Umdrehung einmal nach vorn und einmal nach hinten um den Betrag

$$z = \frac{(1-\varphi) \cdot G_1}{G - G_1 \cdot (1-\varphi)} \cdot 0{,}707 \cdot s = \frac{0{,}84 \cdot 540 \cdot 0{,}707 \cdot 600}{80000 - 450} = 2{,}4 \text{ mm}.$$

Es seien in Fig. 172 A und B zwei benachbarte Punkte der Bahn einer ebenen Bewegung, deren Abstand $\overline{AB}$ in der Zeit dt zurück gelegt wird. Die Geschwindigkeit v hat sich auf dem Wege in $v + dv$ geändert, die durch Zusammensetzung von v mit einer Geschwindigkeit $p \cdot dt$ entstanden gedacht werden kann (vgl. S. 71). In bezug auf den augenblicklichen Pol O gilt nun die Momentgleichung

$$v \cdot r + (p \cdot dt) \cdot a = (v \cdot dv) \cdot (r + dr) .$$

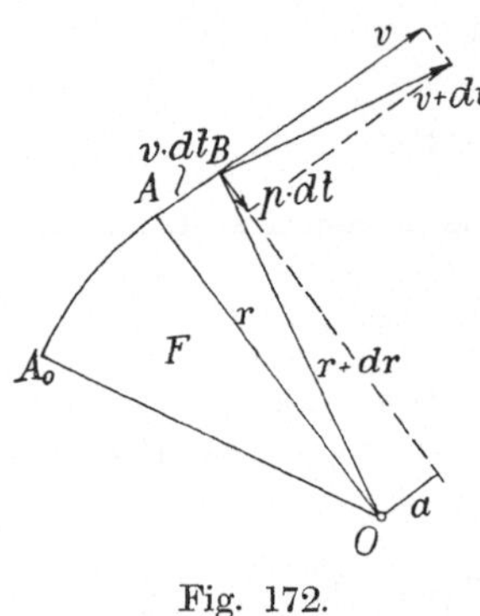

Fig. 172.

Hieraus ergibt sich nach Auflösen der Klammern mit Vernachlässigung der kleinen Größen zweiter Ordnung

$$p \cdot a = \frac{d(v \cdot r)}{dt}$$

oder nach Erweiterung mit der Masse $\frac{G}{g}$ des betreffenden Körpers oder Körpersystems

$$G \cdot \frac{p}{g} \cdot a = P \cdot a = \frac{d\left(\frac{G \cdot v \cdot r}{g}\right)}{dt} . \qquad (118)$$

Da der Momentensatz für jeden beliebigen Punkt in derselben Ebene gilt (Bd. I, S. 59), so kann man aussprechen[25]): Die Änderung des Momentes der Bewegungsgröße nach der Zeit ist gleich dem augenblicklichen Moment der Kraft für jeden beliebigen Pol.

Bezeichnet F die von einer beliebigen Anfangsstelle A_0 aus von dem Fahrstrahl OA bei der Bewegung bestrichene Fläche, so ist

$$ABO = dF = \tfrac{1}{2} \cdot r \cdot v \cdot dt ,$$

also

$$\frac{G \cdot v \cdot r}{g} = 2 \cdot \frac{G}{g} \cdot \frac{dF}{dt} . \qquad (119)$$

Das Moment der Bewegungsgröße ist gleich dem doppelten Produkt aus der Masse und der Flächengeschwindigkeit.

Damit wird nach der S. 10 erörterten Schreibung bei Zusammenfassung der Gleichungen (118) und (119)

$$P \cdot a = 2 \cdot \frac{G}{g} \cdot \frac{d^2F}{dt^2} . \qquad (120)$$

Das Moment der Kraft ist gleich dem doppelten Produkt aus der Masse und der Flächenbeschleunigung[37]).

Beispiel 110. Bei einer Zentralbewegung sei die einzige vorhandene Kraft P immer nach dem Mittelpunkt O gerichtet (Planetenbewegung). Dann ist $a = 0$, und die Formel (120) ergibt also $\frac{d^2F}{dt^2} = 0$.

Die Integration liefert nun

$$\frac{dF}{dt} = C_1 \quad \text{und} \quad F = C_1 \cdot t + C_2 .$$

In gleichen Zeiten werden gleiche Flächen bestrichen[92]).

Die Flächensätze gelten nur für starre Körper. Wenn auf einen nachgiebigen Körper auch keine äußere Drehkraft wirkt, so kann doch durch innere Kräfte eine Drehung bewirkt werden.

Beispiel 111. Eine Katze, die mit dem Rücken nach unten frei fällt, dreht sich durch bestimmte Bewegungen des Körpers doch wieder so, daß sie mit den Beinen nach unten ankommt[93]).

Multipliziert man das dritte Glied des Klammerausdruckes in Formel (97) mit dx, so erhält man eine Arbeitsgröße. Umgekehrt kann man setzen

$$\sum_k \lambda_k \cdot \frac{\partial f_k}{\partial x} = \frac{dA}{dx} ,$$

und A kann ja nach Formel (111) als Arbeitsvermögen des betreffenden Systemteiles aufgefaßt werden.

Ebenso kann die Trägheitskraft des ersten Klammergliedes aufgefaßt werden als Differentialquotient einer Bewegungsgröße nach der Zeit: $\frac{d \frac{G \cdot \dot{v}}{g}}{dt}$.

Die durch Formel (97) vorgeschriebene Summierung über das ganze System ergibt dann den für das sofortige Anschreiben mancher Ansätze sehr bequemen Satz[76c]): Die zeitliche Änderung der Bewegungsgröße eines Systems oder eines Systemteiles vermindert um die räumliche Änderung des Arbeitsvermögens ist gleich der äußeren Kraft.

12. Die Momente zweiter Ordnung.

Es sei in Fig. 173 O eine beliebige, senkrecht zur Zeichenebene verlaufende Achse, durch die in der Zeichenebene die beiden senkrecht aufeinander stehenden Bezugsachsen der x- und y-Richtung gelegt sind. Ferner ist dm ein beliebiges Massenteilchen eines mit der Achse O starr verbundenen Körpers von der Gesamtmasse

$$m = \frac{G}{g} .$$

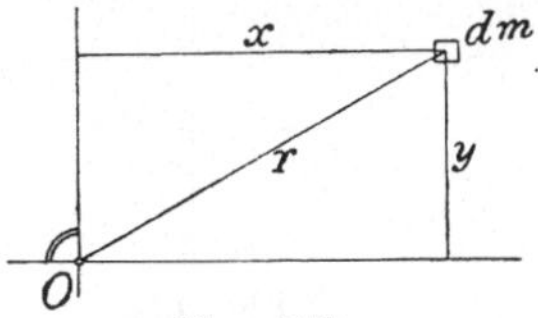

Fig. 173.

Man bezeichnet dann die Ausdrücke

$$S = \int r \cdot dm , \qquad S_x = \int y \cdot dm , \qquad S_y = \int x \cdot dm , \tag{121}$$

[92]) Kepler, Astronomia nova, 1609.

[93]) Marey, C. R. 1894.

genommen über den ganzen Körper, also auch in allen zur Zeichenebene parallelen Ebenen, als **statisches Moment** des Körpers in bezug auf die Achse O bzw. in bezug auf die Grundebene der x und y.

Nach dem Schwerpunktsatz ist

$$S = \frac{G \cdot r_0}{g}, \quad S_x = \frac{G \cdot y_0}{g}, \quad S_y = \frac{G \cdot x_0}{g}, \tag{121a}$$

wenn r_0, x_0, y_0 die betreffenden Abstände des Gesamtschwerpunktes von der Achse bzw. den Grundebenen angeben. Damit ist die Größe der statischen Momente nach den Angaben in Bd. I, Abschnitt 13 bestimmt.

Man rechnet hier — wenigstens in den Ausgangsformeln — nicht mit den Gewichten, sondern mit den Massen, weil dann der Körper um die Achse O beliebig gedreht werden kann, ohne daß diese **Momente erster Ordnung** dabei ihren Wert ändern. Maß des statischen Momentes ist das kg · sk².

In gleicher Weise kann man die **Momente zweiter Ordnung** bilden:

$$J = \int r^2 \cdot dm, \quad J_x = \int y^2 \cdot dm, \quad J_y = \int x^2 \cdot dm, \tag{122}$$

die auch als **Trägheitsmomente** des betreffenden Körpers in bezug auf die Achse O bzw. die Grundebenen der x und y bezeichnet werden[25]). Sie werden gemessen in mkg · sk².

Aus der Erklärung folgt ohne weiteres, daß das Trägheitsmoment eines aus mehreren Teilen zusammengesetzten Körpers in bezug auf eine bestimmte Achse oder Ebene gleich der Summe der Trägheitsmomente der einzelnen Teile in bezug auf dieselbe Achse oder Ebene ist.

Nach dem Satz des Pythagoras ist nun (Fig. 171)

$$r^2 = x^2 + y^2,$$

also

$$J = \int (x^2 + y^2) \cdot dm = \int x^2 \cdot dm + \int y^2 \cdot dm$$

oder

$$J = J_x + J_y. \tag{123}$$

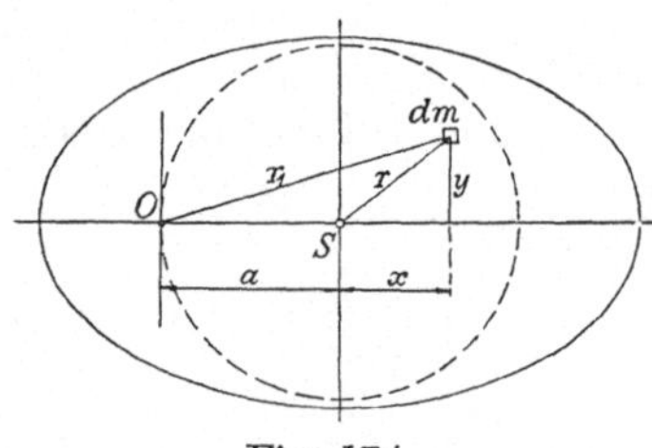

Fig. 174.

In Fig. 174 wird das Trägheitsmoment des Körpers von der Masse m bezogen auf eine durch den Schwerpunkt S gehende Achse: $J_s = \int r^2 \cdot dm$. Eine zweite, zur ersteren parallele Achse O habe in Richtung der beliebig gewählten x-Achse von ihr den Abstand a. Dann gilt entsprechend in bezug auf diese Achse

$$J = \int r_1^2 \cdot m.$$

Nun ist wieder nach dem Satz des Pythagoras

$$r_1^2 = (a + x)^2 + y^2 = a^2 + 2 \cdot a \cdot x + x^2 + y^2$$

oder

$$r_1^2 = a^2 + 2 \cdot a \cdot x + r^2.$$

Damit wird

$$J = a^2 \cdot \int dm + 2 \cdot a \cdot \int x \cdot dm + \int r^2 \cdot dm .$$

Nun ist nach Bd. I, S. 90 in bezug auf jede Schwerachse

$$\int x \cdot dm = 0 ,$$

so daß man erhält

$$J = J_s + \frac{G}{g} \cdot a^2 . \tag{124}$$

Aus der Formel (124) folgt, daß das Trägheitsmoment in bezug auf die Schwerachse das kleinste von allen in bezug auf parallele Achsen angebbaren ist.

Alle durch den Umfang des in Fig. 174 gestrichelten Kreises gehenden parallelen Achsen ergeben dasselbe Trägheitsmoment, gleichgültig, welche Form der Körper hat.

Sind J_1 und J_2 die Trägheitsmomente zweier Körper in bezug auf ihre parallelen Schwerachsen S_1 und S_2, so ergibt sich das Trägheitsmoment des aus beiden zusammengesetzten Körpern in bezug auf die zu den beiden ersten parallele Achse S durch den gemeinsamen Schwerpunkt (Fig. 175) zu

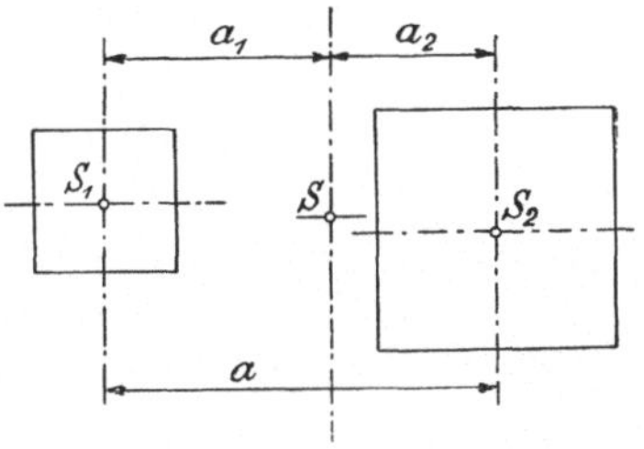

$$J_s = J_1 + \frac{G_1}{g} \cdot a_1^2 + J_2 + \frac{G_2}{g} \cdot a_2^2 .$$

Fig. 175.

Nun ist nach dem Schwerpunktsatz in bezug auf die durch S_1 gehende Achse

$$(G_1 + G_2) \cdot a_1 = G_2 \cdot a + G_1 \cdot 0$$

und ebenso in bezug auf die durch S_2 gehende Achse

$$(G_1 + G_2) \cdot a_2 = G_1 \cdot a + G_2 \cdot 0 .$$

Hiermit folgt leicht

$$J_s = J_1 + J_2 + \frac{G_1 \cdot G_2}{G_1 + G_2} \cdot \frac{a^2}{g} . \tag{125}$$

Beispiel 112. Entsprechend der Berechnung der statischen Momente in Bd. I sollen für einige einfache homogene Körper die Trägheitsmomente bestimmt werden.

1. Prismatischer Stab (Fig. 176): In bezug auf eine senkrecht zur Stabachse durch die Endfläche A gelegte Bezugsachse erhält man, da zur Länge dx von der Stabmasse m der Anteil $m \cdot \frac{dx}{l}$ gehört,

$$J = \int_0^l \left(m \cdot \frac{dx}{l}\right) \cdot x^2 = \frac{m}{l} \cdot \int_0^l x^2 \cdot dx = \frac{m}{l} \cdot \frac{l^3}{3} ,$$

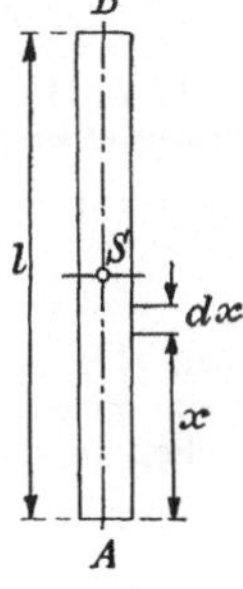

Fig. 176.

also

$$J = \frac{1}{3} \cdot \frac{G}{g} \cdot l^2 . \tag{126}$$

In bezug auf die senkrecht zur Stabachse verlaufende Schwerachse ergibt die Formel (124)

$$J_s = \frac{1}{3} \cdot \frac{G}{g} \cdot l^2 - \frac{G}{g} \cdot \left(\frac{l}{2}\right)^2 = \frac{1}{12} \cdot \frac{G}{g} \cdot l^2 . \tag{127}$$

In bezug auf eine gegen die Stabachse um den Winkel α geneigte, durch die Endfläche A gelegte Achse erhält man mit den Bezeichnungen der Fig. 177

$$J = \int_0^l \left(m \cdot \frac{dx}{l}\right) \cdot (x \cdot \sin\alpha)^2 = \frac{m}{l} \cdot \sin^2\alpha \cdot \int_0^l x^2 \cdot dx ,$$

also

$$J = \frac{1}{3} \cdot \frac{G}{g} \cdot (l \cdot \sin\alpha)^2 . \tag{128}$$

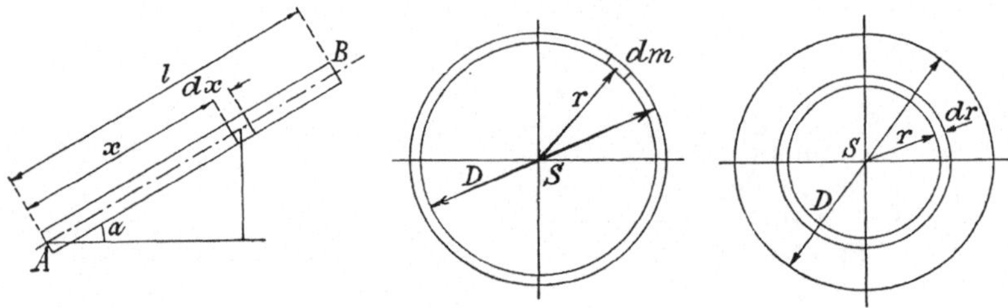

Fig. 177. Fig. 178. Fig. 179.

2. Dünnwandiger Reifen oder Hohlzylinder (Fig. 178): In bezug auf die Schwerachse des Reifens oder Hohlzylinders ist

$$J_s = \int r^2 \cdot dm = r^2 \cdot \int dm$$

oder

$$J_s = m \cdot r^2 = \frac{G \cdot D^2}{4 \cdot g} . \tag{129}$$

In bezug auf eine Schwerebene ist nach Formel (123)

$$J_x = J_y = \frac{1}{2} \cdot J = \frac{1}{2} \cdot \frac{G \cdot D^2}{4 g} . \tag{130}$$

3. Voller Kreiszylinder (Fig. 179) von der Länge l: In bezug auf die Schwerachse des Zylinders ist

$$J_s = \int_0^{\frac{1}{2}D} r^2 \cdot dm ,$$

worin dm die Masse des beliebigen Hohlzylinders vom Halbmesser r und der Stärke dr ist. Sie verhält sich zur Gesamtmasse des Zylinders wie die zugehörigen Flächen in dem Querschnitt der Fig. 179

$$dm = m \cdot \frac{2\pi \cdot r \cdot dr}{\frac{\pi}{4} \cdot D^2} = \frac{8 \cdot m}{D^2} \cdot r \cdot dr .$$

Damit wird

$$J_s = \int_0^{\frac{1}{2}D} \frac{8 \cdot m}{D^2} \cdot r^3 \cdot dr = \frac{8 \cdot m}{D^2} \cdot \frac{1}{4} \cdot \left(\frac{D}{2}\right)^4$$

oder

$$J_s = \frac{1}{2} \cdot \frac{G \cdot D^2}{4g}. \tag{131}$$

Für einen Hohlzylinder vom Außendurchmesser D und dem Innendurchmesser d ergibt sich so

$$J_s = \frac{1}{8 \cdot g} \cdot (G_1 \cdot D^2 - G_2 \cdot d^2).$$

Nun ist das Gesamtgewicht des Hohlzylinders

$$G = G_1 - G_2,$$

ferner gilt wie vorher

$$G_2 = G_1 \cdot \left(\frac{d}{D}\right)^2.$$

Aus beiden Gleichungen folgt leicht

$$G_1 = \frac{G}{1 - \left(\frac{d}{D}\right)^2}, \qquad G_2 = \frac{G}{1 - \left(\frac{d}{D}\right)^2} \cdot \left(\frac{d}{D}\right)^2,$$

und durch Einsetzen in die Ausgangsgleichung wird

$$J_s = \frac{1}{2} \cdot \left[1 + \left(\frac{d}{D}\right)^2\right] \cdot \frac{G \cdot D^2}{4 \cdot g}. \tag{132}$$

4. Kugel. Die Kugelkalotte von der Höhe h (Fig. 180) wird durch Schnitte senkrecht zur Schwerachse in sehr dünne Scheiben vom Rauminhalt $\pi \cdot y^2 \cdot dx$ zerlegt. Die Masse einer solchen Scheibe ist demnach

$$dm = m \cdot \frac{\pi \cdot y^2 \cdot dx}{\frac{\pi}{6} \cdot D^3} = \frac{3}{4} \cdot m \cdot \frac{y^2 \cdot dx}{r^3}$$

und ihr Trägheitsmoment in bezug auf die Schwerachse nach Formel (131)

$$dJ_s = \tfrac{1}{8} \cdot dm \cdot (2y)^2.$$

Nun ergibt das gestrichelte Dreieck der Fig. 180

$$y^2 = x \cdot (2r - x),$$

und damit wird

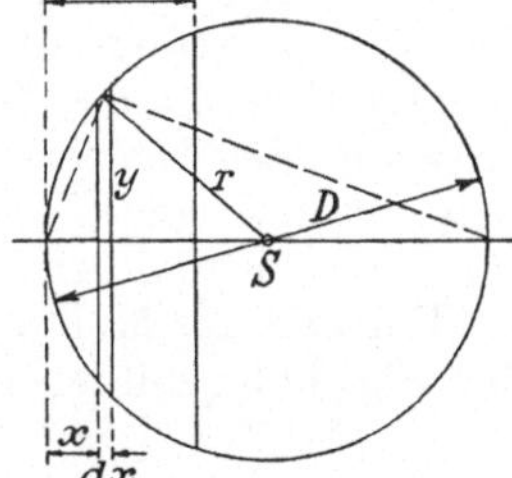

Fig. 180.

$$J_s = \int_0^h dJ_s = \frac{4}{8} \cdot \frac{3}{4} \cdot \frac{m}{r^3} \cdot \int_0^h (4r^2 \cdot x^2 - 4r \cdot x^3 + x^4) \cdot dx$$

$$= \frac{3 \cdot m}{D^3} \cdot \left(\frac{1}{3} \cdot h^3 \cdot D^2 - \frac{2}{4} \cdot h^4 \cdot D + \frac{1}{5} \cdot h^5\right)$$

oder

$$J_s = \frac{G \cdot D^2}{4 \cdot g} \cdot \left[4 \cdot \left(\frac{h}{D}\right)^3 - 6 \cdot \left(\frac{h}{D}\right)^4 + \frac{12}{5} \cdot \left(\frac{h}{D}\right)^5\right], \tag{133}$$

worin G das Gewicht der ganzen Kugel angibt.

Setzt man jetzt $h = D$, so erhält man das Trägheitsmoment der ganzen Kugel

$$J_s = \frac{2}{5} \cdot \frac{G \cdot D^2}{4g} \,. \tag{134}$$

Für die Hohlkugel vom Innendurchmesser d gilt hiernach

$$J_s = \frac{2}{5} \cdot \frac{1}{4g} \cdot (G_1 \cdot D^2 - G_2 \cdot d^2) \,,$$

wenn G_1 das Gewicht der Vollkugel und G_2 das der fehlenden inneren darstellt. Nun ist

$$G_2 = G_1 \cdot \left(\frac{d}{D}\right)^3$$

und

$$G_1 - G_2 = G_1 \cdot \left[1 - \left(\frac{d}{D}\right)^3\right] = G$$

das Gewicht der Hohlkugel. Damit wird

$$J_s = \frac{2}{5} \cdot \frac{G \cdot D^2}{4 \cdot g} \cdot \frac{1 - \left(\frac{d}{D}\right)^5}{1 - \left(\frac{d}{D}\right)^3} \,. \tag{135}$$

Sämtliche vorstehenden Formeln lassen sich zurückführen auf die gemeinsame Form

$$J_s = \frac{\vartheta}{4g} \cdot G \cdot D^2 \,. \tag{136}$$

Man kann nun den Zahlenwert ϑ mit dem Gewicht G zusammenfassen, wobei man als D den Außendurchmesser des betreffenden Körpers einsetzt, und nennt dann $\vartheta \cdot G$ das auf den Umfang bezogene Gewicht. Ebenso kann man auch mit dem vollen Wert des Gewichtes G rechnen und $\vartheta \cdot D^2$ zusammenfassen. Man nennt dann $D \cdot \sqrt{\vartheta}$ den Trägheitsdurchmesser des Körpers[94]).

Das Produkt $\vartheta \cdot G \cdot D^2$ heißt das in kg · m² gemessene Schwungmoment des Körpers. Die Angabe der Größe $G \cdot D^2$ mit dem ganzen Gewicht und dem Außendurchmesser des Körpers an Stelle des Trägheitsdurchmessers ist fehlerhaft und wertlos.

Ein weiteres Moment zweiter Ordnung, das in bezug auf die Achse O der Fig. 173 gebildet werden kann, ist

$$C_z = \int x \cdot y \cdot dm \,, \tag{137}$$

wenn die Richtung der in Fig. 173 senkrecht zur Zeichenebene verlaufenden Achse O als die z-Richtung bezeichnet wird. Entsprechend lassen sich angeben

$$C_y = \int x \cdot z \cdot dm \,, \qquad C_x = \int y \cdot z \cdot dm \,.$$

Man nennt diese Momente, die die Produkte der Koordinaten aller Massenteilchen des Körpers in bezug auf zwei von drei aufeinander rechtwinkligen Grundebenen mit den Massenteilchen selbst enthalten, Zentrifugalmomente.

---

[94]) Poinsot, J. de Math. 1851.

Sind x und y die Koordinaten eines Massenteilchens $\boldsymbol{dm}$ des Körpers in bezug auf zwei der drei senkrecht zueinander durch den Schwerpunkt S gelegten Bezugsachsen und soll das Zentrifugalmoment bezogen werden auf eine zur dritten Schwerachse parallele, die von der ersten die Abstände a in der x-Richtung und b in der y-Richtung hat, so gilt

$$C_z = \int (a \pm x) \cdot (b \pm y) \cdot \boldsymbol{dm}$$
$$= \int (a \cdot b \pm a \cdot y \pm b \cdot x + x \cdot y) \cdot \boldsymbol{dm}\,.$$

Für den Schwerpunkt ist nun aber

$$\int x \cdot \boldsymbol{dm} = \int y \cdot \boldsymbol{dm} = 0\,.$$

Damit wird

$$C_z = C_s + \frac{G}{g} \cdot a \cdot b\,. \tag{138}$$

Ebenso ergibt sich bei der Zusammensetzung eines Körpers aus zwei gegebenen entsprechend Formel (125)

$$C_s = C_1 + C_2 + \frac{G_1 \cdot G_2}{G_1 + G_2} \cdot \frac{a \cdot b}{g} \cdot \tag{139}$$

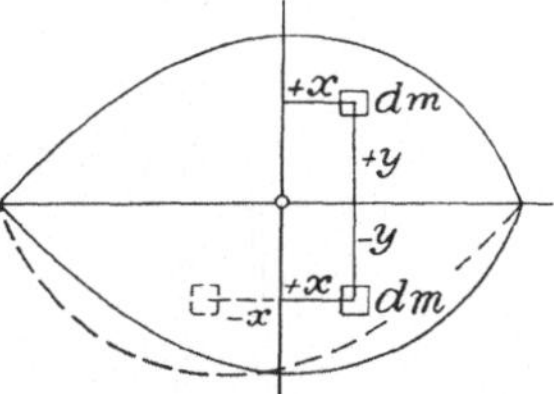

Fig. 181.

Ist der Körper zu einer der beiden Bezugsebenen des betreffenden Zentrifugalmomentes symmetrisch (Fig. 181), so läßt sich zu jedem $\boldsymbol{dm}$ ein zweites angeben, das dieselben Koordinaten x, y hat, die eine jedoch, z. B. y, mit dem umgekehrten Vorzeichen, so daß die Summe sich aufhebt. Das Zentrifugalmoment hat also den Wert 0. Das gilt aber nicht mehr, wenn die zweite Hälfte gleich der ersten ist, aber die umgekehrte Lage hat, wie in Fig. 181 gestrichelt.

Beispiel 113. Zu bestimmen ist das Zentrifugalmoment eines Quaders in bezug auf zwei seiner Außenflächen (Fig. 182).

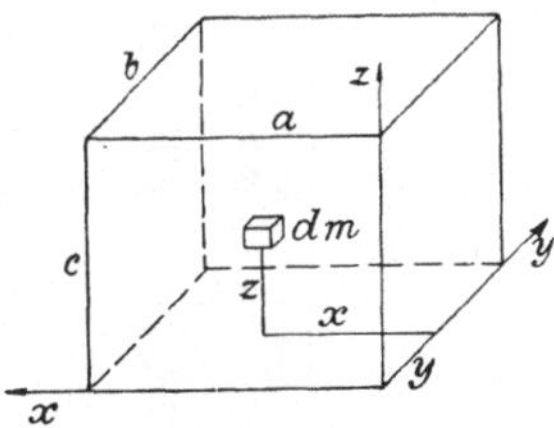

Fig. 182.

Es ist

$$\frac{\boldsymbol{dm}}{m} = \frac{\boldsymbol{dx} \cdot \boldsymbol{dy} \cdot \boldsymbol{dz}}{a \cdot b \cdot c}\,,$$

also

$$C_y = \int x \cdot z \cdot \boldsymbol{dm} = \int_0^a \int_0^b \int_0^c \frac{m}{a \cdot b \cdot c} \cdot x \cdot z \cdot \boldsymbol{dx} \cdot \boldsymbol{dy} \cdot \boldsymbol{dz}$$

$$= \frac{m}{a \cdot b \cdot c} \cdot \int_0^b \boldsymbol{dy} \cdot \int_0^a x \cdot \boldsymbol{dx} \cdot \int_0^c z \cdot \boldsymbol{dz} = \frac{m}{a \cdot b \cdot c} \cdot b \cdot \frac{a^2}{2} \cdot \frac{c^2}{2}$$

oder

$$C_y = \frac{G \cdot a \cdot c}{4\,g}\,.$$

Beispiel 114. Das Schwungrad einer Walzwerks-Dampfmaschine hat die in Fig. 183 angegebenen Abmessungen. Anzugeben ist sein Schwungmoment in bezug auf die Drehachse.

Die Rechnung enthält die folgende Zusammenstellung.

Nr.	Teil	V dm³	γ kg/dm³	G kg	$\vartheta \cdot D^2$ dm²	$\vartheta \cdot G \cdot$ m² k
1	Schwung-ring	$\frac{\pi}{4} \cdot (63^2 - 55{,}6)^2 \cdot 3{,}3$	7,25	16500	$\frac{1}{2} \cdot 63^2 \cdot \left[1 + \left(\frac{55{,}6}{63}\right)^2\right] = 3532$	58278
2	Arme	$8 \cdot 2{,}2 \cdot 0{,}45 \cdot (55{,}6 - 9{,}2)$	7,85	2820	$\frac{4}{3} \cdot (55{,}6 - 9{,}2)^2 = 4008$	11302
3	Arm-scheiben	$2 \cdot \frac{\pi}{4} \cdot (16{,}2^2 - 8{,}2^2) \cdot 0{,}65$	7,25	1450	$\frac{1}{2} \cdot 16{,}2^2 \cdot \left[1 + \left(\frac{8{,}2}{16{,}2}\right)^2\right] = 165$	232
	Rippen	$4 \cdot 0{,}5 \cdot 3 \cdot (16{,}2 - 8{,}2)$	7,25	350	$\frac{4}{3} \cdot (16{,}2^2 - 8{,}2^2) = 260$	91
4	Nabe	$\frac{\pi}{4} \cdot (8{,}2^2 - 4{,}3^2) \cdot 6{,}5$	7,25	1800	$\frac{1}{2} \cdot 8{,}2^2 \cdot \left[1 + \left(\frac{4{,}3}{8{,}2}\right)^2\right] = 41$	73
5	Welle	$\frac{\pi}{4} \cdot 4{,}3^2 \cdot 35$	7,85	4000	$\frac{1}{2} \cdot 4{,}3^2 = 9$	36
				26920		70014

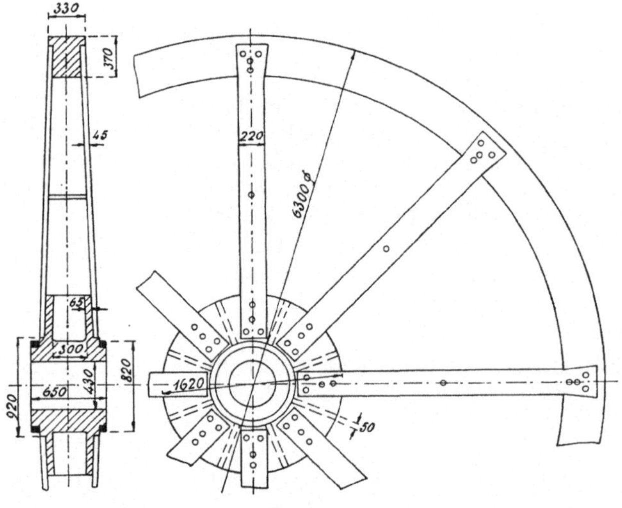

Fig. 183.

Die Arme und Nabe des Schwungrades ohne die Welle vergrößern das Gewicht des großen Schwungringes auf das $\frac{22\,920}{16\,500} = 1{,}39$ fache.

Berechnet man das Schwungmoment des Ringes einfach nach Formel (129) für den dünnwandigen Reifen, so wird

$$\vartheta \cdot G \cdot D^2 = 1 \cdot 16\,500 \cdot \left(\frac{6{,}3 + 5{,}56}{2}\right)^2 = 580\,220 \text{ m}^2 \cdot \text{kg}\ ,$$

also nur um 0,44 v.H. zu klein.

Die Arme, Nabe und Welle vergrößern dieses Schwungmoment auf das

$$\frac{700\,140}{580\,220} = 1{,}21\,\text{fache}.$$

Der Anteil der Welle ist trotz ihres hohen Gewichtes verschwindend gering.

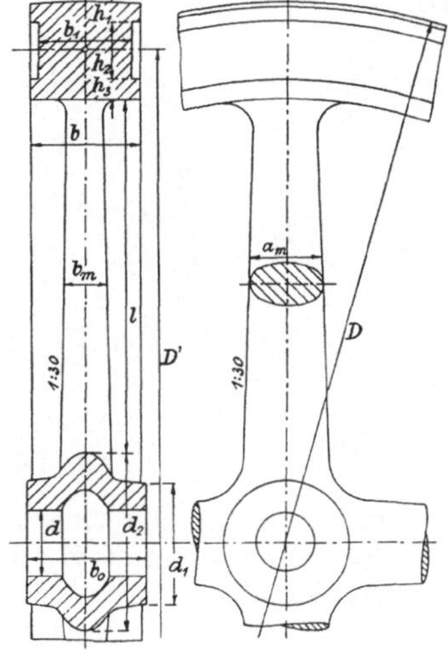

Fig. 184.

Beispiel 115. Anzugeben ist das Schwungmoment des in Fig. 184 dargestellten Gasmaschinenschwungrades, wenn gegeben ist

$D = 280$ cm, $b = 28$ cm, $b_1 = 24$ cm,

$h_1 = 5$ cm, $h_2 = 15$ cm, $h_3 = 5$ cm,

also $D' = 255 \text{ cm} \backsim 0{,}91 \cdot D$,

$d = 17$ cm, $d_1 = 32$ cm,

$d_2 = 56 \text{ cm} \backsim 0{,}20 \cdot D$,

$l_0 = 30 \text{ cm} \backsim 0{,}75 \cdot d$, $l = 99$ cm,

$a_m = 11{,}2 \text{ cm} \backsim \frac{1}{15} \cdot D$,

$b_m = 112, \text{ cm} \backsim 0{,}60 \cdot a_m$.

Es ergibt sich die folgende Zusammenstellung:

Nr.	Teil	V dm³	$\vartheta \cdot D^2$ dm²	$\vartheta \cdot V \cdot 7{,}25 \cdot D^2$ m² kg
1	Schwungring	$\pi \cdot 25{,}5 \cdot (2{,}8 \cdot 1{,}0 + 2{,}4 \cdot 1{,}5) = 513{,}0$	$25{,}5^2 = 650$	33175
2	Arme	$6 \cdot \frac{\pi}{4} \cdot 1{,}87 \cdot 1{,}12 \cdot 9{,}9 = 97{,}7$	$\frac{1}{3} \cdot (23^2 - 5{,}6^2) = 664$	4703
3	Armansatz	$\pi \cdot 1{,}2 \cdot 1{,}5 \cdot 4{,}4 = 24{,}9$	$4{,}4^2 = 19$	34
4	Nabe	$\frac{\pi}{4} \cdot (3{,}2^2 - 1{,}7^2) \cdot 3{,}0 = 17{,}3$	$\frac{1}{2} \cdot (3{,}2^2 + 1{,}7^2) = 6$	7
		652,9		37920

$$G = 652{,}5 \cdot 7{,}25 \backsim 4735 \text{ kg}.$$

Die Arme und Nabe vergrößern das Gewicht des schweren Schwungringes von kleinem Durchmesser um das

$$\frac{652{,}9}{513{,}0} = 1{,}27 \text{ fache},$$

das Schwungmoment um das

$$\frac{37\,920}{33\,175} = 1{,}20 \text{ fache}.$$

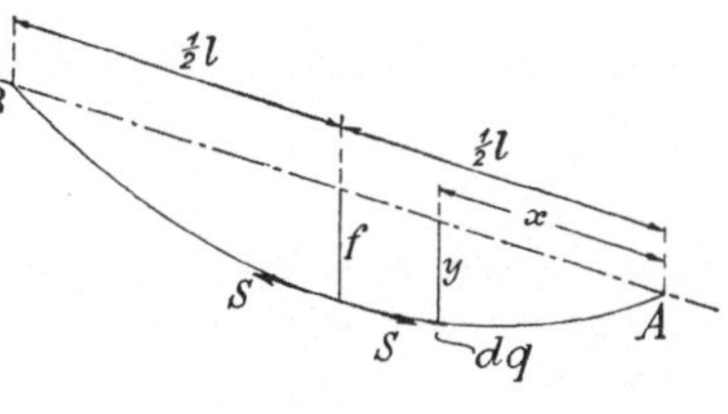

Fig. 185.

Beispiel 116. Zu berechnen ist das Schwungmoment eines ausgespannten Drahtes oder Seiles von der freien Länge l und dem Durchhang f in der Mitte in bezug auf die durch die Befestigungspunkte gelegte Achse (Fig. 185).

Nach den Angaben in Bd. I, S. 143 gilt

$$y = \frac{q \cdot x \cdot (l - x)}{2 \cdot S}, \qquad f = \frac{q \cdot l^2}{8 \cdot S},$$

ferner ist

$$\vartheta \cdot G \cdot f^2 = 2 \cdot \int_0^{\frac{1}{2}l} \cdot dq \cdot y^2 = 2 \cdot \int_0^{\frac{1}{2}l} (q \cdot dx) \cdot \left(\frac{q}{2 \cdot S} \cdot x \cdot (l - x)\right)^2$$

$$= \frac{2 \cdot q^3}{4 \cdot S^2} \cdot \int_0^{\frac{1}{2}l} dx \cdot (x^2 \cdot l^2 - 2x^3 \cdot l + x^4)$$

$$= \frac{2 \cdot q^3 \cdot l^5}{4 \cdot S^2} \cdot \left(\frac{1}{3 \cdot 8} - \frac{2}{4 \cdot 16} + \frac{1}{5 \cdot 32}\right) = \frac{q^3 \cdot l^5}{120 \cdot S^2} = \frac{q \cdot l \cdot f^2}{1{,}875}, \quad (140)$$

mithin

$$\vartheta = 0{,}533.$$

13. Die Drehbewegung.

Auf einen um die Achse O drehbaren Körper wirke dauernd in gleichem Drehsinn und gleichbleibender Stärke das Drehmoment M, das aus der algebraischen Summe der treibenden und widerstehenden Einzelmomente entstanden ist. Der Körper macht dann eine gleichförmig beschleunigte Drehbewegung, und auf ein beliebig herausgegriffenes Massenteilchen dm im Abstande r von der Achse (Fig. 186) wirken in einem bestimmten Augenblick ein: nach außen in Richtung von r die Schleuderkraft $Z = dm \cdot r \cdot \omega^2$, senkrecht zu r entgegengesetzt zur Drehrichtung die Trägheitskraft $P = dm \cdot r \cdot \varepsilon$. Hierin gibt ω die augenblickliche Winkelgeschwindigkeit und ε die gleichbleibende Winkelbeschleunigung an.

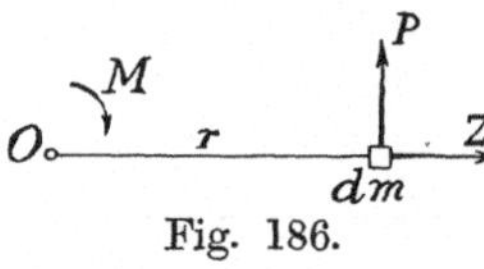

Fig. 186.

Nach dem Satz von d'Alembert müssen die am Körper wirkenden drei Drehmomente in bezug auf die Drehachse zusammen 0 ergeben:

$$+ M - \int P \cdot r + Z \cdot 0 = 0$$

oder mit dem obigen Wert von P:

$$M = \varepsilon \cdot \int dm \cdot r^2,$$

also nach Formel (122) bzw. (136)

$$M = \varepsilon \cdot J = \frac{\varepsilon}{4g} \cdot (\vartheta \cdot G \cdot D^2). \quad (141)$$

Aus diesem den Formeln (70a) bzw. (69) entsprechenden Zusammenhang erklärt sich die Bezeichnung Trägheitsmoment bzw. Schwungmoment.

Durch die Integration der Gleichung

$$\varepsilon = \frac{d\omega}{dt} = \frac{M}{J}$$

erhält man das Gegenstück zum Satz vom Antrieb (Formel 114):

$$M \cdot t = J \cdot \omega = \frac{\vartheta \cdot G \cdot D^2}{4g} \cdot \omega. \quad (142)$$

Zu der Zeit, wo der Körper die Winkelgeschwindigkeit ω besitzt, beträgt sein Arbeitsvermögen nach Formel (111)

$$A = \int \frac{1}{2} \cdot dm \cdot (r \cdot \omega)^2 = \frac{\omega^2}{2} \cdot \int dm \cdot r^2 ,$$

also

$$A = \frac{1}{2} \cdot J \cdot \omega^2 = \frac{1}{2} \cdot \frac{\vartheta \cdot G \cdot D^2}{4 \cdot g} \cdot \omega^2, \tag{143}$$

Die Leistung ergibt sich mit $v = r \cdot \omega$ zu

$$N = P \cdot v = P \cdot r \cdot \omega$$

oder

$$N = M \cdot \omega . \tag{144}$$

Wird die Drehbewegung hervorgerufen durch eine am Umfang des etwa zylindrischen Körpers vom Halbmesser r angreifende Kraft P, gegebenenfalls durch ein herumgelegtes Seil oder dgl. (Fig. 187), so gilt nach Formel (141)

$$P \cdot r = \frac{\varepsilon}{g} \cdot (\vartheta \cdot G \cdot r^2)$$

oder mit der Umfangsbeschleunigung $p = r \cdot \varepsilon$

$$P = \vartheta \cdot G \cdot \frac{p}{g} . \tag{145}$$

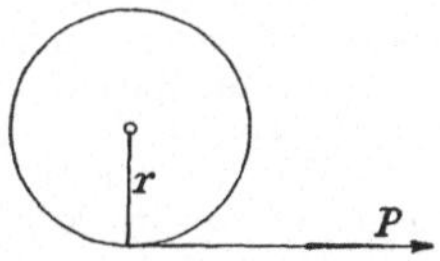

Fig. 187.

Das ist die für die fortschreitende Bewegung geltende Formel (69), wenn nur statt des wirklichen Gewichtes G das auf den Umfang bezogene $\vartheta \cdot G$ eingesetzt wird. In allen Fällen, wo fortschreitende und Drehbewegungen gleichzeitig vorkommen, empfiehlt sich die Rechnung mit Formel (145).

Hat der Schwerpunkt eines Körpers vom Gewicht G in einem bestimmten Augenblick die fortschreitende Geschwindigkeit v und führt der Körper gleichzeitig eine Drehbewegung mit der augenblicklichen Winkelgeschwindigkeit ω um eine durch den Schwerpunkt gehende, ihre Richtung nicht ändernde Achse aus, so ist nach dem Prinzip von der Summierung der Wirkungen das Arbeitsvermögen

$$A = \frac{1}{2} \cdot \frac{G}{g} \cdot v^2 + \frac{1}{2} \cdot \frac{\vartheta \cdot G \cdot D^2}{4\,g} \cdot \omega^2 \tag{146a}$$

oder

$$A = \frac{1}{2} \cdot \frac{G}{g} \cdot \left[v^2 + \left(\frac{D}{2} \cdot \sqrt{\vartheta} \cdot \omega \right)^2 \right]. \tag{146b}$$

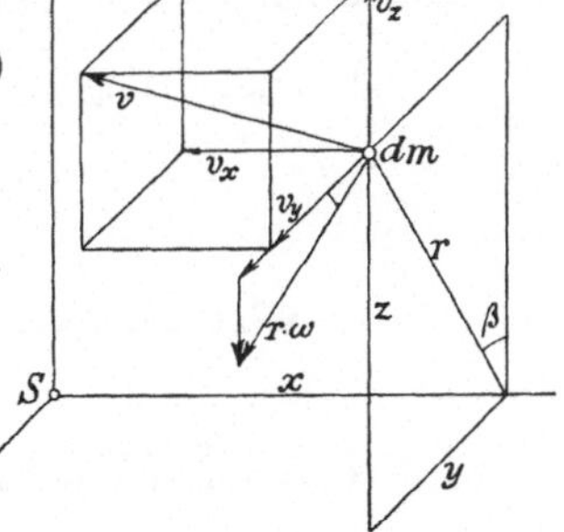

Fig. 188.

Einen unmittelbaren Nachweis ergibt die Fig. 188, worin die x-Achse als Drehachse gewählt ist. Die Seitengeschwindigkeiten des beliebigen Teilchens dm nach den drei rechtwinkligen Achsenrichtungen sind

$$w_x = -v_x\,,$$
$$w_y = +v_y + r\cdot\omega\cdot\cos\beta\,,$$
$$w_z = +v_z - r\cdot\omega\cdot\sin\beta;$$

also ist die Gesamtgeschwindigkeit gegeben durch

$$w^2 = v_x^2 + v_y^2 + v_z^2 + (r\cdot\omega)^2\cdot(\cos^2\beta + \sin^2\beta)$$
$$+ 2\cdot v_y\cdot r\cdot\omega\cdot\cos\beta - 2\cdot v_z\cdot r\cdot\omega\cdot\sin\beta\,.$$

Damit wird

$$\tfrac{1}{2}\cdot dm\cdot w^2 = \tfrac{1}{2}\cdot v^2\cdot dm + \tfrac{1}{2}\cdot(r\cdot\omega)^2\cdot dm$$
$$+ 2\cdot\omega\cdot(v_y\cdot z\cdot dm - v_z\cdot y\cdot dm)\,.$$

Bei der Summierung über den ganzen Körper fallen für die Schwerachse, aber nur für diese, die beiden letzten Glieder weg und man erhält die Formel (146a).

Beispiel 117. Zu berechnen ist der Ungleichförmigkeitsgrad des in Beispiel 115 angegebenen Schwungrades für die in Fig. 159 dargestellte Drehkraftkurve der in Beispiel 95 bezeichneten Gleichdruck-Gasmaschine.

Wenn die Maschine eine Dynamomaschine oder eine Werkstätten-Hauptwelle antreibt, so ist das widerstehende Moment unveränderlich und sein Druck q' ergibt sich bei der Höchstleistung der Maschine, wenn $q_m = 8{,}1$ at der mittlere Druck des Gasdruckdiagramms der Fig. 157 vom Hub s ist, aus der Beziehung

$$q_m\cdot s = 2\pi\cdot s\cdot q'$$

zu

$$q' = \frac{q_m}{2\pi} = 0{,}154\cdot q_m = 1{,}25 \text{ at,}$$

der bereits in die Fig. 159 eingetragen ist.

Die größte überschießende Fläche, die nach den Angaben am Schluß des Beispiels 94 die vom Schwungrad aufgenommene Arbeit darstellt, ist mittels der Trapezregel bestimmt zu $A = 190$ mm², das sind nach den Angaben in Beispiel 95

$$A = 190\cdot 1425\cdot\frac{0{,}56}{27} = 190\cdot 34{,}8 = 6610 \text{ mkg.}$$

Das Arbeitsvermögen des Schwungrades, das bei Beginn der Arbeitsaufnahme seine kleinste Winkelgeschwindigkeit $\omega_{\min}$ und am Ende der Arbeitsaufnahme die größte $\omega_{\max}$ besitzt, steigt dabei gemäß Formel (143) um

$$A = \frac{J}{2}\cdot(\omega_{\max}^2 - \omega_{\min}^2) = J\cdot\frac{\omega_{\max}+\omega_{\min}}{2}\cdot(\omega_{\max} - \omega_{\min})\,.$$

Man setzt nun an

$$\frac{\omega_{\max}+\omega_{\min}}{2} = \omega_m$$

als mittlere Winkelgeschwindigkeit des Schwungrades und

$$\omega_{\max} - \omega_{\min} = \delta\cdot\omega_m\,,$$

worin δ der Ungleichförmigkeitsgrad des Schwungrades ist, der Quotient aus der größten Änderung der Winkelgeschwindigkeit durch die mittlere. Damit wird

$$A = J\cdot\omega_m^2\cdot\delta\,. \tag{147}$$

Mit $$J = \frac{\vartheta \cdot G \cdot D^2}{4 \cdot g} = \frac{37\,920}{4 \cdot 9{,}81} = 967 \text{ mkg/sk}^2$$

und $$\omega_m = \frac{\pi \cdot n}{30} = \frac{\pi \cdot 180}{30} = 18{,}85 \text{ 1/sk}$$

wird also
$$\delta = \frac{6610}{967 \cdot 18{,}85^2} = \frac{1}{52}$$

für die Einzylindermaschine.

Bei einer Zweizylindermaschine hat q' die doppelte Höhe, ferner ist nach Fig. 160
$$A = 142 \text{ mm}^2 = 142 \cdot 34{,}8 = 4940 \text{ mkg}.$$

Damit wird bei demselben Schwungrad und derselben Umdrehungszahl der Maschine
$$\delta = \frac{4940}{967 \cdot 18{,}85} = \frac{1}{69}.$$

Gewöhnlich wird die Aufgabe umgekehrt gestellt, für eine bestimmte Maschine die Abmessungen des Schwungrades anzugeben bei vorgeschriebenem Ungleichförmigkeitsgrad δ. Ihre genaue Lösung wird erhalten, indem man dann aus Formel (147) J ausrechnet und beachtet, daß bei den gebräuchlichen Ausführungen vom Durchmesser $D = 5\,s$ die Arme und Nabe des Trägheitsmoment des Ringes um rund das 1,20fache vergrößern, während sie das Gewicht bei Dampfmaschinenschwungrädern i. M. um das 1,22 ÷ 1,25fache, bei Gasmaschinenschwungrädern um das 1,25 ÷ 1,30fache erhöhen.

Das Verfahren ist selbst bei sehr großem Ungleichförmigkeitsgrad, wo also die Winkelgeschwindigkeit stark von der mittleren ω_m abweichen kann, für die Zwecke der Praxis vollkommen genau[95]).

Überschlägige Abmessungen ergibt die folgende Überlegung: Die Überschußfläche A des Drehkraftdiagramms ist annähernd ein feststehender Bruchteil C_1 der gesamten von dem Dampfdruck geleisteten Arbeit:
$$A \sim C_1 \cdot \frac{\pi}{4} \cdot D^2 \cdot q_m \cdot s\,,$$
worin D in cm und s in m einzusetzen ist, wenn q_m wie gewöhnlich in at angegeben wird. Andererseits ist die Gesamtleistung der Maschine nach Formel (102)
$$N_1 \sim C_2 \cdot \frac{\pi}{4} \cdot D^2 \cdot q_m \cdot s \cdot n\,.$$
Hieraus folgt, wenn C_3 einen neuen Festwert bezeichnet
$$A \sim C_3 \cdot \frac{N_1}{n}\,.$$
Die Gleichung (147) läßt sich nun schreiben
$$A = \frac{\vartheta \cdot G \cdot (r \cdot \omega_m)^2}{g} \cdot \delta\,.$$
Durch Gleichsetzen beider Ausdrücke erhält man mit $\vartheta = 1{,}20$ das erforderliche Gewicht des Schwungringes aus
$$G = \frac{C \cdot N_1}{1{,}20 \cdot v^2 \cdot \delta \cdot n}, \tag{148}$$
worin v die Umlaufgeschwindigkeit des Schwerpunktes der Querschnittfläche des Ringes darstellt[96]).

---

[95]) Proell, Z. d. V. d. I. 1905.

[96]) Ein anderes Verfahren mit Benutzung des Dampfdruckdiagrammes unter Verwendung einer Hilfskurve gibt Feigl, D. p. J. 1911.

Die aus der Aufzeichnung einer Reihe von Drehkraftdiagrammen[97]) erhaltenen Werte von C in Abhängigkeit von der Füllung des Zylinders und dem Verhältnis des Beschleunigungsdruckes q zur Eintrittdampfspannung q_1 gibt die Zusammenstellung[41]):

Einzylinder-Dampfmaschine ohne Kondensation.

Füllung	Zusammendrückung	$\frac{q}{q_1} = 0{,}05$	0,1	0,2	0,3	0,4	0,5	0,6
$^1/_6$	$0{,}7\,q_1$	9600	8700	7200	6100	5500	5300	
	0	8600	7700	6300	5200	4500	4200	
$^1/_4$	$0{,}7\,q_1$	9000	8300	7200	6300	6000	6000	6200
	0	8500	7900	6800	5800	5300	5400	5800
$^1/_3$	$0{,}7\,q_1$	8500	8100	7100	6500	6300	6300	
	0	8300	7800	6900	6300	6100	6000	
$^1/_2$	$0{,}7\,q_1$	7800	7500	7000	6900			
	0	7600	7400	7000	7000			

Einzylinder-Dampfmaschinen mit Kondensation.

Füllung	Zusammendrückung	$\frac{q}{q_1} = 0{,}05$	0,1	0,2	0,3	0,4	0,5	0,6
$^1/_{10}$	$0{,}3\,q_1$	10000	9100	7500	6400	5700	5300	5200
	0	7600	6700	5100	4500	4600	5400	7100
$^1/_8$	$0{,}3\,q_1$	9700	8800	7400	6500	6000	5700	4800
	0	7500	6800	5400	4800	4600	4900	5700
$^1/_6$	$0{,}3\,q_1$	8900	8300	7100	6400	6100		
	0	7500	7000	5800	5000	4900		
$^1/_5$	$0{,}3\,q_1$	8500	8100	7200	6400	6100		
	0	7500	7100	6200	5400	5000		
$^1/_4$	$0{,}3\,q_1$	0000	7800	7400	7000	6600	6200	
	0	7300	7000	6600	6200	5900	5600	
$^1/_3$	$0{,}3\,q_1$	7500	7400	7000	6900	6900	6800	6800
	0	7100	6800	6700	6600	6500	6400	6300

Für Einzylinder-Viertaktgasmaschinen ergibt sich entsprechend[98])

$$C = 90\,000 \cdot (0{,}75 + c)$$

mit $c = 0{,}25 \div 0{,}35$ für Leuchtgas,

$0{,}40 \div 0{,}50$ „ Generatorgas,

$0{,}30 \div 0{,}40$ „ Petroleum,

$0{,}10 \div 0{,}20$ „ Benzin, Benzol,

$0{,}48 \div 0{,}52$ „ Dieselmaschinen.

---

97) Mayer, Z. d. V. d. I. 1889.
98) Güldner, Z. d. V. d. I. 1901.

Für andere Bauarten ist C mit dem Faktor der nachstehenden Zusammenstellung zu multiplizieren[80]).

Bauart	Viertakt	Zweitakt
	1,0	0,40
	0,425	–
	0,60	0,063
	0,60	0,06
	0,155	0,03
	0,08	0,07
	0,035	0,025

Beispiel 118. Der Dettmarsche Ölprüfer besteht aus einer kurzen Welle, die von dem bei allen Untersuchungen zu benutzenden Lager umgeben ist, und zwei Schwungrädern (Fig. 189). Ihren Antrieb erhält die Maschine vermittels einer leicht lösbaren Kupplung gewöhnlich von einem Elektromotor. Es ist

$$d = 3 \text{ cm}, \quad l = 5 \text{ cm}, \quad D = 23 \text{ cm}, \quad b = 8 \text{ cm},$$

ferner das Gewicht der Welle und Schwungräder $G = 45$ kg und ihr Trägheitsmoment $J = 857{,}5$ cmkg/sk².

Nach Erreichen des Beharrungszustandes von Öl und Lager wird die Welle vom Antrieb abgekuppelt und die infolge der Reibungskraft $\mu \cdot G$ abnehmende Umlaufzahl bis zum Stillstand in gleichen Zeitabschnitten aufgenommen.

Die Gleichung (141) liefert nun mit $\omega = \frac{\pi \cdot n}{30}$

$$\mu \cdot G \cdot \frac{1}{2} d = \varepsilon \cdot J = \frac{\pi}{30} \cdot \frac{dn}{dt} \cdot J$$

oder

$$\mu = \frac{2\pi}{30} \cdot \frac{J}{G \cdot d} \cdot \frac{dn}{dt} = c \cdot \frac{dn}{dt}$$

Mit den obigen Zahlenwerten ist $c = 1{,}33$.

Man hat also aus der aufgenommenen Auslaufkurve die Differentialkurve zu zeichnen. Sie ist dann im Maßstab 1 : 1,33 die Kurve der Reibungsziffer[99]).

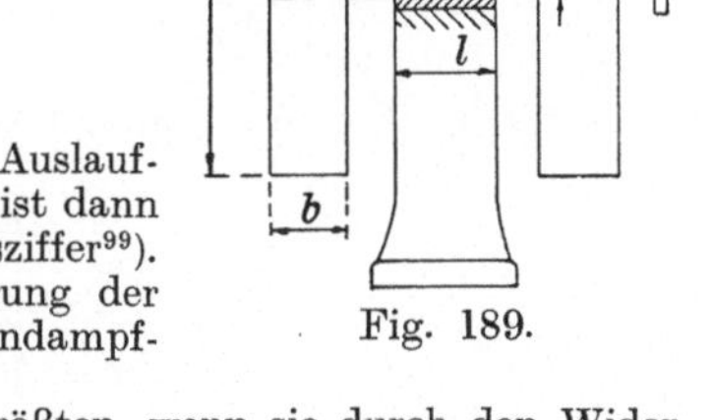

Fig. 189.

Beispiel 119. Anzugeben ist die Änderung der Leistung und des Drehmomentes einer Kolbendampfmaschine mit der Umdrehungszahl[100]).

Das Drehmoment der Maschine ist am größten, wenn sie durch den Widerstand festgebremst wird; es ist Null, wenn sie durchgeht. Sein stetiger Verlauf in Abhängigkeit von der Winkelgeschwindigkeit $\omega = \frac{\pi \cdot n}{30}$ ist etwa durch die

99) Heimann, Z. d. V. d. I. 1905.
100) Lorenz, Z. d. V. d. I. 1906.

Kurve M der Fig. 190 wiedergegeben. Die Leistung der Maschine beträgt nach Formel (144) $N = M \cdot \omega$ mkg/sk, deren Verlauf die Kurve N darstellt.

Der Wert ω_m, dem der Höchstwert $N_{\max}$ zugehört, wird erhalten aus

$$\frac{dN}{d\omega} = \frac{d(M \cdot \omega)}{d\omega} = \omega_m \cdot \left(\frac{dM}{d\omega}\right)_m + M_{\max} = 0 .$$

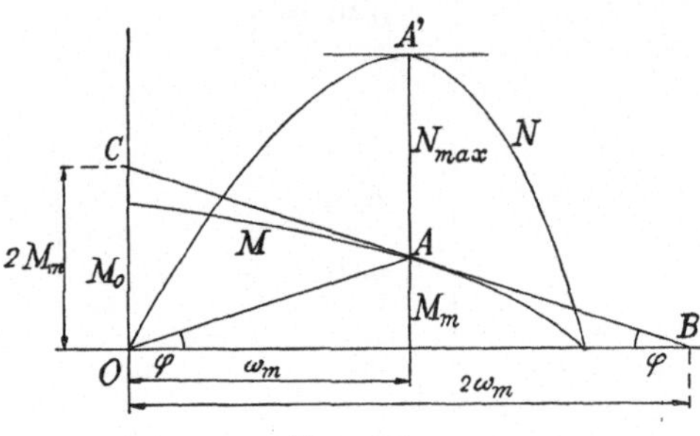

Fig. 190.

Nun ist

$$\left(\frac{dM}{d\omega}\right)_m = \operatorname{tg}\varphi$$

die Neigung der an die M-Kurve bei ω_m gelegten Tangente gegen die ω-Achse, und die vorstehende Gleichung ergibt dann

$$\left(\frac{dM}{d\omega}\right)_m = \operatorname{tg}\varphi = -\frac{M_{\max}}{\omega_m} .$$

Wie die Fig. 190 zeigt, wird die in dem fraglichen Punkt A an die M-Kurve gelegte Tangente BC durch A halbiert.

Ist M_0 das größte Moment im Augenblick des Festbremsens oder auch des Anfahrens, so kann mindestens näherungsweise angesetzt werden

$$M = M_0 \cdot (1 - c^2 \cdot \omega^2) ,$$

worin c ein der M-Kurve eigentümlicher in sk gemessener Beiwert ist. Es ist also

$$\frac{dM}{d\omega} = -2 \cdot \omega \cdot c^2 \cdot M_0 .$$

Setzt man diesen Ausdruck in die obige Gleichung für $\operatorname{tg}\varphi$ ein, so wird

$$2 \cdot \omega_m^2 \cdot c^2 \cdot M_0 = M_{\max} = M_0 \cdot (1 - c^2 \cdot \omega_m^2) .$$

Hieraus bestimmt sich der Beiwert

$$c = \frac{1}{\omega_m \cdot \sqrt{3}} .$$

Damit erhält man

$$M = M_0 \cdot \left(1 - \frac{1}{3} \cdot \frac{\omega^2}{\omega_m^2}\right), \qquad M_m = \frac{2}{3} \cdot M_0 ,$$

$$N = M_0 \cdot \omega \cdot \left(1 - \frac{1}{3} \cdot \frac{\omega^2}{\omega_m^2}\right), \quad N_{\max} = \frac{2}{3} \cdot M_0 \cdot \omega_m .$$

Ferner ist für $M = 0$ die größte Winkelgeschwindigkeit

$$\omega_{\max} = \frac{\omega_m}{\sqrt{3}} ,$$

also

$$M = M_0 \cdot \left(1 - \frac{\omega^2}{\omega_{\max}^2}\right) .$$

Ist etwa die Höchstleistung $N_{\max}$ und die zugehörige Winkelgeschwindigkeit ω_m durch einen Versuch festgestellt, so folgt für irgendeine andere Geschwindigkeit ω

$$N = N_{\max} \cdot \frac{3}{2} \cdot \frac{\omega}{\omega_m} \cdot \left(1 - \frac{1}{3} \cdot \frac{\omega^2}{\omega_{\max}^2}\right) . \tag{149}$$

Bei Lokomotiven oder Kraftwagen ist ja die Fahrtgeschwindigkeit $v = r \cdot \omega$ und ebenso die Zugkraft $P = \frac{M}{r}$, wenn r der Halbmesser der Treibräder ist. Die obigen Formeln lassen sich demnach unmittelbar für diesen Fall verwenden.

Beispiel 120. Ein Zahnrad von $z_0 = 20$ Zähnen und der Teilung $\tau = 0{,}7 \cdot \pi$ cm, das mit $n = 1050$ Umdrehungen in der Minute umläuft, habe mit der Welle und den darauf befestigten Teilen das Schwungmoment $\vartheta \cdot G \cdot D^2 = 12\ \mathrm{m}^2 \cdot \mathrm{kg}$, die Verzahnung habe eine Ungenauigkeit von $s = \frac{1}{20}$ mm. Anzugeben ist die dadurch entstehende zusätzliche Belastung der Zähne[101]).

Es ist das auf den Umfang bezogene Gewicht des Rades mit Welle usw.

$$\vartheta \cdot G = \frac{12}{D^2} = \frac{12}{(z_0 \cdot \tau)^2} = \frac{12}{(20 \cdot 0{,}7 \cdot \pi \cdot \frac{1}{100})^2} = 62\ \mathrm{kg}.$$

Da die infolge der Ungenauigkeit auftretenden Schwankungen von Sinusschwingungen nur wenig abweichen können, so ergibt die Formel (29) die größte Beschleunigung bzw. Verzögerung im Teilkreis (vgl. Beispiel 34) zu

$$p' = \omega^2 \cdot s = \left(\frac{z_0 \cdot n}{60}\right)^2 \cdot s = \left(\frac{20 \cdot 1050}{60}\right)^2 \cdot \frac{1}{20000} = 6{,}125\ \mathrm{m/sk}^2.$$

Damit wird nach Formel (70) der entstehende Zahndruck

$$P = \vartheta \cdot G \cdot \frac{p'}{g} = \frac{62 \cdot 6{,}125}{9{,}81} \sim 39\ \mathrm{kg}.$$

Beispiel 121. Eine Last $Q = 5$ t soll durch eine Kranwinde mit der Beschleunigung $p = 0{,}5\ \mathrm{m/sk}^2$ angehoben werden. Anzugeben ist das Drehmoment M, das der Antriebsmotor zu liefern hat.

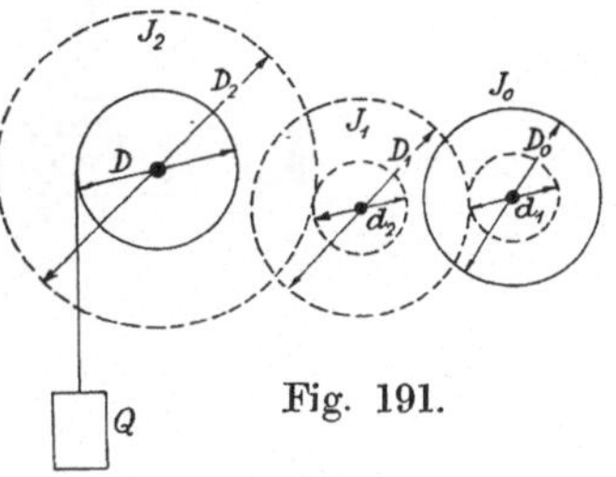

Fig. 191.

Sind die Trägheitsmomente der mit den drei Wellen des Triebwerkes verbundenen Räder usw. J_1, J_2, J_0 (Fig. 191), so gilt gemäß Formel (141) $M = \Sigma(J \cdot \varepsilon)$. Dabei muß beachtet werden, daß Räderübersetzungen die Drehmomente im Verhältnis der Übersetzung verkleinern (Bd. II, S. 124) und entsprechend die Winkelgeschwindigkeiten und -beschleunigungen vergrößern. Somit wird

$$M = J_0 \cdot \varepsilon_0 + J_1 \cdot \frac{d_1}{D_1} \cdot \varepsilon_1 + J_2 \cdot \frac{d_2}{D_2} \cdot \frac{d_1}{D_1} \cdot \varepsilon_2 + Q \cdot \left(1 + \frac{p}{g}\right) \cdot \frac{D}{2} \cdot \frac{d_2}{D_2} \cdot \frac{d_1}{D_1},$$

worin einzusetzen ist

$$\varepsilon_2 = \frac{p}{\frac{1}{2} D}, \qquad \varepsilon_1 = \varepsilon_2 \cdot \frac{D_2}{d_2}, \qquad \varepsilon_0 = \varepsilon_1 \cdot \frac{D_1}{d_1}$$

und

$$J_1 = \frac{\vartheta_1 \cdot G_1 \cdot D_1^2}{4 \cdot g} \ldots$$

Damit wird[102])

$$M = \frac{Q \cdot D}{2} \cdot \frac{d_1}{D_1} \cdot \frac{d_2}{D_2} + \frac{1}{2} \cdot \frac{p}{g} \cdot \frac{1}{D} \cdot \left(Q \cdot D^2 + \vartheta_2 \cdot G_2 \cdot D_2^2 \cdot \frac{d_1}{D_1} \cdot \frac{d_2}{D_2}\right. \qquad (150)$$
$$\left. + \vartheta_1 \cdot G_1 \cdot D_1^2 \cdot \frac{d_1}{D_1} \cdot \frac{D_2}{d_2} + \vartheta_0 \cdot G_0 \cdot D_0^2 \cdot \frac{D_1}{d_1} \cdot \frac{D_2}{d_2}\right).$$

---

[101]) Noack, Z. d. V. d. I. 1920.

[102]) Pfleiderer, Dynamische Vorgänge beim Anlaufen von Maschinen mit besonderer Berücksichtigung von Hebemaschinen, 1906.

Ist etwa $D = 70$ cm, $D_2 = 96$ cm, $d_2 = 20$ cm,
$D_1 = 72$ cm, $d_1 = 18$ cm, $D_0 = 40$ cm,

$\vartheta_0 \cdot G_0 \cdot D_0^2 = 12\ \mathrm{m^2 kg}$, $\vartheta_1 \cdot G_1 \cdot D_1^2 = 30\ \mathrm{m^2 kg}$, $\vartheta_2 \cdot G_2 \cdot D_2^2 = 110\ \mathrm{m^2 kg}$,

so erhält man

$$M = 5000 \cdot 0{,}35 \cdot \frac{18}{72} \cdot \frac{20}{96} + \frac{1}{2} \cdot \frac{0{,}5}{9{,}81} \cdot \left(5000 \cdot 0{,}70 + \frac{110}{0{,}70} \cdot \frac{18}{72} \cdot \frac{20}{96}\right.$$

$$\left. + \frac{30}{0{,}70} \cdot \frac{18}{72} \cdot \frac{96}{20} + \frac{12}{0{,}70} \cdot \frac{72}{18} \cdot \frac{96}{20}\right)$$

$$= 91{,}2 + 0{,}0255 \cdot (3500 + 8{,}2 + 51{,}4 + 329{,}0) = 190{,}2 \text{ mkg.}$$

Beispiel 122. Bei dem in Fig. 192 skizzierten Schneckengetriebe läuft die Schneckenwelle mit der Winkelgeschwindigkeit ω_1 um; sämtliche damit verbundenen Schwunggewichte seien durch das eine Schwungrad vom Trägheitsmoment J_1 dargestellt. Die Welle des Schneckenrades läuft mit $\omega_2 = \ddot{u} \cdot \omega_1$ um;

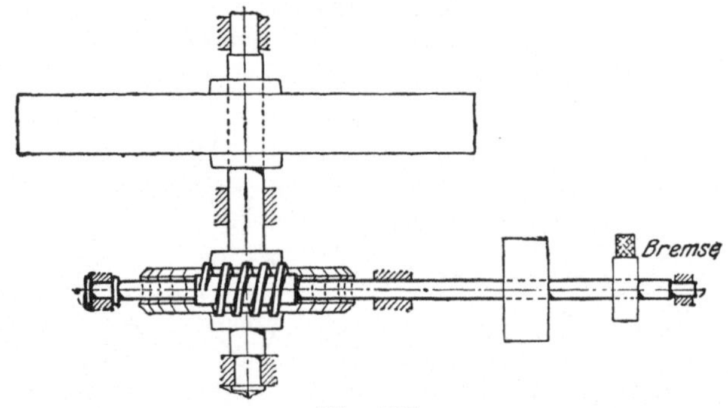

Fig. 192.

die darauf wirkenden Schwunggewichte stellt das Schwungrad vom Trägheitsmoment J_2 dar. Der Trieb läuft leer und werde durch Anziehen der Bremse mit dem Drehmoment M still gesetzt. Dann wirkt jetzt das auf der zweiten Welle sitzende Schwungrad treibend auf die erstere zurück mit dem Moment $M_2 = J_2 \cdot \varepsilon_2$. Ist der Wirkungsgrad des Getriebes bei dieser Rückwirkung η', so überträgt sich M_2 auf die erste Welle als

$$M_2' = \frac{\eta' \cdot M_2}{\ddot{u}} = \frac{\eta'}{\ddot{u}} \cdot J_2 \cdot \varepsilon_2 = \frac{\eta'}{\ddot{u}} \cdot J_2 \cdot \frac{\varepsilon_1}{\ddot{u}} \,.$$

Ebenso wirkt auf die Welle 1 treibend das Drehmoment ihres Schwungrades $M_1 = J_1 \cdot \varepsilon_1$.

Das Bremsmoment ist also

$$M = M_1 + M_2',$$

woraus durch Einsetzen der obigen Werte die Winkelverzögerung folgt

$$\varepsilon_1 = \frac{M}{J_1 + J_2 \cdot \frac{\eta'}{\ddot{u}^2}} \,. \tag{151}$$

Vorausgesetzt ist dabei, daß das Getriebe einen hohen Wirkungsgrad η hat, bei dem die Rückübertragung von der zweiten Welle aus möglich ist. Ist es selbstsperrend, also $\eta < 0{,}5$, so wird η' negativ, denn es ergibt sich, wenn vorläufig von den Nebeneinflüssen abgesehen wird, aus (Bd. II, S. 195)

$$\eta' = \frac{\operatorname{tg}(\alpha - \varrho)}{\operatorname{tg}\alpha},$$

worin $\varrho > \alpha$ ist. Die aus Gleichung (151) berechnete Verzögerung ist dann erheblich größer als im Fall eines hohen η, da das zweite Glied im Nenner dann das negative Vorzeichen hat.

Ein kritischer Sonderfall ist

$$\eta' = -\frac{J_1}{J_2} \cdot \ddot{u}^2,$$

bei dem der Nenner der Gleichung (151) 0 wird, also $\varepsilon_1 = \infty$: Das Getriebe bleibt sofort stehen, natürlich unter starker Verdrehung der Welle und Überbeanspruchung der Zähne und Bremse; es tritt Stoßhemmung ein[103]).

Sie kann auch bei fortschreitender Bewegung auftreten (vgl. Beispiel 106). Die Gleichung dafür lautet

$$\eta' = -\frac{G_1}{G_2} \cdot \ddot{u}^2.$$

Man entnimmt dem die Konstruktionsregel, daß der negative Wirkungsgrad beim Rücktrieb weit genug von dem kritischen Wert entfernt bleiben muß.

Beispiel 123. Eine Schiffsdampfturbine werde plötzlich umgesteuert und erfahre dadurch bei 10 sk Zeitdauer zwischen dem Beginn der Umsteuerung und dem Beginn des Rückwärtslaufes die Winkelverzögerung $\varepsilon = 15{,}0\ 1/\text{sk}^2$. Anzugeben ist das Biegungsmoment, das eine Schaufel der Niederdruckseite bei dem Trommeldurchmesser $D = 2800$ mm erfährt, wenn sie die Länge $l = 465$ mm und das Gewicht $G = 0{,}40$ kg hat (Fig. 193).

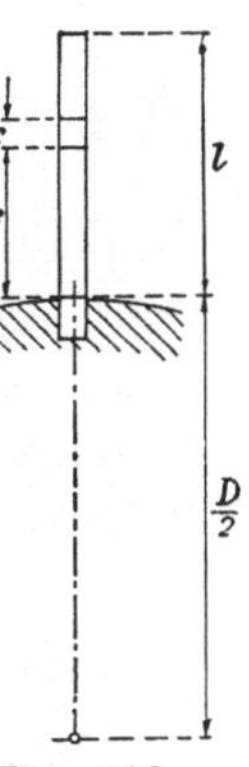

Fig. 193.

Ein Schaufelteilchen von der Länge dx hat das Gewicht $G \cdot \frac{dx}{l}$; es erfährt die Umfangsbeschleunigung $p = \left(\frac{D}{2} + x\right) \cdot \varepsilon$. Seine Trägheitskraft ist demnach

$$P = \frac{G}{g} \cdot \frac{dx}{l} \cdot (\tfrac{1}{2}D + x) \cdot \varepsilon$$

und das Biegungsmoment für die Einspannungsstelle

$$M = \int_0^l P \cdot x = \int_0^l \frac{G}{g} \cdot \frac{\varepsilon}{l} \cdot x \cdot (\tfrac{1}{2}D + x) \cdot dx$$

oder

$$M = \frac{G}{l} \cdot \frac{\varepsilon}{g} \cdot \left(\frac{l^2}{2} \cdot \frac{D}{2} + \frac{l^3}{3}\right) = \frac{G \cdot l^2}{3 \cdot g} \cdot \varepsilon \cdot \left(1 + \frac{3}{4} \cdot \frac{D}{l}\right) = J \cdot \varepsilon \cdot \left(1 + \frac{3}{4} \cdot \frac{D}{l}\right).$$

Mit den obigen Zahlenwerten wird[104])

$$M = \frac{0{,}40 \cdot 0{,}465^2 \cdot 15{,}0}{9{,}81 \cdot 3} \cdot \left(1 + \frac{3}{4} \cdot \frac{2{,}80}{0{,}465}\right) = 0{,}243 \text{ mkg}.$$

Beispiel 124. Zu berechnen ist für die in Fig. 194 skizzierte Schachtförderanlage mit Koepescheibe die größtmögliche Anfahrbeschleunigung. Gegeben ist[5]) das Gewicht eines zur Aufnahme von 8 Grubenwagen gebauten Förderkorbes zu 10 t, das eines leeren Förderwagens von 0,7 m³ Fassungsvermögen zu 0,3 t, das

---

[103]) Thoma, Z. d. V. d. I. 1917.
[104]) Schumacher, Z. d. V. d. I. 1913.

Gewicht des Förderseiles 8 kg/m, die gesamte Seillänge $h = 760$ m, die Höhe $h_0 = 30$ m, die Seillänge zwischen der Treibscheibe und den Seilscheiben $l \sim 45$ m, das Gewicht einer Seilführungsscheibe von $D_1 = 5$ m ⌀ 9,5 t, ihr auf den Umfang bezogenes Gewicht $\vartheta \cdot G_1 = 5{,}0$ t, das Gewicht der Treibscheibe von $D = 7{,}0$ m ⌀ 20 t, ihr auf den Umfang bezogenes Gewicht $\vartheta \cdot G \sim 10$ t, das Gewicht der Gegenseilscheibe von $D_2 = 3$ m ⌀ 4,0 t, ihr auf den Umfang bezogenes Gewicht $\vartheta \cdot G_2 = 2{,}2$ t.

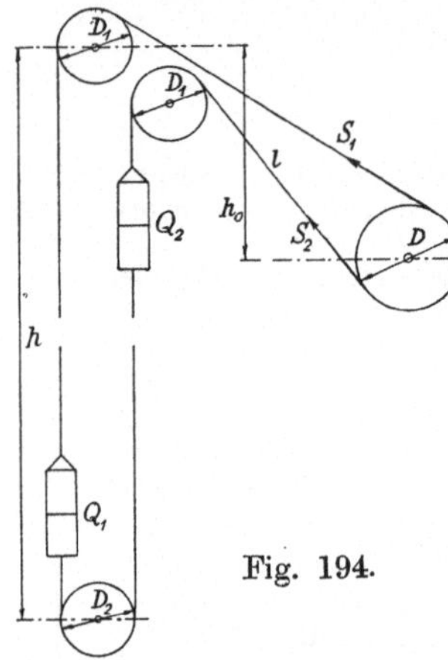

Fig. 194.

Dann ist das Gewicht des in die Höhe gehenden Förderkorbes einschließlich des zugehörigen Seilendes

$$Q_1 = 10 + 8 \cdot (0{,}30 + 0{,}56) + 8 \cdot 0{,}76 = 22{,}96 \text{ t}$$

und das Gewicht des leer heruntergehenden Förderkorbes

$$Q_2 = 10 + 8 \cdot 0{,}30 + 8 \cdot 0{,}76 = 18{,}48 \text{ t}.$$

Der Schachtwiderstand jedes Korbes kann überschlägig geschätzt werden (Bd. II, S. 46) zu $W = 0{,}20$ t, das Gewicht der Seile zwischen der Treibscheibe und der Seilumführungsscheibe ist je

$$\frac{1}{2} G' = \frac{8 \cdot 45}{1000} = 0{,}36 \text{ t}$$

bzw. das Gewicht des lotrechten Anteiles davon an jeder Seilscheibe

$$\frac{1}{2} G'' = \frac{8 \cdot 30}{1000} = 0{,}24 \text{ t}.$$

Bei gleichmäßiger Fahrt ist dann der größte bzw. kleinste Seilzug

$$S_1' = Q_1 - \tfrac{1}{2} G'' + W + \tfrac{1}{2} G_2 = 22{,}96 - 0{,}24 + 0{,}20 + 2{,}00 = 24{,}92 \text{ t},$$

$$S_2' = Q_2 - \tfrac{1}{2} G'' - W + \tfrac{1}{2} G_2 = 18{,}48 - 0{,}24 - 0{,}20 + 2{,}00 = 20{,}04 \text{ t},$$

und mit $v = 19$ m/sk Fahrtgeschwindigkeit beträgt die dafür aufzuwendende Leistung

$$N_1' = (S_1' - S_2') \cdot \frac{v}{75} = 4{,}88 \cdot 1000 \cdot \frac{19}{75} = 1236 \text{ PS}.$$

Bei der Anfahrt mit der Beschleunigung p sind die Seilspannkräfte[105])

$$S_1 = S_1' + \left(Q_1 + \frac{1}{2} G' + \vartheta \cdot G_1 + \vartheta \cdot G_2\right) \cdot \frac{p}{g}$$

$$= 24{,}92 + (22{,}96 + 0{,}36 + 5{,}0 + 2{,}2) \cdot \frac{p}{9{,}81} = 24{,}92 + 3{,}113 \cdot p,$$

$$S_2 = S_2' - \left(Q_2 + \frac{1}{2} G' + \vartheta \cdot G_1\right) \cdot \frac{p}{g}$$

$$= 20{,}04 - (18{,}48 + 0{,}36 + 5{,}0) \cdot \frac{p}{9{,}81} = 20{,}04 - 2{,}431 \cdot p.$$

Damit nun mindestens $\mathfrak{S} = 1{,}25$fache Sicherheit gegen Rutschen auf der Treibscheibe besteht, muß die Beziehung gelten (Bd. II, S. 231)

$$\frac{S_1}{S_2} = e^{\frac{\mu \cdot \alpha}{\mathfrak{S}}},$$

[105]) Ehrlich, Z. d. V. d. I. 1900; Heermann, D. p. J. 1902; Kaufhold, D. p. J. 1907; Trefler u. Rethel, Z. d. V. d. I. 1913; Moegelin, D. p. J. 1918.

worin einzusetzen ist die Reibungsziffer $\mu = 0{,}16$, der umfaßte Bogen $\alpha \backsim 1{,}05 \cdot \pi$, so daß man erhält

$$\frac{S_1}{S_2} = e^{\frac{0{,}16 \cdot 1{,}05 \cdot \pi}{1{,}25}} = 1{,}530\,.$$

Hiermit wird

$$\frac{24{,}92 + 3{,}113 \cdot p}{20{,}04 - 2{,}431 \cdot p} = 1{,}530,$$

also

$$p = \frac{20{,}04 \cdot 1{,}53 - 24{,}92}{3{,}113 + 2{,}431 \cdot 1{,}53} = 0{,}873 \text{ m/sk.}$$

Im praktischen Betrieb steigen die Beschleunigungsschwankungen[55]) des Förderkorbes mindestens bis etwa 1 m/sk^2, bleiben also von der Reibungsgrenze nicht mehr weit ab. Oft sind sie, besonders bei mangelhafter Unterhaltung der Förderkorbführungen, am Förderkorb selbst noch wesentlich größer.[105a])

Die vom Antriebsmotor am Ende der Anfahrzeit abzugebende Nutzleistung beträgt bei Berücksichtigung der Antriebsseilscheibe

$$N_1 = \left[4{,}88 + \left(5{,}544 + \frac{10{,}0}{9{,}81}\right) \cdot 0{,}873\right] \cdot \frac{19 \cdot 1000}{75} = 2700 \text{ PS.}$$

Der Antrieb wird erheblich günstiger, ohne daß die Fahrzeit wesentlich verlängert wird, wenn die Beschleunigung auf dem letzten Teil der Anfahrt bereits abnimmt, was schon wegen des Verlaufes des Drehmomentes der für Koepescheiben ausschließlich benutzten Elektromotoren nötig ist. Man erhält dann mit den Formeln (21) und (22) die zu einer Zeit t erforderliche Antriebsleistung

$$N_1 = v \cdot \frac{1000}{75} \cdot \left[4{,}88 + (5{,}544 + 1{,}020) \cdot \frac{2 \cdot v_1}{t_1} \cdot \left(1 - \frac{t}{t_1}\right)\right] \cdot \left[2\frac{t}{t_1} - \left(\frac{t}{t_1}\right)^2\right] \text{PS},$$

worin t_1 die Zeitdauer der ganzen Anfahrt und v_1 die dann erreichte gleichförmige Fahrtgeschwindigkeit angibt. Die Leistung wird am größten für $\frac{dN_1}{dt} = 0$, also für

$$\left[4{,}88 + 6{,}564 \cdot \frac{2v_1}{t_1} \cdot \left(1 - \frac{t}{t_1}\right)\right] \cdot \left(2 - 2\frac{t}{t_1}\right) - 6{,}564 \cdot \frac{2 \cdot v_1}{t_1} \cdot \left[2\frac{t}{t_1} - \left(\frac{t}{t_1}\right)^2\right] = 0\,.$$

Durch Auflösen der Klammern ergibt sich leicht[106])

$$\left(\frac{t}{t_1}\right)^2 - 2 \cdot \frac{t}{t_1} \cdot \left(1 + \frac{4{,}88}{6{,}564 \cdot 6} \cdot \frac{t_1}{v_1}\right) + \frac{2}{3} + \frac{4{,}88 \cdot 2}{6{,}564 \cdot 6} \cdot \frac{t_1}{v_1} = 0\,.$$

Mit $v_1 = 19$ m/sk und $t_1 = \frac{2 \cdot 19}{0{,}873} = 43{,}5$ sk geht diese Gleichung über in

$$\left(\frac{t}{t_1}\right)^2 - 2\frac{t}{t_1} \cdot 1{,}284 + 1{,}235 = 0\,,$$

woraus folgt

$$\frac{t}{t_1} = 1{,}284 \pm \sqrt{1{,}648 - 1{,}235} = 1{,}284 - 0{,}642 = 0{,}642\,.$$

Hiermit wird

$$N_{\max} = 19 \cdot \frac{1000}{75} \cdot (4{,}88 + 6{,}564 \cdot 0{,}873 \cdot 0{,}358) \cdot (1{,}284 - 0{,}413) = 1537 \text{ PS}\,,$$

also nur um 24 v. H. größer als die Dauerleistung bei der gleichförmigen Fahrt.

105a) Jahnke und Keinath, Z. f. d. Berg-, Hütten- und Salinenwesen 1921.
106) Jung, Fördertechnik 1914.

Man hat die Anordnung dadurch vereinfacht und den umfaßten Winkel α etwas vergrößert, daß man den Antrieb der Koepescheibe gleich auf den Förderturm setzt mit einer Lenkscheibe, wie Fig. 195 zeigt. Es sind jetzt aber die beiden Fälle zu unterscheiden: Entweder liegt die Lenkscheibe an dem Nutzlasttrum an oder an dem Totlasttrum. Die kleinere Höchstbeschleunigung ergibt sich für den letzteren Fall, der also für die Berechnung maßgebend ist.

Beispiel 125. Anzugeben ist die Spannkraft im Zugseil eines Kabelkranes nach Fig. 196 und die Beschleunigung der Last $Q = 3{,}25$ t bei Beginn des Herunterlassens.

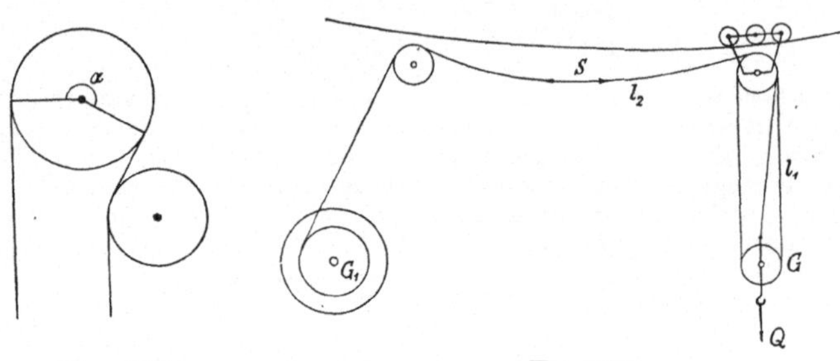

Fig. 195. Fig. 196.

Das Zugseil wiegt etwa $q \sim 1$ kg/m, seine Länge sei $l_1 = 15$ m, $l_2 = 450$ m im Höchstfall und 25 m im Kleinstfall; die Umführungs- und Flaschenzugrollen von $D = 0{,}5$ m $\varnothing$ wiegen etwa $G = 35$ kg, ihr auf den Umfang bezogenes Gewicht ist etwa $\vartheta \cdot G \sim 20$ kg; die Seiltrommel mit Kupplung wiegt etwa $G_1 = 2600$ kg, ihr auf den Umfang bezogenes Gewicht ist etwa $\vartheta_1 \cdot G_1 \sim 1200$ kg.

Wenn die Kupplung die Trommel frei läßt, wird das Seil nur durch den Trägheitswiderstand der Trommel und der Führungsrolle gehalten:

$$S = \frac{p}{g} \cdot (\vartheta_1 \cdot G_1 + \vartheta \cdot G),$$

worin p die Beschleunigung des Seiles ist. Sie wird hervorgebracht durch das Gewicht Q, das bei der dreifachen Übersetzung des Flaschenzuges nur die Beschleunigung $\frac{p}{3}$ erfährt. Man erhält so mit dem Wirkungsgrad des Flaschenzuges $\eta = 0{,}82$

$$Q = 3 \cdot \eta \cdot S + \frac{p}{g} \cdot \left(\frac{Q}{3} + \frac{q \cdot l_1}{3} + \frac{\vartheta \cdot G}{3} + \vartheta \cdot G + q \cdot l_1 \cdot \frac{2}{3} + q \cdot l_1 + \vartheta \cdot G + q \cdot l_2\right).$$

Durch Zusammenfassen mit der obigen Gleichung für S ergibt sich hieraus

$$p = g \cdot \frac{Q}{3 \cdot \eta \cdot (\vartheta_1 \cdot G_1 + \vartheta \cdot G) + \frac{7}{3} \cdot \vartheta \cdot G + \frac{Q}{3} + q \cdot (2\,l_1 + l_2)}$$

$$= \frac{9{,}81 \cdot 3250}{3 \cdot 0{,}82 \cdot 1220 + 2{,}33 \cdot 20 + 0{,}33 \cdot 3250 + 1\left(30 + \begin{Bmatrix}450\\25\end{Bmatrix}\right)}$$

$$= 5{,}96 \quad \text{bzw.} \quad 6{,}48 \text{ m/sk}^2.$$

Damit wird die Seilspannkraft

$$S = 0{,}102 \cdot 1220 \cdot \begin{Bmatrix}5{,}96\\6{,}48\end{Bmatrix} = 742 \quad \text{bzw.} \quad 806 \text{ kg}.$$

Wird verlangt, daß das Seil nicht mehr als $f = 2{,}5$ m durchhängt, so muß es nach Formel (125) Bd. I auf

$$l_0 = \sqrt{\frac{8 \cdot S \cdot f}{q}} = \sqrt{\frac{8 \cdot 742 \cdot 2{,}5}{1}} = 122 \text{ m}$$

Abstand durch Seiltragrollen unterstützt werden, die von der Laufkatze selbsttätig auszuhängen und wieder aufzunehmen sind.

Beispiel 126. Zu berechnen ist das Drehen einer 2 B-Schnellzuglokomotive nach Beispiel 109, deren hin- und hergehende Gewichte um den Betrag $a = 1{,}020$ m von der Hauptlängsachse der Lokomotive entfernt sind. Das Lokomotivgewicht $G \sim 41$ t hat den Trägheitsarm $r_0 = 2{,}40$ m entsprechend dem 0,33fachen der ganzen Kessellänge einschließlich der Rauchkammer oder dem 0,26fachen der Rahmenlänge[70]).

Wird das hin- und hergehende Gewicht der einen Seite aus der Stellung I der Fig. 197 in die Stellung I' nach vorn gebracht, so geht das um 90° dagegen versetzte Gewicht der anderen Seite aus der Stellung II in die Stellung II' nach hinten.

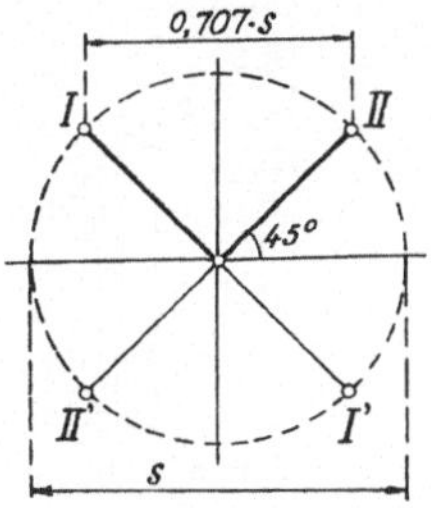

Ihr Trägheitsmoment

$$J = \frac{1}{g} [2(1 - \varphi) \cdot G_1] \cdot (0{,}707 \cdot s) \cdot 2\,a$$

muß nach dem Schwerpunktsatz ausgeglichen werden durch eine Gegenbewegung der anderen Gewichte um das Moment

$$J = \frac{1}{g} \cdot [G - (1 - \varphi) \cdot G_1] \cdot r_0^2 \cdot \alpha,$$

0,707·s
I
II
45°
II'
I'
s

Fig. 197.

worin α den Ausschlagbogen darstellt. Mit $r_0 \cdot \alpha = z$ ergibt sich durch Gleichsetzen der Ausschlag

$$z = \frac{2 \cdot 0{,}84 \cdot 540 \cdot 0{,}707 \cdot 600 \cdot 2 \cdot 1020}{(41\,000 - 450) \cdot 2400} = 3{,}8 \text{ mm}$$

im Abstande r_0 vom Gesamtschwerpunkt. Am Rahmenende ist der Ausschlag

$$z' = \frac{z}{2 \cdot 0{,}26} = 7{,}5 \text{ mm.}$$

In Wirklichkeit wurde z' gemessen und daraus der Trägheitsarm r_0 berechnet.

Beispiel 127. Ein Drehkran von $G = 40$ t Eigengewicht für eine Betriebslast $Q = 5$ t soll mit der Geschwindigkeit $v = 3$ m/sk auf einer Verladebrücke verfahren werden. Der Fahrwiderstand (Bd. II, S. 104) beträgt dabei etwa $W = \frac{1}{65} \cdot (G + Q) \sim 700$ kg. Die Antriebsmotoren sind so bemessen, daß sie beim Anfahren die Zugkraft $P = 2400$ kg liefern können; jeder Anker besitzt das Schwungmoment $\vartheta \cdot G_1 \cdot D^2 = 65$ m² kg[107]), die Umdrehungszahl ist $n = 1000$ in der Minute. Anzugeben ist die Zeit, die zum Anfahren gebraucht wird.

Da nach Beispiel 121 das Arbeitsvermögen der Vorgelegewelle usw. nur von ganz geringem Einfluß ist, so wird nach Formel (146) gerechnet:

$$A = \frac{1}{2} \cdot \frac{2 \cdot \vartheta \cdot G_1 \cdot D^2}{4 \cdot g} \cdot \left(\frac{\pi \cdot n}{30}\right)^2 + \frac{1}{2} \cdot (G + Q) \cdot \frac{v^2}{g}$$

$$= \frac{0{,}102}{2} \cdot \left[\frac{2 \cdot 65}{4} \cdot \left(\frac{\pi \cdot 1000}{30}\right)^2 + 45\,000 \cdot 3^2\right]$$

$$= 0{,}051 \cdot (356\,800 + 405\,000) = 38\,840 \text{ mkg.}$$

---

[107]) Richter, Z. d. V. d. I. 1911.

Ferner gilt ja

$$A = P \cdot s = P \cdot \tfrac{1}{2} \cdot v \cdot t$$
$$= 2400 \cdot \tfrac{1}{2} \cdot 3 \cdot t = 3600 \cdot t \text{ mkg}.$$

Durch Gleichsetzen findet man

$$t = \frac{38\,840}{3600} \sim 11 \text{ sk.}$$

Beispiel 128. An der Schlagspindelpresse nach Fig. 198 sei gegeben der größte zur Wirkung kommende Durchmesser der Reibscheiben $D_1 = 0{,}90$ m, der der Außendurchmesser des Schwungrades $D = 1{,}40$ m, sein mittlerer Ringdurchmesser $D_2 = 1{,}20$ m, der mittlere Spindeldurchmesser $d = 0{,}15$ m, die Gewindesteigung der Spindel $h = 3 \cdot 0{,}025$ m, der größte Spindelhub $l = 0{,}16$ m, der mittlere Durchmesser des Spindelschuhes $d_2 = 0{,}12$ m, der Preßweg $s = 0{,}0035$ m bei der höchsten Preßkraft $P = 150$ t, das Gewicht der Bleieinlagen im Schwungring G_1', das Gesamtgewicht des Schwungrades G_1, das Gewicht der Schraubenspindel $G_2 = 105$ kg, das des Preßbärs $G_3 = 100$ kg, die Umdrehungszahl in der Minute für die Welle der Reibscheiben $n_1 = 160$, die Reibungsziffer zwischen Spindel und Mutter $\mu_1 = 0{,}10$, die Reibungsziffer zwischen den Bleieinlagen und dem Schwungring $\mu_2 = 0{,}20$. Zu berechnen ist das erforderliche Gewicht des Schwungrades[108]).

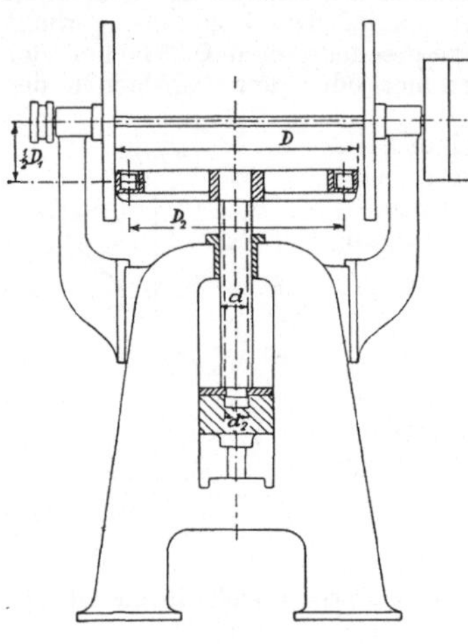

Fig. 198.

Die größte Winkelgeschwindigkeit der Spindel beträgt

$$\omega = \frac{\pi \cdot n_1}{30} \cdot \frac{D_1}{D} = \frac{\pi}{30} \cdot 160 \cdot \frac{0{,}90}{1{,}40} = 10{,}77 \text{ 1/sk},$$

und ihre größte lotrechte Geschwindigkeit wird damit

$$v = \frac{d}{2} \cdot \omega \cdot \frac{h}{\pi \cdot d} = \frac{\omega}{2\pi} \cdot h.$$

Das größte Arbeitsvermögen des Preßbärs ist hiernach

$$A_3 = G_3 \cdot \frac{v^2}{2g} = \frac{G_3 \cdot (h \cdot \omega)^2}{774{,}4} \text{ mkg},$$

das der Spindel

$$A_2 = G_2 \cdot \frac{v^2}{2g} + \frac{\vartheta_2 \cdot G_2 \cdot d^2}{8 \cdot g} \cdot \omega^2 = \frac{G_2 \cdot \omega^2}{774{,}4} \cdot (h^2 + \vartheta_2 \cdot d^2 \cdot \pi^2)$$

mit $\vartheta_2 = 0{,}5$ gemäß Formel (134), das des Schwungrades

$$A_1 = G_1 \cdot \frac{v^2}{2g} + \frac{(\omega \cdot D_2)^2}{8 \cdot g} \cdot [\vartheta \cdot G_1' + \vartheta_1 \cdot (G_1 - G_1')]$$
$$= \frac{G_1 \cdot \omega^2}{774{,}4} \cdot \left[h^2 + D_2^2 \cdot \pi^2 \cdot \left(\vartheta_1 + \frac{G_1'}{G_1} \cdot (1 - \vartheta_1)\right)\right]$$

mit $\vartheta_1 \sim 0{,}80$.

[108]) Schlesinger, Z. d. V. d. I. 1909; Schmidt, Die Werkzeugmaschine 1918.

Hiervon kommt in Abzug die Reibungsarbeit der Spindel in der Mutter und des Spindelschuhes im Preßbär

$$A_4 = (G_1 + G_2 + G_3) \cdot \mu_1 \cdot \pi \cdot d \cdot \frac{l}{h} + G_3 \cdot \mu_1 \cdot \pi \cdot d_2 \cdot \frac{l}{h}$$
$$= \mu_1 \cdot \pi \cdot \frac{l}{h} \cdot [d \cdot (G_1 + G_2 + G_3) + d_2 \cdot G_3]$$

während des Leerganges und

$$A_5 = \mu_1 \cdot \pi \cdot \frac{s}{h} \left(d + \frac{d_2}{3}\right) \cdot \frac{2}{3} \cdot P$$

während des Pressens.

Die Summe dieser A ergibt die Preßarbeit

$$\Sigma A = \tfrac{2}{3} \cdot P \cdot s \text{ mkg.}$$

Dabei wird überschlägig angenommen, daß die Preßkraft auf dem Wege s von 0 bis zum Höchstwert P nach einer Parabel ansteigt. Die Bestimmungsgleichung für G lautet demnach

$$G_1 \cdot \left[1 + \left(\frac{D_2 \cdot \pi}{h}\right)^2 \cdot \left(\vartheta_1 + \frac{G_1'}{G_1} \cdot (1 - \vartheta_1)\right)\right] + G_2 \cdot \left[1 + \vartheta_2 \cdot \left(\frac{d \cdot \pi}{h}\right)^2\right] + G_3$$
$$= \frac{774{,}4}{\omega^2 \cdot h^2} \cdot \left[\mu_1 \cdot \pi \cdot \frac{l}{h} \cdot [d \cdot (G_1 + G_2 + G_3) + d_2 \cdot G_3]\right.$$
$$\left. + \frac{2}{3} \cdot P \cdot s \cdot \left(1 + \mu_1 \cdot \pi \cdot \frac{d + \frac{1}{3} \cdot d_2}{h}\right)\right]. \quad (152)$$

Am einfachsten wählt man etwa $\frac{G_1'}{G_1} = \frac{1}{3}$ und berechnet mit den gegebenen Zahlenwerten

$$G_1 \cdot (2195 - 0{,}67 \cdot 0{,}15 \cdot 1187) = 1187 \cdot [0{,}67 \cdot (30{,}75 + 12{,}0) + 629] - 2178 - 100,$$

also

$$G_1 = 375 \text{ kg.}$$

Die Bleieinlagen sind sehr bequem, um die Presse auch für leichtere Arbeiten verwenden zu können. Eine Sicherung gegen Überschreiten der größten Preßkraft P bieten sie nur, wenn sie sich seitlich gegen leicht bewegliche Rollen legen oder Kugeln dazwischenliegen. Denn die Schwungkraft, von der die Gewichte nach außen gedrängt werden, braucht beim vorzeitigen Erreichen des Höchstpreßdruckes nur noch das 4fache des Gewichtes zu sein, um sie bei der Reibungsziffer $\mu_2 = 0{,}20$ festzubremsen. Am meisten werden zur Sicherung Abscherstifte in der Verbindung des Schwungrades mit der Spindel benutzt.

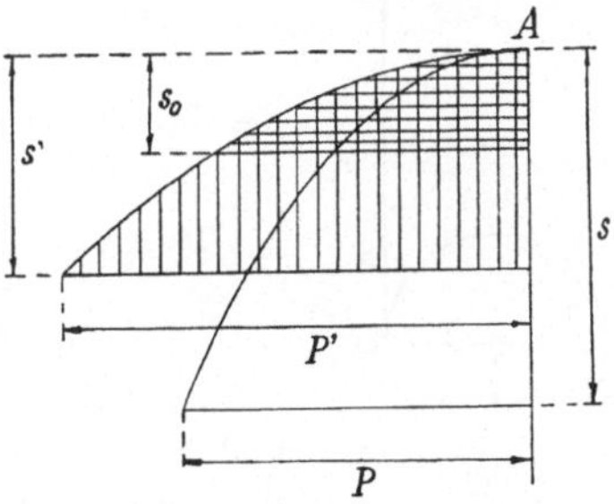

Ist der Widerstand des Arbeitsstückes so groß, daß die Gesamtarbeit A schon beim Hub s' aufgezehrt wird, so entspricht dem bei gleichem Arbeitsvermögen der bewegten Teile die senkrecht schraffierte Fläche der Fig. 197:

$$\tfrac{2}{3} \cdot P' \cdot s' = \tfrac{2}{3} \cdot P \cdot s\,.$$

Fig. 199.

Die zulässige Höchstkraft P wird dann aber schon nach dem Wege s_0 erreicht, und es gilt für die Parabel, deren Scheitel sich am Anfangspunkt A befindet (Bd. II, S. 98)

$$\frac{s_0}{s'} = \frac{P^2}{P'^2} = \left(\frac{s'}{s}\right)^2.$$

Die Preßarbeit, die dann bei festliegenden Bleigewichten nur abgegeben werden darf, ist durch die doppelt schraffierte Fläche der Fig. 199 dargestellt, sie beträgt

$$A_0 = \frac{2}{3} \cdot P \cdot s_0 = \frac{2}{3} \cdot P \cdot s' \cdot \left(\frac{s'}{s}\right)^3 .$$

Im Augenblick der Entlastung durch die rutschenden Bleieinlagen gilt für die weitere Preßarbeit

$$A' = P \cdot (s' - s_0) = P \cdot s' \cdot \left(1 - \frac{s_0}{s'}\right) = P \cdot s' \cdot \left(1 - \frac{s'^2}{s^2}\right) .$$

Dabei war die Winkelgeschwindigkeit ω bis auf den Betrag ω' heruntergegangen. Die Gleichung (152) geht demnach in die beiden folgenden über:

$$G_1 \cdot \left[1 + \left(\frac{D_2 \cdot \pi}{h}\right)^2 \cdot \left(\vartheta_1 + \frac{G_1'}{G_1} \cdot (1 - \vartheta_1)\right)\right] + G_2 \cdot \left[1 + \vartheta_2 \cdot \left(\frac{d \cdot \pi}{h}\right)^2\right]$$
$$+ G_3 = \frac{774{,}4}{(\omega^2 - \omega'^2) \cdot h^2} \cdot \left[\mu_1 \cdot \pi \cdot \frac{l}{h} \cdot [d \cdot (G_1 + G_2 + G_3) + d_2 \cdot G_3]\right.$$
$$\left. + \frac{2}{3} \cdot P \cdot s' \cdot \left(\frac{s'}{s}\right)^2 \cdot \left(1 + \mu_1 \cdot \pi \cdot \frac{d + \frac{1}{3} \cdot d_2}{h}\right)\right] \qquad (152\,\text{a})$$

und

$$G_1 \cdot \left[1 + \left(\frac{D_2 \cdot \pi}{h}\right)^2 \cdot \vartheta_1 \cdot \left(1 - \frac{G_1'}{G_1}\right)\right] + G_2 \cdot \left[1 + \vartheta_2 \cdot \left(\frac{d \cdot \pi}{h}\right)^2\right]$$
$$+ G_3 = \frac{774{,}4}{\omega'^2 \cdot h^2} \cdot \left[- G_1' \cdot \mu_2 \cdot \frac{D}{2h} \cdot s' \left(1 - \frac{s'^2}{s^2}\right)\right.$$
$$\left. + P \cdot s' \cdot \left(1 - \frac{s'^2}{s^2}\right) \cdot \left(1 + \mu_1 \cdot \pi \cdot \frac{d + \frac{1}{3} \cdot d_2}{h}\right)\right] . \qquad (152\,\text{b})$$

Rechnet man aus der zweiten den Wert $\frac{774{,}4}{\omega'^2 \cdot h^2}$ aus und setzt ihn in die erste ein, so folgt mit den gegebenen Zahlenwerten als Bestimmungsgleichung für $\frac{s'}{s}$:

$$1 = \left(\frac{s'}{s}\right)^3 + \frac{\left(\frac{s'}{s}\right)^3 \cdot 3{,}15 - 0{,}423}{\frac{s'}{s} \cdot \left(1 - \frac{s'^2}{s^2}\right) \cdot 943 - 225},$$

die durch Probieren leicht ergibt

$$s' \sim 0{,}845 \cdot s = 2{,}96 \text{ mm} .$$

Damit wird schließlich

$$s_0 = s' \cdot \left(\frac{s'}{s}\right)^2 = 2{,}96 \cdot 0{,}845^2 = 2{,}12 \text{ mm} .$$

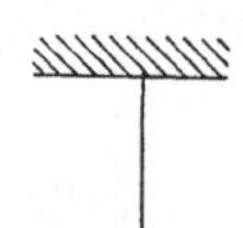

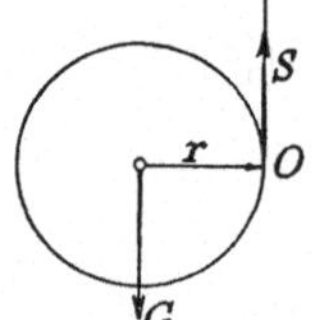

Fig. 200.

Beispiel 129. Um einen Zylinder vom Gewicht $G = 5$ kg und dem Halbmesser $r = 10$ cm ist eine Schnur geschlungen, die lotrecht über der Ablaufstelle befestigt ist (Fig. 200). Die Spannkraft S der Schnur und die Beschleunigung p des fallenden Zylinders sind zu berechnen.

Wird S nach dem Mittelpunkt der Rolle verschoben, so greift dort die nach unten gerichtete Kraft $R = G - S$ an; ferner wirkt auf die Rolle das Drehmoment $M = S \cdot r$ ein. Der Schwerpunkt erfährt so die lotrechte Beschleunigung [Formel (70)]

$$p = \frac{R}{G} \cdot g = \left(1 - \frac{S}{G}\right) \cdot g .$$

Außerdem erfährt der Zylinder die Winkelbeschleunigung [Formel (141)]

$$\varepsilon = \frac{M}{J} = \frac{S \cdot r}{\frac{G \cdot r^2}{2 \cdot g}} = g \cdot \frac{2\,S}{G \cdot r}\,.$$

Der Zylinder rollt also an der Schnur herunter. In dem dargestellten Augenblick ist die Ablaufstelle O augenblicklicher Drehpunkt, der für diesen Zeitpunkt die Geschwindigkeit 0 hat. Hieraus folgt der Zusammenhang

$$(p - r \cdot \varepsilon) \cdot t = 0$$

oder

$$1 - \frac{S}{G} - \frac{2 \cdot S}{G \cdot r} = 0\,,$$

also

$$S = \tfrac{1}{3}\,G = \tfrac{1}{3} \cdot 5 = 1{,}67 \text{ kg.}$$

Hiermit wird

$$p = (1 - \tfrac{1}{3}) \cdot 9{,}81 \backsim 6{,}5 \text{ m/sk}^2,$$

$$\varepsilon = \frac{p}{r} = \frac{6{,}5}{0{,}10} = 65 \text{ 1/sk}^2.$$

Beispiel 130. Ein Umdrehungskörper vom Gewicht G und dem Halbmesser r bewegt sich eine schiefe Ebene von der Neigung tg α herunter (Fig. 201). Die Bewegung ist zu untersuchen.

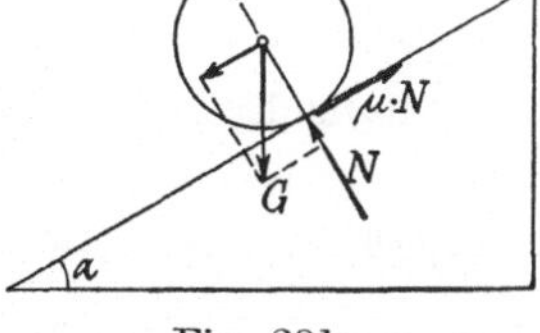

Fig. 201.

Wären der Körper und die Bahn völlig glatt, so wirkten auf ihn nur sein Gewicht G und die Gegenkraft N der schiefen Ebene, die beide durch den Schwerpunkt gehen, also keine Drehung herbeiführen können. Der Körper würde heruntergleiten. Tatsächlich setzt sich dem Gleiten der Reibungs- und Rollwiderstand $\left(\mu + \frac{f}{r}\right) \cdot N$ entgegen, der bei hinreichender Größe das Gleiten gänzlich verhindert und reine Rollbewegung hervorruft.

Nach Zerlegen von G parallel und senkrecht zur schiefen Ebene erhält man aus der Gleichgewichtsbedingung die Gegenkraft $N = G \cdot \cos\alpha$. Die Verschiebung des Reibungs- und Rollwiderstandes nach dem Schwerpunkt liefert dort die Mittelkraft in Richtung der schiefen Ebene

$$R = G \cdot \sin\alpha - \left(\mu + \frac{f}{r}\right) \cdot N\,,$$

ferner das Drehmoment

$$M = \left(\mu + \frac{f}{r}\right) \cdot N \cdot r\,.$$

Die geradlinige Beschleunigung des Schwerpunktes ist also

$$p = g \cdot \frac{R}{G} = g \cdot \left[\sin\alpha - \left(\mu + \frac{f}{r}\right) \cdot \cos\alpha\right]$$

und die Winkelbeschleunigung des Körpers

$$\varepsilon = \frac{M}{J} = \frac{\left(\mu + \frac{f}{r}\right) \cdot G \cdot \cos\alpha \cdot r}{\frac{\vartheta \cdot G \cdot r^2}{g}} = g \cdot \frac{\left(\mu + \frac{f}{r}\right) \cdot \cos\alpha}{\vartheta \cdot r}\,.$$

Für den Stützpunkt, der bei der Rollbewegung als augenblicklicher Drehpunkt die Geschwindigkeit 0 hat, gilt dann

$$(p - r \cdot \varepsilon) \cdot t = 0$$

oder

$$\sin\alpha - \left(\mu + \frac{f}{r}\right) \cdot \cos\alpha = r \cdot \frac{\mu + \left(\frac{f}{r}\right) \cdot \cos\alpha}{\vartheta \cdot r},$$

woraus folgt

$$\operatorname{tg}\alpha \lesseqgtr \left(1 + \frac{1}{\vartheta}\right) \cdot \left(\mu + \frac{f}{r}\right) \tag{153}$$

als Grenze, bei der noch reines Rollen, wie angenommen, eintritt.

Die nach Zurücklegen eines bestimmten Gefälles h erreichte Geschwindigkeit folgt aus der Arbeitsgleichung:

$$A = G \cdot h = \frac{G \cdot v^2}{2g} + \frac{\vartheta \cdot G \cdot r^2 \cdot \omega^2}{2g}.$$

Da nun bei reiner Rollbewegung die Umfangsgeschwindigkeit $r \cdot \omega$ gleich der fortschreitenden v des Schwerpunktes ist, so erhält man hiermit

$$v = \sqrt{\frac{2 \cdot g \cdot h}{1 + \vartheta}}. \tag{154}$$

Die Geschwindigkeit ist unabhängig vom Gewicht des Körpers, aber abhängig von seiner Form. Es gilt für

den Hohlzylinder $v = \sqrt{\frac{2 \cdot g \cdot h}{1 + 1}} = 0{,}707 \cdot \sqrt{2 \cdot g \cdot h}$,

den Vollzylinder $v = \sqrt{\frac{2 \cdot g \cdot h}{1 + 0{,}5}} = 0{,}817 \cdot \sqrt{2 \cdot g \cdot h}$,

die Kugel $v = \sqrt{\frac{2 \cdot g \cdot h}{1 + 0{,}4}} = 0{,}845 \cdot \sqrt{2 \cdot g \cdot h}$,

allerdings nur, wenn die Bedingung (153) erfüllt ist. Bei reinem Gleiten ganz ohne Reibung wäre $v = \sqrt{2 \cdot g \cdot h}$.

Der Vorgang kann zum Bestimmen des Wertes ϑ von Radsätzen u. dgl. benutzt werden, wenn die Abrollzeit t genau genug gemessen wird[109]).

Ist bei einem Wagen G das Gesamtgewicht und G_1 das Gewicht der Radsätze, so ist in Gleichung (154) statt ϑ einzusetzen $\mathfrak{D} \cdot \frac{G_1}{G}$. Für einen offenen Eisenbahngüterwagen ist im leeren Zustand $G = 7{,}3$ t, $G_1 = 2 \cdot 1{,}025$ t, $\vartheta \sim 0{,}55$, mithin $v = 0{,}934 \cdot \sqrt{2 \cdot g \cdot h}$. Entsprechend ist die Rechnung des Beispiels 105 zu verbessern.

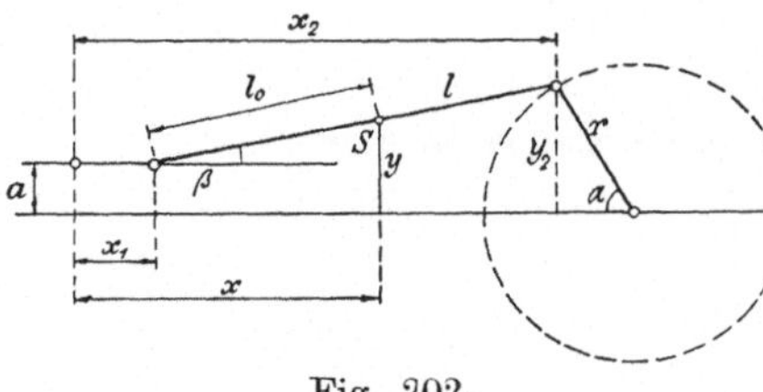

Fig. 202.

Beispiel 131. Zu bestimmen ist, welcher Anteil des Gewichtes einer schwingenden Schubstange eines geschränkten Kurbeltriebes den hin- und hergehenden Gewichten zuzurechnen ist[110]).

Man entnimmt der Fig. 202

$$x_2 - x_1 = l \cdot \cos\beta$$

$$y_2 - y_1 = l \cdot \sin\beta = r \cdot \sin\alpha - a.$$

Sind die Seitengeschwindigkeiten des Schwerpunktes S nach den beiden Achsenrichtungen v_x und v_y, ferner $\omega = \frac{d\beta}{dt}$ die Winkelgeschwindigkeit der

[109]) Lechner, D. p. J. 1913.

[110]) Lorenz, Dynamik der Kurbelgetriebe, 1901.

Drehung um den Schwerpunkt und r_0 der Trägheitshalbmesser in bezug auf den Schwerpunkt, so besitzt die Stange etwa in der gezeichneten Lage das Arbeitsvermögen

$$A = \frac{G}{2 \cdot g} \cdot (v_x^2 + v_y^2 + r_0^2 \cdot \omega^2),$$

und durch Differentiation folgt hieraus

$$\begin{aligned} dA &= \frac{G}{g} \cdot (v_x \cdot dv_x + v_y \cdot dv_y + r_0^2 \cdot \omega \cdot d\omega) \\ &= \frac{G}{g} \cdot \left(v_x \cdot dt \cdot \frac{dv_x}{dt} + v_y \cdot dt \cdot \frac{dv_y}{dt} + r_0^2 \cdot \omega \cdot dt \cdot \frac{d\omega}{dt}\right). \end{aligned}$$

Nun ist $$v_x \cdot dt = dx \ldots,$$

also nach dem Satz vom Potential (Beispiel 99)

$$X = G \cdot \frac{p_x}{g}, \qquad Y = G \cdot \frac{p_y}{g}, \qquad M = G \cdot \frac{r_0^2 \cdot \varepsilon}{g},$$

und das Moment der Trägheitskräfte in bezug auf den Anfangspunkt der x und y nach Fig. 203

$$M_0 = +M - X \cdot y + Y \cdot x.$$

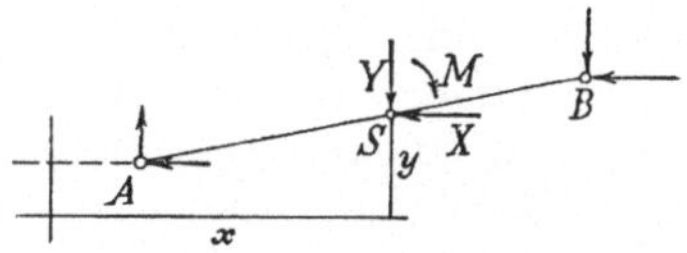

Nach Fig. 202 ist noch

$$x = x_1 + (x_2 - x_1) \cdot \frac{l_0}{l} = x_1 \cdot \frac{l - l_0}{l} + x_2 \cdot \frac{l_0}{l},$$

$$y = y_1 \cdot \frac{l - l_0}{l} + y_2 \cdot \frac{l_0}{l}.$$

Fig. 203.

Damit erhält man leicht durch Division mit dt

$$v_x = v_{x1} \cdot \frac{l - l_0}{l} + v_{x2} \cdot \frac{l_0}{l},$$

$$v_y = 0 + v_{y2} \cdot \frac{l_0}{l},$$

also

$$v^2 = v_x^2 + v_y^2 = (v_{x1}^2 + v_{y1}^2) \cdot \left(\frac{l_0 - l}{l}\right)^2 + (v_2^2 + v_{y2}^2) \cdot \left(\frac{l_0}{l}\right)^2$$
$$+ 2 \cdot (v_{x1} \cdot v_{x2} + v_{y1} \cdot v_{y2} \cdot \frac{l - l_0}{l} \cdot \frac{l_0}{l}.$$

Andererseits ist nach den zuerst stehenden Gleichungen

$$v_{x2} - v_{x1} = -l \cdot \sin\beta \cdot \omega,$$
$$v_{y2} - v_{y1} = +l \cdot \cos\beta \cdot \omega,$$

also nach Quadrierung und Addition

$$v_1^2 + v_2^2 - 2 \cdot (v_{x1} \cdot v_{x2} + v_{y1} \cdot v_{y2}) = (l \cdot \omega)^2.$$

Wird hieraus der Klammerausdruck in die Gleichung für v eingesetzt, so folgt

$$v^2 = v_1^2 \cdot \frac{l - l_0}{l} + v_2^2 \cdot \frac{l_0}{l} - \omega^2 \cdot l_0 \cdot (l - l_0),$$

also

$$A = \frac{G}{2g} \cdot \left[v_1^2 \cdot \frac{l - l_0}{l} + v_2^2 \cdot \frac{l_0}{l} - \omega^2 \cdot [l_0 \cdot (l - l_0) - r_0^2]\right]. \qquad (155)$$

Für $r_0 = \sqrt{l_0 \cdot (l - l_0)}$ wird das letzte Glied der eckigen Klammer 0. Nur in dem Fall kann man das Gewicht der Stange wie das eines Trägers auf zwei Stützen auf die beiden Enden verteilen[111]). Die meisten praktischen Ausführungen weichen davon nicht wesentlich ab.

III. Besondere Anwendungen.

14. Der Stoß.

Laufen zwei Körper von den Gewichten G_1 und G_2 mit den Geschwindigkeiten v_1 und v_2 aufeinander, so erfolgt ein Stoß[89]), der die weitere Bewegung der Körper in sehr kurzer Zeit erheblich ändert. An der Berührungsstelle beider Körper treten Druckkräfte N auf, die in jedem Augenblick einander gleich, aber entgegengesetzt gerichtet sind. Sie rufen eine Formänderung der beiden Körper hervor, die mit steigendem N solange anwächst, bis beide Körper dieselbe Geschwindigkeit angenommen haben.

Sind die Körper vollkommen unelastisch, wie etwa weiche Tonkugeln oder schweißwarme Eisenstücke, so behalten sie die erhaltene Formänderung bei und bewegen sich mit der erzielten gemeinsamen Geschwindigkeit zusammen weiter. Elastische Körper haben dagegen das Bestreben, die während dieses ersten Stoßabschnittes erlittene Formänderung während eines zweiten Stoßabschnittes wieder mehr oder weniger rückgängig zu machen. Die in diesem zweiten Stoßabschnitt auftretenden Druckkräfte bewirken, daß sich die Körper wieder trennen und mit verschiedenen Geschwindigkeiten weiterbewegen. Bei vollkommen elastischen Körpern sind nun die in dem zweiten Stoßabschnitt hervorgebrachten Geschwindigkeitsänderungen gleich den im ersten Stoßabschnitt erzielten, bei unvollkommen elastischen Körpern sind sie kleiner.

Das Verhältnis der im zweiten Stoßabschnitt entstandenen Geschwindigkeitsänderungen zu denjenigen des ersten Stoßabschnittes ist die Stoßziffer.

Sie ist im wesentlichen abhängig von dem Material der betreffenden Körper und beträgt i. M. für

	Elfenbein	Glas	Stahl	Kork	Holz
$k =$	$^8/_9$	$^{15}/_{16}$	$^5/_9$	$^5/_9$	$^1/_2$

Sie hängt ferner von der Größe der durch den Stoß hervorgebrachten Geschwindigkeitsänderung ab. Denn ist diese groß, so ist die Formänderung ebenfalls eine erhebliche und geht oft so weit, daß die Zusammendrückung zum Teil dauernd bestehen bleibt. Ist dagegen die Formänderung nur klein, so gleicht sie sich zum weitaus größten Teil oder auch gänzlich wieder aus (Bd. IV). Bei kleinen Geschwindigkeitsänderungen kann z. B. für Elfenbein $k = 1$ gesetzt werden, d. h. es ist dann als vollkommen elastisch anzusehen.

Die Gerade, die zur gemeinsamen Berührungsebene der beiden Körper in der Mitte der Berührungsstelle senkrecht steht, heißt die

[111]) Lorenz, Z. d. V. d. I. 1918/19.

Stoßlinie. Befinden sich die Schwerpunkte beider Körper in dieser Linie, so ist der Stoß ein zentrischer, andernfalls ein exzentrischer. Sind die Bewegungen der Schwerpunkte beider Körper mit der Stoßlinie parallel, so spricht man von einem geraden Stoß im Gegensatz zu einem schiefen.

Es werde zuerst der gerade zentrische Stoß unelastischer Körper untersucht. Die Fig. 204 zeigt die beiden Körper mit gleichgerichteten Geschwindigkeiten kurz vor dem Stoß und die Fig. 205 im Verlauf des Stoßes. Hat die Stoßkraft in einem beliebigen Augenblick der Stoßdauer den Wert N, so wird der Körper 1 verzögert mit dem Betrag $p_1 = g \cdot \frac{N}{G_1}$ und der Körper 2 beschleunigt mit $p_2 = g \cdot \frac{N}{G_2}$, und es gilt

$$\frac{-p_1 \cdot dt}{+p_2 \cdot dt} = \frac{-dv_1}{+dv_2} = \frac{G_2}{G_1}:$$

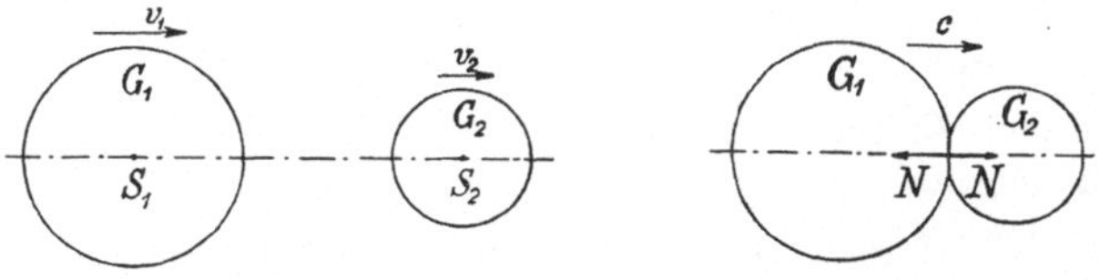

Fig. 204.

Fig. 205.

Die Geschwindigkeitsänderungen verhalten sich umgekehrt wie die Gewichte der Körper, und ihr Verhältnis ist unabhängig von der Größe der veränderlichen Stoßkraft N.

Die Gleichung kann auch geschrieben werden

$$-dv_1 \cdot G_1 = +dv_2 \cdot G_2 ,$$

deren Integration ergibt

$$\int_{v_1}^{c} (-dv_1) \cdot G_1 = \int_{v_2}^{c} dv_2 \cdot G_2$$

oder aufgelöst

$$(v_1 - c) \cdot G_1 = (c - v_2) \cdot G_2 .$$

Hieraus folgt

$$c = \frac{G_1 \cdot v_1 + G_2 \cdot v_2}{G_1 + G_2} . \tag{156}$$

Die Gleichung entspricht der Schwerpunktformel (Bd. I, S. 90). Sie kann auch geschrieben werden

$$(G_1 + G_2) \cdot \frac{c}{g} = G_1 \cdot \frac{v_1}{g} + G_2 \cdot \frac{v_2}{g}:$$

Die Bewegungsgröße nach dem Stoß ist gleich der Summe der Bewegungsgrößen vor dem Stoß.

Bewegt sich G_2 gegen G_1, so ist die Geschwindigkeit v_2 mit dem negativen Vorzeichen einzusetzen.

Sind beide Körper vollkommen elastisch, so haben sie nach Ablauf des ersten Stoßabschnittes die berechnete gemeinsame Geschwindigkeit c angenommen. In dem zweiten Stoßabschnitt wirken nun die gleichen Kräfte N in umgekehrter Reihenfolge und Richtung, so daß die Geschwindigkeit des Körpers 1 noch weiter um den gleichen Betrag zu c_1 verringert und die des Körpers 2 ebenso weiter auf c_2 vergrößert wird.

Es ist also die Endgeschwindigkeit von Körper 1

$$c_1 = v_1 - 2 \cdot (v_1 - c) = 2c - v_1$$

und ebenso die Endgeschwindigkeit von Körper 2

$$c_2 = v_2 + 2 \cdot (c - v_2) = 2c - v_2,$$

worin c aus der Gleichung (156) einzusetzen ist. Dies ergibt schließlich

$$c_1 = \frac{(G_1 - G_2) \cdot v_1 + 2 \cdot G_2 \cdot v_2}{G_1 + G_2}, \quad c_2 = \frac{(G_2 - G_1) \cdot v_2 + 2 \cdot G_1 \cdot v_1}{G_1 + G_2}. \tag{157}$$

Bewegt sich G_2 gegen G_1, so ist wieder v_2 mit dem negativen Vorzeichen zu nehmen.

Beispiel 132. Anzugeben sind die Endgeschwindigkeiten c_1 und c_2 bei gegebenen Anfangsgeschwindigkeiten v_1 und v_2, wenn beide vollkommen elastisch gedachten Körper das gleiche Gewicht G haben.

Die Formeln (157) ergeben sofort

$$c_1 = v_2 \qquad \text{und} \qquad c_2 = v_1 .$$

Die Geschwindigkeiten werden beim geraden zentrischen Stoß vertauscht.

Befindet sich der gestoßene Körper in Ruhe, ist also $v_2 = 0$, so wird hiernach

$$c_1 = 0 \qquad \text{und} \qquad c_2 = v_1 :$$

Der stoßende Körper bleibt stehen und der gestoßene nimmt seine Geschwindigkeit an.

Sind beide Körper unvollkommen elastisch von der Stoßziffer k, die hauptsächlich von dem Verhalten des weniger elastischen Körpers beeinflußt wird, so erfährt der Körper 1 im ersten Stoßabschnitt die Geschwindigkeitsabnahme $v_1 - c$ und im zweiten $k \cdot (v_1 - c)$, also insgesamt die Geschwindigkeitsabnahme $(v_1 - c) \cdot (1 + k)$. Ebenso erhält der Körper 2 die Geschwindigkeitszunahme $(c - v_2) \cdot (1 + k)$. Folglich ist nach dem Stoß

$$c_1 = v_1 - (v_1 - c) \cdot (1 + k) = c \cdot (1 + k) - v_1 \cdot k,$$
$$c_2 = v_2 + (c - v_2) \cdot (1 + k) = c \cdot (1 + k) - v_2 \cdot k.$$

Hierin ist wieder c aus der Gleichung (156) einzusetzen, womit folgt

$$\left.\begin{aligned} c_1 &= \frac{G_1 \cdot v_1 + G_2 \cdot v_2 - G_2 \cdot k \cdot (v_1 - v_2)}{G_1 + G_2}, \\ c_2 &= \frac{G_1 \cdot v_1 + G_2 \cdot v_2 + G_1 \cdot k \cdot (v_1 - v_2)}{G_1 + G_2}. \end{aligned}\right\} \tag{158}$$

Der Verlust an Arbeitsvermögen des ersten Körpers beträgt

$$A_1 = \frac{G_1}{2 \cdot g} \cdot (v_1^2 - c_1^2) = \frac{G_1 \cdot G_2}{(G_1 + G_2)^2} \cdot \frac{v_1 - v_2}{2 \cdot g} \cdot [2 \cdot G_1 \cdot v_1 \cdot (1 + k) + G_2 \cdot (v_1 + v_2 + 2 \cdot k \cdot v_2 - k^2 \cdot (v_1 - v_2))] \qquad (159\text{a})$$

und die Zunahme des Arbeitsvermögens von Körper 2

$$A_2 = \frac{G_2}{2 \cdot g} \cdot (c_2^2 - v_2^2) = \frac{G_1 \cdot G_2}{(G_1 + G_2)^2} \cdot \frac{v_1 - v_2}{2 \cdot g} \cdot [2 \cdot G_2 \cdot v_2 \cdot (1 + k) + G_1 \cdot (v_1 + v_2 + 2 \cdot k \cdot v_1 + k^2 \cdot (v_1 - v_2))] \, . \qquad (159\text{b})$$

Der durch die unelastische Formänderung der Körper entstehende Gesamtarbeitsverlust ist nun

$$A = A_1 - A_2 = \frac{G_1 \cdot G_2}{G_1 + G_2} \cdot \frac{(v_1 - v_2)^2}{2 \cdot g} \cdot (1 - k^2) \, . \qquad (159\text{c})$$

Er ist am größten für vollkommen unelastische Körper[112]), für die ja $k = 0$ ist, und ist bei vollkommen elastischen Körpern 0, weil dort $k = 1$ ist.

Die vorstehende Rechnung nimmt an, daß Formänderungen der stoßenden Körper nur an der Stoßstelle selbst stattfinden. Tatsächlich pflanzen sich jedoch elastische Dehnungswellen durch die Körper bis an ihr Ende fort und kehren wieder zurück. Die obigen Ergebnisse sind also nur erste, allerdings schon ziemlich genaue Annäherungen.

Als Stoßdauern sind ermittelt[113]) bei

	Blei	Kupfer	Messing	Stahl	Nieteisen und Stahl	
Zeit $t =$	0,0054	0,00176	0,00138	0,00125	0,00155	sek,
Stauchung	—	5,7	3,45	3,37	4,41	mm,
um	4	—	—	2,0	—	„

je nach Form des Probestückes. Die Zeiten verhalten sich ungefähr wie die Quadratwurzeln aus den Stauchungen, gleiche Probekörper, wie in Zeile 1 der Stauchungen, vorausgesetzt.

Beispiel 133. Der Bär eines kleinen Dampfhammers von 215 mm Zylinderdurchmesser hat $G_1 = 200$ kg Gewicht, sein größter Hub beträgt $s = 400$ mm. Beim Schlag auf ein Arbeitsstück von 11 cm Höhe beträgt demnach die reine Fallarbeit

$$A_0 = G \cdot s = 200 \cdot 0{,}29 = 58 \text{ mkg}.$$

Durch einen Dampfüberdruck von etwa 3 at über die Atmosphäre während der 31 v.H. des Hubes dauernden Einströmung wird das Arbeitsvermögen etwa verdoppelt[114]). Gemessen wurde eine Aufschlaggeschwindigkeit $v_1 = 3{,}2$ m/sk, die

$$A_1 = \frac{200 \cdot 3{,}2^2}{2 \cdot 9{,}81} = 104{,}5 \text{ mkg}$$

ergibt. Das Gewicht von Amboß und Schabotte werde zu

$$G_2 = 2 \quad - \quad 4 \quad - \quad 6 \text{ t}$$

angenommen. Zu berechnen ist der Wirkungsgrad des Schlages.

[112]) Carnot, Réflexions sur la puissance du feu et sur les machines propres à dèvelopper cette puissance, 1824.

[113]) Höniger, Z. d. V. d. I. 1912; Seehase, Z. d. V. d. I. 1914.

[114]) Fuchs, Z. d. V. d. I. 1911.

Beim Arbeiten auf weiches Schmiedeisen wird der Stoß vollkommen unelastisch, also $k = 0$, und der Arbeitsverlust nach Formel (159c) mit der Geschwindigkeit des Ambosses $v_2 = 0$ wird zur Formänderung des Schmiedestückes aufgewandt, ist demnach hier Nutzarbeit. Der Wirkungsgrad ist somit

$$\eta = \frac{A}{A_1} = \frac{G_1 \cdot G_2}{G_1 + G_2} \cdot \frac{v_1^2}{2 \cdot g} \cdot \frac{2 \cdot g}{G_1 \cdot v_1^2} = \frac{G_2}{G_1 + G_2} . \tag{160}$$

Für die drei obigen Werte von G_2 folgt hieraus

$$\eta = 0{,}910 \quad - \quad 0{,}953 \quad - \quad 0{,}968 .$$

Hohen Wirkungsgrad erreicht man durch schwere Ausführung der Schabotte.

Beispiel 134. Bei ziemlich abgekühltem Eisen ergab sich ein Rückprall des Bärs des in Beispiel 133 beschriebenen Dampfhammers von $s_1 = 12{,}2$ cm. Anzugeben ist die Stoßziffer k und der Wirkungsgrad des Schlages.

Es gelten die Gleichungen (158) mit $v_2 = 0$. Man erhält so

$$c_1 = \frac{G_1 \cdot v_1 - G_2 \cdot k \cdot v_1}{G_1 + G_2} = \frac{\frac{G_1}{G_2} - k}{\frac{G_1}{G_2} + 1} \cdot v_1$$

als die Rückprallgeschwindigkeit des Bärs, die aus dem Grunde das negative Vorzeichen bekommt. Sie ist nach Beispiel 20 anzusetzen zu

$$c_1 = -\sqrt{2 \cdot g \cdot s_1} .$$

Damit wird durch Gleichsetzen beider Ausdrücke

$$k = \frac{G_1}{G_2} + \frac{\sqrt{2 \cdot g \cdot s_1}}{v_1} \cdot \left(\frac{G_1}{G_2} + 1\right) . \tag{161}$$

Für die drei Gewichte von Amboß und Schabotte in Beispiel 133 ergeben sich hieraus die Zahlenwerte

$$k = 0{,}632 \quad - \quad 0{,}608 \quad - \quad 0{,}600 .$$

Der Wirkungsgrad folgt durch Verbindung der Formeln (159c) und (160) zu

$$\eta' = \eta \cdot (1 - k^2) = 0{,}546 \; - \; 0{,}600 \; - \; 0{,}619 .$$

Beispiel 135. Die vorstehenden beiden Beispiele lehren, daß nur hinreichend weiche Stoßkörper den Schlag durch ihre Formänderung aufnehmen. Die gleichen Erfahrungen gelten für Kraftwagen. Eisenbereifte Lastwagen sind mit Rücksicht auf die Festigkeit des Wagengestells nur für Fahrtgeschwindigkeiten von etwa 12 km/st brauchbar, Vollgummireifen höchstens für 40 km/st. Darüber hinaus, also für alle Personenkraftwagen, sind nur Luftreifen anwendbar[115]).

Beispiel 136. Der Bär einer Dampframme hat das Gewicht $G_1 = 3{,}2$ t, seine Fallhöhe beträgt $s = 1{,}24$ m. Das Gewicht des Betonpfahles sei $G_2 = 2{,}2$ t. Anzugeben ist der Wirkungsgrad des Rammstoßes.

Durch Aufsetzen einer Schlaghaube auf den Pfahl erreicht man einen nahezu unelastischen Stoß. Man kann also die Gleichung (159c) mit $k = 0$ zur Berechnung des beim Stoß verlorengehenden Arbeitsvermögens benutzen. Mit $v_2 = 0$ wird dann

$$A = \frac{v_1^2}{2 \cdot g} \cdot \frac{G_1 \cdot G_2}{G_1 + G_2} = \frac{s \cdot G_1 \cdot G_2}{G_1 + G_2} = \frac{1{,}24 \cdot 3{,}2 \cdot 2{,}2}{3{,}2 + 2{,}2} = 1{,}62 \text{ mt} ,$$

während das gesamte Arbeitsvermögen des Bärs beträgt

$$A_1 = s \cdot G_1 = 1{,}24 \cdot 3{,}2 = 3{,}97 \text{ mt} .$$

---

115) Bobeth, Der Motorwagen 1916.

Zum Eintreiben des Pfahles bleibt also nur verfügbar die Arbeit

$$A_1 - A = 2{,}35 \text{ mt},$$

und damit wird der Wirkungsgrad des Rammstoßes

$$\eta = \frac{A_1 - A}{A_1} = 1 - \frac{G_2}{G_1 + G_2} = \frac{G_1}{G_1 + G_2} = \frac{3{,}2}{3{,}2 + 2{,}2} = 0{,}593.$$

Er steigt mit zunehmendem Bärgewicht, das jedoch mit Rücksicht auf die Erhaltung des Pfahlkopfes nicht zu groß genommen werden darf.

Der Widerstand W des Pfahles ergibt sich durch Gleichsetzen der Eintreib- und Bewegungsarbeit. Bei $s_0 = 0{,}5$ cm Anziehen unter dem letzten Schlag wird

$$W = \frac{A_1 - A}{s_0} = \frac{2{,}35}{0{,}005} = 470 \text{ t}.$$

Beispiel 137. Die an einem Seil hängende Last $G_1 = 3{,}25$ t falle die Strecke $s = 1{,}5$ m mit der Beschleunigung $p_1 \sim 6{,}5$ m/sk² (Beispiel 125), bis die Bremse plötzlich faßt. Das betreffende Seil habe die Länge $l = 50$ m und wiege $q \sim 1$ kg/m. Anzugeben ist die das Seil beanspruchende Arbeit.

Man erhält nach Formel (160) den Wirkungsgrad des Stoßes

$$\eta = \frac{G_1}{G_1 + q \cdot l} = \frac{3250}{3250 + 1 \cdot 50} = 0{,}985.$$

Wenn er als unelastisch angesehen wird, was bei der großen elastischen Nachgiebigkeit des Seiles ungefähr zutrifft (Beispiel 135), so wird die vom Seil durch Formänderung aufzunehmende Arbeit

$$A = \eta \cdot G_1 \cdot \frac{p_1}{g} \cdot s = 0{,}985 \cdot 3250 \cdot \frac{6{,}5}{9{,}81} \cdot 1{,}5 = 3180 \text{ mkg}.$$

Den schiefen zentrischen Stoß stellt die Fig. 206 dar. Die Schwerpunkte der beiden Gewichte G_1 und G_2 haben im Augenblick des Zusammentreffens die Geschwindigkeiten v_1 und v_2, die mit der Stoßlinie S_1S_2 die Winkel α_1 bzw. α_2 bilden. Diese Geschwindigkeiten lassen sich nun zerlegen in die Seitengeschwindigkeiten $v_1 \cdot \cos\alpha_1$ bzw. $v_2 \cdot \cos\alpha_2$ nach der Richtung der Stoßlinie und $v_1' = v_1 \cdot \sin\alpha_1$ bzw. $v_2' = v_2 \cdot \sin\alpha_2$ senkrecht dazu. Die letzteren bleiben ungeändert, wenn man von der im allgemeinen belanglosen Reibung zwischen den beiden Körpern absieht. Die beiden anderen Seitengeschwindigkeiten setzen sich nach den Regeln über den geraden zentrischen Stoß zusammen zu

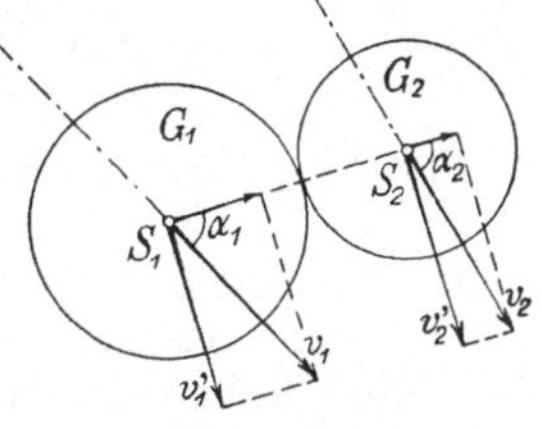

Fig. 206.

$$c_1' = \frac{G_1 \cdot v_1 \cdot \cos\alpha_1 + G_2 \cdot v_2 \cdot \cos\alpha_2 - G_2 \cdot (v_1 \cdot \cos\alpha_1 - v_2 \cdot \cos\alpha_2) \cdot k}{G_1 + G_2},$$

$$c_2' = \frac{G_1 \cdot v_1 \cdot \cos\alpha_1 + G_2 \cdot v_2 \cdot \cos\alpha_2 + G_1 \cdot (v_1 \cdot \cos\alpha_1 - v_2 \cdot \cos\alpha_2) \cdot k}{G_1 + G_2}. \quad (162)$$

Diese beiden Geschwindigkeiten sind nun mit den senkrecht dazu verlaufenden v_1' und v_2' zusammenzusetzen zu den Endgeschwindigkeiten c_1 und c_2.

Die Darlegung gilt für den unvollkommen elastischen Stoß. Für den vollkommen elastischen ist $k = 1$ und für den unelastischen $k = 0$ zu setzen.

Beispiel 138. Eine Elfenbeinkugel stoße mit der Geschwindigkeit $v_1 = 1{,}2$ m/sk auf eine gleiche ruhende unter dem Winkel $\alpha_1 = 50°$, gegen die Stoßlinie gemessen. Anzugeben ist die weitere Bewegung beider Kugeln.

Die Formeln (161) ergeben mit $G_1 = G_2$ und $v_2 = 0$

$$c_1' = \frac{v_1 \cdot \cos\alpha_1 - v_1 \cdot \cos\alpha_1 \cdot k}{2} = \tfrac{1}{2} \cdot v_1 \cdot \cos\alpha_1 \cdot (1 - k)\,,$$

$$c_2' = \tfrac{1}{2} \cdot v_1 \cdot \cos\alpha_1 \cdot (1 + k)\,.$$

Die ursprünglich ruhende Kugel bewegt sich also mit der Geschwindigkeit c_2' in der Richtung der Stoßlinie oder unter dem Winkel α_1 gegen die Bahn der stoßenden. Die Geschwindigkeit c_1' dieser Kugel setzt sich mit der rechtwinklig zur Stoßlinie verlaufenden $v_1' = v_1 \cdot \sin\alpha_1$ zusammen zu c_1, deren Neigungswinkel β gegen die Stoßlinie sich bestimmt aus

$$\operatorname{tg}\beta = \frac{v_1'}{c_1'} = \frac{v_1 \cdot \sin\alpha}{\tfrac{1}{2} \cdot v_1 \cdot \cos\alpha \cdot (1 - k)} = \frac{2 \cdot \operatorname{tg}\alpha_1}{1 - k}\,.$$

Mit $k = \frac{8}{9}$ ergibt sich hiernach

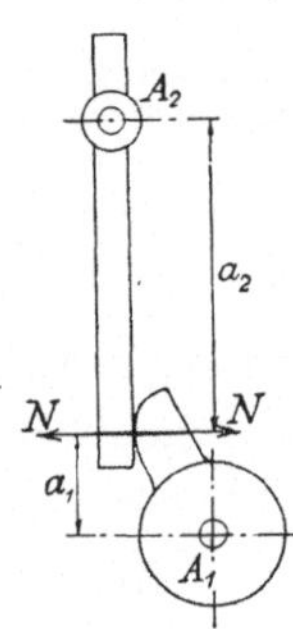

Fig. 207.

$$c_1' = \tfrac{1}{2} \cdot 1{,}2 \cdot 0{,}6435 \cdot \tfrac{1}{9} = 0{,}0429 \text{ m/sk}\,,$$

$$v_1' = 1{,}2 \cdot 0{,}7660 = 0{,}919 \text{ m/sk},$$

$$c_2' = c_1' \cdot \frac{1 + k}{1 - k} = 0{,}0429 \cdot \frac{17}{1} = 0{,}730 \text{ m/sk}\,,$$

$$c_1 = \sqrt{0{,}919^2 + 0{,}0429^2} = 0{,}920 \text{ m/sk}\,,$$

$$\operatorname{tg}\beta = \frac{2 \cdot 1{,}193}{0{,}111} = 21{,}475\,, \quad \text{also} \quad \beta \sim 86°\,5'\,.$$

Beim geraden exzentrischen Stoß sind die beiden Körper um die parallelen Achsen A_1 und A_2 drehbar und treffen mit den an der Berührungsstelle gemessenen Umfangsgeschwindigkeiten v_1 und v_2 zusammen. Es entsteht dann zwischen ihnen die Stoßkraft N, die im Stoßpunkt senkrecht zur Ebene der beiden Achsen angreift; ihr Abstand von den Achsen ist a_1 bzw. a_2 (Fig. 207). Nach dem Stoß haben die Körper die in denselben Abständen gemessenen Geschwindigkeiten c_1 bzw. c_2.

Der gestoßene Körper erhält durch die Stoßkraft N die Umfangsbeschleunigung $p_2 = g \cdot \dfrac{N}{\vartheta_2 \cdot G_2}$, worin $\vartheta_2 \cdot G_2$ das auf den Stoßpunkt bezogene Gewicht des Körpers ist. Entsprechend erfährt der stoßende Körper die Verzögerung $p_1 = g \cdot \dfrac{N}{\vartheta_1 \cdot G_1}$. Durch Division folgt

$$\frac{p_1}{p_2} = \frac{\vartheta_2 \cdot G_2}{\vartheta_1 \cdot G_1}\,.$$

Die Gleichung entspricht der beim geraden zentrischen Stoß erhaltenen; nur sind jetzt die auf den Stoßpunkt bezogenen Gewichte zu nehmen.

Durch die gleiche Rechnung wie oben erhält man die am Stoßpunkt geltenden Umfangsgeschwindigkeiten nach dem Stoß zu

$$\begin{aligned} c_1 &= \frac{\vartheta_1 \cdot G_1 \cdot v_1 + \vartheta_2 \cdot G_2 \cdot v_2 - \vartheta_2 \cdot G_2 \cdot (v_1 - v_2) \cdot k}{\vartheta_1 \cdot G_1 + \vartheta_2 \cdot G_2}, \\ c_2 &= \frac{\vartheta_1 \cdot G_1 \cdot v_1 + \vartheta_2 \cdot G_2 \cdot v_2 + \vartheta_2 \cdot G_2 \cdot (v_1 - v_2) \cdot k}{\vartheta_1 \cdot G_1 + \vartheta_2 \cdot G_2}. \end{aligned} \quad (163)$$

Für den vollkommen elastischen Stoß ist hierin $k = 1$ und für den unelastischen $k = 0$ zu setzen.

Ist der stoßende Körper frei und bewegt er sich in der Richtung der Stoßlinie vorwärts (Fig. 208), so ist in die Gleichungen (163) sein volles Gewicht G_1 einzusetzen.

Beim schiefen exzentrischen Stoß sind dieselben Zerlegungen und nachherigen Zusammensetzungen vorzunehmen, wie beim schiefen zentrischen Stoß.

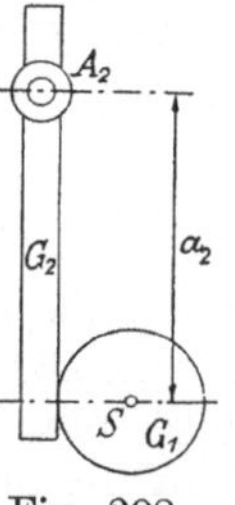

Fig. 208.

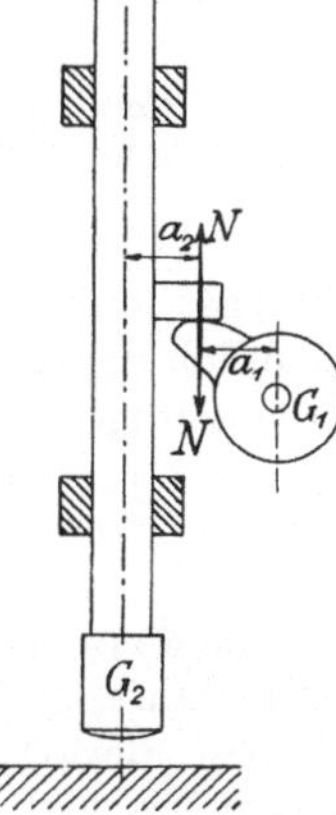

Fig. 209.

Beispiel 139. Zu berechnen ist der Wirkungsgrad des in Fig. 209 skizzierten Pochstempels. Sein Gewicht beträgt $G_2 = 180$ kg, das der Daumenwelle $G_1 = 500$ kg, die Anzahl ihrer Umdrehungen in der Minute ist $n = 40$, der Abstand $a_1 = a_2 = 16$ cm.

Der Stoß kann als unelastisch aufgefaßt werden, wodurch der berechnete Soßverlust ein wenig größer ausfällt als in Wirklichkeit. Er ergibt sich aus der Formel (159c) mit $v_2 = 0$ und $k = 0$, wenn darin an Stelle der wirklichen Gewichte die auf den Stoßpunkt bezogenen eingesetzt werden, zu

$$A = \frac{\vartheta_1 \cdot G_1 \cdot \vartheta_2 \cdot G_2}{2 \cdot (\vartheta_1 \cdot G_1 + \vartheta_2 \cdot G_2)} \cdot v_1^2 = \frac{\dfrac{\vartheta_1' \cdot G_1}{4 \cdot g} \cdot \dfrac{l^2}{a_1^2} \cdot \dfrac{\vartheta_2' \cdot G_2}{4 \cdot g} \cdot \dfrac{l^2}{a_2^2}}{\dfrac{\vartheta_1' \cdot G_1}{4 \cdot g} \cdot \dfrac{l^2}{a_1^2} + \dfrac{\vartheta_2' \cdot G_2}{4 \cdot g} \cdot \dfrac{l^2}{a_2^2}} \cdot 2 \left(\frac{\pi \cdot a_1 \cdot n}{30}\right)^2,$$

Hierin sind ϑ' die Zahlenbeiwerte, die sich für die Schwungmomente beider Körper in bezug auf ihre senkrecht zur Zeichenebene der Fig. 209 verlaufenden Schwerachsen ergeben. Der Ausdruck läßt sich umformen in

$$A = \frac{\vartheta_1' \cdot G_1 \cdot l^2 \cdot \vartheta_2' \cdot G_2 \cdot l^2}{\vartheta_1' \cdot G_1 \cdot D^2 \cdot \left(\dfrac{a_2}{a_1}\right)^2 + \vartheta_2' \cdot G_2 \cdot D^2} \cdot \frac{n^2}{7140}.$$

Die Schwungmomente seien aus den Abmessungen bestimmt zu

$$\vartheta_1' \cdot G_1 \cdot D^2 = 51 \text{ m}^2\text{kg} \quad \text{und} \quad \vartheta_2' \cdot G_2 \cdot D^2 = 365 \text{ m}^2\text{kg};$$

damit wird der Arbeitsverlust bei $\dfrac{a_2}{a_1} = 1$

$$A = \frac{51 \cdot 365}{51 + 365} \cdot \frac{40^2}{7140} = 10{,}05 \text{ mkg}.$$

Das gesamte Arbeitsvermögen der Daumenwelle ist

$$A_1 = \tfrac{1}{2} \cdot J_1 \cdot \omega^2 = \frac{\vartheta_1 \cdot G_1 \cdot D_1^2}{2 \cdot 4 \cdot g} \cdot \left(\frac{\pi \cdot n}{30}\right)^2 = \frac{51 \cdot 40^2}{7140} = 11{,}44 \text{ mkg}.$$

Somit wird der Wirkungsgrad

$$\eta = \frac{A_1 - A}{A_1} = 1 - \frac{10{,}05}{11{,}44} = 0{,}122\,.$$

Er wird wesentlich verbessert, wenn auf die Daumenwelle ein Schwungrad gesetzt wird, dessen Schwungmoment gleich dem 19fachen des der Welle ist. Dann ist also $\vartheta_1' \cdot G_1 \cdot D^2$ 20 mal so groß wie oben, und es wird, wenn gleich die Werte von A_1 und A in die Formel (160) eingesetzt werden,

$$\eta' = 1 - \frac{\vartheta_2' \cdot G_2 \cdot l^2}{\vartheta_1' \cdot G_1 \cdot D^2 \cdot \left(\frac{a_2}{a_1}\right)^2 + \vartheta_2' \cdot G_2 \cdot l^2} = 1 - \frac{365}{1020 + 365} = 0{,}737\,.$$

Der durch die Reibungsverluste bedingte statische Wirkungsgrad kann zu etwa 0,97 angesetzt werden. Damit wird der Gesamtwirkungsgrad

$$\eta = 0{,}737 \cdot 0{,}97 = 0{,}715\,.$$

Die vorstehenden Näherungsrechnungen werden allerdings dann ziemlich ungenau, wenn G_2 gegenüber G_1 klein ist oder wenn die Längenabmessungen des gestoßenen Körpers groß sind.

15. Das Pendel.

Als Pendel bezeichnet man jeden Körper, der regelmäßige Schwingungsbewegungen um eine feste Achse ausführt. Bewegt sich der Körper derart, daß seine Hauptachse sich auf dem Mantel eines Kegels bewegt, so nennt man den Apparat Kegelpendel im Gegensatz zu dem ebenen Pendel, bei dem die Hauptachse des Körpers in einer Ebene hin und her schwingt.

Besteht das Pendel nur aus einem Körper von nach jeder Richtung kleinen Abmessungen und einem gewichtslos gedachten Faden, so heißt es mathematisches Pendel im Gegensatz zum physischen Pendel von beliebig großen Abmessungen auch der Verbindung mit der Befestigungsstelle.

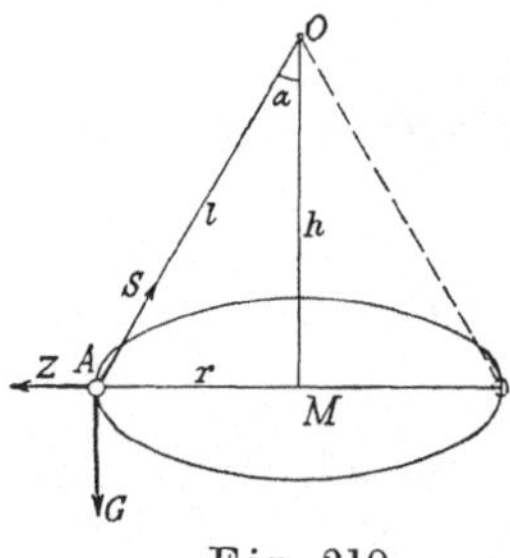

Fig. 210.

Das mathematische Kegelpendel stellt die Fig. 210 dar. Auf den augenblicklich im Punkt A befindlichen kleinen Körper, der durch den Faden von der Länge l in O fesgehalten wird, wirkt ein: lotrecht nach unten sein Gewicht G, in der Richtung AO die Fadenspannkraft S. Da sich der Körper auf einer wagerechten Kurve bewegt, die in A den Krümmungshalbmesser r hat, so erfährt er noch die nach dem Krümmungsmittelpunkt gerichtete Beschleunigung $p = r \cdot \omega^2$, und nach dem Satz von d'Alembert ist also die nach außen gerichtete Schleuderkraft Z als dritte einzutragen. Die drei Kräfte wirken in derselben, durch die Punkte AOM bestimmten Ebene; es ist mithin keine Kraft in tangentialer Richtung vorhanden und die Bewegung also eine gleichförmige Kreisbewegung.

Das nach dem Satz von d'Alembert zu zeichnende Kräftedreieck ist bereits als AOM in der Fig. 210 enthalten. Man entnimmt ihm[86a])

$$\operatorname{tg}\alpha = \frac{r}{h} = \frac{Z}{G} = \frac{r \cdot \omega^2}{g}, \tag{164}$$

woraus die Winkelgeschwindigkeit folgt

$$\omega = \sqrt{\frac{g}{h}}, \tag{165}$$

ferner

$$\frac{S}{G} = \frac{l}{h} = \sqrt{\frac{h^2 + r^2}{h^2}} = \sqrt{1 + \operatorname{tg}^2\alpha} = \sqrt{1 + \left(\frac{r \cdot \omega^2}{g}\right)^2}. \tag{166}$$

Die Zeitdauer eines vollen Umlaufes ergibt Formel (1) zu

$$t = \frac{2 \cdot \pi \cdot r}{r \cdot \omega} = 2 \cdot \pi \cdot \sqrt{\frac{h}{g}}. \tag{167}$$

Beispiel 140. Zu bestimmen sind die Abmessungen eines Kegelpendels, das auf dem Breitengrad von Paris und in Höhe des Meeresspiegels einen Umlauf in $t = 2$ sk ausführt.

Man erhält aus Formel (167) die Pendelhöhe

$$h = g \cdot \left(\frac{t}{2\pi}\right)^2 = 9{,}8060 \cdot \left(\frac{2}{2 \cdot \pi}\right)^2 = \frac{9{,}8060}{9{,}8696} = 0{,}9936 \text{ m}$$

und die Winkelgeschwindigkeit zu

$$\omega = \frac{2\pi}{t} = \frac{2 \cdot \pi}{2} = 3{,}1416 \text{ 1/sk.}$$

Der Halbmesser r kann beliebig gewählt werden.

Stellt man als Bedingung, daß die Umfangsgeschwindigkeit $v = 1$ m/sk betragen soll, so wird

$$r = \frac{v}{\omega} = \frac{1}{3{,}1416} = 0{,}3183 \text{ m}.$$

Die vorstehenden Darlegungen gelten auch für das physische Kegelpendel, wenn der Punkt A der Fig. 210 durch den Schwerpunkt S des aus dem Pendelgewicht und der Aufhängestange zusammengesetzten Pendelkörpers ersetzt wird.

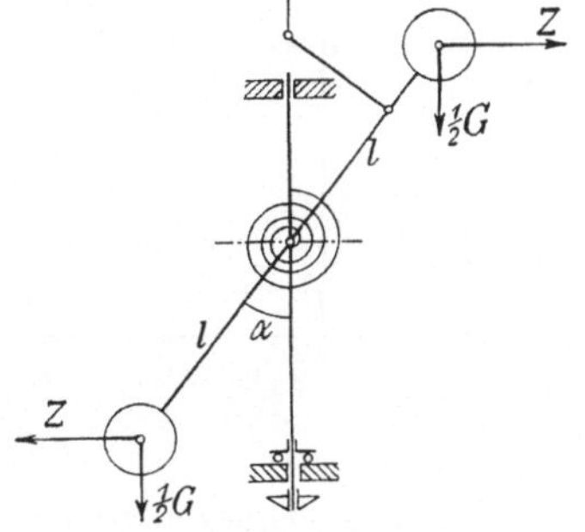

Fig. 211.

Beispiel 141. Anzugeben ist die Bedingung für die Stabilität eines Tachometers, das aus zwei gekreuzten Pendelsystemen nach Fig. 211 besteht, deren jedes durch eine Spiralfeder gehalten wird[116]).

Das Fliehkraftmoment beider gut ausbalanzierter Schwungkugeln vom Gesamtgewicht G ist

$$M = 2 \cdot \frac{1}{2} G \cdot \frac{l \cdot \sin\alpha}{g} \cdot \omega^2 \cdot l \cdot \cos\alpha$$

[116]) Wilke, Z. d. V. d. I. 1918.

oder mit

$$\omega = \frac{\pi \cdot n}{30} \quad \text{und} \quad 2 \cdot \sin\alpha \cdot \cos\alpha = \sin 2\alpha$$

$$M = \frac{\pi^2}{30^2 \cdot 2 \cdot g} \cdot G \cdot l^2 \cdot n^2 \cdot \sin 2\alpha\,,$$

worin n die Umdrehungszahl der lotrechten Spindel in der Minute angibt.

Ist α_0 der Pendelausschlag bei ungespannter Feder, so ist das gleich große Gegenmoment der Feder gegeben durch

$$M = c \cdot (\alpha - \alpha_0)\,,$$

worin c ein in mkg gemessener Festwert der betreffenden Feder ist und die Winkel in Bogenmaß einzusetzen sind.

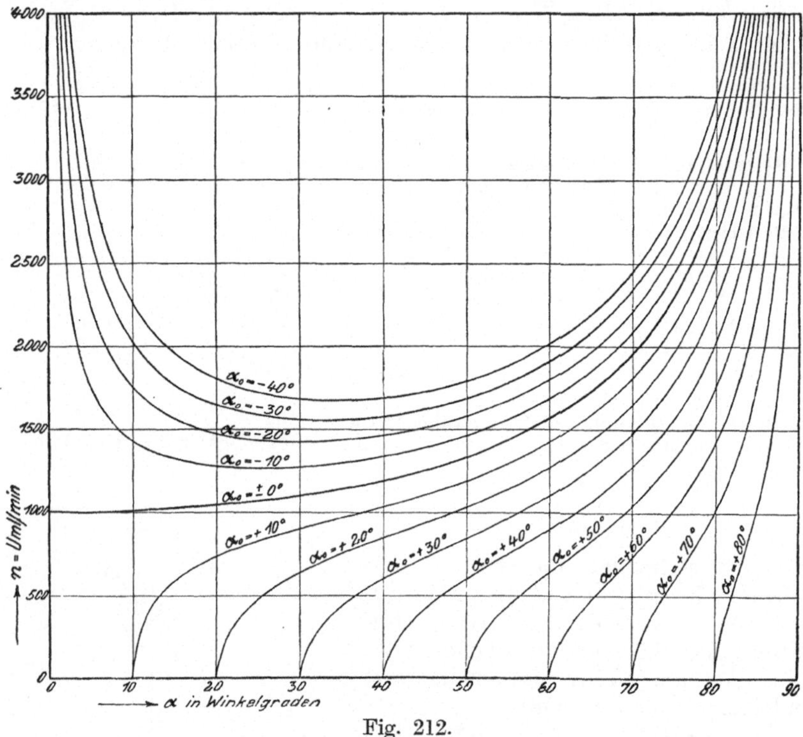

Fig. 212.

Durch Gleichsetzen beider Ausdrücke ergibt sich

$$n^2 = \frac{c}{G \cdot l^2} \cdot \frac{\alpha - \alpha_0}{\sin 2\alpha} \cdot \frac{30^2 \cdot 2 \cdot g}{\pi^2} = k \cdot \frac{\alpha - \alpha_0}{\sin 2\alpha}\,. \tag{168}$$

Das Pendel ist nun stabil, solange n mit wachsendem α zunimmt, also für $\frac{dn}{d\alpha} > 0$. Durch Differentiation erhält man nun

$$2 \cdot n \cdot dn = k \cdot \frac{\sin 2\alpha \cdot d\alpha - (\alpha - \alpha_0) \cdot \cos 2\alpha \cdot 2 \cdot d\alpha}{\sin^2 2\alpha}$$

also nach Einsetzen des Wertes von n aus Formel (168)

$$\frac{dn}{d\alpha} = \left(\frac{1}{2} \cdot \sin 2\alpha - (\alpha - \alpha_0) \cdot \cos 2\alpha\right) \cdot \sqrt{\frac{k}{(\alpha - \alpha_0) \cdot \sin^3 2\alpha}} > 0:$$

Der Apparat ist stabil, solange

$$\operatorname{tg} 2\alpha > 2 \cdot (\alpha - \alpha_0)$$

ist. Dabei kann α_0 auch ein negativer Winkel sein.

Ist das Tachometer so gebaut, daß gerade bei $\alpha = \alpha_0 = 0$, sowie $n = 1000$ die Grenze der Stabilität erreicht wird[116]), so wird mit $\left(\frac{\alpha - \alpha_0}{\sin 2\alpha}\right)_0 = \frac{1}{2}$ nach Formel (118)

$$\sqrt{\frac{c}{G \cdot l^2}} = \frac{1000 \cdot \pi}{30 \cdot \sqrt{9{,}81}} = 33{,}42\,.$$

Damit erhält man

$$n = 33{,}42 \cdot \left(\frac{30}{\pi}\right)^2 \cdot 2 \cdot 9{,}81 \cdot \sqrt{\frac{\alpha - \alpha_0}{\sin 2\alpha}} = 59\,900 \cdot \sqrt{\frac{\alpha - \alpha_0}{\sin 2\alpha}}\,. \qquad (168\text{a})$$

Für verschiedene Werte von α und α_0 ist dieser Zusammenhang in Fig. 212 aufgetragen, deren Höhen allerdings nur das 0,7033-fache der durch Formel (168a) gegebenen Werte zeigen. Das Tachometer ist labil bei negativem α_0 und $\alpha = 30$ bis $40°$.

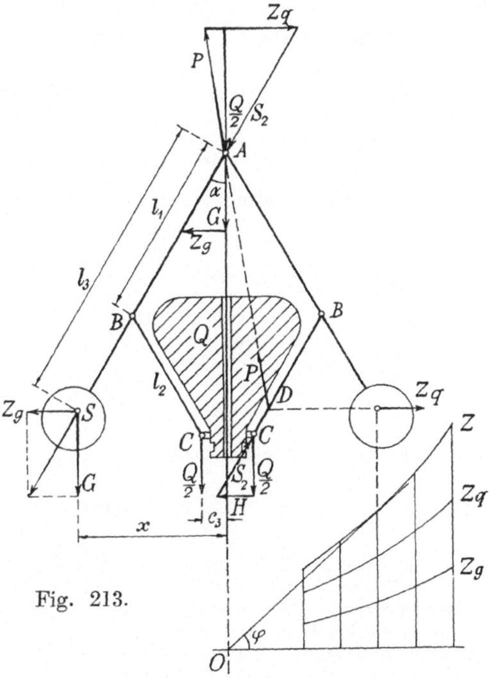

Beispiel 142. Bei dem Wattschen Kraftmaschinenregler nach Fig. 213 ist S der Schwerpunkt des Gewichtes G der Schwungkugel, der Pendelstange l_3 und der halben Lenkerstange l_2. Letzteres greift für diese Schwerpunktbestimmung im Zapfen B selbst an. Die von diesem Gewicht G verursachte Schwungkraft Z_g ist im Gleichgewicht mit G, wenn ihre Mittelkraft die Richtung AB hat, wenn also die Gleichung

$$Z_g = G \cdot \operatorname{tg} \alpha$$

erfüllt ist. Man hat demnach nur von A aus die lotrechte Länge G in einem beliebigen Kräftemaßstab aufzutragen und erhält dann als Wagerechte durch den Endpunkt bis an die Pendelstange die Größe von Z_g. Wird die Zeichnung für mehrere Stellungen der Pendelstange ausgeführt und Z_g jedesmal senkrecht zu dem zugehörigen Abstand x des Schwerpunktes von der Spindel aufgetragen, so entsteht die unten rechts in Fig. 213 gezeichnete Kurve Z_g.

Fig. 213.

Von dem Belastungsgewicht Q der Reglermuffe ruft die Hälfte auf die Lenkerstange l_2 die in der Richtung BC verlaufende Zugkraft S_2 hervor, mit der die Schwungkraft Z_q des Kegelpendels und die natürlich durch den Tragzapfen A

des ganzen Reglers gehende Zapfenkraft P im Gleichgewicht sein müssen. Das ist nur dann der Fall, wenn sich die drei Wirkungslinien in einem Punkt schneiden. Das zugehörige Kräftedreieck wird erhalten, indem man im Abstande $\frac{Q}{2}$ von A eine Wagerechte zieht und durch A die Verlängerung von P und die Parallele zu BC legt. Werden die so bestimmten Werte von Z_q wieder über den zugehörigen Schwerpunktsabständen x aufgetragen, so ergibt sich die Z_q-Kurve der Fig. 213.

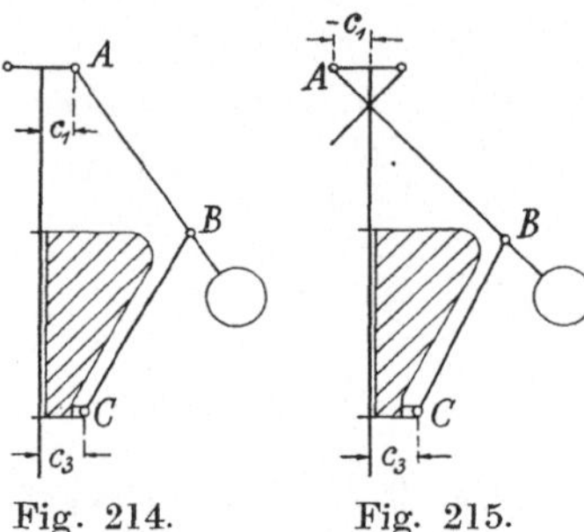

Fig. 214. Fig. 215.

Addiert man die zu gleichen Abständen x gehörigen Höhen der Z_g- und Z_q-Kurve, so erhält man die Z-Kurve der ganzen Schwungkraft[117]).

Wird der Aufhängungspunkt A des Pendels um die Strecke $\pm c_1$ von der Spindel abgerückt, wie beim Porter- bzw. Kley-Regler (Fig. 214 und 215), so bleibt die Aufzeichnung im übrigen unverändert. Innerhalb geringer, durch die praktische Größe von c_3 gegebener Grenzen gelten bei gleichen sonstigen Verhältnissen dieselben Z-Kurven für die drei Bauarten. Es verschiebt sich nur der Anfangspunkt O der Fig. 213.

Aus der Formel $Z = G \cdot \frac{x \cdot \omega^2}{g}$ ergibt sich die Winkelgeschwindigkeit zu

$$\omega = \sqrt{\frac{Z}{G} \cdot \frac{g}{x}}, \tag{169a}$$

oder, da $\omega = \frac{\pi n}{30}$ ist, die für das Gleichgewicht erforderliche Anzahl Umdrehungen in der Minute

$$n = 30 \cdot \sqrt{\frac{g}{\pi^2} \cdot \frac{Z}{G} \cdot \frac{1}{x}} = 29{,}9 \cdot \sqrt{\frac{Z}{G} \cdot \frac{1}{x}} \,. \tag{169b}$$

Zieht man von dem Schnittpunkt O der Spindelachse mit der Achse der x eine Gerade nach einem beliebigen Punkt der Z-Kurve, so gilt für ihren Neigungswinkel gegen die x-Achse

$$\operatorname{tg} \varphi = \frac{Z}{x} \,.$$

Man kann demnach auch schreiben:

$$n = 29{,}9 \cdot \sqrt{\frac{\operatorname{tg} \varphi}{G}} \,. \tag{169c}$$

Ist etwa die Z-Kurve eine durch den Punkt O gehende Gerade, so entspricht jeder Reglerstellung dieselbe Umdrehungszahl, bei der er im Gleichgewicht ist. Bei irgendeiner Abweichung davon geht die Muffe sogleich in die Grenzstellung, die untere bei kleinerem n und die obere bei größerem. Dieser astatische Regler findet nur beim Antrieb von Pumpen u. dgl. als sogenannter Leistungsregler Verwendung, wo nicht die Steuerung wegen des häufig unverändert bleibenden Gegendruckes der Pumpe oder des Verdichters verstellt werden soll, sondern je nach Bedarf die Umdrehungszahl der Antriebsmaschine, und zwar in ziemlich weiten Grenzen[118]).

---

117) Tolle, Z. d. V. d. I. 1895.
118) Weiß, Z. d. V. d. J. 1891.

Bei den Reglern, die die Steuerung der Kraftmaschinen verstellen, gehört zu jeder Muffenstellung eine andere Umdrehungszahl; der Regler ist statisch. Wächst φ mit zunehmendem x, wie im Fall der Kurve I der Fig. 216, so ist der Regler stabil. Er wird als labil bezeichnet, wenn φ im steigenden x abnimmt, wie im Fall der Kurve II der Fig. 216. Labile Anordnungen sind unbrauchbar und müssen sorgfältig vermieden werden. Läßt sich an die Z-Kurve von O aus eine Tangente legen, so besitzt sie an der Stelle einen astatischen Punkt, wie die Kurve III der Fig. 216 zeigt. Der Regler ist in dem Fall nur dann stabil, wenn die Tangente eine Wendetangente ist derart, daß φ mit zunehmendem x immer größer wird.

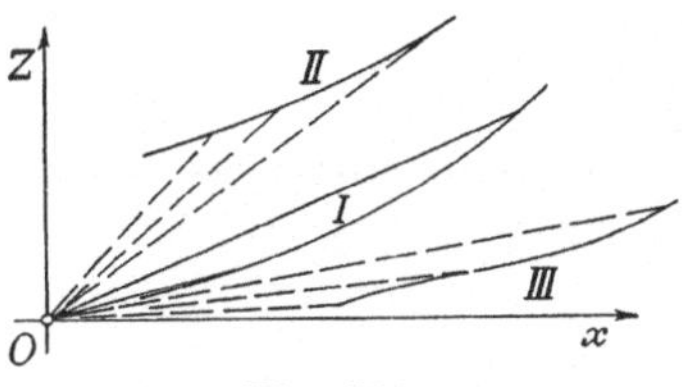

Fig. 216.

Weil die Z-Kurve die praktische Brauchbarkeit eines Reglers genau kennzeichnet, wird sie seine Charakteristik genannt. Vorteilhaft ist ein Regler, dessen Z-Kurve möglichst astatisch ist. Da die Z_q-Kurve immer den kleineren Einfluß hat, so muß man dafür sorgen, daß die Z_q-Kurve schon möglichst astatisch ist. Ein solcher Regler gestattet eine beliebige Änderung der Muffenbelastung Q und damit der Umdrehungszahl n, ohne daß sich seine Charakteristik ändert. Die Änderung von Q geschieht nun schon durch den Verstellwiderstand der Steuerung, dessen wahrer Wert beim Entwurf des Reglers gänzlich unbekannt ist, je nach seiner Richtung in dem einen oder anderen Sinne. Eine ausreichend astatische Z_q-Kurve bei nicht labiler Z_g-Kurve gestattet somit die beliebige Verwendung eines gegebenen Reglers.

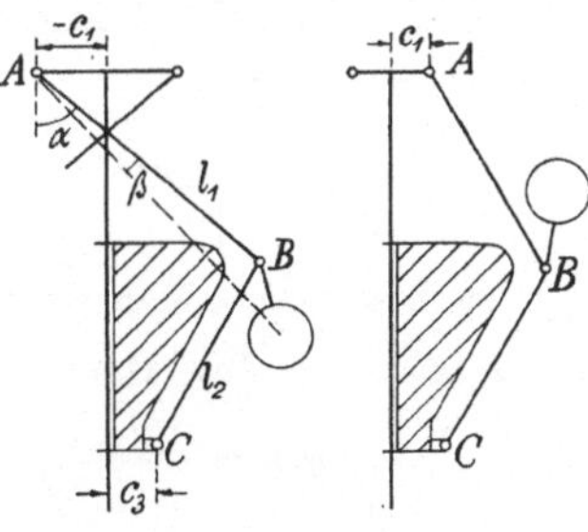

Fig. 217. Fig 218.

Einfache Mittel zur Erlangung der gewünschten Form sind eine ziemlich weite Verschiebung der Spindel nach der Schwungkugel hin, also die Bauart Kley (Fig. 215) mit großem c_1 und die Knickung der Kugelarme im Punkte B nach Fig. 217. Den Verlauf der Z_q-Kurve in Abhängigkeit vom Pendelwinkel α und dem Knickwinkel β für $c_3 + c_1 = 0{,}4 \cdot l_1$ zeigt z. B. die Fig. 219 [41]). Die umgekehrte Aufhängung wie etwa beim Proell - Regler (Fig. 218) bietet keinen Vorteil. Da Federn mit starker Zusammendrückung eine größere Gegenkraft ausüben als Gewichte von üblichen Abmessungen, so wird durch Federbelastung der Muffe oder auch durch unmittelbares Zusammenziehen der Gelenke B mittels einer wagerecht liegenden Feder eine ziemlich flach verlaufende Z_f-Kurve erhalten, deren Höhen zu denen der beiden anderen Z_q und Z_g zu addieren sind. Hierin und in der bequemen Verstellbarkeit liegt der Hauptvorteil der Federbelastung.

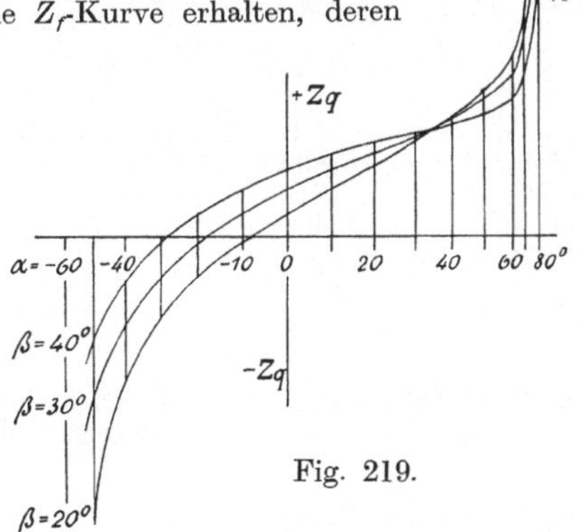

Fig. 219.

Der Hauptgrund, weswegen der in der Nähe des astatischen Punktes gelegene Teil der Z-Kurve genommen werden muß, ist der, daß der Unterschied der Umdrehungszahlen für die höchste und tiefste Muffenstellung nur eben so groß sein soll, wie es für die Stabilität nötig ist. Es wird also eine wenig gekrümmte und flach geneigte Z-Kurve gefordert. Bezeichnet $n_{\max}$ die zur höchsten Muffenstellung gehörige Umdrehungszahl, $n_{\min}$ die zur niedrigsten Muffenstellung gehörige, n_m die mittlere, die bei günstiger Ausführung etwa der Muffenmitte entspricht, so ist der Stabilitätsgrad des Reglers, der meist als Ungleichförmigkeitsgrad bezeichnet wird,

$$\delta_1 = \frac{n_{\max} - n_{\min}}{n_m}. \tag{170a}$$

Durch Multiplikation des Bruches mit $\frac{1}{2} \cdot \frac{(n_{\max} + n_{\min})}{n_m} = 1$ ergibt sich

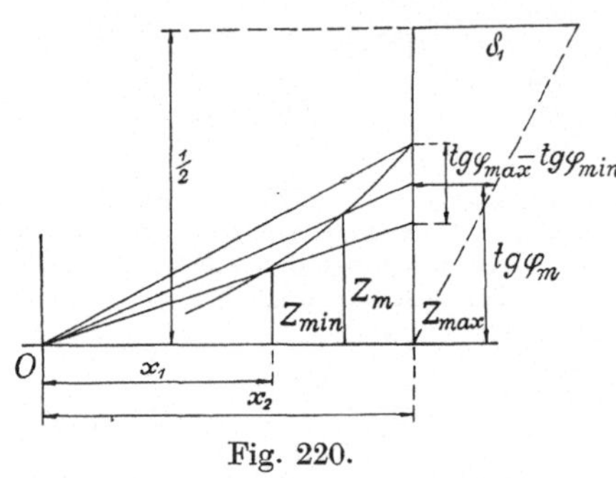

Fig. 220.

$$\delta_1 = \frac{n_{\max}^2 - n_{\min}^2}{2 \cdot n_m^2}$$

oder mit Benutzung der Gleichung (169c)

$$\delta_1 = \frac{\operatorname{tg}\varphi_{\max} - \operatorname{tg}\varphi_{\min}}{2 \cdot \operatorname{tg}\varphi_m}. \tag{170b}$$

Die zeichnerische Bestimmung von δ_1 aus der Charakteristik gibt die Fig. 220 an.

Von mehreren Z-Kurven ist diejenige die günstigste, bei der die Änderung von δ_1 mit zunehmendem x am wenigsten schwankt. Es empfiehlt sich deshalb, den Wert $\frac{d\delta_1}{dx}$ zu berechnen. Man setzt zu dem Zweck in Formel (170b) $\varphi_{\min} = \varphi_m = \varphi$ und $\varphi_{\max} = \varphi + d\varphi$. Dann ergibt sich

$$d\delta_1 = \frac{\operatorname{tg}(\varphi + d\varphi) - \operatorname{tg}\varphi}{2 \cdot \operatorname{tg}\varphi} = \frac{\frac{\operatorname{tg}\varphi + d\varphi}{1 - \operatorname{tg}\varphi \cdot d\varphi} - \operatorname{tg}\varphi}{2 \cdot \operatorname{tg}\varphi}$$

$$= \frac{1}{2} \cdot \frac{d\varphi \cdot (1 + \operatorname{tg}^2\varphi)}{(1 - 0) \cdot \operatorname{tg}\varphi}.$$

Nun ist ja $\operatorname{tg}\varphi = \frac{Z}{x}$, also nach Differentiation

$$\frac{d\varphi}{\cos^2\varphi} = d\varphi \cdot (1 + \operatorname{tg}^2\varphi) = \frac{x \cdot dZ - Z \cdot dx}{x^2}.$$

Werden diese beiden Werte in den vorstehenden Ausdruck eingesetzt, so geht sie über in[119])

$$\frac{d\delta_1}{dx} = \frac{1}{2} \cdot \left(\frac{1}{Z} \cdot \frac{dZ}{dx} - \frac{1}{x}\right). \tag{171}$$

Von dem Stabilitätsgrad ist der Unempfindlichkeitsgrad δ_2 zu unterscheiden. Infolge der Eigenreibung des Reglers und des Widerstandes des Stellzeuges, die zusammen P kg betragen mögen, muß die augenblickliche Umdrehungszahl n auf einen etwas höheren Betrag n_2 steigen bzw. einen niedrigeren n_1 sinken, ehe die Reglerbewegung einsetzt:

$$\delta_2 = \frac{n_2 - n_1}{n} = \frac{Z_2 - Z_1}{Z} = \frac{\Delta Z}{Z}. \tag{172}$$

Die Berücksichtigung von δ_2 ist deshalb sehr nötig, weil bei einem großen Wert von δ_1 eine verhältnismäßig günstige Z-Kurve nach oben hin zu einer teilweise

---

119) Pröll, D. p. J. 1911.

labilen und nach unten hin zu einer zu statischen umgewandelt werden kann, wie die Fig. 221 zeigt. Für die genaue Untersuchung sind also die mit Hilfe von δ_2 aus der Z-Kurve entwickelten Grenzkurven maßgebend. Bei guten Reglern schwankt δ_2 zwischen 4÷6 v. H.[41]).

Erfährt nun der Regler an der Muffe den Muffendruck E, der bei einer bestimmten Muffenstellung mit Z im Gleichgewicht ist, so besteht zwischen den wirkenden Kräften die Beziehung

$$\frac{\Delta Z}{Z} = \frac{P}{E} = \delta_2 . \qquad (173)$$

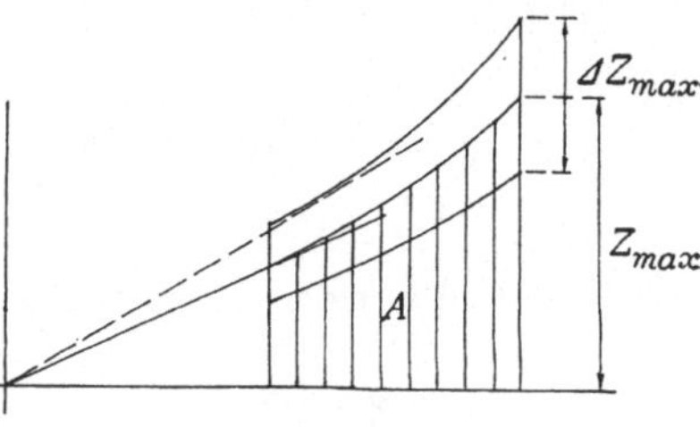

Fig. 221.

Nach dem obigen ist E im Gleichgewicht mit den Belastungen Q, $2G$, F, worin letzteres die etwaige Federbelastung darstellt. Außerdem gilt

$$\frac{E}{Z} = \frac{Q}{Z_q} . \qquad (174)$$

Besitzt also der Regler eine Gesamtcharakteristik, die mit der statischen Z_q-Kurve übereinstimmt, so ist der Muffendruck E unveränderlich.

Das Arbeitsvermögen des Reglers ist gegeben durch die Gleichung

$$A = \int E \cdot ds ,$$

wenn s den Muffenhub angibt. Nach dem Prinzip der gedachten Verrückungen, die hier tatsächlich auftreten, kann man ansetzen

$$\int E \cdot ds = \int Z \cdot dx :$$

Die benutzte Fläche der Z-Kurve (Fig. 221) gibt also das Arbeitsvermögen an.

Das ebene mathematische Pendel zeigt die Fig. 222 in der äußersten Lage OA mit dem größten Ausschlagwinkel α_0 aus der Mittellage OB und in einer beliebigen Stellung OC mit dem Ausschlagwinkel α. Der Gewichtskörper G wird beschleunigt durch die in Richtung des Kreisbogenweges verlaufende Seitenkraft $G \cdot \sin\alpha$. Seine Beschleunigung berechnet sich nach den Formeln (17) und (72) zu

$$p = l \cdot \varepsilon = l \cdot \frac{d\omega}{dt} = g \cdot \sin\alpha .$$

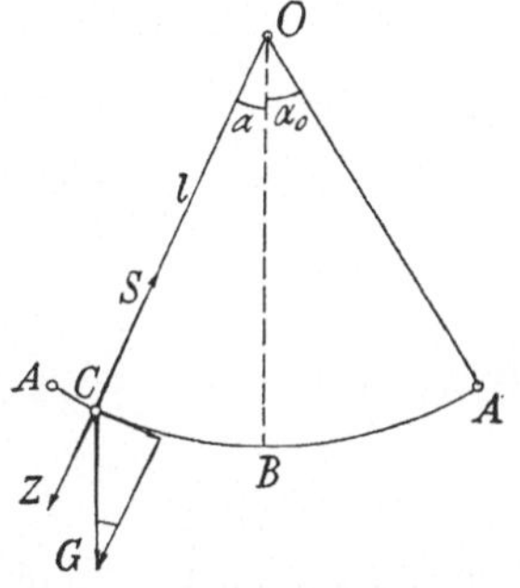

Fig. 222

Die Winkelgeschwindigkeit ω wird um so größer, je mehr sich α verkleinert; es gilt also $\omega = \frac{-d\alpha}{dt}$. Wird hieraus der Wert von dt in die obige Gleichung eingesetzt, so ergibt sich

$$\omega \cdot d\omega = -\frac{g}{l} \cdot \sin\alpha \cdot d\alpha ,$$

und die Integration zwischen den Stellen A und C liefert mit

$$\int \sin\alpha \cdot d\alpha = -\cos\alpha + C$$

$$\int\limits_0^{\varphi} \omega \cdot d\omega = -\frac{g}{l} \cdot \int\limits_{\alpha_0}^{\alpha} \sin\alpha \cdot d\alpha$$

oder

$$\frac{\omega^2}{2} = +\frac{g}{l} \cdot (\cos\alpha - \cos\alpha_0)\,. \tag{175}$$

Hiermit läßt sich die Spannkraft in dem Faden bestimmen:

$$S = G \cdot \cos\alpha + Z = G \cdot \left(\cos\alpha + \frac{l}{g} \cdot \omega^2\right) = G \cdot (3\cos\alpha - 2\cos\alpha_0). \tag{176}$$

Setzt man nochmals in die Gleichung (176) ein $\omega = -\frac{d\alpha}{dt}$, so folgt

$$\frac{-d\alpha}{dt} = \pm\sqrt{\frac{2 \cdot g}{l} \cdot (\cos\alpha - \cos\alpha_0)}$$

oder

$$dt \cdot \sqrt{\frac{2 \cdot g}{l}} = -\frac{d\alpha}{\sqrt{\cos\alpha - \cos\alpha_0}}\,.$$

Man formt den Ausdruck um durch den Übergang auf den halben Winkel (Bd. II, S.35)

$$\cos\alpha = \cos\left(\frac{\alpha}{2} + \frac{\alpha}{2}\right) = 1 - 2 \cdot \sin^2\frac{\alpha}{2}\,,$$

was ergibt

$$dt \cdot \sqrt{\frac{2 \cdot g}{l}} = -\frac{d\alpha}{\sqrt{2 \cdot \left(\sin^2\frac{\alpha}{2} - \sin_2\frac{\alpha_0}{2}\right)}}\,.$$

Hierin setzt man jetzt

$$\sin\frac{\alpha}{2} = \sin\frac{\alpha_0}{2} \cdot \sin\varphi\,,$$

deren Differentiation liefert

$$\cos\frac{\alpha}{2} \cdot d\frac{\alpha}{2} = \sin\frac{\alpha_0}{2} \cdot \cos\varphi \cdot d\varphi$$

oder

$$d\alpha = \frac{2 \cdot \sin\frac{\alpha_0}{2}}{\sqrt{1 - \sin^2\frac{\alpha}{2}}} \cdot \cos\varphi \cdot d\varphi\,.$$

Damit geht die obige Gleichung über in

$$dt \cdot \sqrt{\frac{g}{l}} = -\frac{\sin\frac{\alpha_0}{2}}{\sqrt{1-\sin^2\frac{\alpha_0}{2}\cdot\sin^2\varphi}} \cdot \frac{\cos\varphi \cdot d\varphi}{\sin\frac{\alpha_0}{2}\cdot\sqrt{1-\sin^2\varphi}}$$

oder

$$dt \cdot \sqrt{\frac{g}{l}} = -\frac{d\varphi}{\sqrt{1-\sin^2\frac{\alpha_0}{2}\cdot\sin^2\varphi}}.$$

Für den größten Ausschlag ist $\frac{\alpha}{2} = \frac{\alpha_0}{2}$, also $\sin\varphi = 1$; für die Mittelstellung ist $\frac{\alpha}{2} = 0$, also $\sin\varphi = 0$. Die neue Veränderliche φ ist demnach zwischen den Grenzen $\frac{\pi}{2}$ und 0 zu nehmen. Man hat durch ihre Einführung die Bewegungsgleichung auf die Normalform des elliptischen Integrals erster Gattung zurückgeführt, und die Zeitdauer für den Weg $\widehat{AA} = 2\cdot\widehat{AB}$ (Fig. 222) ist also gegeben durch[120])

$$t \cdot \sqrt{\frac{g}{l}} = -2 \cdot \int\limits_{\frac{\pi}{2}}^{0} \frac{d\varphi}{\sqrt{1-\sin^2\frac{\alpha_0}{2}\cdot\sin\varphi}} = +2 \cdot \int\limits_{0}^{\frac{\pi}{2}} \frac{d\varphi}{\Delta\varphi}. \qquad (177)$$

Die Ausrechnung geschieht durch Auflösen des Ausdruckes $\frac{1}{\Delta\varphi}$ in eine konvergierende Reihe. Aus dem binomischen Lehrsatz

$$(a+b)^n = a^n + \frac{n}{1}\cdot a^{n-1}\cdot b + \frac{n\cdot(n-1)}{1\cdot 2}\cdot a^{n-2}\cdot b^2 + \ldots,$$

der sich leicht durch den Schluß von n auf $n+1$ erweisen läßt (Bd. I, S. 105), ergibt sich

$$\left(1-\sin^2\frac{\alpha_0}{2}\cdot\sin\varphi\right)^{-\frac{1}{2}} = 1 + \frac{1}{2}\cdot\sin^2\frac{\alpha_0}{2}\cdot\sin^2\varphi + \frac{1\cdot 3}{2\cdot 4}\cdot\sin^4\frac{\alpha_0}{2}\cdot\sin^4\varphi + \ldots$$

Damit wird

$$t = \sqrt{\frac{l}{g}}\cdot 2\cdot\int\limits_{0}^{\frac{\pi}{2}}\left(d\varphi + \frac{1}{2}\cdot\sin^2\frac{\alpha_0}{2}\cdot\sin^2\varphi\cdot d\varphi + \frac{1\cdot 3}{2\cdot 4}\cdot\sin^4\frac{\alpha_0}{2}\cdot\sin^4\varphi\cdot d\varphi + \ldots\right)$$

Es ist nun

$$\int\limits_{0}^{\frac{\pi}{2}} d\varphi = \frac{\pi}{2},$$

---

120) Euler, Mecanica sive motus scientia, 1736.

$$\int_0^{\frac{\pi}{2}} \sin^2\varphi \cdot d\varphi = \frac{1}{2} \cdot \frac{\pi}{2} \text{ [Bd. I, S. 106]},$$

$$\int_0^{\frac{\pi}{2}} \sin^4\varphi \cdot d\varphi = \int_0^{\frac{\pi}{2}} \sin^2\varphi \cdot d\varphi \cdot (1 - \cos^2\varphi)$$

$$= \frac{1}{2} \cdot \frac{\pi}{2} - \int_0^{\frac{\pi}{2}} \frac{\sin^2 2\varphi}{4} \cdot \frac{d2\varphi}{2}$$

$$= \frac{1}{2} \cdot \frac{\pi}{2} - \frac{1}{8} \cdot \frac{1}{2} \cdot \pi = \frac{3}{4} \cdot \frac{1}{2} \cdot \frac{\pi}{2},$$

entsprechend $\int^{\frac{\pi}{2}} \sin^6\varphi \cdot d\varphi = \frac{5}{6} \cdot \frac{3}{4} \cdot \frac{1}{2} \cdot \frac{\pi}{2} \ldots$

Somit ist schließlich die Dauer einer einfachen Schwingung

$$t = \pi \cdot \sqrt{\frac{l}{g}} \cdot \left[1 + \left(\frac{1}{2} \cdot \sin\frac{\alpha_0}{2}\right)^2 + \left(\frac{1 \cdot 3}{2 \cdot 4} \cdot \sin^2\frac{\alpha_0}{2}\right)^2 + \ldots\right]$$

oder[121]) mit $g = 9{,}81$ m/sk²

$$t = 1{,}0030 \cdot \sqrt{l} \cdot \zeta . \tag{177b}$$

Die Werte von $1{,}0030 \cdot \zeta$ enthält die Fig. 223 in Abhängigkeit von α_0 für die gebräuchlichen Größtausschläge. Bei großen Winkeln konvergiert die Reihe der Formel (177a) sehr langsam. Man arbeitet dann vorteilhaft mit den elliptischen Funktionen[122]).

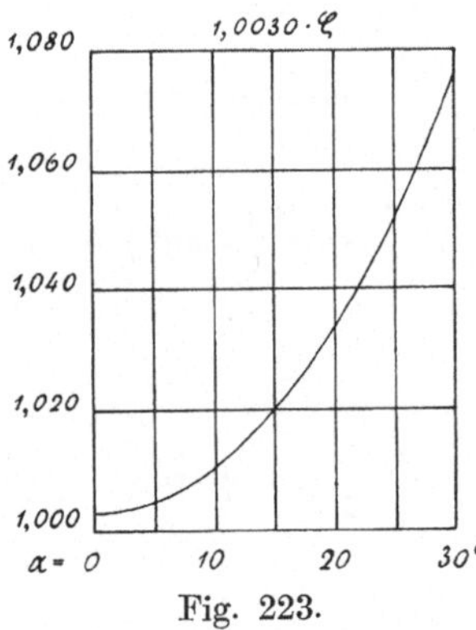

Fig. 223.

Man kann ein Pendel bauen, das bei beliebigem Ausschlag unveränderliche Schwingungszeit hat, indem man den oberen Teil des Fadens von O aus (Fig. 222) sich gegen Führungen legen läßt, die aus zwei gemeinen Zykloiden bestehen[86a]).

Beispiel 143. Anzugeben ist die Länge eines mathematischen Pendels, das auf dem Breitengrad von Paris eine Schwingung in $t = \frac{1}{2}$ bzw. 2 sk macht, wenn kleine Ausschläge vorausgesetzt werden.

Die Länge des Sekundenpendels ist in Paris nach Beispiel 140

$$l_1 = 0{,}9936 \text{ m}.$$

---

[121]) Die für kleine Schwingungen geltende Formel ohne das Berichtigungsglied ζ ist von Huygens, Horologium oscillatorium, 1673.

[122]) z. B. Duffing, Erzwungene Schwingungen bei veränderlicher Eigenfrequenz, 1918.

Nach Formel (177 b) ist dann die Länge des Halbsekundenpendels

$$l_{\frac{1}{2}} = l_1 \cdot (\tfrac{1}{2})^2 = 0{,}9936 \cdot \tfrac{1}{4} = 0{,}2484 \text{ m}$$

und die Länge des Zweisekundenpendels

$$l_2 = l_1 \cdot (2)^2 = 0{,}9936 \cdot 4 = 3{,}9744 \text{ m}.$$

Beispiel 144. Wenn auf den Pendelkörper keine weiteren Kräfte einwirken als die in Fig. 222 eingetragenen, insbesondere keine Kräfte senkrecht zur Schwingungsebene, so bewegt sich das Pendel nach dem Satz vom Beharrungsvermögen immer in derselben lotrechten Ebene. Unter einem am Erdpol schwingenden Pendel würde sich also die Erde in 86 164,1 sk einmal um 360° herumdrehen. Dagegen ist am Äquator keine Drehung der Erde unter dem in beliebiger lotrechter Ebene schwingenden Pendel zu messen. Auf dem Breitengrad φ ist die Drehungsgeschwindigkeit der Pendelebene gegenüber der Erdoberfläche gegeben durch[123])

$$\omega = \frac{2\pi \cdot \sin\varphi}{86164{,}1} \text{ 1/sk},$$

wie die Zerlegung der senkrecht zum Erdhalbmesser verlaufenden Winkelgeschwindigkeit in die beiden Seitengeschwindigkeiten lehrt, deren eine in die Ebene des Parallelkreises fällt, während die andere dazu senkrecht steht (Fig. 224).

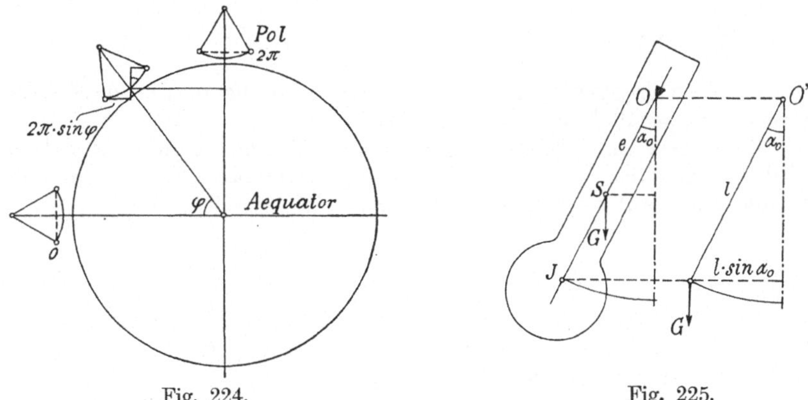

Fig. 224. Fig. 225.

Das physische Pendel besteht aus einem festen Körper, der um eine gewöhnlich innerhalb des Körpers gelegene Achse schwingt. Seine Schwingungsdauer wird bestimmt, indem man die Länge eines mathematischen Pendels aufsucht, dessen Schwingung mit der des physischen Pendels übereinstimmt.

Bilden beide zu Anfang denselben Winkel α_0 mit der Lotrechten, so sollen also ihre Bewegungen in jedem Augenblick dieselbe Winkelgeschwindigkeit und infolgedessen auch Beschleunigung haben. Mit den Bezeichnungen der Fig. 225 ist die Winkelbeschleunigung des physischen Pendels nach Formel (141)

$$\varepsilon = \frac{G \cdot e \cdot \sin\alpha_0}{J},$$

123) Foucault, C. R. 1851.

worin J das Trägheitsmoment des Pendelkörpers in bezug auf die Drehachse O ist. Für das entsprechende mathematische Pendel gilt ebenso

$$\varepsilon = \frac{G \cdot l \cdot \sin \alpha_0}{\frac{G \cdot l^2}{g}}.$$

Durch Gleichsetzen beider Werte ergibt sich die gesuchte Länge des mathematischen Pendels zu

$$l = \frac{J \cdot g}{G \cdot e}. \tag{178}$$

Wird diese Länge l auf der Geraden OS von O aus bis zum Punkt J abgetragen, so erhält man den Schwingungspunkt [86a]) des physischen Pendels, dessen Schwingungen so vor sich gehen, als wenn das ganze Gewicht des Körpers in ihm vereinigt wäre.

Setzt man den Abstand des Schwingungspunktes in die Gleichung (177b) für die Schwingungsdauer ein, so wird

$$t = \zeta \cdot \pi \cdot \sqrt{\frac{J}{G \cdot e}} = 1{,}0030 \cdot \zeta \cdot \sqrt{\frac{g \cdot J_s}{G \cdot e} + e}, \tag{179}$$

worin J_s das Trägheitsmoment des Körpers in bezug auf die zur Schwingungsachse parallele Schwerachse ist.

Hängt man das physische Pendel im Schwingungspunkt J auf, so wird die bisherige Drehachse O Schwingungspunkt. Denn man kann für die erste Aufhängung nach Formel (178) schreiben

$$l = \frac{\int dm \cdot x^2}{\int dm \cdot x}, \tag{178a}$$

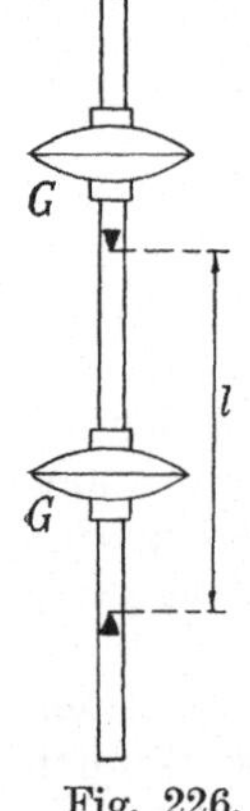

Fig. 226.

worin x den Abstand eines beliebigen Körperteilchens dm von der Drehachse O angibt. Für die zweite Aufhängung erhält man entsprechend

$$l' = \frac{\int dm \cdot (l - x)^2}{\int dm \cdot (l - x)} = \frac{l^2 \cdot \int dm - 2\,l \cdot \int dm \cdot x + \int dm \cdot x^2}{l \cdot \int dm - \int dm \cdot x}.$$

Setzt man hierin aus dem vorstehenden Wert für l ein

$$\int dm \cdot x^2 = l \cdot \int dm \cdot x,$$

so folgt

$$l' = \frac{l^2 \int dm - l \cdot \int dm \cdot x}{l \cdot \int dm - \int dm \cdot x} = l,$$

wie angegeben.

Beispiel 145. Zu ermitteln ist die Größe der Erdbeschleunigung g an einem bestimmten Orte.

An einem homogenen Stab mit zwei gegeneinandergekehrten verschiebbaren Schneiden sitzen ebenfalls verschiebbar zwei gleichschwere Körper G (Fig. 226). Man verschiebt die Schneiden und die Körper G solange, bis das Pendel in einer genau gemessenen Zeit t_1 gleichviel Schwingungen z macht, gleichgültig auf welcher

Schneide es ruht. Dann ist der mit beliebiger Genauigkeit aufzumessende Abstand der Schneiden die Länge l eines gleichschwingenden mathematischen Pendels, und man kann nun aus der Formel (178) bzw. (179) mit $t = \frac{t_1}{z}$ die Erdbeschleunigung g berechnen[124]), wenn dafür gesorgt wird, daß die Ausschläge des Pendels während des Versuches i. M. dieselben bleiben.

Beispiel 146. Anzugeben ist ein Pendel, das bei kurzem Bau eine lange Schwingungsdauer von z. B. 2 sk hat (Taktmesser).

Bei kleinem Ausschlag ist dafür nach Beispiel 143 die Länge $l = 3{,}9744$ m erforderlich. Nun macht der Taktmesser etwa einen Ausschlag von $\alpha_0 \sim 30°$; er braucht also nach Formel (177b) und den Angaben der Fig. 223 die Länge

$$l = \frac{2^2}{1{,}0764} = 3{,}7161 \text{ m}.$$

Sind J_0, J_1, J_2 die Trägheitsmomente der drei Gewichte G_0, G_1, G_2, die das Pendel nach Fig. 227 zusammensetzen, und zwar in bezug auf die Einzelschwerpunkte, so ist Formel (178) zu schreiben

$$l = \frac{J_0 \cdot g + G_0 \cdot e_0^2 + J_1 \cdot g + G_1 \cdot e_1^2 + J_2 \cdot g + G_2 \cdot e_2^2}{+ G_1 \cdot e_1 - G_0 \cdot e_0 - G_2 \cdot e_2}.$$

Wenn also $G_1 \cdot e_1$ nur wenig größer als $G_0 \cdot e_0 + G_2 \cdot e_2$ ist, so läßt sich das gegebene l bei ganz geringen Abmessungen verwirklichen.

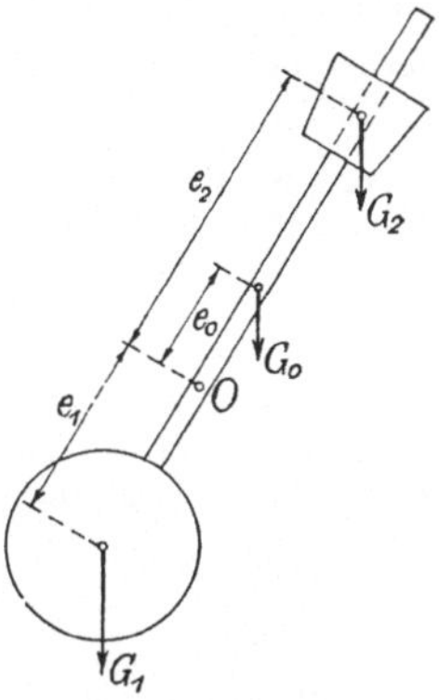

Wählt man etwa

$G_0 = 15$, $G_1 = 120$, $G_2 = 30$ g,
$J_0 = 0{,}05$, $J_1 = 0{,}20$, $J_2 = 0{,}01$ cm · g · sk²
$e_0 = 6$, $e_1 = 4$ cm,

Fig. 227.

so ergibt sich

$$30 \cdot (371{,}61 + e_2) \cdot e_2 = -981 \cdot (0{,}05 + 0{,}20 + 0{,}01) - 15 \cdot 6^2 - 120 \cdot 4^2 + 371{,}61 \cdot (120 \cdot 4 - 15 \cdot 6),$$

also

$$30 \cdot e_2^2 + 11\,148\, e_2 + 255 + 540 + 1960 - 144\,928 = 0$$

oder

$$e = -185{,}5 + \sqrt{29782{,}5} = 13{,}5 \text{ cm}^{125)}.$$

Beispiel 147. Es ist das Schwungmoment eines ausgeführten Schwungrades in bezug auf seine Drehachse zu bestimmen.

Man hängt das Schwungrad an einem Kran auf, mißt die Länge e von der Aufhängungsstelle der Hängeseile bis zur Mitte und zählt die Anzahl z der Schwingungen, die in einer Minute gemacht werden. Wenn ferner das Gewicht G durch eine Wägung ermittelt worden ist, ergibt die Formel (179) bei einem Ausschlag von etwa 10° nach jeder Seite

$$\vartheta \cdot G \cdot D^2 = 4 \cdot G \cdot e \cdot \left[\left(\frac{59{,}4}{z}\right)^2 - e\right].$$

Ist z. B. $G = 4735$ kg, $e = 3{,}275$ m gemessen und $z = 30\frac{2}{3}$ gezählt worden, so beträgt

$$\vartheta \cdot G \cdot D^2 = 4 \cdot 4735 \cdot 3{,}275 \cdot \left[\left(\frac{59{,}4}{30{,}67}\right)^2 - 3{,}275\right] = 29\,800 \text{ m}^2 \cdot \text{kg}.$$

---

124) Bohnenberger u. Kater, 1818.

125) Pendel von veränderlicher Länge während der Schwingung behandelt Bossut, Mém. de l'Acad. des sciences, Paris 1778; Foucault, C. R. 1851; Delaunay, Mécanique, 1856.

Das Verfahren[126]) liefert nur bei genauestem Aufmessen von e und Zählen der Schwingungen während mehrerer Minuten ($3 \div 5$) ein Ergebnis, das von dem der Berechnung aus den Abmessungen i. M. um etwa 5 v.H. abweicht (vgl. Beispiel 115).

Beispiel 148. Ein Telegraphendraht von $d = 3$ mm Stärke ist über die Länge $l = 100$ m mit der Spannkraft $S = 156$ kg ausgespannt und soll dabei den Durchhang $f = 3{,}40$ m haben (Bd. I, Beispiel 140). Festzustellen ist, ob die vorgeschriebene Spannkraft bzw. der zugehörige Durchhang tatsächlich richtig ausgeführt wurde[127]).

Nach Beispiel 116 ist das Schwungmoment eines solchen Drahtes vom Gewicht q kg/m

$$\vartheta \cdot G \cdot f^2 = \frac{q \cdot l \cdot f^2}{1{,}875},$$

ferner läßt sich mit Hilfe der Formeln (80b) und (113) in Bd. I leicht herleiten

$$G \cdot e = q \cdot l \cdot \tfrac{2}{3} f.$$

Damit wird die Schwingungsdauer gemäß Formel (179) bei einem mittleren Ausschlag von etwa 15° nach jeder Seite

$$t = 1{,}020 \cdot \sqrt{\frac{q \cdot l \cdot f^2 \cdot g}{g \cdot 1{,}875 \cdot q \cdot l \cdot 0{,}667 \cdot f}} = 0{,}912 \cdot \sqrt{f} \text{ sk.}$$

Vorteilhaft zählt man die Anzahl z der Schwingungen in einer Minute, die beim Bewegen des Drahtes von einem Ende aus entstehen. Aus der Gleichung $t \cdot z = 60$ sk folgt dann der tatsächliche Durchhang

$$f = \left(\frac{60}{0{,}912 \cdot z}\right)^2 = \left(\frac{65{,}8}{z}\right)^2. \tag{180}$$

Ist also $z = 36$ gezählt worden, so ist $f = \left(\frac{65{,}8}{36}\right)^2 = 3{,}34$ m.

Die Bestimmung gilt für alle Drahtsorten, Stützenabstände und Neigungen.

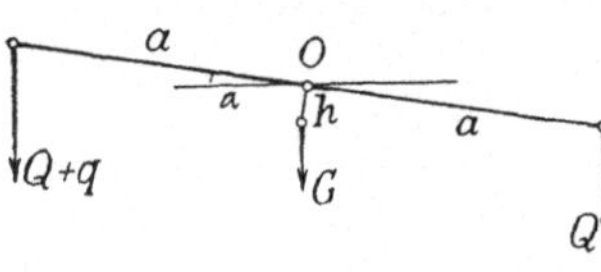

Fig. 228.

Beispiel 149. Zu berechnen ist die Schwingungsdauer eines Wagebalkens vom Gewicht G und dem Schwungmoment $\vartheta \cdot G \cdot a^2$ in bezug auf die Drehachse, der Hebellänge a und dem Abstand h des Schwerpunktes von der Drehachse, der auf jeder Seite durch die Schalenlast Q belastet ist und durch ein kleines Übergewicht q auf einer Seite in Schwingungen versetzt wird[128]).

Ist der größte Ausschlag des Wagebalkens aus der Wagerechten α (Fig. 229), so lautet die Momentengleichung, wenn man berücksichtigt, daß die beiderseits anhängenden Lasten mit beschleunigt werden müssen,

$$\varepsilon \cdot \left[J + \frac{a^2 \cdot (2Q + q)}{g}\right] = q \cdot a \cdot \cos\alpha + G \cdot h \cdot \sin\alpha.$$

Damit ergibt sich der Abstand des Schwingungspunktes von der Drehachse zu

$$l = \frac{(\vartheta \cdot G + 2Q + q) \cdot a}{q \cdot \operatorname{cotg}\alpha + G \cdot \frac{h}{a}},$$

wenn wieder $J \cdot g = \vartheta \cdot G \cdot a^2$ in Formel (178) eingesetzt wird, was am besten durch einen Schwingungsversuch mit dem unbelasteten Wagebalken bestimmt wird.

[126]) Townsend, Cambridge and Dublin Math. J. 1847.
[127]) Dreisbach, E. T. Z. 1909.
[128]) Lawaczeck, D. p. J. 1906.

Nun ist der Schwingungs-Ausschlag doppelt so groß wie der in Bd. II, S. 18 angegebene elastische, also

$$\operatorname{tg}\alpha = 2 \cdot \frac{q \cdot a}{G \cdot h},$$

da das Übergewicht q den Hebel solange beschleunigt, bis er in die eigentliche Gleichgewichtslage kommt, worauf er um denselben Weg unter Verzögerung weiter geht. Man erhält so als Schwingungsdauer bei naturgemäß nur kleinem Ausschlag

$$t = 1{,}003 \cdot \sqrt{\frac{\vartheta \cdot G + 2Q + q}{1{,}5 \cdot G \cdot \frac{h}{a}} \cdot a}\,. \tag{181}$$

Die Schwingungsdauer einer Wage ist demnach von der Gesamtbelastung abhängig.

Will man eine kleine Schwingungsdauer haben, um die Wägung schnell zu erledigen, so ist, da die Größe von G und das Verhältnis $\frac{h}{a}$ durch die vorgeschriebene Empfindlichkeit (Bd. II) festgelegt ist, in erster Linie die Hebellänge a klein zu machen und nebenher ϑ durch die Formgebung des Wagebalkens nach Möglichkeit zu verkleinern. Ein nicht zu kleines Hebelgewicht G ist für die Verkleinerung der Schwingungsdauer günstig.

Es ist leicht, in derselben Weise auch die Schwingungsdauer einer mehrfach zusammengesetzten Hebelwage, etwa nach Fig. 41 in Bd. II, zu bestimmen[128]).

Beispiel 150. Anzugeben ist die Belastung, die ein Glockenstuhl durch eine schwingende Glocke erfährt[129]).

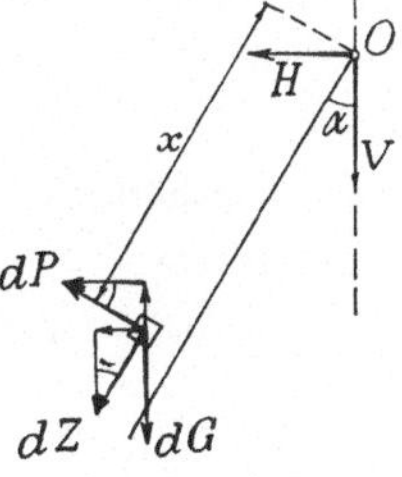

Fig. 229.

Bei einem beliebigen Ausschlag α aus der Mittellage hat jedes Glockenteilchen die Winkelgeschwindigkeit ω und die Winkelbeschleunigung ε, für die die Formeln (176) und (175) gelten. Auf irgendein Teilchen im Abstand x von der Drehachse (x parallel zur Mittellinie der Glocke gemessen) wirken nun die in Fig. 227 eingetragenen Gewichts- und Trägheitskräfte, und zwar ist

$$dZ = dG \cdot \frac{x \cdot \omega^2}{g}, \quad dP = dG \cdot \frac{x \cdot \varepsilon}{g}.$$

Durch ihre Zerlegung in je eine wagerechte und eine lotrechte Seitenkraft erhält man so

$$dV = dG + dG \cdot \frac{x}{g} \cdot \frac{2\,g}{l} \cdot (\cos\alpha - \cos\alpha_0) \cdot \cos\alpha - dG \cdot \frac{x}{g} \cdot \frac{g}{l} \cdot \sin\alpha \cdot \sin\alpha\,,$$

also nach Integration über G und x mit den Bezeichnungen der Fig. 225

$$V = G \cdot \left[1 + \frac{e}{l} \cdot (3 \cdot \cos^2\alpha - 2 \cdot \cos\alpha \cdot \cos\alpha_0 - 1)\right]$$

und entsprechend

$$H = G \cdot \frac{e}{l} \cdot (3 \cdot \cos\alpha \cdot \sin\alpha - 2 \sin\alpha \cdot \cos\alpha_0)\,.$$

Für die Mittellage, also $\alpha = 0$, ist $H = 0$ und

$$V_{\max} = G \cdot \left[1 + \frac{2 \cdot e}{l} \cdot (1 - \cos\alpha_0)\right].$$

Den Höchstwert von H erhält man durch Differentiation nach α:

$$\frac{dH}{d\alpha} = G \cdot [(3 \cos\alpha - 2 \cos\alpha_0) \cdot \cos\alpha - \sin\alpha \cdot (3 \sin\alpha - 0)] = 0\,.$$

---

[129]) Schupmann, Deutsche Bauzeitung 1875; Autenrieth, Technische Mechanik, 1900.

Hieraus folgt die Bestimmungsgleichung

$$\cos^2\alpha - \frac{\cos\alpha_0}{3} \cdot \cos\alpha - \tfrac{1}{2} = 0\,,$$

also
$$\cos\alpha = \tfrac{1}{6} \cdot (\cos\alpha_0 + \sqrt{\cos^2\alpha_0 + 18})\,.$$

Ist z. B. gegeben $G = 7530$ kg, $\alpha_0 = 50°$, $\frac{e}{l} \sim 0{,}80$ [130]), so ist der Ausschlag, bei dem die wagerechte Seitenkraft H am größten wird, bestimmt durch

$$\cos\alpha = \tfrac{1}{6} \cdot (0{,}6561 + \sqrt{18{,}4304}) = 0{,}8247\,.$$

Dem entspricht
$$\alpha = 34°\,23' \quad \text{und} \quad \sin\alpha = 0{,}5648\,.$$

Damit wird

$$H_{\max} = 7530 \cdot 0{,}80 \cdot (3 \cdot 0{,}8247 - 2 \cdot 0{,}6561) \cdot 0{,}5648 \sim 3550 \text{ kg}.$$

Die gleichzeitige lotrechte Seitenkraft ist

$$V = 7530 \cdot [1 + 0{,}80 \cdot (0{,}8247 \cdot 1{,}0619 - 1)] \sim 6780 \text{ kg},$$

während die größte den Wert hat

$$V_{\max} = 7530 \cdot (1 + 0{,}80 \cdot 2 \cdot 0{,}3439) \sim 11\,670 \text{ kg}.$$

Wird die Tragachse der Glocke gekröpft, so daß die Lagerstellen dem Schwingungspunkt etwa um den Betrag $\frac{e_1}{l} = 0{,}30$ näher[131]) rücken, so wird

$$H_{\max} = 3550 \cdot \frac{0{,}50}{0{,}80} = 2220 \text{ kg},$$

das zugehörige
$$V = 7530 \cdot (1 - 0{,}50 \cdot 0{,}124) = 7070 \text{ kg},$$

das größte
$$V_{\max} = 7530 \cdot (1 + 0{,}50 \cdot 0{,}6878) = 10\,110 \text{ kg}.$$

Bemerkt sei, daß jedes Glied des zweigliedrigen Schwingungssystems Glocke und Klöppel dieselbe Schwingung ausführt, wenn ihre Schwingungspunkte übereinstimmen[132]).

16. Schwingungen fester Körper.

Mathematisch leichter als die Pendelschwingungen sind die kleinen seitlichen Schwingungen zu behandeln, die ein mit der überall gleichen

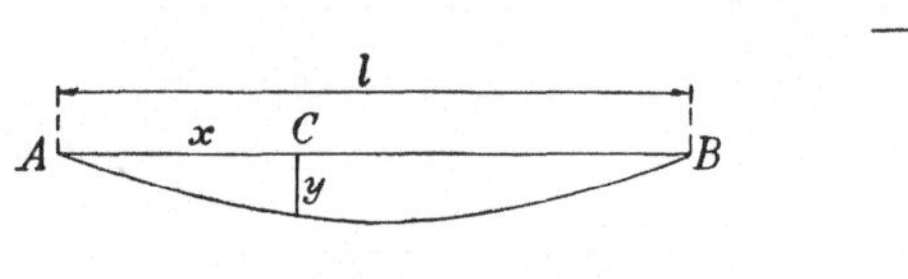

Fig. 230.

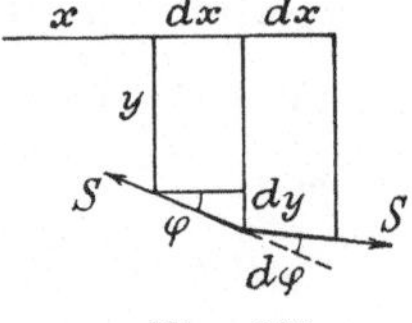

Fig. 231.

Spannkraft S angespannter Faden od. dgl. um die Befestigungsachse AB ausführt (Fig. 230). Solange die Schwingungen klein sind, kann die Bandlänge $dl = dx$ gesetzt werden, und die Kraft, die auf Zurück-

130) Köpke nach Kofahl, Z. d. V. d. I. 1904.
131) Bierling nach Schreber, D. p. J. 1908.
132) Kaiserglocke des Kölner Doms, Veltmann, D. p. J. 1876; Hort, Technische Schwingungslehre, 1910.

führung des kleinen Teilchens vom Gewicht $q \cdot dx$ in die Mittellage AB hinwirkt, ist die Mittelkraft der beiden an seinem Ende angreifenden Spannkräfte S. Sie ist nach dem Kräftedreieck (vgl. Bd. II, S. 231)

$$R = 2 \cdot S \cdot \sin \frac{d\varphi}{2} = S \cdot d\varphi .$$

Nun ergibt die Fig. 231 ohne weiteres $\varphi = \frac{dy}{dx}$, also

$$d\varphi = d\frac{dy}{dx} = \frac{d^2y}{dx^2} \cdot dx ,$$

und damit wird

$$R = S \cdot \frac{d^2y}{dx^2} \cdot dx .$$

Diese Kraft erteilt dem Teilchen, auf das sie wirkt, die Beschleunigung $p = \frac{d^2y}{dt^2}$ und es gilt also nach Formel (70)

$$R = \frac{q \cdot dx}{g} \cdot \frac{d^2y}{dt^2} .$$

Durch Gleichsetzen beider Ausdrücke erhält man die Differentialgleichung dieser Bewegung

$$\frac{d^2y}{dt^2} = c^2 \cdot \frac{d^2y}{dx^2} , \tag{182}$$

worin abkürzungsweise gesetzt worden ist

$$c = \sqrt{\frac{S \cdot g}{q}} \text{ m/sk.} \tag{183}$$

Die Lösung[133]) wird dargestellt durch

$$y = f_1(c \cdot t + x) - f_2(c \cdot t - x) , \tag{184}$$

worin f_1 und f_2 zwei ganz willkürliche Funktionen angeben. Denn es ist, da x und t voneinander unabhängig sind,

$$\frac{dy}{dt} = c \cdot f_1'(c \cdot t + x) - c \cdot f_2'(c \cdot t - x) ,$$

$$\frac{dy}{dx} = f_1'(c \cdot t + x) + f_2'(c \cdot t - x) ,$$

und hiernach

$$\frac{d^2y}{dt^2} = c^2 \cdot f_1''(c \cdot t + x) - c^2 \cdot f_2''(c \cdot t - x) ,$$

$$\frac{d^2y}{dx^2} = f_1''(c \cdot t + x) - f_2''(c \cdot t - x) ,$$

---

133) d'Alembert, Mém. de l'Acad. de Berlin 1747.

wenn beachtet wird, daß allgemein aus der Gleichung

$$z = f(x) \quad \text{folgt} \quad dz = f'(x) \cdot dx\,.$$

Nun ist nach Fig. 230 immer $y = 0$ für $x = 0$ und $x = l$. Es gilt also nach Formel (184)

$$f_1(c \cdot t) = f_2(c \cdot t)\,.$$

Schreibt man

$$c \cdot t - x = c \cdot \left(t - \frac{x}{c}\right),$$

so kann man $t' = t - \frac{x}{c}$ als neue Veränderliche auffassen und demgemäß aus der vorstehenden Gleichung folgern

$$y = f_1(c \cdot t + x) - f_1(c \cdot t') = f_1(c \cdot t + x) - f_1(c \cdot t - x)\,.$$

Entsprechend gilt

$$f_1(c \cdot t + l) = f_2(c \cdot t - l) = f_1(c \cdot t - l)\,.$$

Das heißt: f_1 ist eine periodische Funktion von der Periode

$$t_0 = \frac{2 \cdot l}{c} \text{ sk.} \tag{185}$$

Mit dieser Periode schwankt also das Band um die Mittellage AB der Fig. 230.

Dasselbe kann auch aus der Anschauung an Fig. 230 hergeleitet werden: Für jedes beliebige x ist $y = 0$, wenn sich das Band gerade durch die Mittellage AB bewegt. Geht man nun von A aus nach B, dann wieder zurück nach A und von dort weiter nach C, so kommt man auf diesem Wege $2\,l + x$ ebendorthin wie auf dem Wege $AB + BC = 2\,l - x$. Es gilt also in der Mittellage AB nach Formel (184) sogleich $f_1(2\,l + x) = f_2(2\,l - x)$ und ebenso für alle ganzen Vielfachen von $2\,l$. Die Periode der Schwankungen bestimmt sich demnach aus $c \cdot t_0 = 2\,l$.

Wenn ein Punkt C der ganzen Länge l festgehalten wird, dessen Lage so gewählt ist, daß $BC = i \cdot AC$ oder auch umgekehrt ist, worin i eine ganze Zahl sein muß, so schwingt das Band oder die Saite derart, daß an jedem der i Teilpunkte ein Schwingungsknoten entsteht und in der Mitte zwischen ihnen je ein Schwingungsbauch. Die Schwingung der ganzen Saite liefert den Grundton, die Teilschwingungen die harmonischen Obertöne.

Beispiel 151. Ein Ledertreibriemen vom Einheitsgewicht $\gamma = 0{,}95$ kg/dm^3 habe die freie Länge $l = 4{,}53$ m und soll mit der Spannung $\sigma = 27$ kg/cm^2 auf den Scheiben liegen. Es ist festzustellen, ob er richtig gespannt ist.

Man versetzt ihn durch einige kräftige Schläge in Querschwingungen. Bei richtiger Anspannung ist die Schwingungsdauer zwischen zwei gleichen Lagen auf derselben Seite der Mittellage[134]) nach den Formeln (185) und (183)

$$2\,t_0 = \frac{4\,l}{\sqrt{\frac{S\cdot g}{q}}}\,. \tag{186a}$$

Hierin ist einzusetzen

$$S = b\cdot s\cdot\sigma\ \text{kg},\qquad q = b\cdot s\cdot 100\cdot\frac{\gamma}{1000}\ \text{kg/m},$$

wenn beide Male die Länge 1 m, Breite b, Stärke s in cm gerechnet werden. Damit wird

$$2\,t_0 = 0{,}404\cdot l\cdot\sqrt{\frac{\gamma}{\sigma}} \tag{186b}$$

$$= 0{,}404\cdot 4{,}53\cdot\sqrt{\frac{0{,}95}{27}} = 0{,}343\ \text{sk.}$$

Es sind also in 3,4 sk 10 Doppelschwingungen zu zählen, was am besten dadurch geschieht, daß man an dem ruhenden Riemen eine ölgetränkte Federpose befestigt und ein Blatt Papier daran nach Befehl einer die Zeit messenden Person vorbeiführt.

Das Verfahren ergibt den wirklichen Spannungswert nur näherungsweise, und Fehler von 10 v.H. kommen dabei leicht vor, wenn man nicht besondere Resonanzapparate benutzt[135]). Sind etwa $z = 10{,}5$ Doppelschwingungen in $t_1 = 3{,}4$ sk gezählt worden, so ist $2\,t_0 = \frac{t_1}{z}$, also

$$\sigma = 0{,}163\cdot\gamma\cdot\left(\frac{z}{t_1}\cdot l\right)^2 = 0{,}163\cdot 0{,}95\cdot\left(\frac{10{,}5\cdot 4{,}53}{3{,}4}\right)^2 = 30{,}7\ \text{at.}$$

Die obige Berechnung trifft auch dann zu, wenn sich das Band mit der gleichförmigen Geschwindigkeit v etwa nach dem Anfangspunkt A der Fig. 230 hin bewegt. Zur Zeit t ist dann die Entfernung eines anfänglich im Abstand $AC = x$ befindlichen Punktes $x' = x - v\cdot t$, und die Gleichung (184) geht damit über in

$$y = f_1[(c-v)\cdot t + x] - f_2[(c+v)\cdot t - x]\,. \tag{187}$$

Entsprechend dem Obigen ergibt sich für $x = 0$

$$f_1[(c-v)\cdot t] = f_2[(c+v)\cdot t]\,,$$

und durch eine völlig gleichartige Rechnung folgt

$$y = f_1\Big((e-v)\cdot t + x\Big) = f_1\left((c-v)\cdot t - \frac{c-v}{c+v}\cdot x\right).$$

Da nun auch für $x = l$ $y = 0$ sein muß, so gilt weiter

$$f_1\Big((c-v)\cdot t + l\Big) = f_1\left((c-v)\cdot t - \frac{c-v}{c+v}\cdot l\right),$$

---

[134]) Die Formel wurde durch Versuche gefunden von Mersenne, ca. 1600, zuerst berechnet von Taylor, 1715.

[135]) Skutsch, Zwei Vorträge über die Mechanik der Riementriebe, 1915.

d. h. f_1 ist eine periodische Funktion mit der Periode

$$l + \frac{c - v}{c + v} \cdot l = \frac{2 \cdot c \cdot l}{c + v}$$

und die Schwingungsdauer[136]) bestimmt sich aus

$$(c - v) \cdot t_0 = \frac{2 \cdot c \cdot l}{c + v}$$

zu

$$t_0 = \frac{2 \cdot c \cdot l}{c^2 - v_2} = \frac{l}{c + v} + \frac{l}{c - v} \tag{188}$$

Da v hierin nur im Quadrat auftritt, so ist die Richtung der Bewegung des Bandes ohne Einfluß auf die Schwingungsdauer.

Für $v^2 \gtreqless c^2 = \frac{g \cdot S}{q}$ verschwinden diese Seitenschwingungen, was allerdings noch keinen ruhigen Lauf gewährleistet (vgl. S. 223).

Der zweite Ausdruck für t_0 ist gleichzeitig die Formel[137]) für die in Beispiel 42 erläuterte Dopplersche Erscheinung.

Beispiel 152. Der Treibriemen des Beispiels 151 läuft mit $v = 22$ m/sk um; er ist im ziehenden Trum gespannt mit $\sigma_1 = 38$ kg/cm², im losen Trum mit $\sigma_2 = 20$ kg/cm². Anzugeben ist die Zeitdauer der seitlichen Doppelschwingungen.

Man erhält aus Formel (188)

$$2\, t_0 = \frac{4 \cdot l}{c} \cdot \frac{1}{1 - \left(\frac{v}{c}\right)^2} = \frac{0{,}404 \cdot l \cdot \sqrt{\frac{\gamma}{\sigma}}}{1 - 0{,}0102 \cdot v^2 \cdot \frac{\gamma}{\sigma}},$$

also mit den gegebenen Zahlenwerten für das ziehende Trum

$$2\, t_{01} = \frac{0{,}404 \cdot 4{,}53 \cdot \sqrt{\frac{0{,}95}{38}}}{1 - 0{,}0102 \cdot 22^2 \cdot \frac{0{,}95}{38}} = 0{,}330 \text{ sk},$$

und für das lose Trum

$$2\, t_{02} = \frac{0{,}404 \cdot 4{,}53 \cdot \sqrt{\frac{0{,}95}{20}}}{1 - 0{,}0102 \cdot 22^2 \cdot \frac{0{,}95}{20}} = 0{,}521 \text{ sk}.$$

Ist $2\, t_0$ beobachtet, so ergibt sich

$$c = \frac{2\, l}{2\, t_0} \cdot \left[1 + \sqrt{1 + \left(\frac{2\, t_0}{2\, l} \cdot v\right)^2}\,\right]. \tag{189}$$

Da die Schwingungsausschläge infolge Resonanz (vgl. S. 53) an einer bestimmten Stelle zwischen einem Größt- und einem Kleinstwert schwanken, so kann man die mehrfach wiederholten Perioden während einer gewissen, mit der

136) Skutsch, Ann. d. Phys. u. Chemie 1897.
137) Klinkerfues, Göttinger Nachr. 1868.

Stoppuhr ermittelten Zeit sehr genau auszählen und so die Spannung während des Betriebes mindestens im Leertrum angeben. Die des anderen Trums läßt sich daraus nach Bd. II, S. 240 berechnen. Wegen der Wirkung des Ausspreßwinkels läßt sich aber die Länge l nicht genau genug festlegen, so daß die Genauigkeit höchstens 5 v.H. beträgt.

Eine häufig vorkommende Schwingung entsteht, wenn etwa ein Gewicht G, das an einer Feder hängt, deren Gewicht im Verhältnis zu G vernachlässigt werden kann, aus seiner Gleichgewichtslage im Abstand x_0 bis zur Entfernung $x_{\min}$ von der Bezugsebene angehoben und dann losgelassen wird (Fig. 232). Ist q die Kraft, die die Feder der Verlängerung oder Verkürzung um 1 cm entgegensetzt, so gilt bei der beliebigen Entfernung x des Gewichtes, die zwischen $x_{\min}$ und x_0 beträgt, nach dem Satz von d'Alembert

$$+G - \frac{G}{g} \cdot \frac{d^2 x}{d t^2} + q \cdot (x_0 - x) = 0 \,, \qquad (190\text{a})$$

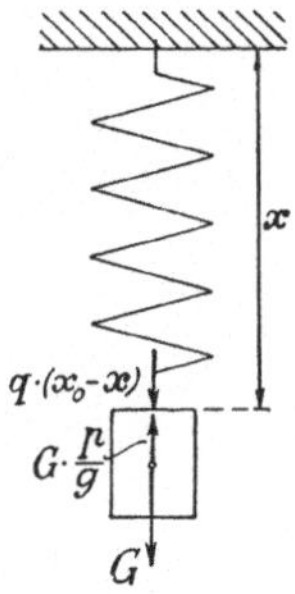

x
$q \cdot (x_0 - x)$
$G \cdot \frac{p}{g}$
G

Fig. 232.

worin die positive Kraftrichtung im Sinne der Zunahme von x gerechnet ist, oder nach Division durch $\frac{G}{g}$

$$+\frac{d^2 (x_0 - x)}{d t^2} + \frac{q \cdot g}{G} \cdot (x_0 - x) + g = 0 \,,$$

wofür abkürzungsweise geschrieben werden kann

$$\frac{d^2 x'}{d t^2} + c_1^2 \cdot x' + c_2 = 0 \,. \qquad (190\text{b})$$

Die allgemeine Lösung dieser linearen Differentialgleichung zweiter Ordnung mit unveränderlichem Störungsglied lautet nach S. 29

$$+x' = +C_1 \cdot \cos(c_1 \cdot t) + C_2 \cdot \sin(c_1 \cdot t) + \frac{c_2}{c_1^2} \,, \qquad (190\text{c})$$

worin C_1 und C_2 die bei der zweimaligen Integration eintretenden Festwerte sind. Denn die Differentiation dieser Gleichung liefert

$$+\frac{d x'}{d t} = -C_1 \cdot c_1 \cdot \sin(c_1 \cdot t) + C_2 \cdot c_1 \cdot \cos(c_1 \cdot t) + 0 \,,$$

$$+\frac{d^2 x'}{d t^2} = -C_1 \cdot c_1^2 \cdot \cos(c_1 \cdot t) - C_2 \cdot c_1^2 \cdot \sin(c_1 \cdot t) \,,$$

und man erkennt, daß die Gleichung (190b) dadurch erfüllt wird.

Zur Bestimmung der Festwerte beachtet man, daß zur Zeit $t = 0$, also im Augenblick des kleinsten Abstandes $x_{\min}$ die Geschwindigkeit $\frac{d x'}{d t} = 0$ ist. Mit $x' = x_0 - x$ geht die Gleichung (190c) für diesen Fall über in

$$x_0 - x_{\min} = +C_1 \cdot 1 + C_2 \cdot 0 + \frac{c_2}{c_1^2} \,,$$

und ihr erster Differentialquotient lautet entsprechend

$$0 = -C_1 \cdot c_1 \cdot 0 + C_2 \cdot c_1 \cdot 1 .$$

Die letztere Gleichung ergibt sofort $C_2 = 0$ und die erstere $C_1 = x_0 - x_{\min} - \frac{c_2}{c_1^2}$. Damit erhält man nach Einsetzen der Werte für c_1 und c_2

$$x = x_0 - \frac{G}{q} - \left(x_0 - x_{\min} - \frac{G}{q}\right) \cdot \cos\left(t \cdot \sqrt{\frac{g \cdot q}{G}}\right). \tag{190d}$$

Die Schwingungsdauer, nach der sich das Spiel wiederholt, ermittelt sich gemäß Formel (190c) durch den Ansatz $c_1 \cdot t = 2\,\pi$ zu

$$t_0 = \frac{2 \cdot \pi}{c_1}. \tag{191a}$$

Nun ist ja $c_1^2 = \frac{q \cdot g}{G}$, und damit wird

$$t_0 = 2 \cdot \pi \cdot \sqrt{\frac{G}{g \cdot q}}. \tag{191b}$$

Setzt man hierin

$$G = q \cdot f_g ,$$

worin f_g die in cm gemessene Ausfederung ist, die das Gewicht G der Feder im Ruhezustand erteilt, so folgt mit $z \cdot t_0 = 1$ die Schwingungszahl z in der Sekunde zu

$$z = \frac{1}{2 \cdot \pi} \cdot \sqrt{\frac{g}{f_g}} = \frac{4{,}985}{\sqrt{f_g}}. \tag{192}$$

Beispiel 153. Es sei gegeben $\frac{G}{q} = 1$ cm, $x_{\min} = 12$ cm, $x_0 = 15$ cm. Dann wird mit $g = 981$ cm/sk²

$$x = +13 - 2 \cdot \cos(31{,}321 \cdot t)$$

und die Periode der Schwingung beträgt

$$t_0 = \frac{2\,\pi}{31{,}321} = 0{,}2006 \text{ sek.}$$

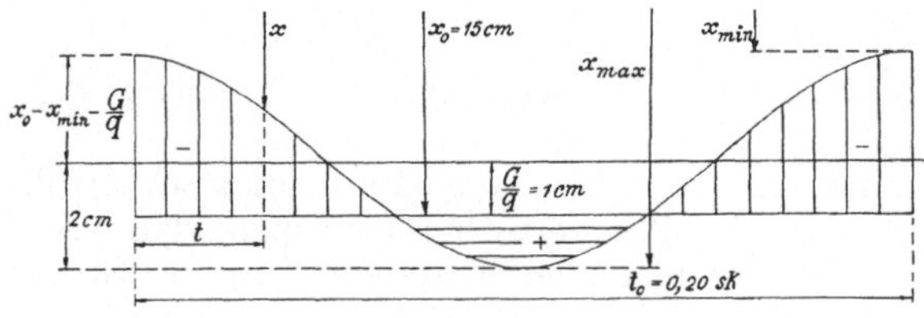

Fig. 233.

Den Verlauf der Schwingung in Abhängigkeit von der Zeit stellt die Fig. 233 dar. Die Schwingungsausschläge sind von der Gleichgewichtslage aus nach oben wesentlich größer als nach unten.

Ist das Störungsglied der Schwingungsgleichung nicht unveränderlich, sondern irgendeine Funktion $F(t)$ der Zeit:

$$\frac{d^2x}{dt^2} + c^2 \cdot x = F(t),$$

so übernimmt man die schon S. 29 gegebene Lösung der Gleichung ohne Störungsglied und setzt nur die Unveränderlichen jener Lösung als noch zu ermittelnde Funktionen $f_1(t)$ und $f_2(t)$ der Zeit an:

$$x = f_1 \cdot (t) \cdot \cos(c \cdot t) + f_2(t) \cdot \sin(c \cdot t).$$

Durch Differentiation erhält man hieraus leicht, wenn abkürzungsweise statt $f(t)$ nur f geschrieben wird,

$$\frac{dx}{dt} = -f_1 \cdot c \cdot \sin(c \cdot t) + \cos(c \cdot t) \cdot \frac{df_1}{dt} + f_2 \cdot c \cdot \cos(c \cdot t) + \sin(c \cdot t) \cdot \frac{df_2}{dt},$$

$$\frac{d^2x}{dt^2} = -f_1 \cdot c^2 \cdot \cos(c \cdot t) - c \cdot \sin(c \cdot t) \cdot \frac{df_1}{dt} - c \cdot \sin(c \cdot t) \cdot \frac{df_1}{dt} + \cos(c \cdot t) \cdot \frac{d^2f_1}{dt^2}$$
$$- f_2 \cdot c^2 \cdot \sin(c \cdot t) + 2 \cdot c \cdot \cos(c \cdot t) \cdot \frac{df_2}{dt} + \sin(c \cdot t) \cdot \frac{d^2f_2}{dt^2}.$$

Setzt man diese Ausdrücke in die gegebene Gleichung (193) ein, so geht sie über in

$$-2 \cdot c \cdot \sin(c \cdot t) \cdot \frac{df_1}{dt} + \cos(c \cdot t) \cdot \frac{d^2f_1}{dt^2} + 2 \cdot c \cdot \cos(c \cdot t) \cdot \frac{df_2}{dt}$$
$$+ \sin(c \cdot t) \cdot \frac{d^2f_2}{dt^2} = F(t).$$

Da zur Bestimmung der beiden Funktionen f_1 und f_2 zwei voneinander unabhängige Gleichungen nötig sind, so kann man noch eine zweite willkürlich ansetzen, am vorteilhaftesten

$$\frac{df_1}{dt} \cdot \cos(c \cdot t) + \frac{df_2}{dt} \cdot \sin(c \cdot t) = 0,$$

deren Differentiation ergibt

$$-\frac{df_1}{dt} \cdot c \cdot \sin(c \cdot t) + \frac{d^2f_1}{dt^2} \cdot \cos(c \cdot t) + \frac{df_2}{dt} \cdot c \cdot \cos(c \cdot t) + \frac{d^2f_2}{dt^2} \cdot \sin(c \cdot t) = 0.$$

Subtrahiert man diesen Ausdruck von der umgewandelten Ausgangsgleichung, so folgt

$$-c \cdot \sin(c \cdot t) \cdot \frac{df_1}{dt} + c \cdot \cos(c \cdot t) \cdot \frac{df_2}{dt} = F(t).$$

Man hat so zwei einfache Gleichungen für die beiden Differentiale $\frac{df_1}{dt}$ und $\frac{df_2}{dt}$ erhalten, deren Ausrechnung liefert

$$\frac{df_1}{dt} = -\frac{1}{c} \cdot \sin(c \cdot t) \cdot F(t), \qquad \frac{df_2}{dt} = +\frac{1}{c} \cdot \cos(c \cdot t) \cdot F(t).$$

Ihre Integration ergibt schließlich

$$f_1 = -\frac{1}{c} \cdot \int F(t) \cdot \sin(c \cdot t) \cdot dt + C_1,$$

$$f_2 = +\frac{1}{c} \cdot \int F(t) \cdot \cos(c \cdot t) \cdot dt + C_2.$$

Damit lautet die Lösung der gegebenen Differentialgleichung (193)

$$x = C_1 \cdot \cos(c \cdot t) + C_2 \cdot \sin(c \cdot t) + \frac{1}{c} \cdot \left[-\cos(c \cdot t) \cdot \int F(t) \cdot \sin(c \cdot t)\, dt \right.$$

$$\left. + \sin(c \cdot t) \cdot \int F(t) \cdot \cos(c \cdot t)\, dt \right] \tag{194}$$

deren Festwerte C_1 und C_2 aus den Anfangsbedingungen bestimmt werden müssen.

Beispiel 154. Bei der Anordnung nach Fig. 232 werde die obere Befestigungsstelle der Feder etwa durch ein Kurbelgetriebe mit langer Schubstange auf- und abbewegt mit der gleichbleibenden Winkelgeschwindigkeit ω, so daß der Ausschlag beträgt $y = r \cdot \sin(\omega \cdot t)$. Zu untersuchen ist die entstehende Schwingung des Gewichtes G.

Es wirkt jetzt auf den angehängten Körper nicht mehr die Federkraft $q \cdot x'$, sondern $q \cdot (x' - y)$, worin x' hier den Ausschlag der Feder aus ihrer Gleichgewichtslage angibt. Die Schwingungsgleichung lautet dann

$$\frac{G}{g} \cdot \frac{d^2 x'}{dt^2} + q \cdot x' = q \cdot r \cdot \sin(\omega \cdot t).$$

Ihre Lösung ist nach Formel (194), wenn vorläufig abkürzungsweise geschrieben wird,

$$c_1 = \pm \sqrt{\frac{g \cdot q}{G}}, \qquad c_2 = \frac{g \cdot q}{G} \cdot r,$$

$$x' = + \frac{c_2}{c_1} \cdot \left[-\cos(c_1 \cdot t) \cdot \int \sin(c_1 \cdot t) \cdot \sin(\omega \cdot t) \cdot dt + \sin(c_1 \cdot t) \cdot \int \cos(c_1 \cdot t) \right.$$

$$\left. \cdot \sin(\omega \cdot t) \cdot dt \right] + C_1 \cdot \cos(c_1 \cdot t) + C_2 \cdot \sin(c_1 \cdot t).$$

Die beiden noch auf der rechten Seite stehenden Integrale ergeben sich leicht durch zweimalige Anwendung der teilweisen Integration (Bd. I, Formel 100)

$$\int u \cdot dv = u \cdot v - \int v \cdot du$$

und es folgt so

$$x' = \frac{c_2}{\omega^2 - c_1^2} \cdot \left[-\cos^2(c_1 \cdot t) \cdot \sin(\omega \cdot t) + \frac{\omega}{c_1} \cdot \cos(c_1 \cdot t) \cdot \sin(c_1 \cdot t) \cdot \cos(\omega \cdot t) \right.$$

$$\left. - \sin^2(c_1 \cdot t) \cdot \sin(\omega \cdot t) - \frac{\omega}{c_1} \cdot \sin(c_1 \cdot t) \cdot \cos(c_1 \cdot t) \cdot \cos(\omega \cdot t) \right]$$

$$+ C_1 \cdot -\cos(c_1 \cdot t) + C_2 \cdot \sin(c_1 \cdot t)$$

oder

$$x' = \frac{c_2}{\omega^2 - c_1^2} \cdot \sin(\omega \cdot t) + C_1 \cdot \cos(c_1 \cdot t) + C_2 \cdot \sin(c_1 \cdot t).$$

Als Anfangsbedingungen seien gegeben für die Zeit $t = 0$: $x' = 0$ und $\frac{dx'}{dt} = 0$, ferner $\omega \cdot t = \varphi$, worin φ eine beliebige Anfangsstellung der Antriebskurbel ist. Man differentiiert zunächst noch

$$\frac{dx'}{dt} = \frac{c_2 \cdot \omega}{\omega^2 - c_1^2} \cdot \cos(\omega \cdot t) - C_1 \cdot c_1 \cdot \sin(c_1 \cdot t) + C_2 \cdot c_1 \cdot \cos(c_1 \cdot t)$$

und erhält jetzt mit den Anfangswerten

$$0 = \frac{c_2}{\omega^2 - c_1^2} \cdot \sin\varphi + C_1 \cdot 1 + C_2 \cdot 0 ,$$

$$0 = \frac{c_2 \cdot \omega}{\omega^2 - c_1^2} \cdot \cos\varphi - C_1 \cdot c_1 \cdot 0 + C_2 \cdot c_2 \cdot 1 .$$

Damit wird schließlich der Ausschlag

$$x' = + \frac{c_2}{c_1^2 - \omega^2} \cdot \left(\sin\varphi \cdot \cos(c_1 \cdot t) + \frac{\omega}{c_1} \cdot \cos\varphi \cdot \sin(c_1 \cdot t) - \sin(\omega \cdot t) \right)$$

oder, wenn die Werte für c_1 und c_2 wieder eingesetzt werden,

$$x' = \frac{r}{1 - \frac{\omega^2 \cdot G}{g \cdot q}} \cdot \left[\sin\varphi \cdot \cos\left(t \cdot \sqrt{\frac{g \cdot q}{G}} \right) + \omega \cdot \sqrt{\frac{G}{g \cdot q}} \cdot \cos\varphi \cdot \sin\left(t \cdot \sqrt{\frac{g \cdot q}{G}} \right) - \sin(\omega \cdot t) \right] .$$

Die ersten beiden Glieder der Klammer ergeben die Eigenschwingung des angehängten Körpers und das letzte Glied die erzwungene Schwingung, die hier zeitlich mit der Antriebsschwingung übereinstimmt; freilich ist ihr Ausschlag nicht mehr r, sondern größer. Die Produkte der Zeit t heißen die **Schwingungszahlen** oder Frequenzen der Einzelschwingung, denn sie geben nach Formel (191 b) an, wieviel ganze Schwingungen in einer Sekunde ausgeführt werden.

Wenn die Schwingungszahl ω der erzwungenen Schwingung klein ist gegenüber der der Eigenschwingung $c_1 = \sqrt{\frac{g \cdot q}{G}}$, so verschwindet im Nenner des den Ausschlag angebenden Ausdruckes vor der Klammer das zweite Glied gegenüber 1: Die Schwingung stimmt der Größe nach mit dem Ausschlag der An-

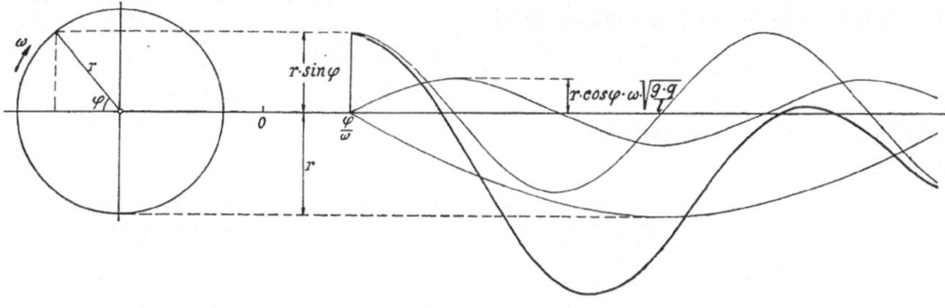

Fig. 234.

triebskurbel überein. Die drei Einzelschwingungen sind in Fig. 234 aufgetragen und setzen sich zu der kräftiger ausgezogenen Gesamtschwingung durch Addition der drei Höhen zusammen.

Wird ω größer, so vergrößert sich auch der Ausschlag der Schwingungen, insbesondere des zweiten Anteiles der freien Schwingungen. Die Ausschläge werden sehr groß, wenn $\omega \sim \sqrt{\frac{g \cdot q}{G}}$ ist. Den Fall der genauen Übereinstimmung bezeichnet man als **Resonanz**, wo die Ausschläge rechnerisch unendlich groß ausfallen, wenn auch der Antriebsausschlag selbst recht klein ist. Im allgemeinen muß dieser Fall peinlich vermieden werden außer etwa beim Anlaufen einer Maschine, wenn sie so schnell über den Resonanzbereich hinwegkommt, daß die Zeit zur Ausbildung der gefährlichen Schwingungen fehlt.

Beispiel 155. Beim genauen Auswuchten der Wellen und Räder von Dampfturbinen läßt man die Welle absichtlich mit einer Winkelgeschwindigkeit ω umlaufen, die der nach Formel (192) berechneten Eigenschwingungszahl der die Lager haltenden Federn entspricht, damit Resonanz auftritt und so die kleinen Mängel der Auswuchtung sich durch die dabei auftretenden starken Vergrößerungen der Ausschläge möglichst deutlich bemerkbar machen.

Imaginäre Zahlen. Das Quadrat einer positiven oder negativen Zahl ist stets eine positive Zahl:

$$(+a)^2 = (-a)^2 = a^2 .$$

Infolgedessen ergeben nur Quadratwurzeln aus positiven Zahlen reelle Werte. Jedoch kann etwa bei der Auflösung einer quadratischen Gleichung, deren Zahlenwerte beliebig oder auch nach einem bestimmten Gesetz veränderlich sind, die Ausrechnung von $\sqrt{a^2 - b^2}$ verlangt werden, wobei $b > a$ ist. Man setzt an

$$\sqrt{a^2 - b^2} = \sqrt{-d} = \sqrt{+d} \cdot \sqrt{-1} = c \cdot i .$$

Hierin ist $c = \sqrt{b^2 - a^2}$ und $i = \sqrt{-1}$.

Zahlen, die mit diesem Ausdruck i multipliziert sind, nennt man imaginäre. Ausdrücke, die aus einer reellen und einer imaginären Zahl zusammengesetzt sind, heißen komplexe Zahlen, wie etwa $a \pm b \cdot i$.

Ist die Gleichung gegeben

$$a + b \cdot x = \alpha + \beta \cdot x ,$$

worin x eine beliebige feste oder auch veränderliche Zahl ist, so gilt ja $a = \alpha$ und $b = \beta$. Entsprechend ergeben sich aus der Gleichung

$$a + b \cdot i = \alpha + \beta \cdot i$$

die beiden

$$a = \alpha , \qquad b = \beta .$$

Die gebräuchlichen Rechenoperationen mit komplexen Zahlen ergeben im allgemeinen wieder eine komplexe Zahl:

$$(a \pm b \cdot i) \pm (c \pm d \cdot i) = a \pm c \pm (b \pm d) \cdot i ,$$

$$(a \pm b \cdot i) \cdot (c \pm d \cdot i) = a \cdot c - b \cdot d \pm (a \cdot d + b \cdot c) \cdot i ,$$

dagegen $(a + b \cdot i) \cdot (a - b \cdot i) = a^2 + b^2$,

aber wieder

$$\frac{a \pm b \cdot i}{c \pm d \cdot i} = \frac{(a \pm b \cdot i)(c \mp d \cdot i)}{(c \pm d \cdot i) \cdot (c \mp d \cdot i)} = \frac{a \cdot c + b \cdot d}{c^2 + d^2} \pm \frac{b \cdot c - a \cdot d}{c^2 + d^2} \cdot i .$$

Man kann hiernach umformen

$$\begin{aligned} &(\cos\alpha \pm i \cdot \sin\alpha) \cdot (\cos\beta \pm i \cdot \sin\beta) \\ &= \cos\alpha \cdot \cos\beta - \sin\alpha \cdot \sin\beta \pm i \cdot (\sin\alpha \cdot \cos\beta + \cos\alpha \cdot \sin\beta) \\ &= \cos(\alpha + \beta) \pm i \cdot \sin(\alpha + \beta) . \end{aligned}$$

Ein entsprechender Zusammenhang läßt sich für drei und mehr Winkel $\alpha, \beta, \gamma \ldots$ angeben. Setzt man jetzt alle Winkel einander gleich zu α, so wird

$$(\cos\alpha \pm i \cdot \sin\alpha)^n = \cos n \cdot \alpha \pm i \cdot \sin n \,.\, \alpha . \qquad (195)$$

Es läßt sich leicht zeigen, daß diese Formel auch für beliebig gebrochene und negative Exponenten n gilt.

Entwickelt man die linke Seite der Gleichung (195) nach dem binomischen Satz (S. 193), so ergibt sich

$$\cos n \cdot \alpha + i \cdot \sin n \cdot \alpha = +\cos^n \alpha \pm i \cdot \frac{n}{1} \cdot \cos^{n-1}\alpha \cdot \sin\alpha$$

$$+ (-1) \cdot \frac{n \cdot (n-1)}{1 \cdot 2} \cdot \cos^{n-2}\alpha \cdot \sin^2\alpha \mp i \cdot \frac{n \cdot (n-1) \cdot (n-2)}{1 \cdot 2 \cdot 3} \cdot \cos^{n-}\alpha \cdot \sin^3\alpha + .$$

und man erhält daraus die beiden Gleichungen

$$\cos n\cdot\alpha = +\cos^n\alpha - \frac{n\cdot(n-1)}{1\cdot 2}\cdot\cos^{n-2}\alpha\cdot\sin^2\alpha + \frac{n\cdot(n-1)\cdot(n-2)\cdot(n-3)}{1\cdot 2\cdot 3\cdot 4}\cdot\cos^{n-4}\alpha\cdot\sin^4\alpha - \ldots,$$

$$\sin n\cdot\alpha = \frac{n}{1}\cdot\cos^{n-1}\alpha\cdot\sin\alpha - \frac{n\cdot(n-1)\cdot(n-2)}{1\cdot 2\cdot 3}\cdot\cos^{n-3}\alpha\cdot\sin^3\alpha + \ldots$$

Wird jetzt α in $\frac{\alpha}{n}$ umgewandelt und schließlich $n = \infty$ angenommen, so wird

$$\cos\frac{\alpha}{n} \sim 1, \qquad \sin\frac{\alpha}{n} \sim \frac{\alpha}{n},$$

und das zweite Glied der ersteren Reihe geht z. B. über in

$$\frac{n(n-1)}{1\cdot 2}\cdot\cos^{n-2}\frac{\alpha}{n}\cdot\sin^2\frac{\alpha}{n} = \frac{n\cdot(n-1)}{1\cdot 2}\cdot 1\cdot\left(\frac{\alpha}{n}\right)^2 = \frac{\frac{n}{n}\cdot\left(\frac{n}{n}-\frac{1}{n}\right)}{1\cdot 2}\cdot\alpha^2$$

$$= \frac{1\cdot(1-0)}{1\cdot 2}\cdot\alpha^2 = \frac{\alpha^2}{1\cdot 2}.$$

Man erhält so

$$\cos\alpha = 1 - \frac{\alpha^2}{1\cdot 2} + \frac{\alpha^4}{1\cdot 2\cdot 3\cdot 4} - \ldots, \tag{196}$$

$$\sin\alpha = \frac{\alpha}{1} - \frac{\alpha^3}{1\cdot 2\cdot 3} + \frac{\alpha^5}{1\cdot 2\cdot 3\cdot 4\cdot 5} - \ldots, \tag{197}$$

worin auf der rechten Seite α in Bogenmaß zu nehmen ist.

Ebenso läßt sich nach dem binomischen Satz entwickeln

$$\left(1+\frac{x}{n}\right)^n = 1 + \frac{n}{1}\cdot\frac{x}{n} + \frac{n\cdot(n-1)}{1\cdot 2}\cdot\left(\frac{x}{n}\right)^2 + \ldots \tag{198}$$

und wenn wieder $n = \infty$ gesetzt wird,

$$\left(1+\frac{x}{n}\right)^n = 1 + \frac{x}{1} + \frac{x^2}{1\cdot 2} + \frac{x^3}{1\cdot 2\cdot 3} + \ldots \tag{198a}$$

oder für $x = 1$

$$\left(1+\frac{1}{n}\right)^n_{n=\infty} = 1 + \frac{1}{1} + \frac{1}{1\cdot 2} + \frac{1}{1\cdot 2\cdot 3} + \ldots \tag{198b}$$

Die Ausrechnurg der letzteren Reihe ergibt den Zahlenwert der Basis der natürlichen Logarithmen:

$$e = \left(1+\frac{1}{n}\right)^n_{n=\infty} = 2{,}71828\ldots$$

Verwandelt man jetzt etwa n in $\frac{n}{x}$, so wird $e = \left(1+\frac{x}{n}\right)^{\frac{n}{x}}_{n=\infty}$ oder nach Erhebung in die x^{te} Potenz

$$e^x = \left(1+\frac{x}{n}\right)^n_{n=\infty} = 1 + \frac{x}{1} + \frac{x^2}{1\cdot 2} + \frac{x^3}{1\cdot 2\cdot 3} + \ldots \tag{199}$$

Durch Vergleich dieser Reihe mit den beiden (196) und (197) erhält man die Beziehung

$$\left.\begin{aligned} \cos\alpha + i \cdot \sin\alpha &= e^{i \cdot \alpha}, \\ \cos\alpha - i \cdot \sin\alpha &= e^{-i \cdot \alpha}, \end{aligned}\right\} \qquad (200)$$

oder

$$\left.\begin{aligned} \cos\alpha &= \tfrac{1}{2} \cdot (e^{i \cdot \alpha} + e^{-i \cdot \alpha}), \\ \sin\alpha &= \frac{1}{2 \cdot i} \cdot (e^{i \cdot \alpha} - e^{-i \cdot \alpha}). \end{aligned}\right\} \qquad (201)$$

Man kann hiermit imaginäre Ausdrücke wieder auf reelle zurückführen. Bei vielen Rechnungen ist der Durchgang durch das imaginäre Gebiet nur eine Zwischenoperation.

Wird dieselbe Anordnung wie in Fig. 232 wagerecht auf einer festen Unterlage angebracht (Fig. 235), so lautet die Ausgangsgleichung unter sonst gleichen Umständen

$$-\mu \cdot G - \frac{G}{g} \cdot \frac{d^2 x}{dt^2} + q \cdot (x_0 - x) = 0 .$$

Sie unterscheidet sich von der ersten dadurch, daß das Störungsglied den Faktor $-\mu$ erhalten hat, und die Lösung ist demnach

$$x = x_0 + \frac{\mu \cdot G}{q} - \left(x_0 - x_{\min} + \frac{\mu \cdot G}{q}\right) \cdot \cos\left(t \cdot \sqrt{\frac{q \cdot g}{G}}\right). \qquad (202\,\mathrm{a})$$

Bei der Rückwärtsbewegung, nachdem der größte Abstand $x_{\max}$ erreicht ist, kehrt sich aber die Richtung von $\mu \cdot G$ um, und in der-

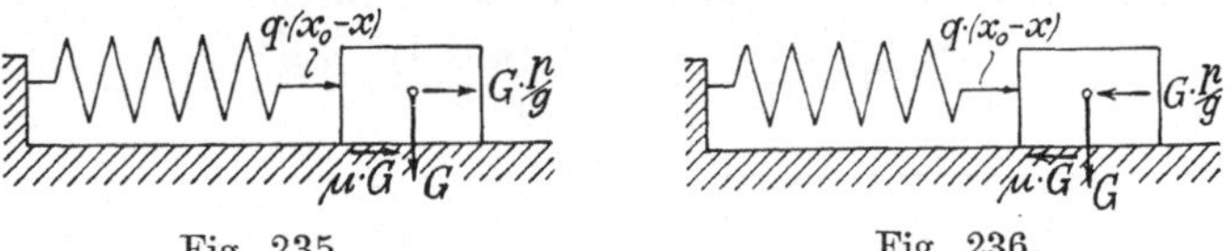

Fig. 235. Fig. 236.

selben Stellung x wie oben gilt die Bezeichnung der Fig. 236. Denn die jetzt auf Zusammendrücken beanspruchte Feder wirkt der Bewegung entgegen, also in derselben Richtung wie bei Fig. 235; der Körper wird bereits verzögert, so daß p negativ ist, und die Ergänzungskraft ist entgegengesetzt zur Bewegung einzutragen. Die Ausgangsgleichung lautet somit

$$+\mu \cdot G - \frac{G}{g} \cdot \frac{d^2 x}{dt^2} + q \cdot (x_0 - x) = 0 .$$

Es hat sich also das Vorzeichen von μ geändert, und für die Rückwärtsbewegung gilt jetzt

$$x = x_0 - \frac{\mu \cdot G}{q} - \left(x_0 - x_{\min} - \frac{\mu \cdot G}{q}\right) \cdot \cos\left(t \cdot \sqrt{\frac{q \cdot g}{G}}\right). \qquad (202\,\mathrm{b})$$

Der Verlauf der Schwingungsausschläge in Abhängigkeit von der Zeit stellt die Fig. 237 dar. Die Periode bleibt unverändert, aber der Ausschlag nimmt nach jeder vollen Periode um $\frac{2 \cdot \mu \cdot G}{q}$ ab, so daß die Schwingung ziemlich schnell gedämpft wird. Sie kommt zur Ruhe, sobald der Höchstausschlag einer Periode $\pm x' \overline{\gtrless} \pm \frac{\mu \cdot G}{q}$ wird.

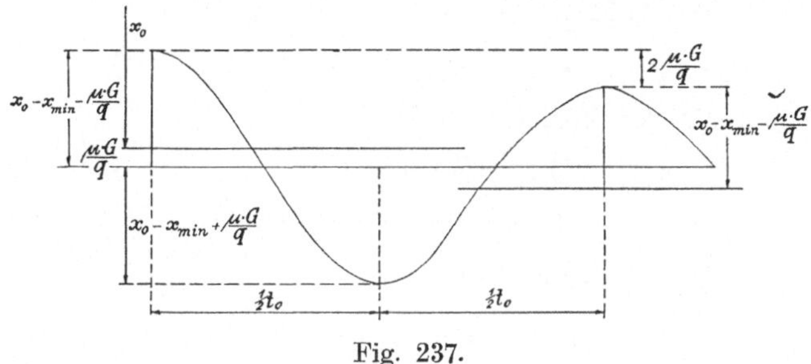

Fig. 237.

Im allgemeinen versteht man jedoch unter gedämpften Schwingungen solche, bei denen die die Bewegung hindernde Kraft der Geschwindigkeit entspricht, etwa dadurch, daß der bewegte Körper oder ein Teil davon sich in einer mehr oder weniger zähen Flüssigkeit befindet. Die Normalform der Schwingungsgleichung für diesen Fall lautet ohne Störungsglied[138])

$$\frac{d^2x}{dt^2} + c_1 \cdot \frac{dx}{dt} + c_2 \cdot x = 0 . \tag{203a}$$

Zur Lösung derartiger homogener Differentialgleichungen setzt man

$$x = e^{y \cdot t}, \quad \frac{dx}{dt} = y \cdot e^{y \cdot t}, \quad \frac{d^2x}{dt^2} = y^2 \cdot e^{y \cdot t} .$$

Durch Einsetzen in die Ausgangsformel erhält man eine quadratische Gleichung, deren beide Ergebnisse sind

$$y_1 = -\frac{c_1}{2} + \sqrt{\left(\frac{c_1}{2}\right)^2 - c_2}, \quad y_2 = -\frac{c_1}{2} - \sqrt{\left(\frac{c_1}{2}\right)^2 - c_2} . \tag{203b}$$

Jeder dieser beiden Werte liefert ein sogenanntes Teilintegral der Gleichung (203a), und das allgemeine wird, da die Integration eine Summierung ist, durch Addition beider erhalten:

$$x = C_1 \cdot e^{y_1 \cdot t} + C_2 \cdot e^{y_2 \cdot t} . \tag{203c}$$

Ist die Wurzelgröße der Formeln (203b) reell, so sind beide y negativ, und jedes $e^{y \cdot t}$ ist demnach ein echter Bruch: Der Ausschlag x

[138]) v. Humboldt, 1819.

hat einen einzigen bestimmten Wert; es tritt gar keine Hin- und Herschwingung ein. Auch wenn die Wurzelgröße 0 ist, kommt noch keine Schwingung zustande, sondern der Körper nähert sich aperiodisch seiner Ruhelage. Die Lösung lautet in dem Fall

$$x = (C_1 + C_2 \cdot t) \cdot e^{-\frac{c_1}{2} \cdot t}. \tag{203d}$$

Ist die Wurzel imaginär, so nimmt die Lösung die Form an

$$\begin{aligned} x &= C_1 \cdot e^{(-a+b\cdot i)\cdot t} + C_2 \cdot e^{(-a-b\cdot i)\cdot t} \\ &= e^{-a\cdot t} \cdot (C_1 \cdot e^{+b\cdot i\cdot t} + C_2 \cdot e^{-b\cdot i\cdot t}) \end{aligned}$$

oder mit Hilfe der Formeln (200)

$$x = e^{-a\cdot t} \cdot [(C_1 + C_2) \cdot \cos(b \cdot t) + (C_1 - C_2) \cdot i \cdot \sin(b \cdot t)]. \tag{203e}$$

Nimmt man jetzt die Anfangsbedingungen für $t = 0$ hinzu, etwa $x = a$ und $\frac{dx}{dt} = 0$, so wird

$$a = 1 \cdot [(C_1 + C_2) \cdot 1 + (C_1 - C_2) \cdot i] = 0,$$

also

$$(C_1 + C_2) = -a.$$

Ferner folgt aus

$$\begin{aligned} \frac{dx}{dt} &= -a \cdot e^{-a\cdot t} \cdot [(C_1 + C_2) \cdot \cos(b \cdot t) + (C_1 - C_2) \cdot i \cdot \sin(b \cdot t)] \\ &\quad + e^{-a\cdot t} \cdot [-b(C_1 + C_2) \cdot \sin(b \cdot t) + b \cdot (C_1 - C_2) \cdot i \cdot \cos(b \cdot t)] \\ 0 &= -a \cdot 1 \cdot [(C_1 + C_2) \cdot 1 + 0] + 1 \cdot [0 + b \cdot (C_1 - C_2) \cdot i \cdot 1], \end{aligned}$$

also

$$(C_1 - C_2) \cdot i = -\frac{a^2}{b}.$$

Mit den richtigen Werten für a und b gilt demnach

$$x = e^{-\frac{c_1}{2}\cdot t} \cdot \left[-\frac{c_1}{2} \cdot \cos\left(t \cdot \sqrt{c_2 - \left(\frac{c_1}{2}\right)^2}\right) - \frac{\left(\frac{c_1}{2}\right)^2}{\sqrt{c_2 - \left(\frac{c_1}{2}\right)^2}} \cdot \sin\left(t \cdot \sqrt{c_2 - \left(\frac{c_1}{2}\right)^2}\right) \right] \tag{2}$$

Diese Gleichung läßt sich noch umformen, indem man setzt (S. 56)

$$\left.\begin{aligned} r &= \sqrt{\left(\frac{c_1}{2}\right)^2 + \frac{\left(\frac{c_1}{2}\right)^4}{c_2 - \left(\frac{c_1}{2}\right)^2}} = \frac{c_1}{2} \cdot \sqrt{\frac{c_2}{c_2 - \left(\frac{c_1}{2}\right)^2}}, \\ \operatorname{tg} \varphi &= \frac{\left(\frac{c_1}{2}\right)^2 \cdot 1}{\sqrt{c_2 - \left(\frac{c_1}{2}\right)^2} \cdot \frac{c_1}{2}} = \frac{c_1}{2} \cdot \sqrt{\frac{1}{c_2 - \left(\frac{c_1}{2}\right)^2}}. \end{aligned}\right\} \tag{203g}$$

Es wird dann

$$x = -r \cdot e^{-\frac{c_1}{2} \cdot t} \cdot \sin\left(\varphi + t \cdot \sqrt{c_2 - \left(\frac{c_1}{2}\right)^2}\right). \tag{203h}$$

Zur Aufzeichnung dieser Kurve zeichnet man zuerst die um den Winkel φ aus der Nullage verschobene Sinuslinie I der Fig. 238 vom größten Ausschlag r und der Periode $t_0 = \frac{2\pi}{\sqrt{c_2 - \left(\frac{c_1}{2}\right)^2}}$. Dann wird

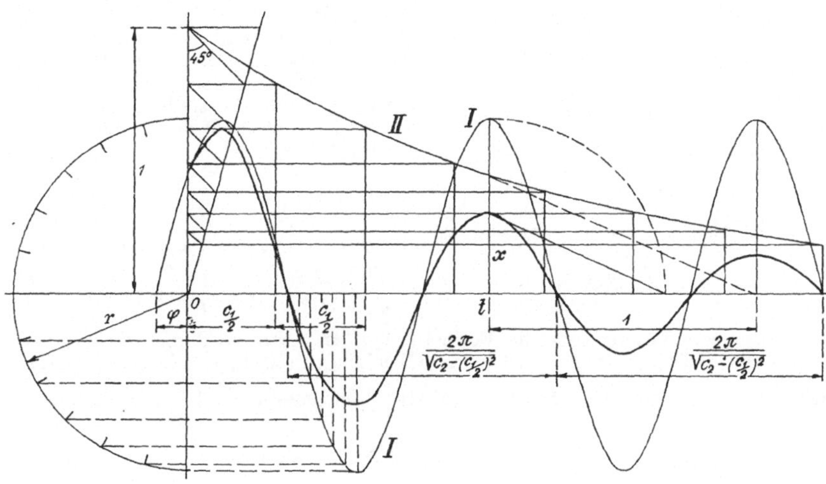

Fig. 238.

nach den Angaben in Bd. I, S. 147 die Exponentiallinie II gezeichnet. Für eine beliebige Stelle t ist dann die Höhe $x = x_I \cdot x_{II}$ oder gilt die Beziehung

$$\frac{x}{x_I} = \frac{x_{II}}{1}.$$

Man schlägt also mit x_I einen Viertelkreisbogen bis zur t-Achse, trägt von der Stelle t aus die Strecke 1 im Maßstab der Höhen nach derselben Seite ab und zieht jetzt durch den Endpunkt des Viertelkreises eine Parallele zu der Verbindungsgeraden der Enden von x_{II} und 1. Sie schneidet auf der betreffenden Ordinate die Strecke x ab.

Zwei Ausschläge, zwischen denen eine volle Schwingungsdauer liegt, verhalten sich wie $1 : e^{-\frac{c^1}{2} \cdot t}$. Man bezeichnet hierin $\frac{c_1}{2}$ als die logarithmische Abnahme der gedämpften Schwingung.

Beispiel 156. Anzugeben sind die Bewegungen eines freien Dampfmaschinenreglers, dessen bewegte Teile das Gewicht $G = 97$ kg haben, das hier mit der Muffe vereinigt gedacht werden kann, und der mit einer Winkelgeschwindigkeit umläuft, die mit dem Muffenhub $h_{\max} = 10$ cm linear von $\omega_{\min} = 8{,}09$ bis $\omega_{\max} = 8{,}65$ 1/sk zunimmt, so daß sein Ungleichförmigkeitsgrad beträgt $\delta = 2 \cdot \frac{\omega_{\max} - \omega_{\min}}{\omega_{\max} + \omega_{\min}} = \frac{1}{15}$.

Befindet sich die Unterkante der Muffe anfänglich um h_1 von der unteren Begrenzung entfernt, der die Winkelgeschwindigkeit ω_1 entspricht, und findet jetzt plötzlich eine Entlastung der Maschine statt, so daß die Winkelgeschwindigkeit ω_2 wird, wozu der Abstand h_2 gehört (Fig. 239), so ist mit guter Annäherung bei den meisten Reglern die Verstellkraft P_1, die in einer beliebigen Stellung h auf dem Wege zwischen h_1 und h_2 auf die Muffe wirkt, dem Abstand $x = h_2 - h$ von der Gleichgewichtslage entsprechend; der betreffende Faktor betrage $p = 20$ kg/dm. Außerdem wirkt eine Ölbremse auf die Muffe ein, deren Kraft der Geschwindigkeit der Verstellung entspricht.

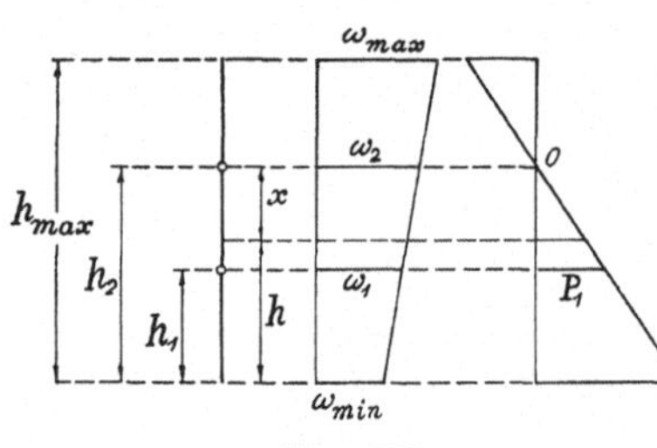

Fig. 239.

Die Differentialgleichung der Bewegung lautet also

$$p \cdot (h_2 - h) - \frac{G}{g} \cdot \frac{d^2 h}{dt^2} - q \cdot \frac{dh}{dt} = 0$$

oder mit $h = h_2 - x$ gemäß Fig. 239

$$\frac{G}{g} \cdot \frac{d^2 x}{dt^2} + q \cdot \frac{dx}{dt} + p \cdot x = 0\,.$$

Die allgemeine Lösung gibt die Formel (203c) an. Nun wird die Ölbremse so eingestellt, daß die Wurzelausdrücke der Gleichungen (203b) gerade verschwinden also kein Überregeln und Pendeln eintritt. Dem entspricht $\left(\frac{c_1}{2}\right)^2 = c_2$, also

$$y = -\sqrt{\frac{p \cdot g}{G}} = -\sqrt{\frac{200 \cdot 9{,}81}{97}} = -4{,}49 \text{ 1/sk}$$

und

$$q = c_1 \cdot \frac{G}{g} = +2 \cdot \sqrt{\frac{p \cdot G}{g}} = 2\sqrt{\frac{200 \cdot 97}{9{,}81}} = 44{,}6 \text{ kg} \cdot \text{sk/m}.$$

Die Formel (203d) gibt die hier zutreffende Lösung

$$x = (C_1 + G_2 \cdot t) \cdot e^{+y \cdot t}.$$

Setzt man hierin wieder ein $x = h_2 - h$ und für den Anfang $t = 0$, $h = h_a$ und $\frac{dh}{dt} = 0$, so ergibt sich leicht[139])

$$h = h_2 - h_1 \cdot (1 - y \cdot t) \cdot e^{+y \cdot t}. \tag{204}$$

Die Zeitdauer der einfachen Schwingung eines freien Reglers, die unmittelbar gemessen werden kann, ist

$$t_r = -\frac{\pi}{y} = 0{,}70 \text{ sk}.$$

Hat die Gleichung der gedämpften Schwingung ein Störungsglied, das eine beliebige Funktion der Zeit sein kann:

$$\frac{d^2 x}{dt^2} + c_1 \cdot \frac{dx}{dt} + c_2 \cdot x = F(t)\,, \tag{205}$$

---

139) Rülf, Z. d. V. d. I. 1902.

so setzt man wieder die Lösung der Gleichung ohne Störungsglied als Grundform an und macht die Festwerte von t abhängig. Eine der Lösung der Differentialgleichung (203) genau entsprechende Rechnung liefert mit $c = \sqrt{c_2 - \left(\frac{c_1}{2}\right)^2}$

$$x = C_1 \cdot e^{\left(-\frac{c_1}{2}+c\cdot i\right)\cdot t} + C_2 \cdot e^{\left(-\frac{c_1}{2}-c\cdot i\right)\cdot t} + \frac{1}{c} \cdot e^{\left(-\frac{c_1}{2}+c\cdot i\right)\cdot t}$$

$$\cdot \int F(t) \cdot e^{-\left(-\frac{c_1}{2}+c\cdot i\right)\cdot t} \cdot dt - \frac{1}{c} \cdot e^{\left(-\frac{c_1}{2}-c\cdot i\right)\cdot t} \cdot \int F(t) \cdot e^{-\left(-\frac{c_1}{2}-c\cdot i\right)\cdot t} \cdot dt\,.$$

Mit Hilfe der Formeln (200) geht dieser Ausdruck wieder über in

$$x = e^{-\frac{c_1}{2}\cdot t} \cdot \left[C_1' \cdot \cos(c \cdot t) + C_2' \cdot \sin(c \cdot t) + C_3' \cdot \left(-\cos(c \cdot t) \cdot \right.\right. \tag{205a}$$

$$\left.\left.\int F(t) \cdot e^{+\frac{c_1}{2}\cdot t} \cdot \sin(c \cdot t) \cdot dt + \sin(c \cdot t) \cdot \int F(t) \cdot e^{+\frac{c_1}{2}\cdot t} \cdot \cos(c \cdot t) \cdot dt\right)\right],$$

worin die C' neue Festwerte darstellen[122]).

Ist wieder $F(t) = r \cdot \sin(\omega \cdot t)$, so ergibt eine Rechnung[140]), die der in Beispiel 154 durchgeführten völlig entspricht, daß die durch das dritte Glied der dortigen Endformel dargestellte erzwungene Schwingung jetzt gegeben ist durch

$$x = C_3' \cdot \sin(\omega \cdot t + \varphi)\,. \tag{206}$$

Diese Teillösung muß ja die Ausgangsgleichung (205) erfüllen. Berechnet man also erst

$$\frac{dx}{dt} = C_3' \cdot \omega \cdot \cos(\omega \cdot t + \varphi), \quad \frac{d^2x}{dt^2} = -C_3' \cdot \omega^2 \cdot \sin(\omega \cdot t + \varphi)$$

und setzt diese Werte in Gleichung (205) ein, so lautet sie

$$C_3' \cdot (c_2 - \omega^2) \cdot \sin(\omega \cdot t + \varphi) + C_3' \cdot \omega \cdot c_1 \cdot \cos(\omega \cdot t + \varphi) = r \cdot \sin(\omega \cdot t)\,.$$

Wird hierin $t = 0$ gesetzt, so geht sie für den Anfang der Bewegung über in

$$C_3' \cdot (c_2 - \omega^2) \cdot \sin\varphi + C_3' \cdot \omega \cdot c_1 \cdot \cos\varphi = 0\,,$$

und die Phasenverschiebung der Bewegung des Körpers gegenüber der der Befestigungsstelle folgt aus

$$\operatorname{tg}\varphi = -\frac{\omega \cdot c_1}{c_2 - \omega^2}\,. \tag{207}$$

Löst man andererseits die Funktionen der Winkelsummen $\omega \cdot t + \varphi$

---

140) Poisson, Mécanique, II. Aufl., 1833.

nach Funktionen der Einzelwinkel auf (Bd. II, S. 35), so erhält man nach Division durch $\sin(\omega \cdot t) \cdot \cos\varphi$

$$C_3' \cdot (c_2 - \omega^2) \cdot [1 + \operatorname{cotg}(\omega \cdot t) \cdot \operatorname{tg}\varphi] + C_3 \cdot \omega \cdot c_1 \cdot [\operatorname{tg}(\omega \cdot t) \cdot \operatorname{tg}\varphi]$$
$$= \frac{r}{\cos\varphi} = r \cdot \sqrt{1 + \operatorname{tg}^2\varphi}\,.$$

Wird hierin $\operatorname{tg}\varphi$ aus Formel (207) eingesetzt und $\operatorname{cotg}(\omega \cdot t) = \operatorname{tg}(\omega \cdot t) = 1$, also der Winkel 45° gewählt, so liefert eine einfache Umrechnung den Ausschlag unabhängig von den Anfangsbedingungen zu

$$C_3' = \frac{r}{\sqrt{(c_2 - \omega^2)^2 + (\omega \cdot c_1)^2}}\,. \tag{208}$$

Das Ergebnis[141]) ist, daß diese gedämpften Schwingungen zwar dieselbe Periode haben wie die störenden Kräfte, daß aber eine Phasenverschiebung φ gegenüber der anstoßenden Bewegung eintritt, jedoch keine Resonanz. Denn für $\omega = c^2$, dem Fall, in dem bei freien Schwingungen Resonanz stattfindet, ist der größte Ausschlag der erzwungenen Schwingung $C_3' = \frac{r}{c_1 \cdot \omega}$ und $\operatorname{tg}\varphi = -\infty$, dem $\varphi = -90°$ entspricht. Solange die Dämpfung besteht, bleibt x endlich. Den Größtwert des Ausschlages erhält man, indem man $\frac{dC_3'}{d\omega} = 0$ setzt (Bd. I, S. 68), aus

$$(-\tfrac{1}{2} r)^{\frac{3}{2}} \cdot [(c_2 - \omega^2)^2 + \omega^2 \cdot c_1^2] \cdot [-4 \cdot \omega \cdot (c_2 - \omega)^2 + 2 \cdot c_1^2 \cdot \omega]^{\frac{3}{2}} = 0\,.$$

Die Gleichung wird erfüllt durch $\omega = 0$, was keine Bedeutung hat, und

$$\omega = \sqrt{c_2 - \tfrac{1}{2} c_1^2}\,.$$

Damit wird der größtmögliche Ausschlag

$$C'_{\max} = \frac{r}{c_1 \cdot \sqrt{c_2 - \left(\frac{c_1}{2}\right)^2}}\,.$$

Die Phasenverschiebung kann je nach der Größe von ω zwischen 0 bis 180° betragen (Formel 207).

Ist die anstoßende Schwingung ihrerseits gedämpft, also durch die Gleichung

$$F(t) = e^{-c_3 \cdot t} \cdot \sin(\omega \cdot t)$$

dargestellt, so beträgt im Resonanzfall die Phasenverschiebung nur dann 90°, wenn $c_3 = c_1$ ist (und natürlich für $c_3 = 0$), sonst treten andere Phasenverschiebungen auf[122]).

Sind bei der ungedämpften Schwingung die Rückführungskräfte nicht einfach den Entfernungen von der Mittellage entsprechend, sondern hat man bei unsymmetrischen Schwingungen

$$\frac{d^2x}{dt^2} + c_1 \cdot x - c_2 \cdot x^2 = 0 \qquad \text{bzw.} \qquad r \cdot \sin(\omega \cdot t)$$

---

141) Herschel, Encyclopaedia metropolitana 1830.

und bei symmetrischen

$$\frac{d^2 x}{d t^2} + c_1 \cdot x - c_3 \cdot x^3 = 0 \quad \text{bzw.} \quad r \cdot \sin(\omega \cdot t)\,,$$

so ist eine annähernde Lösung mit Hilfe von elliptischen Funktionen möglich, falls c_2 bzw. c_3 klein gegenüber c_1 sind [122]).

Die weitere Erörterung dieser pseudoharmonischen Schwingungen muß hier unterbleiben. Sie können nur unterhalb der im Fall der harmonischen Schwingung auftretenden Resonanz praktische Verwendung finden, weil bei Betrieb über der Resonanz die Periode der Bewegung unter Umständen leicht verloren geht.

Beispiel 157. Da bei einer plötzlichen Entlastung der Maschine die Winkelgeschwindigkeit ω der Reglerspindel in Beispiel 156 zunächst steigt, bis die Rückwirkung des Reglers auf die Dampfverteilung eintritt, so bewegt sich der zur Höhe h_2 der Fig. 239 gehörige Reglerpunkt mit einer gewissen Geschwindigkeit v_1 nach oben. Bei einer entsprechenden Mehrbelastung tritt natürlich das Umgekehrte ein. Anzugeben ist seine dadurch geänderte Bewegung und die Wechselwirkung zwischen Regler und Maschine.

Ist wieder h_1 die Höhe des Reglerpunktes zu Beginn der Entlastung $t = 0$ nach einer Periode unveränderlichen Betriebes, so gilt $h_2 = h_1 + v_1 \cdot t$, und die Bewegungsgleichung lautet

$$+\frac{G}{g} \cdot \frac{d^2 h}{d t^2} + q \cdot \frac{d h}{d t} + p \cdot h = p \cdot (h_1 + v_1 \cdot t)\,.$$

Die Lösung [139]) ist die in Beispiel 156 gegebene mit Zufügung des Gliedes

$$h_1 + v_1 \cdot t + \frac{2 \cdot v_1}{y}\,,$$

wie sich leicht aus der zu Formel (204) führenden Gleichung ergibt. Es ist also

$$h = h_1 + v_1 \cdot t - v_1 \cdot \frac{t_r}{\pi} + (C_1 + C_2 \cdot t) \cdot e^{-\frac{2\pi}{t_r} \cdot t}\,. \tag{209}$$

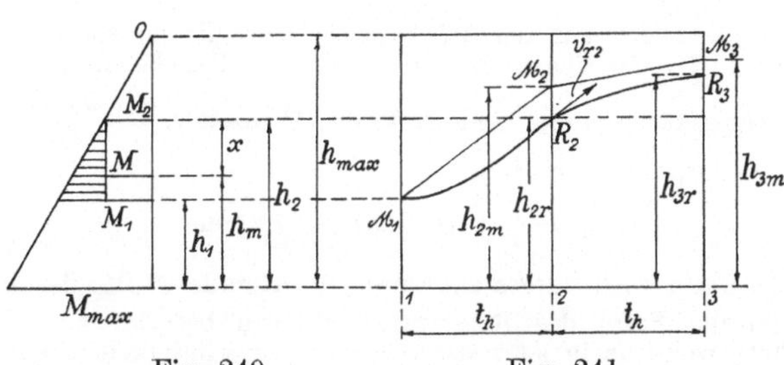

Fig. 240. Fig. 241.

In Fig. 240 stellt die schräge Gerade den Verlauf der Drehmomente der mit $n = 80$ Umdrehungen in der Minute umlaufenden Maschine in Abhängigkeit vom Reglerhub h dar. Findet jetzt plötzlich die Entlastung der im Höchstfalle $N_{\max} = 700$ PS leistenden Maschine von

$$M_1 = 716{,}2 \cdot \frac{560}{80} = 5080 \text{ mkg},$$

dem die Hülsenstellung

$$h_1 = \frac{700 - 560}{700} \cdot 10 = 2 \text{ cm}$$

entspricht, auf

$$M_2 = 716{,}2 \cdot \frac{375}{80} = 3360 \text{ mkg}$$

statt, dem die Hülsenstellung $h_2 = 5$ cm entspricht, so ergibt sich das Beschleunigungsmoment $M_p = M_1 - M_2$.

Da nun der Regler den Antrieb der Maschine nur während der verhältnismäßig kleinen Füllungszeit beeinflussen kann, so kann man vorläufig zur Vereinfachung ohne großen Fehler annehmen, daß die zu Beginn des Hubes vorhandene Hülsenstellung maßgebend für die Größe des während dieses Hubes (von $s = 1$ m Länge) wirkenden mittleren Drehmomentes. Hat das Schwungrad der Maschine das Trägheitsmoment $J = \frac{\vartheta \cdot G \cdot D^2}{4 \cdot g} = 2250 \text{ mkg} \cdot \text{sk}^2$, so gilt also für den ersten Maschinenhub gemäß Formel

$$\varepsilon = \frac{d\omega}{dt} = \frac{M_{p1}}{J},$$

und die Integration liefert

$$\omega - \omega_1 = \frac{M_{p1}}{J} \cdot t.$$

Ferner ergeben die Figg. 239 und 240 mit

$$c_0 = \frac{\omega_{\max} - \omega_{\min}}{h_{\max}} = \frac{0{,}56}{0{,}1} = 5{,}6 \text{ 1/m} \cdot \text{sk}$$

$$\omega - \omega_1 = (h_m - h_1) \cdot c_0 .$$

Durch Gleichsetzen folgt also

$$h_m = h_1 + \frac{M_{p1}}{J \cdot c_0} \cdot t = h_1 + v_2 \cdot t,$$

worin

$$v_2 = \frac{M_p}{J \cdot c_0} = \frac{1720}{2250 \cdot 5{,}6} \sim 0{,}14 \text{ m/sk} \qquad (210)$$

die Geschwindigkeit des auf der Reglerachse beweglichen sogenannten Motorpunktes ist, der der jeweiligen Maschinengeschwindigkeit entspricht und dem also der Reglerpunkt zustrebt. Am Ende der Hubzeit $t_h = \frac{2 \cdot 80}{60} = 0{,}375$ sk hat also der Motorpunkt die Höhe

$$h_{m2} = 2 + 14 \cdot 0{,}375 = 7{,}25 \text{ cm}$$

erreicht; seine Bahn wird dargestellt durch die Gerade M_1M_2 der Fig. 241.

Die zugehörige Bahn des Reglerpunktes kann berechnet werden aus der Gleichung (209), wenn darin jetzt statt v_1 die Geschwindigkeit v_2 eingesetzt wird und die Festwerte C_1 und C_2 aus den Anfangsbedingungen für die Zeit $t = 0$: $h = h_1$ und $\frac{dh}{dt} = 0$ bestimmt werden. Dem so erhaltenen Reglerpunkt R_2 entspricht ein kleineres Drehmoment M_1', also das Beschleunigungsmoment $M_{p2} = M_1' - M_2$. Damit liefert die Formel (210) eine andere Neigung v_{m2} der Motorpunktbahn, der die Endhöhe h_{3m} zugehört. Für den Reglerpunkt gilt wieder die Gleichung (209), jedoch ist jetzt die Anfangsgeschwindigkeit $\frac{dh}{dt} = v_{r2}$, die erhalten wird, indem man in R_2 die Tangente an die Reglerbahn zieht; ferner ist die Anfangshöhe $h = h_{r2}$ und schließlich $v_1 = v_{m2}$. Wird diese Gleichung nach t differentiiert und setzt man dann die Grenzbedingungen ein, so folgt für den zweiten Hub, wo Motor- und Reglerpunkt getrennte Bahnen haben,

$$h = h_{m2} + v_{m2} \cdot t + \left[h_{r2} - h_{m2} + v_m \cdot \frac{t_r}{\pi} + \left(v_{r2} + v_{m2} + \frac{2 \cdot \pi}{t_r} \cdot (h_{r2} - h_{m2})\right) \cdot t\right] \cdot e^{-\frac{2\pi}{t_r} \cdot t},$$

$$\frac{dh}{dt} = v_{m2} - \frac{2 \cdot \pi}{t_r} \cdot e^{-\frac{2\pi}{t_r} \cdot t} \cdot \left[h_{r2} - h_{m2} + v_m \cdot \frac{t_r}{\pi} + \left(v_{r2} + v_{m2} + \frac{2 \cdot \pi}{t_r} \cdot (h_{r2} - h_{m2})\right) \cdot t\right]$$

$$+ e^{-\frac{2\pi}{t_r} \cdot t} \cdot \left[v_{r2} + v_{m2} + \frac{2 \cdot \pi}{t_r} \cdot (h_{r2} - h_{m2})\right].$$

Im allgemeinen hat die genaue Bahn des Reglerpunktes wenig Interesse; es genügt die Kenntnis der Endhöhe und der dortigen Neigung. Man hat also in die vorstehenden Gleichungen $t = t_h$ unveränderlich zu setzen, da der gebräuchliche Ungleichförmigkeitsgrad des Schwungrades die Hubdauer t_h praktisch unveränderlich hält. Es kann noch gemäß Fig. 241 umgeformt werden

$$v_{m2} = \frac{M_{p2}}{J \cdot c_0} = (h_2 - h_{r2}) \cdot \frac{M_{\max} - M_{\min}}{h_{\max}} \cdot \frac{h_{\max}}{J \cdot (\omega_{\max} - \omega_{\min})}$$

$$= (h_2 - h_{r2}) : J \cdot \frac{\omega_{\max} - \omega_{\min}}{M_{\max} - M_{\min}} = \frac{h_2 - h_{2r}}{t_d}.$$

Hierin bedeutet

$$t_d = J \cdot \frac{\omega_{\max} - \omega_{\min}}{M_{\max} - M_{\min}} = \frac{2250 \cdot 0{,}56}{6270} = 0{,}201 \text{ sk}$$

die Zeit, die zum Durchgehen der Maschine bei völliger Entlastung gebraucht wird.

Setzt man jetzt abkürzungsweise

$$c_1 = 2 \cdot \pi \cdot \frac{t_h}{t_r} = 2 \cdot \pi \cdot \frac{0{,}375}{0{,}70} = 3{,}365,$$

$$c_2 = e^{-c_1} = 0{,}0347,$$

$$c_3 = \frac{1 - c_2 \cdot (1 + c_1)}{t_d} = 4{,}22 \text{ 1/sk},$$

$$c_4 = \frac{1}{t_d} \cdot \left[c_2 \cdot \left(1 + \frac{2}{c_1}\right) + 1 - \frac{2}{c_1}\right] = 0{,}859 \text{ 1/sk},$$

$$c_5 = c_2 \cdot t_h = 0{,}0130 \text{ sk},$$

$$c_6 = \frac{c_1^2 \cdot c_2}{t_h} = 1{,}047 \text{ 1/sk},$$

$$c_7 = c_2(1 - c_1) = -0{,}0821,$$

so folgt schließlich

$$\begin{aligned} h_{r3} &= h_{r2} + c_3 \cdot (h_{m2} - h_{r2}) + c_4 \cdot (h_2 - h_{r2}) + c_5 \cdot v_{r2}, \\ v_{r3} &= c \cdot (h_{m2} - h_{r2}) + c_3 \cdot (h_2 - h_{r2}) + c_7 \cdot v_{r2}. \end{aligned} \tag{211}$$

Die Gleichungen können sinngemäß für alle Hübe der Reihe nach benutzt werden.

Nun hat der Regler einen gewissen Unempfindlichkeitsgrad $\delta_1 = \frac{1}{40}$, d. h. die Winkelgeschwindigkeit, bei der der Regler zu wirken beginnt, ist nicht ω, wie bisher vorausgesetzt, sondern infolge der verschiedenen Reibungswiderstände $\omega \pm \Delta\omega = \omega \cdot \left(1 \pm \frac{\delta_1}{2}\right)$, je nach der Richtung der Geschwindigkeitsänderung. Dieser Geschwindigkeitsabweichung entspricht auch eine ganz bestimmte Höhenabweichung

$$\Delta h = \pm \Delta\omega \cdot \frac{h_{\max}}{\omega_{\max} - \omega_{\min}} = \pm \frac{\delta_1}{2} \cdot \frac{h_{\max}}{\frac{\omega_{\max} - \omega_{\min}}{\omega}} = \pm \frac{\delta_1 \cdot h_{\max}}{2 \cdot \delta_2}$$

worin

$$\delta_2 = \frac{\omega_{\max} - \omega_{\min}}{\omega_m} = \frac{0{,}56}{8{,}37} = \frac{1}{150}$$

der Ungleichförmigkeitsgrad des Reglers ist. Damit wird

$$\Delta h = \pm \frac{150 \cdot 10}{40 \cdot 2} = \pm 1{,}87 \text{ cm},$$

d. h. der Reglerpunkt in Fig. 242 beginnt erst dann zu steigen, wenn der Motorpunkt bereits um die Strecke Δh gestiegen ist. Man hat also zu $M_1 M_2$ im senkrecht zur Zeitachse gemessenen Abstand Δh eine Parallele zu ziehen, und der Reglerpunkt beginnt dann erst bei R_1' seine Bewegung so, als ob der Motorpunkt der Geraden $R\,M$ folgte. Beim Abwärtsgang des Reglerpunktes im zweiten Hub ist dieselbe Parallele oberhalb der Geraden $M_3 M_4$ zu ziehen, und die Bahn des Reglerpunktes wird die in Fig. 242 für die drei ersten Hübe angegebene. Die gestrichelte Parallele zu der eigentlichen Motorpunktbahn ist also für die Reglerpunktbahn maßgebend. Zwischen zwei gestrichelten Parallelen bewegt sich der

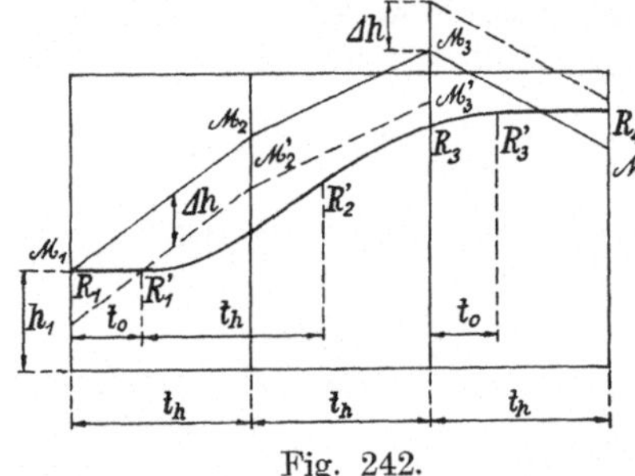

Fig. 242.

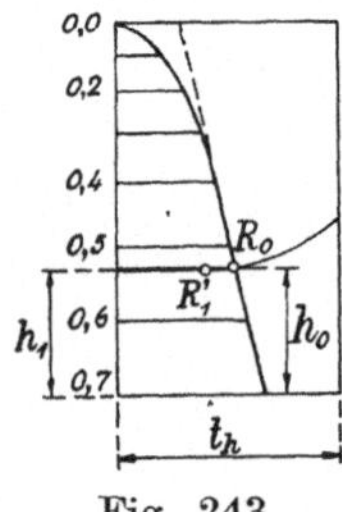

Fig. 243.

Reglerpunkt überhaupt nicht. In den im übrigen unverändert benutzten Gleichungen (211) ist vorausgesetzt, daß die Anfangs- und Endhöhe um t_p voneinander entfernt sind; der Punkt R_1' liegt also auf der um t_0 gegen die ausgezogene Begrenzung verschobene gestrichelten Linie.

Nun ist aber für das mittlere Drehmoment eines Hubes die Stellung des Reglers maßgebend, bei der die Dampfzuführung abgeschlossen wird, und nicht die zu Anfang des Hubes. Die Reglerstellungen, die den verschiedenen Füllungsgraden 0,7 – 0,0 entsprechen, sind in Fig. 243 aufgetragen, sie können bei den großen Füllungen des Zahlenbeispiels durch die gestrichelte Gerade angenähert werden. Maßgebend für die Neigung der Reglerpunktbahn ist also nicht die zu Anfang des Hubes vorhandene Höhe h_1, sondern die zu dem Schnittpunkt der Reglerbahn mit der Linie des Dampfausdehnungsbeginns R_0 gehörige Höhe h_0. Es ist fast immer genau genug, den Schnittpunkt der in R an die Reglerpunktbahn gelegten Tangente mit dieser schrägen Linie des Dampfausdehnungsbeginns der Berechnung von v_m zugrunde zu legen.

Wird die Aufzeichnung der Bahn des Motor- und des Reglerpunktes nach den obigen Angaben füz eine Reihe von Hüben durchgeführt, so ergibt sich das Diagramm der Fig. 244. Es zeigt deutlich, wie der Regelvorgang sich bis zum 19ten Hub entsprechend einer Dauer von 7 sk aus verhältnismäßig kurzen Zuckungen von schnell abnehmender Ausschlagweite zusammensetzt, die hier trotz der aperiodischen Dämpfung infolge der dauernden Änderung der Beschleunigungsdrehmomente entstehen[142]).

[142]) Die Darlegung folgt der von Rülf, Z. d. V. d. I. 1902. Eine noch eingehendere rechnerische und zeichnerische Bearbeitung lieferte Koob, Z. d. V. d. I. 1904. Die erste Arbeit darüber ist von Wischnegradsky, Civiling. 1877. Für

Beispiel 158. Zu untersuchen ist das Verhalten einer elastischen Zwischenkupplung, z. B. eines Treibriemens zwischen einer Dampfmaschine von $N_1 = 185$ PS Leistung bei $n_1 = 115$ Umdrehungen in der Minute und einer gleichmäßig belasteten Dynamomaschine von $N_2 = 115$ KW Leistung bei $n_2 = 540$ Umdrehungen in der Minute. Das Dampfmaschinenschwungrad habe das Gewicht $G_1 = 4$ t bei dem äußeren Durchmesser $D_1 = 3{,}50$ m, sein Schwungmoment betrage $\vartheta_1 \cdot G_1 \cdot D_1^2 = 10$ mt, das der Dynamowelle mit Anker und Riemenscheibe von $D_2 = 0{,}70$ m Durchmesser $\vartheta_2 \cdot G_2 \cdot D_2^2 = 0{,}275$ mt.

Das mittlere Antriebsmoment der Welle 1 ist dann nach Formel (100a)

$$M_1 = \frac{716{,}2 \cdot 185}{115} = 1152 \text{ mkg}$$

und das gleichmäßig widerstehende Moment der Welle 2 nach Formel (100b) bei dem elektrischen Wirkungsgrad der Dynamo $\eta_2 = 0{,}905$

$$M_2 = \frac{974 \cdot 115}{540 \cdot 0{,}905} = 230 \text{ mkg.}$$

Die durch das veränderliche Drehmoment der Antriebsmaschine hervorgerufene Schwungradbewegung ist eine Schwingung um einen Zustand gleichförmiger Drehung. Jeder Arm des Rades vollführt regelmäßige Schwingungen um eine bestimmte Nullage, während diese sich mit der gleichförmigen Winkelgeschwindigkeit ω bewegt. Ist φ_1 der Winkelausschlag nach einer bestimmten Zeit t, so gilt nach Formel

$$\frac{\vartheta_1 \cdot G_1 \cdot D_1^2}{4 \cdot g} \cdot \frac{d^2 \varphi_1}{d t^2} = M_1 - M_{R1},$$

worin $M_{R1} = (S_1 - S_2) \cdot \frac{D_1}{2}$ das Moment der Riemenkräfte an der Welle 1 darstellt.

Diese Schwingung pflanzt sich, allerdings mit einem anderen Ausschlag, auf die Welle 2 fort, für die entsprechend gilt mit

$$M_{R2} = (S_1 - S_2) \cdot \frac{D_2}{2} = M_{R1} \cdot \frac{D_2}{D_1}$$

$$\frac{\vartheta_2 \cdot G_2 \cdot D_2^2}{4 \cdot g} \cdot \frac{d^2 \varphi_2}{d t^2} = + M_{R2} - M_2 .$$

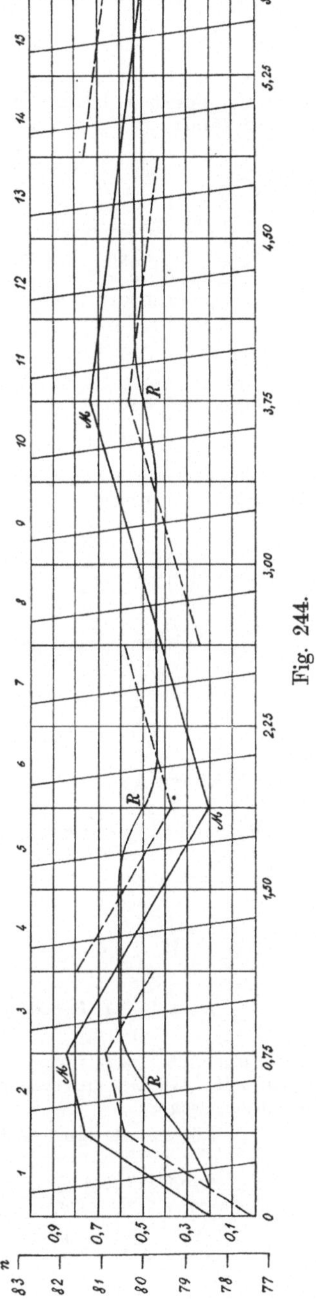

Fig. 244.

---

die bei Wasserturbinen mit mittelbar wirkendem Regler eintretenden Schwingungen ist die entsprechende Lösung von Pfarr, Z. d. V. d. I. 1899, gegeben. Weitere wichtige Arbeiten sind von Tolle, Z. d. V. d. I. 1895, Stodola, Z. d. V. d. I. 1899, Isaachsen, Z. d. V. d. I. 1899, Hort, Z. f. Math. u. Physik 1904, D. p. J. 1907, Magg, D. p. J. 1910, Haake, D. p. J. 1910, Moog, Z. d. V. d. I. 1916.

Da die Schwingungsausschläge immer nur klein sind, so kann man ansetzen

$$M_{R1} = c \cdot \left(\varphi_1 - \varphi_2 \cdot \frac{D_2}{D_1}\right),$$

worin der Festwert durch Versuche oder durch Rechnung (vgl. Bd. IV) bestimmt werden kann:

$$c = \frac{F \cdot D_1^2}{4 \cdot \alpha} \cdot \left(\frac{1}{l_1} + \frac{1}{l_2}\right) = 168{,}7 \text{ mt}$$

mit $F = 30 \cdot 0{,}6 = 18 \text{ cm}^2$ dem Riemenquerschnitt,
$\alpha = \frac{1}{5000} \text{ cm}^2/\text{kg}$ der Dehnungsziffer des Riemenleders,
$l_1 = 8{,}40$ m der freien Länge des ziehenden Trums,
$l_2 = 5{,}85$ m „ „ „ „ gezogenen „
(vgl. Bd. II, S. 240).

Wird der vorstehende Wert von M_{R1} in die Grundgleichung für die Welle 2 eingeführt und dann φ_1 daraus berechnet, so kann man aus dem Ergebnis den Ausdruck $\frac{d^2\varphi_1}{dt^2}$ bilden und nun in die Grundgleichung für die Welle 2 einsetzen. Man erhält so als Bewegungsgleichung für die Welle 2, die nur noch die eine Veränderliche φ_2 enthält,

$$\frac{d^4\varphi_2}{dt^4} + c \cdot \left(\frac{1}{J_1} + \frac{\left(\frac{D_2}{D_1}\right)^2}{J_2}\right) \cdot \frac{d^2\varphi_2}{dt^2} = \frac{c}{J_1 \cdot J_2} \cdot \left(M_1 \cdot \frac{D_2}{D_1} - M_2\right) - \frac{1}{J_2} \cdot \frac{d^2 M_2}{dt^2}.$$

Sie wird dadurch vereinfacht, daß man die Winkelbeschleunigung $\varepsilon = \frac{d^2\varphi_2}{dt^2}$ einführt:

$$\frac{d^2\varepsilon}{dt^2} + c_1 \cdot \varepsilon = c_2 \cdot \left(M_1 - M_2 \cdot \frac{D_1}{D_2}\right) - c_3 \cdot \frac{d^2 M_2}{dt^2},$$

deren Faktoren c sich durch Vergleich mit der darüberstehenden Gleichung bestimmen.

Die Pendelung der zweiten Welle hängt also von den Drehmomenten beider Wellen ab. Zur rechnerischen Lösung der Aufgabe kann man beide in harmonische Reihen nach Formel (50) auflösen. Ist t_1 die Periodendauer der Änderung von M_1, so lautet die Reihe

$$M_1 = M_1^0 + M_1' \cdot \cos\left(\frac{2 \cdot \pi \cdot t}{t_1} + \beta_1\right) + M_1'' \cdot \cos\left(\frac{4 \cdot \pi \cdot t}{t_1} + \beta_2\right) + \dots$$
$$= M_1^0 + \Sigma M_1^i \cdot \cos\left(\frac{2 \cdot \pi \cdot t}{t_1} \cdot i + \beta_i\right).$$

Der Einfachheit halber werde hier nur der meist vorkommende Fall der Aufgabe behandelt, daß M_2 unveränderlich ist, also das letzte Glied der Differentialgleichung wegfällt.

Ihre Lösung ist dann nach den Formeln (190)

$$\varepsilon = C_1' \cdot \cos(t \cdot \sqrt{c_1}) + C_2 \cdot \sin(t \cdot \sqrt{c_1}) + \frac{c_2}{c_1} \cdot \left(M_1^0 - M_2 \cdot \frac{D_1}{D_2}\right)$$
$$+ \Sigma M_1^i \cdot \cos\left(\frac{2 \cdot \pi \cdot t}{t_1} \cdot i + \beta_i\right) \cdot \frac{c_2}{2 \cdot \left[c_1 - \left(\frac{2 \cdot \pi \cdot i}{t_1}\right)^2\right]}.$$

Durch nochmalige Integration folgt dann[143]) die Winkelgeschwindigkeit der Welle 2 zu einer beliebigen Zeit t zwischen 0 und t_1

$$\omega = C_1 \cdot \sin(t \cdot \sqrt{c_1}) - C_2 \cdot \cos(t \cdot \sqrt{c_1}) + \frac{c_2}{c_1} \cdot \left(M_1^0 - M_2 \cdot \frac{D_1}{D_2}\right) \cdot t$$

$$+ \sum \frac{M_1^i \cdot c_2 \cdot \dfrac{t_1}{2 \cdot \pi \cdot i}}{2 \cdot \left[c_1 - \left(\dfrac{2 \cdot \pi \cdot i}{t_1}\right)^2\right]} \cdot \sin\left(\frac{2 \cdot \pi \cdot t}{t_1} \cdot i + \beta_i\right) + C .$$

Man bemerkt sogleich, daß $C = \omega_2$ die mittlere gleichförmige Winkelgeschwindigkeit der Welle ist. Für den Beharrungszustand verschwindet das dritte Glied der Gleichung, da nach den obigen Angaben dafür der Unterschied der Riemenspannkräfte

$$S_2 - S_1 = \frac{2\,M_1^0}{D_1} = \frac{2\,M_2}{D_2}$$

sein muß. Die beiden ersten Glieder geben die Eigenschwingung der Welle an, deren Periode sich bestimmt aus

$$t_2 = \frac{2 \cdot \pi}{\sqrt{c_1}} = \frac{\pi}{\sqrt{g}} : \sqrt{c \cdot \left[\frac{1}{\vartheta_1 \cdot G_1 \cdot D_1^2} + \frac{1}{\vartheta_2 \cdot G_2 \cdot D_2^2} \cdot \left(\frac{D_2}{D_1}\right)^2\right]}$$

zu

$$t_2 = 1{,}0030 : \sqrt{168{,}7 \cdot \left[\frac{1}{10} + \frac{1}{0{,}275} \cdot \left(\frac{0{,}70}{3{,}25}\right)^2\right]} = 0{,}149 \text{ sk.}$$

Die Ausschläge C_1 und C_2 sind klein und werden durch die Lagerreibung und den Luftwiderstand schnell gedämpft.

Wichtiger sind die erzwungenen Schwingungen, die durch die Schwankungen des Antriebes immer wieder erzeugt werden. Die Winkelgeschwindigkeit ω_2 wird sehr groß, wenn Resonanz mit den Schwingungen der Winkelgeschwindigkeit ω_1 eintritt, d. h. wenn der Nenner unter dem Summenzeichen gleich oder annähernd gleich 0 wird, also für $t_2 = \frac{t_1}{i}$.

Da hier

$$t_1 = \frac{60}{n_1} = \frac{60}{115} = 0{,}522 \text{ sk}$$

ist, so wird

$$i = \frac{0{,}522}{0{,}149} = 3{,}5 .$$

Für den gewählten Trieb sind die Verhältnisse sehr günstig, da i gerade in der Mitte zwischen 3 und 4 liegt, also von der Resonanz in der dritten bzw. vierten Harmonischen so weit wie möglich entfernt ist.

Im allgemeinen genügt die Feststellung, daß der betreffende Trieb ohne Resonanz, also ruhig laufen wird. Der genaue Verlauf der Schwankungen kann leicht nach dem am Schluß dieses Abschnittes beigebrachten Verfahren ermittelt werden. Der Ungleichförmigkeitsgrad der Bewegung der Welle 2 ist im allgemeinen durch das elastische Zwischenglied wesentlich kleiner als der der Antriebswelle und beträgt oft nur die Hälfte[143]).

Ist M_2 ebenfalls veränderlich, so behalten die Gleichungen für t_1 und t_2 ihre Gültigkeit, nur der Ausschlag der Schwingungen wird geändert[144]).

Setzt man in den vorstehenden Formeln $D_1 = D_2$, so gilt die Rechnung für eine beliebige elastische Kupplung zwischen den beiden Wellen, die auch gleichachsig angeordnet sein können[144]).

---

143) Röhrich, Z. f. Math. u. Phys. 1912.
144) Neumann, Z. d. V. d. I. 1917.

Bei Zwischenschaltung irgendeiner elastischen Kupplung sind also die Geschwindigkeitsschwankungen der angetriebenen Maschine, wenn der Resonanzfall vermieden wird, stets wesentlich kleiner als bei einer festen Kupplung[145]); dagegen wird die Gefahr der Resonanz und des schließlichen Außertrittfallens unter ungünstigen Verhältnissen (z. B. Fehlzündung des Gasmotors) größer. Vermieden wird letzteres durch eine elastische Kupplung, die sich bei der Rückwärtspendelung sofort löst[145]), wie die in Bd. II, S. 239 besprochene.

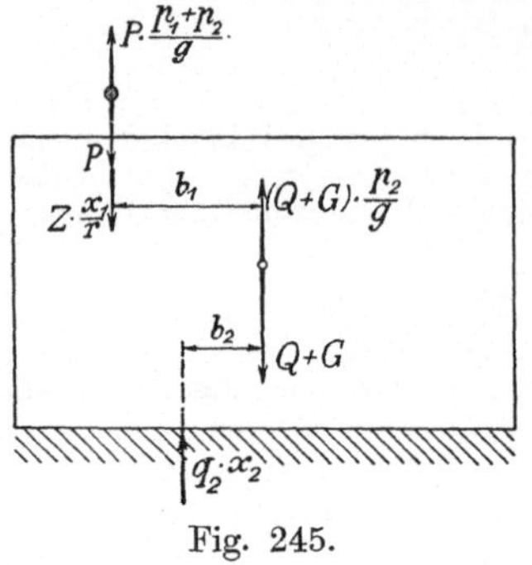

Fig. 245.

Beispiel 159. Der Schwerpunkt des $P = 7{,}5$ t schweren Schwungrades einer Gasmaschine, die mit $n = 180$ Umdrehungen in der Minute umläuft, liege durch fehlerhafte Herstellung um $r = 3{,}5$ mm aus der Achse. Die Maschine selbst wiege im ganzen $G = 22$ t, das Fundament $Q = 125$ t (Fig. 245). Anzugeben ist die entstehende Schwingung des Fundamentschwerpunktes, das zur Vermeidung von Erschütterungen benachbarter Bauten auf einer elastischen Unterlage errichtet ist, die bei der Belastungsänderung von 1,0 auf 1,1 kg/cm² sich um $h = 0{,}2$ mm zusammendrückt.

Die auftretende Schwungkraft beträgt

$$Z = P \cdot \frac{r \cdot \omega^2}{g} = \frac{7500 \cdot 0{,}0035}{9.81} \cdot \left(\frac{\pi \cdot 180}{30}\right)^2 = 950 \text{ kg}.$$

Die Gegenkraft der Unterlage beträgt bei 1 kg/cm² Belastung der Fläche, wenn die wirklich vorkommende Zusammendrückung x_2 in m gerechnet wird,

$$q_2 \cdot x_2 = (Q + G + P) \cdot \frac{1000 \cdot x_2}{2} \text{ kg}.$$

Für die Eigenschwingung des Schwungradschwerpunktes gegenüber dem Fundament gilt Formel (29a), wenn $+x_1$ den lotrechten Ausschlag aus der Mittellage nach unten angibt,

$$\frac{d^2 x_1}{d t^2} = -\omega^2 \cdot x_1 = -\omega^2 \cdot r \cdot \sin(\omega \cdot t).$$

Infolge der Wirkung der Schleuderkraft, deren lotrechte Seitenkraft $Z \cdot \frac{x_1}{r}$ ist, macht jetzt die Welle zusammen mit dem Fundament den Ausschlag x_2, und es gilt, wenn die statischen Lasten, die auf die Schwingung keinen Einfluß haben, von vornherein unterdrückt werden, gemäß Fig. 245, die alle Kräfte enthält,

$$-\frac{P}{g} \cdot \frac{d^2 x_2}{d t^2} + \frac{Z}{r} \cdot x_1 = 0.$$

Beide Gleichungen zusammengefaßt liefern die Gesamtschwingung der Welle.

Für das Fundament erhält man die Kräftegleichung

$$-\frac{Q + G}{g} \cdot \frac{d^2 x_2}{d t^2} - q_2 \cdot x_2 + \frac{Z}{r} \cdot x_1 = 0.$$

Dazu tritt die Momentengleichung in bezug auf den Schwerpunkt

$$-q_2 \cdot x_2 \cdot b_2 + \frac{Z}{r} \cdot x_1 \cdot b_1 = 0.$$

---

[145]) Ohnesorge, Z. d. V. d. I. 1916.

Durch Zusammennehmen der letzteren beiden Gleichungen erhält man

$$\frac{d^2x_2}{dt^2} + x_2 \cdot \frac{q_2 \cdot g}{Q+G} \cdot \left(1 - \frac{b_2}{b_1}\right) = 0\,,$$

die nach den Formeln (190) die Eigenschwingung des Fundamentes liefert:

$$x_2 = C_2 \cdot \sin\left[t \cdot \sqrt{\frac{q_2 \cdot g}{Q+G} \cdot \left(1 - \frac{b_2}{b_1}\right)}\right].$$

Die Gesamtschwingung ergibt sich durch Addition der drei Kraftgleichungen, jedoch muß vorher das Glied $\frac{d^2x_1}{dt^2}$ beseitigt werden, dessen Wert für die Gesamtschwingung ein anderer ist als für die Eigenschwingung. Zu dem Zweck wird die Kraftgleichung für das Fundament zweimal nach t differentiiert:

$$-\frac{Q+G}{g} \cdot \frac{d^4x_2}{dt^4} - q_2 \cdot \frac{d^2x_2}{dt^2} + \frac{Z}{r} \cdot \frac{d^2x_1}{dt^2} = 0\,,$$

und der daraus folgende Wert von $\frac{d^2x_1}{dt^2}$ wird in die erste Gleichung für die Welle eingesetzt. Man erhält dadurch, nachdem auch diese Gleichung so geschrieben ist, daß alle Glieder Kräfte darstellen, und die Vorzeichen der dritten umgekehrt sind, durch Addition die Gleichung für die erzwungene Schwingung des Fundamentschwerpunktes[146])

$$(Q+G) \cdot \frac{r}{g^2} \cdot \frac{d^4x_2}{dt^2} + \left(\frac{Q+G-P}{g} + \frac{q_2 \cdot r}{g}\right) \cdot \frac{d^2x_2}{dt^2} + q_2 \cdot x_2 = -Z \cdot \frac{\omega^2 \cdot r}{g} \cdot \sin(\omega \cdot t).$$

Sie wird offenbar durch

$$x_2 = r' \cdot \sin(\omega \cdot t)$$

erfüllt, und der größte Ausschlag findet sich durch Einsetzen zu

$$r' = -\frac{r \cdot Z}{+(Q+G) \cdot \frac{r \cdot \omega^2}{g} - (Q+G-P+q_2 \cdot r) + \frac{q_2 \cdot g}{\omega^2}}$$

Es findet Resonanz statt, wenn der Nenner dieses Bruches 0 wird. Im vorliegenden Fall wird, wenn die Kräfte in t angegeben werden,

$$r' = \frac{0{,}0035 \cdot 0{,}95}{139{,}5 + 154{,}5 \cdot 500 \cdot 0{,}0035 - 147 \cdot 0{,}0035 \cdot 355 \cdot 0{,}102 - \frac{154{,}5 \cdot 500 \cdot 9{,}81}{355}}$$

$$= -\frac{0{,}003325}{1911} \backsim 0{,}0017 \text{ mm},$$

also sehr gering und weit von der Resonanz entfernt. Die Untersuchung ist aber von wesentlicher Bedeutung bei Kraftwagen [73]) und Dampfturbinen[147]).

Durch einen entsprechenden Ansatz erhält man ganz erheblich kleinere Schwingungen in der wagerechten Richtung, deren Phase naturgemäß um $\frac{\pi}{2}$ gegen die der lotrechten verschoben ist. Sie bilden Schwebungen mit den durch die nicht ausgeglichenen hin und her gehenden Teile der Maschine verursachten Schwingungen.

---

[146]) Stodola, Die Dampfturbinen, II. Aufl. 190.

[147]) Eine eingehende Erörterung über Federschwingungen an Eisenbahnfahrzeugen bringt Hermann, Glasers Ann. 1915, und an Lokomotiven Jahn, Z. d. V. d. I. 1909.

An einer Dampfturbine sei etwa $P = 2$ t, $r = 0{,}05$ mm, $G = 20$ t, $Q = 80$ t. $n = 3000$ Umdrehungen in der Minute. Dann ist

$$\omega^2 = \left(\frac{\pi \cdot 3000}{30}\right)^2 \sim 98\,700 \text{ 1/sk}^2,$$

$$Z = \frac{2}{9{,}81} \cdot \frac{0{,}05}{1000} \cdot 98\,700 \sim 1 \text{ t},$$

$$q_2 \sim 120 \cdot 500 \text{ t},$$

$$r' = \frac{0{,}05 \cdot 1}{118 + 120 \cdot 500 - 120 \cdot 0{,}05 \cdot 98\,700 \cdot 0{,}102 - \dfrac{120 \cdot 500 \cdot 981}{98\,700}}$$

$$= \frac{0{,}05}{118 + 60\,000 - 60\,400 - 6} = \frac{0{,}05}{288} = 0{,}00017 \text{ mm},$$

scheinbar verschwindend klein. Aber eine ganz geringfügige Verkleinerung von r auf etwa 0,04985 würde $r' = \infty$ ergeben. Um von der Resonanz hinreichend entfernt zu sein, muß man r wesentlich kleiner als $^1/_{20}$ mm machen. Der Rechnungswert kann höchstens bei ungeeigneten Ausbesserungen nach Beschädigungen vorkommen.

Da die zur Aufrechterhaltung der Schwingungen erforderliche Leistung von der Maschine geliefert werden muß, so sinkt ihr Wirkungsgrad in der Nähe der Resonanz ganz bedeutend[148]).

Die rechnerische Lösung der Differentialgleichung für beliebige Funktionen ist häufig nur mit Anwendung weitgehender mathematischer Hilfsmittel annäherungsweise erreichbar. Vorteilhaft für alle möglichen Fälle ist ein zeichnerisches Verfahren mit Hilfe der bereits S 56 gemachten Angaben[31]), dessen Durchführung an einem Beispiel gezeigt werden soll.

Beispiel 160. Zu untersuchen ist die Bewegung eines ebenen mathematischen Pendels mit Dämpfung, dem aus der Mittellage die Winkelgeschwindigkeit $\omega = 4$ 1/sk erteilt wird.

Die Schwingungsgleichung ist nach den vorhergehenden Ansätzen sofort der Fig. 222 zu entnehmen:

$$-\frac{G}{g} \cdot l \cdot \frac{d^2\alpha}{dt^2} - q \cdot \frac{d\alpha}{dt} - G \cdot \sin\alpha = 0 .$$

Sie liefert

$$\frac{d^2\alpha}{dt} = -\frac{g}{l} \cdot \left(\sin\alpha + \frac{q}{G} \cdot \frac{d\alpha}{dt}\right) \cdot dt .$$

Es sei ferner gegeben $\dfrac{l}{g} = 1 \text{ sk}^2$ und $\dfrac{q}{G} = \dfrac{1}{2}$ sk. Damit wird

$$\frac{d^2\alpha}{dt} = -\left(\sin\alpha + \frac{1}{2} \cdot \frac{d\alpha}{dt}\right) \cdot dt = -\beta \cdot dt .$$

Man zieht jetzt durch den Anfangspunkt O_1 eine wagerechte Achse (Fig. 246) für die Zeiten t (Maßstab 7,5 mm = 1 sk) und eine senkrechte für die Winkel α (Maßstab 27 mm = π), die Winkelgeschwindigkeit $\dfrac{d\alpha}{dt}$ (Maßstab 15 mm = 1 1/sk) und den Ausdruck β der letzten Gleichung (Maßstab 7,5 mm = 1). Die Fläche zwischen den beiden Achsen wird durch senkrechte Parallelen im Abstand $dt = \frac{1}{5}$ sk in Streifen zerlegt. Außerdem wird in dem auf der Zeitachse gelegenen

---

[148]) Einen lehrreichen Versuch darüber beschreibt Sommerfeld, Z. d. V. d. I. 1902.

Punkt O_2 eine Senkrechte errichtet, auf der von O_2 aus die α in dem angegebenen Maßstab und senkrecht dazu die zugehörigen $\sin\alpha$ in dem halben Maßstab der β aufgetragen werden. O_2 ist ferner Pol für eine Gewichtsreihe II auf der Senkrechten, die im Abstande $\overline{O_2 B} = 13{,}1$ mm gezogen wird, und eine I auf der im Abstande $\overline{O_2 A} = 7{,}5$ mm gezogenen Senkrechten.

Bekannt sind für $t = 0$: Der Ausgangspunkt O der α-Kurve, sowie ihre Anfangstangente von der Neigung $\frac{d\alpha}{dt} = 4$, die also durch den ersten Polstrahl $O_1 0$ des Gewichtsplanes I gebildet wird, ferner der Anfangspunkt 4 der $\frac{d\alpha}{dt}$-Kurve und die Neigung ihrer Anfangstangente

$$\frac{d\frac{d\alpha}{dt}}{dt} = \beta_0 = \left(0 + \frac{1}{2} \cdot 4\right) = 2.$$

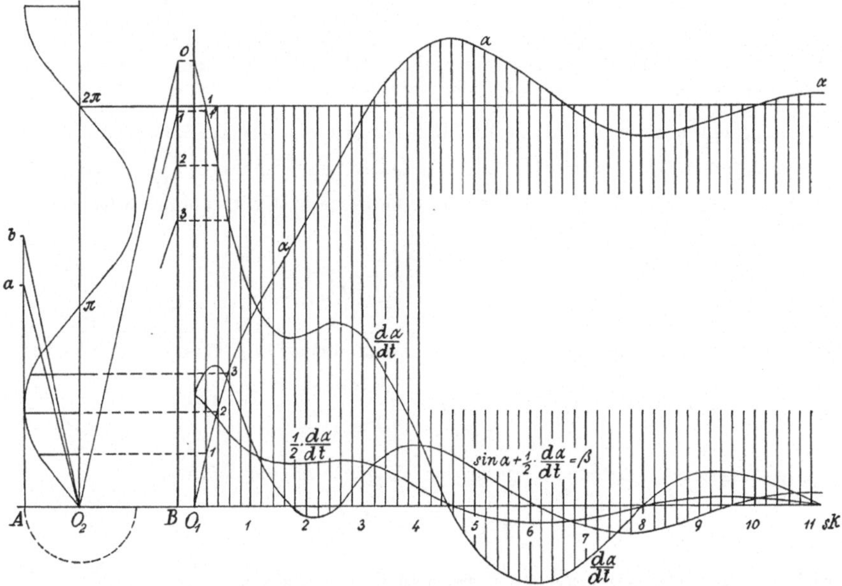

Fig. 246.

Trägt man diesen Wert in dem $\frac{d\alpha}{dt}$-Maßstab, also verdoppelt auf der durch A gehenden Achse bis a ab, so ist durch den Strahl $O_2 a$ die Richtung der Anfangstangente der $\frac{d\alpha}{dt}$-Kurve gegeben. Das erste Teilstück der beiden Kurven ist somit festgelegt. Der zugehörige Wert von $\sin\alpha$ wird der von O_2 aus gezeichneten Kurve entnommen und zum Ausgleich des kleineren Maßstabes verdoppelt. Damit ist auch das erste Stück der β-Kurve gegeben.

Man bestimmt jetzt den Flächeninhalt des ersten Teilstückes der β-Kurve zu $\frac{1}{2} \cdot (15 + 19) \cdot 1{,}5 = 25{,}5\ \text{mm}^2$, überträgt diesen Wert im Maßstabe $3{,}7\ \text{mm}^2 = 1$ mm, also $25{,}5\ \text{mm}^2 = 6{,}9$ mm als $\overline{0\,1}$ auf die B-Linie, dann gibt $O_2 1$ die Richtung der Tangente der α-Kurve im Punkte 1 an. Überträgt man den Punkt 1 der Gewichtsreihe wagerecht nach 1' auf die erste dt-Senkrechte, so wird die $\frac{d\alpha}{dt}$-Kurve entsprechend verbessert.

Man bildet weiter den Ausdruck β_1 für die Stelle 1 und trägt ihn im $\frac{d\alpha}{dt}$-Maßstab, also verdoppelt von A aus nach b ab; $O_2 b$ ist dann die Richtung der Tangente der $\frac{d\alpha}{dt}$-Kurve im Punkte 1'.

Von beiden Kurven sind so die Stücke $\overline{1\,2}$ ermittelt, damit auch der zugehörige Wert von $\sin\alpha_2$ und von β_2, so daß das dritte Stück in derselben Weise bestimmt werden kann, usw. Es entstehen so stückweise die Kurven der Fig. 246[149]). Dabei ist es bequem und vorteilhaft, den zweiten Teil des Ausdruckes $\beta\,\frac{1}{2}\cdot\frac{d\alpha}{dt}$ in einer besonderen Kurve gleich in dem Maßstab der β-Kurve mitzuzeichnen.

Das Pendel geht hiernach mit rasch abnehmender Geschwindigkeit durch die beiden ersten Quadranten und mit nahezu gleichbleibender Geschwindigkeit durch die beiden folgenden, macht also eine volle Kreisbewegung. Es schlägt dann wieder um etwa 60° im ersten Quadranten aus und kehrt darauf in den vierten Quadranten zurück mit dem Höchstausschlag $26\frac{1}{2}°$. Es hat im ersten Quadranten noch einmal den Höchstanschlag $10\frac{1}{2}°$ und dann klingen seine Schwingungen schnell gänzlich ab.

Zu beachten ist, daß nicht alle Maßstäbe der Zeichnung willkürlich angenommen werden können. Denn es gilt für die Neigung der Tangente an die $\frac{d\alpha}{dt}$-Kurve gegen die Wagerechte aus den beiden Dreiecken, an der Kurve selbst und im Gewichtsplan I

$$\operatorname{tg}\varphi_1 = \frac{d\,\frac{d\alpha}{dt}}{dt} = \frac{\overline{O_2 a}}{\overline{O_2 A}}\,.$$

Hieraus bestimmt sich bei im übrigen angenommenen Maßstäben der Polabstand

$$\overline{O_2 A} = \overline{O_2 a}\cdot\frac{dt}{d\,\frac{d\alpha}{dt}} = 15\,\frac{\text{mm}}{1}\cdot\frac{7{,}5\ \text{mm/sk}}{15\ \text{mm}/\frac{1}{\text{sk}}} = 7{,}5\ \text{mm/sk}^2.$$

Ebenso ergibt sich für die Neigung der Tangente an die α-Kurve

$$\operatorname{tg}\varphi_2 = \frac{d\alpha}{dt} = \frac{\overline{O_1 1}}{\overline{O_2 B}}\,,$$

und daraus bei angenommenen Maßstäben der Polabstand

$$\overline{O_2 B} = \overline{O_2 1}\cdot\frac{dt}{d\alpha} = 15\,\frac{\text{mm}}{1/\text{sk}}\cdot\frac{7{,}5\ \text{mm/sek}}{\frac{27}{\pi}\,\frac{\text{mm}}{1}} = 13{,}1\ \text{mm/1}.$$

Die Fläche $\beta\cdot dt$ hat den Maßstab

$$7{,}5\ \text{mm/1}\cdot 7{,}5\ \text{mm/sk} = 56{,}25\ \text{mm}^2/1\cdot\text{sk};$$

die Länge $\beta\cdot dt$ auf der Gewichtsreihe II hat den Maßstab

$$\beta\cdot dt = \frac{d\alpha}{dt}\cdot\overline{O_2 B} = \frac{\frac{27}{\pi}\,\frac{\text{mm}}{1}}{7{,}5\ \text{mm/sk}}\cdot 13{,}1\text{m m/1} = 15\,\frac{\text{mm}}{1/\text{sk}}\,.$$

[149]) Ein anderes zeichnerisches Verfahren mit Hilfe der Krümmungskreise gab Kelvin, Philos. Mag. 1892. Es wurde verbessert durch Meißner, Schweiz. Bauz. 1913.

Die Umrechnung beim Übergang von der in mm^2 aufgenommenen Fläche zur Länge ist also

$$56{,}25\ \text{mm}^2 = 15\ \text{mm}$$

oder

$$3{,}7\ \text{mm}^2 = 1\ \text{mm},$$

wie oben angegeben.

In manchen Fällen genügt es, wenn die Schwingungsdauer bzw. Schwingungszahl in der Sekunde festgestellt wird. Dann läßt sich die Untersuchung noch wesentlich vereinfachen.

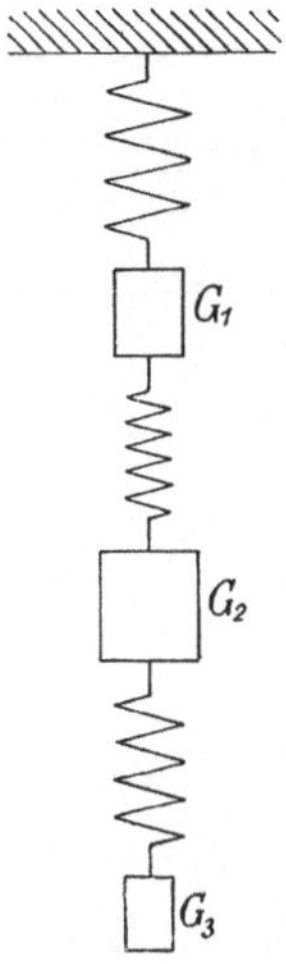

Sind mehrere Gewichte und Federn etwa nach Fig. 247 hintereinander angeordnet, deren letztes den größten Ausschlag r_3 erfährt, während die größten Ausschläge r_1 und r_2 der anderen Gewichte kleiner sind, so ist zu einer bestimmten Zeit, wo G_3 gerade den Ausschlag r_3 hat, die Trägheitskraft, die auf G_2 wirkt, nach Formel (29) der Größe nach gegeben als

$$P_2 = G_2 \cdot \frac{r_2 \cdot \omega^2}{g},$$

wenn wieder ω wie in Abschnitt 5 die Winkelgeschwindigkeit darstellt, aus der sich gemäß Fig. 31 die harmonische Schwingung entwickeln läßt.

G_1 G_2 G_3

Fig. 247.

Die gesamte Federung ergibt sich hiermit zu

$$r_3 = \sum P \cdot q = \frac{\omega^2 \cdot r_3}{g} \cdot \sum\left(G \cdot \frac{r}{r_3} \cdot q\right) = \frac{\omega^2}{g} \cdot r_3 \cdot \sum\left(f_g \cdot \frac{r}{r_3}\right).$$

Den letzten Ausdruck erhält man, wenn $G \cdot q = f_g$ eingesetzt wird.

Setzt man jetzt wie oben $\omega \cdot t_0 = 2 \cdot \pi$, so folgt für diese schwingende Federkette die Schwingungszahl[150]) in der Sekunde

$$z = \frac{4{,}985}{\sqrt{\sum\left(f_g \cdot \frac{r}{r_3}\right)}}. \tag{212}$$

Die Größe $\sum\left(f_g \cdot \frac{r}{r_i}\right)$ bei i Gewichten läßt sich leicht zeichnerisch ermitteln, wie das folgende Beispiel zeigt.

Beispiel 161. Gegeben sind die vier Gewichte $G_1 = 60$ kg, $G_2 = 20$ kg, $G_3 = 35$ kg, $G_4 = 50$ kg und die Verlängerungen, die die zwischengeschalteten Federn bei Belastung mit 1 kg erfahren, $q_1 = 0{,}10$ cm/kg, $q_2 = 0{,}20$ cm/kg, $q_3 = 0{,}30$ cm/kg. Zu bestimmen sind die Schwingungszahlen in der Sekunde für jedes Gewicht.

---

[150]) Kutzbach, Z. d. V. d. I. 1918. Die Formel (212) ohne den Verbesserungsfaktor $\frac{r}{r_3}$ wurde rein durch praktisches Ausprobieren gefunden von Dunkerley, Philosoph. Transact. Roy. Soc., London 1895. Die erste Herleitung und genaue Lösung gab Föppl, Techn. Mechanik, Bd. IV, 1899.

Da über die Verhältnisse $\frac{r}{r_4}$ vorläufig garnichts bekannt ist, so werden sie in erster roher Annäherung durchweg gleich 1 genommen. Dann gilt

$$\sum\left(f\cdot\frac{r}{r_4}\right)=\sum(G\cdot q)\,.$$

Dieser Ausdruck kann als Summe von Drehmomenten aufgefaßt werden, die sich nach den Angaben in Bd. I, S. 68 durch die Momentenfläche zeichnerisch darstellen lassen. Man trägt also (Fig. 248) die Gewichte G in dem Kräftemaßstab 10 kg = 3 mm senkrecht untereinander ab, wählt einen Pol O in dem Abstand 1 = 3 cm und zieht die Polstrahlen. In wagerechter Richtung werden hintereinander aufgetragen die drei q im Maßstab 0,10 cm/kg = 10 mm.

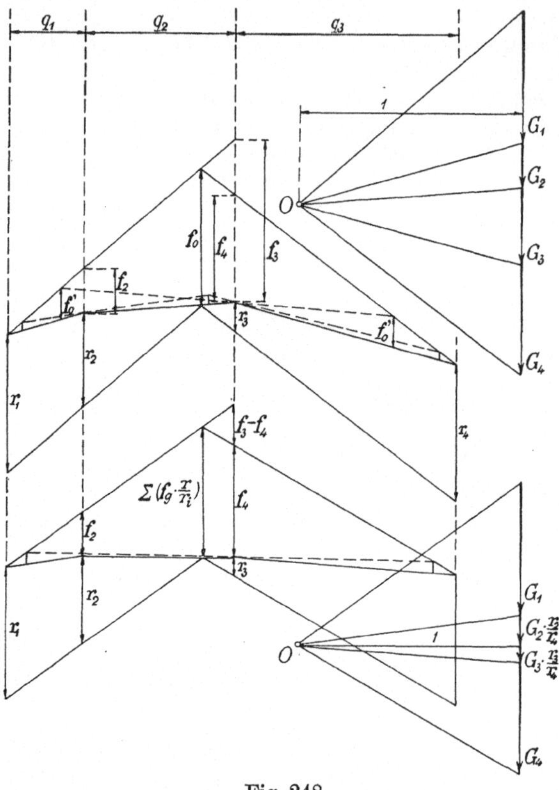

Fig. 248.

Nun zieht man das Seileck zwischen den Senkrechten durch die Endpunkte der c und erhält beispielsweise aus ähnlichen Dreiecken $f_2=\frac{G_1\cdot q_1}{1}$ als Eigengewichtsfederung des Gewichtes 2 gegenüber dem Gewicht 1. Entsprechend ergibt sich f_3 als Eigengewichtsfederung des Gewichtes 3 gegenüber 1, ebenso f_4 als Eigengewichtsfederung von 4 gegenüber 3 usw. Die größte Höhe f_0 der Momentenfläche gibt die Stelle an, wo die Federung von beiden Seiten aus die gleiche ist, und damit den Ort, wo bei im übrigen vollkommen frei beweglichen Gewichten der relative Ruhepunkt des Systems, der Schwingungsknoten liegt. Die Größe von f_0 liefert nach Formel (212) die Eigenschwingungszahl z_0 des ganzen Systems.

Zieht man jetzt die gestrichelte Linie so, daß sie einen Eckpunkt berührt und zwischen den beiden äußersten Strahlen die gleiche Höhe f_0' abschneidet, so hat man die Stellen und Größen der Eigenschwingungszahl zweiter Ordnung gefunden. Durch die andere noch mögliche Seilecke ist eine solche Linie nicht zu ziehen; dagegen kann man leicht noch eine Schwingungszahl dritter Ordnung durch Ziehen von zwei Teilungsstrecken finden. Höchstens sind so viel verschiedene z möglich, wie pendelnde Gewichte hintereinander liegen.

Die durch den unteren Endpunkt von $f_0=r_4=r_1$ gezogenen Parallelen zu den äußersten Polstrahlen begrenzen die größte Federung r infolge des Eigengewichtes G, denn es gilt allgemein $r_1=r_4=f+r$. Man hat jetzt die Werte

$G_2 \cdot \frac{r_2}{r_1} = 13{,}5$ kg und $G_3 \cdot \frac{r_3}{r_4} = 7{,}4$ kg aus der Zeichnung zu bestimmen, was auch zeichnerisch gemacht werden kann.

Hiermit wird ein neues Krafteck mit demselben Polabstand wie das erste gezeichnet und daraus ein neues Seileck entwickelt, wie der untere Teil der Fig. 248 zeigt. Diesem Seileck werden die endgültigen Werte von r_2 und r_3 entnommen, denn eine nochmalige Verbesserung ändert das Ergebnis nur ganz unwesentlich. Es enthält ferner den endgültigen Wert von $\sum\left(f_g \cdot \frac{r}{r_i}\right)$ als größte Höhe und ebenso den der höheren Harmonischen, wovon nur der zweite gezeichnet worden ist[150a]).

Man erhält so die folgende Zusammenstellung, worin die in mm abgegriffenen Längen gleich als cm anzusetzen sind, da die Maßstäbe so gewählt sind, daß f dargestellt wird in

$$\frac{\frac{10}{3}\,\text{kg/mm} \cdot \frac{0{,}10}{10}\,\text{cmkg/mm}}{\frac{1}{30}\,1\text{ mm}} = 1\text{ cm/mm}.$$

Es ist dann noch festzustellen, ob eine dieser Schwingungszahlen mit den Eigenschwingungszahlen der Gewichte ganz oder annähernd übereinstimmt bzw. mit der Schwingungszahl der die Bewegung erzwingenden Schwingung.

Nr.	f_g	r	$f_g \cdot \frac{r}{r_4}$	$\sqrt{f_g \cdot \frac{r}{r_4}}$	z
Ganzes	17,5 1,7	17,5	17,5 1,7	4,18 1,304	1,19 3,82
2	6,0	11,5	3,94	1,982	2,51
3	20,5	2,5	2,93	1,711	2,91
4	15,0	17,5	15,0	3,87	1,29

Die Lösung setzt ungedämpfte Schwingungen voraus. Sie nimmt ferner das Gewicht der Federn als verschwindend klein gegenüber den anderen Gewichten an.

Die streng mathematische Lösung einer verhältnismäßig einfachen Aufgabe der Art enthält das Beispiel 159. (Weitere technische Anwendungen siehe Bd. IV.)

17. Der Kreisel.

Der Kreisel der technischen Praxis ist ein Umdrehungskörper, der sich um seine geometrische Hauptachse so schnell dreht, daß die Geschwindigkeiten der sonstigen Schwankungen der Achsen gegen die dieser Drehung sehr klein sind[151]).

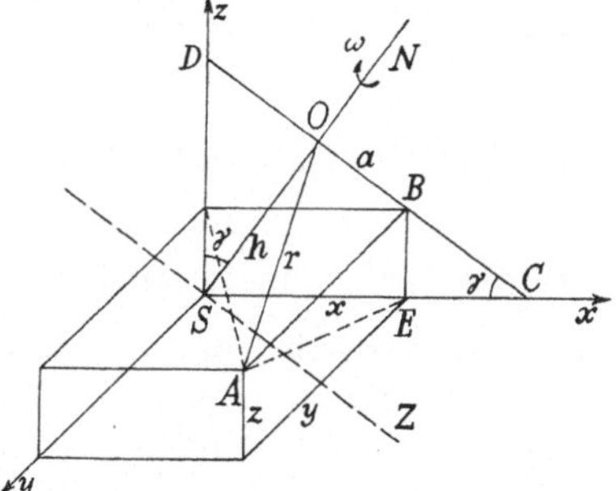

Fig. 249.

Geometrische Hauptachse sei die z-Achse der Fig. 249, als Drehachse werde aber vorläufig die mit der z-Achse den Winkel γ einschließende Schwerachse SN angenommen. In der durch SN und die z-Achse gelegten Ebene wählt man die zur letzteren senkrecht stehende x-Achse und dann senkrecht zu beiden die ebenfalls durch S gehende y-Achse. Irgendein Punkt A des Kreisel-

[151]) Fuchs u. Katzmayr, Z. d. V. d. I. 1910.

körpers, in dem sich das Massenteilchen dm befindet, habe von der Drehachse den senkrechten Abstand $\overline{OA} = r$. Infolgedessen wirkt auf ihn die Schwungkraft $Z = r \cdot \omega^2 \cdot dm$, deren Seitenkraft in der Richtung der Strecke $\overline{OB} = a$ den Wert $Z_1 = a \cdot \omega^2 \cdot dm$ hat. Wird noch die Länge $\overline{OS} = h$ angesetzt, so ist das Drehmoment der Schwungkraft Z_1 in bezug auf die y-Achse $dM_1 = Z_1 \cdot h$, also für den ganzen Körper

$$M_1 = \int \omega^2 \cdot a \cdot h \cdot dm = \omega^2 \cdot \int a \cdot h \cdot dm = \omega^2 \cdot C. \tag{213}$$

C ist nach Formel (137) das Zentrifugalmoment des Kreiselkörpers in bezug auf das Achsenkreuz NSZ, das von dem Auftreten in Formel (213) den Namen hat.

Zu einer Umformung von C entnimmt man dem Dreieck SOC

$$h = (x + z \cdot \operatorname{cotg}\gamma) \cdot \sin\gamma = x \cdot \sin\gamma + z \cdot \cos\gamma,$$

$$a = (x + z \cdot \operatorname{cotg}\gamma) \cdot \cos\gamma - \frac{z}{\sin\gamma} = x \cdot \cos\gamma - z \cdot \sin\gamma.$$

Setzt man beide Ausdrücke in den Wert von C ein, so wird

$$\begin{aligned} C &= \int a \cdot h \cdot dm = \int dm \cdot [(x^2 - z^2) \cdot \sin\gamma \cdot \cos\gamma + x \cdot z \cdot (\cos^2\gamma - \sin^2\gamma)] \\ &= \tfrac{1}{2} \cdot \sin 2\gamma \cdot \int (x^2 - z^2) \cdot dm + \cos 2\gamma \cdot \int x \cdot z \cdot dm. \end{aligned}$$

Nun ist nach Fig. 247

$$J_1 = \int (y^2 + z^2) \cdot dm$$

das Trägheitsmoment des Körpers in bezug auf die x-Achse und

$$J_3 = \int (x^2 + y^2) \cdot dm$$

das in bezug auf die z-Achse.

Das letzte Glied des Ausdruckes für C verschwindet, da zu jedem Teilchen dm im Abstande $+x$ ein gleiches im Abstande $-x$ befindliches vorhanden ist, und man erhält

$$M = \omega^2 \cdot C = \frac{\omega^2}{2} \cdot \sin 2\gamma \cdot (J_3 - J_1). \tag{214}$$

Dieses Drehmoment wird 0 für $\gamma = 0$ bzw. $\gamma = \frac{\pi}{2}$, d. h. wenn die Achse SN entweder mit der z- oder der x-Achse zusammenfällt. In den beiden Fällen braucht die Drehachse in keiner Weise gegen Drehungen durch die auftretenden Schwungkräfte gesichert zu werden. Diese beiden ausgezeichneten Achsen heißen infolgedessen **freie Achsen**. Man bemerkt sogleich, daß dieselbe Überlegung auch für die Ebene zSy durchgeführt werden kann, daß also die y-Achse ebenfalls eine freie ist. Da nun die x-Achse beliebig gewählt war, so ist jede beliebige, zur z-Achse des Umdrehungskörpers senkrecht verlaufende Achse eine freie. Das gilt auch dann, wenn sie nicht durch den Schwerpunkt S geht, sondern durch einen beliebigen anderen Punkt auf der z-Achse etwa im Abstand z_0 von S. Nur ist dann statt des Trägheitsmomentes J_1 einzusetzen $J_1 + m \cdot z_0^2$, während natürlich J_3 unverändert bleibt.

Wird die Drehachse um einen kleinen Winkel $d\gamma$ aus der z-Achse verlegt, so ändert sich nach Fig. 249 x in $x \mp z \cdot d\gamma$. Damit geht der Ausdruck $J_3 - J_1$ über in

$$\int dm \cdot (x^2 \mp 2 \cdot x \cdot z \cdot d\gamma + 0 - z^2);$$

es ist also

$$d(J_3 - J_1) = \mp 2 \cdot d\gamma \cdot \int x \cdot z \cdot dm = 0$$

nach dem vorhergehenden. Das bedeutet nach Bd. I, S. 68, die freien Achsen des Körpers sind diejenigen, in bezug auf welche die Trägheitsmomente entweder die kleinsten oder die größtmöglichen sind.

Ist in Gleichung (214) $J_3 > J_1$, so wird M positiv, d. h. der Körper wird durch die auftretenden Schwungkräfte so gedreht, daß die geometrische z-Achse sich der Drehachse SN nähert. Ist dagegen $J_3 < J_1$, so wird M negativ, und der Körper bewegt sich so, daß die x-Achse, die des größten Trägheitsmomentes, der Drehachse näher rückt. Der Körper hat also stets das Bestreben, sich um die freie Achse mit dem größten Trägheitsmoment zu drehen[152]).

Nun kann die Drehung mit der Winkelgeschwindigkeit ω um die Achse SN der Fig. 249 nach Formel (69) entstanden sein aus drei Einzeldrehungen um die Achsen x, y, z. Dann sagt der vorstehende Satz aus, daß die etwaige Drehung um andere als die Achse des größten Trägheitsmomentes vom Kreisel selbsttätig unterdrückt wird.

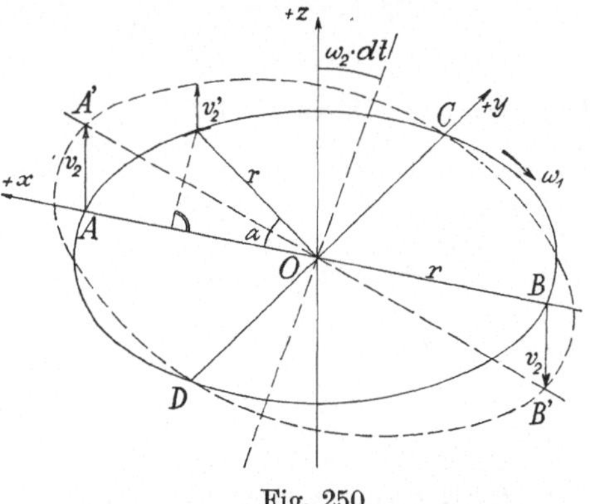

Fig. 250.

Der in Fig. 250 dargestellte Kreisel besteht der Einfachheit halber aus einem kreisförmigen Reifen vom Durchmesser $\overline{AB} = \overline{CD} = d$ und dem Gewicht G, er dreht sich mit der Winkelgeschwindigkeit ω_1 um seine senkrecht zur Kreisebene stehende Hauptachse Oz. Besondere Wirkungen ergeben sich nur dann, wenn die Hauptebene um die senkrecht zur z-Achse stehende, ebenfalls durch die Mitte O gehende y-Achse CD mit einer Winkelgeschwindigkeit ω_2 gedreht wird, so daß der Kreisel nach einer kleinen Zeit dt die in Fig. 250 gestrichelte Lage angenommen hat. Ein Gewichtsteilchen dG des Ringes, das sich augenblicklich in A befindet, hat dort die in Fig. 250 angegebene größte Geschwindigkeit v_2. Nach einer Drehung um den Winkel α ist seine Geschwindigkeit v_2' kleiner geworden, und im Punkte C, also für $\alpha = \frac{\pi}{2}$

[152]) Euler, Mém. de l'Acad. Berlin 1765.

ist sie 0, um für $\alpha > \frac{\pi}{2}$ sogar negativ zu werden, bis der größte negative Betrag $-v_2$ in B erreicht ist. Das Teilchen erfährt also auf dem Wege ACB eine Verzögerung und auf dem Wege BDA eine Beschleunigung.

Die Größe der Beschleunigung an irgendeiner Stelle ist nun nach Formel (67) $p = 2 \cdot \omega_1 \cdot v_2'$ und ist entgegengesetzt zu v_2' gerichtet. Das Drehmoment der Beschleunigungskräfte in bezug auf die Achse ist somit, wenn noch F den Querschnitt des Ringes angibt,

$$M = 4 \cdot \int_0^{\frac{\pi}{2}} dG \cdot \frac{p}{g} \cdot r \cdot \sin\alpha = 4 \cdot \int_0^{\frac{\pi}{2}} (\gamma \cdot F \cdot r \cdot d\alpha) \cdot \frac{2\omega_1 \cdot \omega_2 \cdot r \cdot \sin\alpha}{g} \cdot r \cdot \sin\alpha$$

$$= \frac{\gamma \cdot F d^3}{g} \cdot \omega_1 \cdot \omega_2 \cdot \int_0^{\frac{\pi}{2}} \sin^2\alpha \cdot d\alpha \,.$$

Das Integral hat nach Bd. I, S. 106 den Wert $\frac{\pi}{4}$. Damit wird

$$M = \frac{(\gamma \cdot F \cdot d)}{g} \cdot \frac{d^2}{4} \cdot \omega_1 \cdot \omega_2 = \frac{G \cdot d^2}{4 \cdot g} \cdot \omega_1 \cdot \omega_2 \,.$$

Nun ist nach Formel (129) $\frac{G \cdot d^2}{4\,g} = J$ das Trägheitsmoment des Ringes, und man erkennt leicht, daß für jede beliebige Form des Kreisels gilt[153])

$$M = J \cdot \omega_1 \cdot \omega_2 = \frac{\vartheta \cdot G \cdot d^2}{4\,g} \cdot \omega_1 \cdot \omega_2 = D \cdot \omega_2 \,. \qquad (215)$$

Hierin heißt

$$D = \frac{\vartheta \cdot G \cdot d^2}{4\,g} \cdot \omega_1$$

der Drall des Kreisels[150c]).

Die Ebene des Drehmomentes geht durch die Hauptdrehachse z und die zweite dazu senkrechte Präzessionsachse y. Es sucht die z-Achse in die y-Achse zu bringen. Für die Richtung erhält man so die Linke-Hand-Regel[154]): Man spreizt Daumen, Zeigefinger und Mittelfinger der linken Hand senkrecht zueinander. Gibt der Daumen die Richtung der Hauptdrehachse und der Zeigefinger die Achse der Präzession an, so zeigt der Mittelfinger die Achse der Drehung des Kreiselmomentes M; alle drei Achsen werden im Sinne des Uhrzeigers umlaufen, wenn man auf die Fingerspitzen sieht.

---

[153]) Segner, Spezimen theoiiae turbinum 1755.
[154]) Enßlin, Z. f. gewerbl. Unterr. 1913.

An den Verhältnissen ändert eine beliebige fortschreitende Bewegung des ganzen Kreisels, deren wirkende Kraft ja durch den Mittelpunkt O geht, gar nichts. Nur Drehmomente sind auf die Kreiselwirkung von Einfluß.

Beispiel 162. Ein Kreisel sei in einer Cardanischen Unterstützung[155]) derart gelagert, daß seine Hauptachse AA' wagerecht und zwar senkrecht zur Meridianebene des betreffenden Ortes liegt (Fig. 251). Anzugeben ist die Bewegung, die er erhält[156]).

Die Erde dreht sich mit der Winkelgeschwindigkeit

$$\omega_2 = \frac{2 \cdot \pi}{86164{,}1} = \frac{1}{1{,}4361} \; 1/\text{sk}.$$

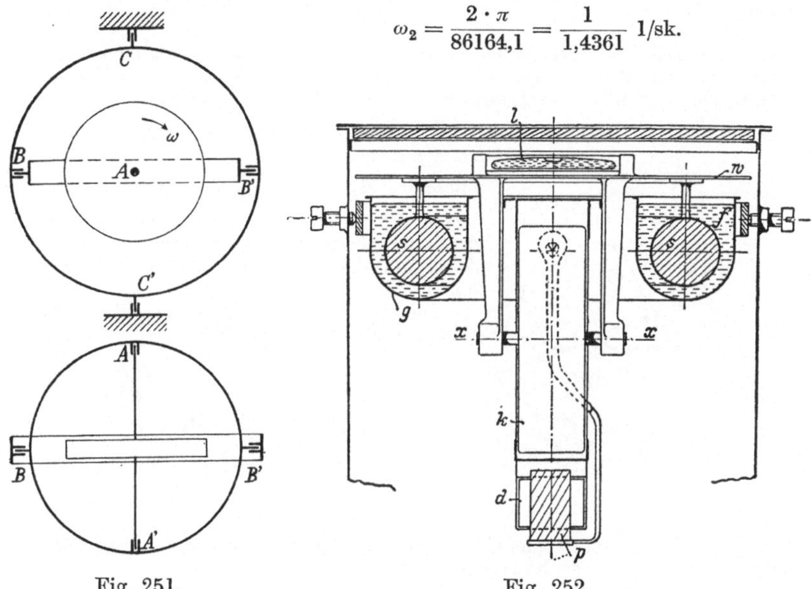

Fig. 251. Fig. 252.

Mit dieser Geschwindigkeit neigt sich also die Kreiselebene um die wagerechte, im Meridian liegende Achse BB'. Infolgedessen entsteht das Drehmoment $D \cdot \omega_2$ gemäß Formel (215) um die lotrechte Achse CC', die feststeht, so daß die Achse AA' in die Meridianebene gedreht wird. Die Fingerregel ergibt, daß B' sich nach hinten bewegt.

Wird der Kreisel von vornherein so eingestellt, daß sich die Achse AA' wagerecht in der Meridianebene des Ortes befindet, so erfährt er durch die Erddrehung wieder eine Präzession um die senkrechte Achse CC', so daß nach der Fingerregel eine Drehung um die Achse BB' eintritt, die den Punkt A anhebt. Der Kreisel stellt sich mit seiner Hauptachse parallel zur Erdachse ein und zwar so, daß die Richtung seiner Drehung mit der der Erde übereinstimmt.

Die erstere Tatsache hat praktische Anwendung beim Kreiselkompaß gefunden[157]). In einem cardanisch aufgehängten ringförmigen Gefäß g, das mit Quecksilber f gefüllt ist, befindet sich ein ringförmiger Schwimmer s (Fig. 252).

---

155) Cardanus, De subtilitate 1550, bezeichnet sie als alte Erfindung; sie ist von Berthelot, C. R. 1890, im 12. Jahrhundert nachgewiesen worden.

156) Foucault, C. R. 1852.

157) Anschütz-Kämpfe, 1908.

Auf dem Schwimmer ist die Windrose w befestigt, deren richtige Lage jederzeit durch eine Libelle nachgeprüft werden kann, und daran hängt der von einem Drehstrommotor mit Kurzschlußanker angetriebene Kreisel k mit der Hauptachse xx. Die Beschleunigungskräfte, die infolge von Änderungen der Fahrtrichtung oder Fahrtgeschwindigkeit auftreten, rufen eine Präzessionsbewegung des Kreisels in der wagerechten Ebene hervor, die eine Neigung der Hauptachse zur Folge hat. Sie wird dadurch gedämpft, daß der vom Kreisel im Gehäuse erzeugte Luftstrom durch das Fenster d austritt, das von der mitbewegten Platte p dann ungleichmäßig freigegeben wird, so daß der verschiedene Rückdruck auf beiden Seiten der Befestigungsstange von p die Bewegung dämpft. Eine große Schwingungsdauer des Apparates von etwa 70 min verringert den so entstehenden Fehler wesentlich.

Beispiel 163. Zu untersuchen ist die Bewegung eines Kreisels nach Fig. 253. Der Mittelpunkt der Kreiselscheibe sei zugleich der Schwerpunkt S des ganzen Kreisels. Dann wirkt in bezug auf die y-Achse das Gewichtsmoment $M_y' = G \cdot h$, ferner das Kreiselmoment $M_y'' = D \cdot \frac{d\varphi_1}{dt}$ und in bezug auf die x-Achse das Kreiselmoment $M_x = D \cdot \frac{d\varphi_2}{dt}$, denn wie ein einfacher Versuch zeigt, bewegt sich der Kreisel um die feststehende x-Achse herum und schwankt dabei um die sich mitdrehende y-Achse auf und ab.

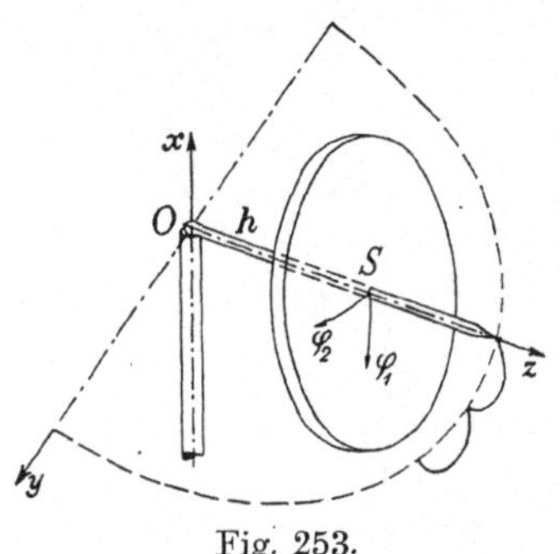

Fig. 253.

Die entstehenden Winkelbeschleunigungen sind gemäß Formel

$$\varepsilon_1 = \frac{d^2\varphi_1}{dt^2} = \frac{G \cdot h + D \cdot \frac{d\varphi_2}{dt}}{J_1},$$

$$\varepsilon_2 = \frac{d^2\varphi_2}{dt^2} = \frac{D \cdot \frac{d\varphi_1}{dt}}{J_2},$$

wenn J_1 das Trägheitsmoment des Kreisels in bezug auf die y-Achse und J_2 das in bezug auf die x-Achse bezeichnet.

Zur Trennung der Veränderlichen wird die zweite Gleichung einmal integriert: $\frac{d\varphi_2}{dt} = \frac{D}{J_2} \cdot \varphi_1$ und das Ergebnis in die erste eingesetzt. Man erhält dann

$$\frac{d^2\varphi_1}{dt^2} - \frac{D^2}{J_1 \cdot J_2} \cdot \varphi_1 = \frac{G \cdot h}{J_1}.$$

Die Lösung dieser Gleichung ist nach Formel (190c)

$$\varphi_1 = + C_1 \cdot \cos\left(\frac{D}{\sqrt{J_1 \cdot J_2}} \cdot t\right) + C_2 \cdot \sin\left(\frac{D}{\sqrt{J_1 \cdot J_2}} \cdot t\right) + \frac{G \cdot h \cdot J_2}{D^2}.$$

Da für $t = 0$, $\varphi_1 = 0$ und $\frac{d\varphi_1}{dt} = 0$ vorausgesetzt wird, so wird

$$C_1 = -\frac{G \cdot h \cdot J_2}{D^2} \quad \text{und} \quad C_2 = 0,$$

also

$$\varphi_1 = \frac{G \cdot h \cdot J_2}{D^2} \cdot \left[1 - \cos\left(\frac{D}{\sqrt{J_1 \cdot J_2}} \cdot t\right)\right]. \tag{216}$$

Wird dieser Wert in die obige Gleichung für $\frac{d^2\varphi_2}{dt^2}$ eingesetzt, so folgt leicht

$$\varphi_2 = \frac{G \cdot h \cdot J_2}{D^2} \cdot \left[\frac{D \cdot t}{\sqrt{J_1 \cdot J_2}} - \sin\left(\frac{D}{\sqrt{J_1 \cdot J_2}} \cdot t\right)\right], \tag{217}$$

wenn für $t = 0$ ebenfalls $\varphi_2 = \frac{d\varphi_2}{dt} = 0$ angenommen wird. Ein Vergleich mit den Formeln (155) in Bd. II lehrt, daß die beiden Gleichungen (216) und (217) eine gemeine Zykloide darstellen. Ist $\frac{d\varphi_2}{dt} \gtrless 0$, so entsteht eine verlängerte oder verkürzte Zykloide. Es kann sogar eine einfache Drehung der Spitze auf dem gestrichelten Kreisbogen entstehen, wenn im Augenblick des Aufsetzens $\frac{d\varphi_2}{dt}$ gerade so groß ist, daß dadurch ein Kreiselmoment hervorgerufen wird, das gleich dem $G \cdot h$ des Eigengewichtes ist.

Liegt die Achse des Kreisels zu Anfang nicht wagerecht, sondern um den Winkel γ geneigt, so ist das Moment des Gewichtes mit $\cos\gamma$ zu multiplizieren. Die Bewegung findet dann auf einem Kegelmantel statt.

Ist z. B. das Gewicht der Kreiselscheibe $G_1 = 0{,}60$ kg, das des gesamten Kreisels $G = 0{,}70$ kg, der Kreiseldurchmesser $d = 70$ mm, die Höhe $h = 30$ mm, die Anzahl der Umdrehungen in der Sekunde $n' = 25$ bzw. 15, so wird mit $\vartheta = 0{,}60$ das Schwungmoment

$$\vartheta \cdot G \cdot d^2 = 0{,}60 \cdot 0{,}60 \cdot 0{,}07^2 = 0{,}00176 \text{ m}^2\text{kg},$$

also das Trägheitsmoment

$$J = \frac{0{,}00176}{4 \cdot 9{,}81} \sim 0{,}000045 \text{ mkgsk}^2$$

und damit

$$J_1 = J_2 = \frac{J}{2} + \frac{G \cdot h^2}{g} = \frac{1}{2} \cdot 0{,}000045 + 0{,}70 \cdot 0{,}03^2 \cdot 0{,}102 = 0{,}000665 \text{ mkgsk}^2;$$

ferner wird

$$\omega = 2 \cdot \pi \cdot n' = 157{,}1 \quad \text{bzw.} \quad 94{,}2 \text{ 1/sk},$$

also

$$D = J \cdot \omega = 0{,}00707 \quad \text{bzw.} \quad 0{,}00424 \text{ mkgsk}.$$

Man erhält so die Schwingungsdauer für die Beschreibung eines Zykloidenbogens

$$t_0 = 2 \cdot \pi \cdot \frac{J_1}{D} = \frac{2 \cdot \pi \cdot 0{,}000665}{0{,}00707} = 0{,}59 \text{ sk}$$

$$\text{bzw.} \quad \frac{2 \cdot \pi \cdot 0{,}000665}{0{,}00424} = 0{,}98 \text{ sk}.$$

Der größte Ausschlag in der senkrechten Richtung wird

$$\varphi_{1\,\max} = \frac{2 \cdot G \cdot h \cdot J_2}{D^2} = \frac{2 \cdot 0{,}70 \cdot 0{,}030 \cdot 0{,}000665}{0{,}00707^2} \sim 0{,}56$$

$$\text{bzw.} \quad 0{,}56 \cdot \left(\frac{0{,}00707}{0{,}00424}\right)^2 \sim 1{,}55$$

in Bogenmaß. In Winkelmaß sind dies $\sim 32°$ bzw. $89°$.

Je schneller der Kreisel umläuft, desto geringer sind unter sonst gleichen Umständen seine Schwankungen, sowohl räumlich als auch zeitlich.

Beispiel 164. Ein auf einer ebenen Fläche lotrecht stehender Kreisel erfahre einen Stoß durch eine äußere Einwirkung P (Fig. 254). Die seitliche Verschiebung, die etwa dadurch entsteht, ist hier ohne Bedeutung; die erteilte Kippgeschwindigkeit in Richtung von P sei $v = a \cdot \varphi_0$, und es ist die weitere Bewegung des Kreisels zu untersuchen.

Von vornherein ist anzunehmen, daß eine Schwingungsbewegung in der Ebene der Einwirkung von P eintritt; und jeder Bewegung in einer Richtung entspricht ja eine zweite senkrecht dazu. Es entstehen also zwei Winkelausschläge, die zusammen eine Bewegung der Achse AB auf einem Kegelmantel ergeben (vgl. S. 238). Die dafür geltenden Gleichungen sind wieder

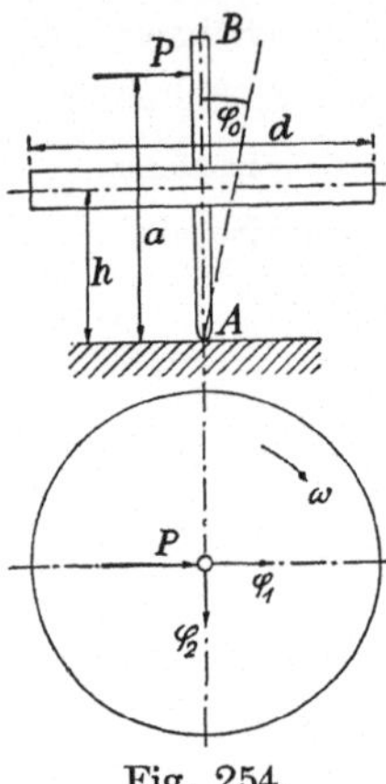

Fig. 254.

$$\frac{d^2\varphi_2}{dt^2} = \frac{D \cdot \frac{d\varphi_1}{dt}}{J_1}, \qquad \frac{d^2\varphi_1}{dt^2} = \frac{D \cdot \frac{d\varphi_2}{dt}}{J_1},$$

worin J_1 das Trägheitsmoment des Kreisels in bezug auf den Punkt A angibt.

Es wird die zweite Gleichung einmal integriert:

$$\frac{d\varphi_1}{dt} = -\frac{D}{J_1} \cdot \varphi_2 + C.$$

Für $t = 0$ ist $\varphi_2 = 0$ und $\frac{d\varphi_1}{dt} = \frac{v}{a} = \varphi_0$. Damit wird

$$\frac{d\varphi_1}{dt} = -\frac{D}{J_1} \cdot \varphi_2 + \varphi_0.$$

Wird dieser Wert in die erste Gleichung eingesetzt, so folgt

$$\frac{d^2\varphi_2}{dt^2} = -\left(\frac{D}{J_1}\right)^2 \cdot \varphi_2 + \frac{D}{J_1} \cdot \varphi_0,$$

also nach Formel (190c)

$$\varphi_2 = +C_1 \cdot \cos\left(\frac{D}{J_1} \cdot t\right) - C_2 \cdot \sin\left(\frac{D}{J_1} \cdot t\right).$$

Für $t = 0$ ist nun $\varphi_2 = 0$ und $\frac{d\varphi_1}{dt} = \varphi_0$ wie oben. Beide Bedingungen ergeben $C_2 = -\frac{J_1}{D} \cdot \varphi_0$. Ferner folgt aus $\varphi_1 = 0$ für $t = 0$ auch $C_1 = 0$. Somit wird schließlich

$$\begin{aligned} \varphi_1 &= \frac{v}{a} \cdot \frac{J_1}{D} \cdot \sin\left(\frac{D}{J_1} \cdot t\right), \\ \varphi_2 &= \frac{v}{a} \cdot \frac{J_1}{D} \cdot \left[1 - \cos\left(\frac{D}{J_1} \cdot t\right)\right]. \end{aligned} \tag{218}$$

Die Kreiselachse beschreibt nach dem Stoß einen Kreiskegel um eine Achse, die mit der ursprünglichen Kreiselachse den in einer senkrecht zur Stoßrichtung gelegenen Ebene Winkel $\frac{v}{a} \cdot \frac{J_1}{D}$ einschließt[158]). Der freie Kreisel weicht also dem Stoß seitlich aus. Da $J_1 \cdot \varphi_0$ immer klein im Verhältnis zu D ist, so ist diese Bewegung allerdings klein.

Wirkt die Kraft P nicht als Stoß, sondern längere Zeit, so ergeben sich die Verhältnisse des folgenden Beispiels.

Beispiel 165. Zu untersuchen ist die Wirkungsweise des Schiffskreisels[159]).

Ist der elektrisch angetriebene Kreisel in der Mittelachse des Schiffes mit lotrecht stehender Hauptachse fest eingebaut und wird das Schiff durch eine seit-

---

[158]) Poinsot, Théorie nouvelle de la rotation des corps, 1814.
[159]) Schlick, 1903.

lich kommende Welle um seine Längsachse geneigt, so stellt sich die Hauptkreiselachse derart ein, daß sie sich der Schlingerachse zu nähern sucht. Infolgedessen taucht das Schiff vorn tiefer ein und hebt sich mit dem Hinterteil weiter aus dem Wasser, wenn der Kreisel von oben gesehen links herumläuft und die Welle die Backbordseite des Schiffes trifft (Fingerregel). Ein solcher Kreisel verhindert das Schlingern also in keiner Weise[160]).

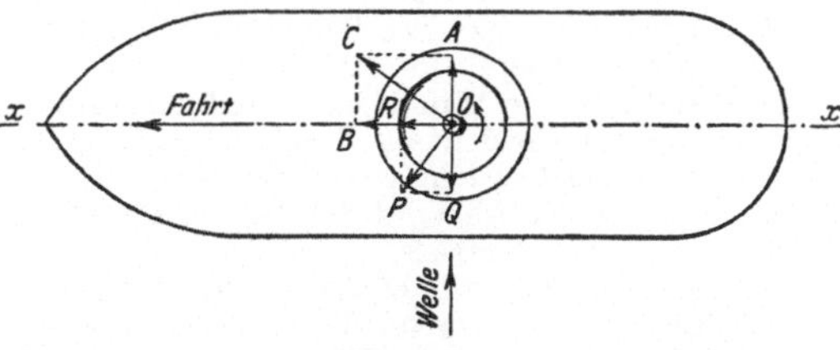

Fig. 255.

Der Kreisel muß sich in einem pendelnden Rahmen befinden, dessen Schwingungen durch eine Wasserdruckbremse gedämpft werden (Fig. 255). Durch die Neigung des Schiffes infolge der Einwirkung der Welle bewegt sich das obere Ende der Kreiselachse von O nach A (Fig. 256). Das dadurch entstehende Kreiselmoment bewegt es nun von O nach B, so daß es sich tatsächlich in der Richtung OC bewegt. Diese Gesamtbewegung ruft aber ein neues Kreiselmoment senkrecht dazu hervor, das die Achse also in der Richtung OP kippt und dessen Seitenmoment in der Richtung OQ der Rollbewegung des Schiffes entgegenwirkt[151]). Man erkennt, daß dieses letztere Moment nur bei einem pendelnd aufgehängten Kreisel zustande kommt.

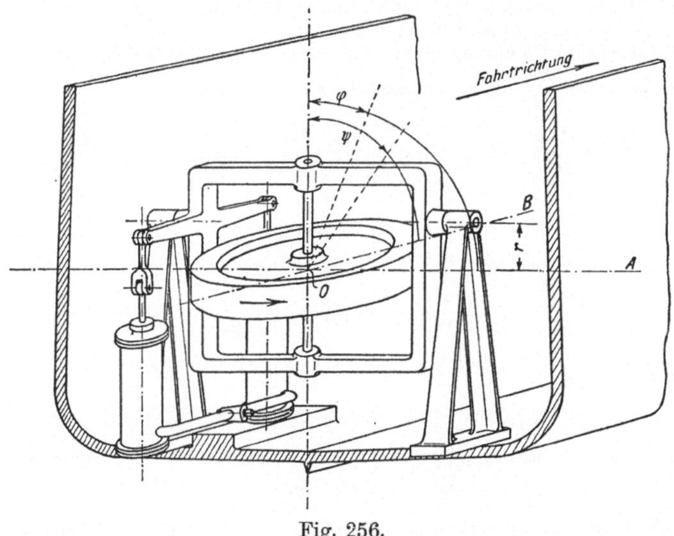

Fig. 256.

Für die rechnerische Verfolgung, die besonders die Wirkung der Bremsvorrichtung klarstellt, sei[161])

$Q = 6000$ t das Gewicht des Schiffes,

$s = 0{,}45$ m der Abstand des Schiffsschwerpunktes S von dem darüber liegenden Punkt (Metazentrum), in dem der Auftrieb Q des Wassers vereinigt gedacht werden kann,

---

[160]) Der beschriebene Einbau wurde 1855 bei dem Bessemerschiff versuchsweise vorgenommen.

[161]) Föppl, Z. d. V. d. I. 1904.

$J_0 = 15\,420$ m · t · sk² das Trägheitsmoment des Schiffes in bezug auf die durch den Schwerpunkt S gehende Längsachse,
$J_1 = 3$ m · t · sk² das Trägheitsmoment des Rahmens einschließlich Kreisel und Antriebsmotor in bezug auf die Aufhängungsachse des Rahmens,
$J = 4{,}077$ m · t · sk² das Trägheitsmoment des Kreisels in bezug auf seine Hauptachse,
$\omega = 100$ 1/sk die Winkelgeschwindigkeit des Kreisels,
$G_1 = 20$ t das Gewicht des Rahmens einschließlich Kreisel und Antriebsmotor,
$G = 10$ t das Gewicht des Kreisels,
$r = 0{,}50$ m der Abstand der Rahmendrehachse von der wagerechten Mittelachse des Kreisels,
$\varphi =$ der Neigungswinkel des Schiffes um die Längsachse,
$\psi =$ der Neigungswinkel des Kreiselrahmens,
$q \cdot l = 11{,}7$ m · t · sk bzw. 26,3 m · t · sk das Moment der Flüssigkeitsbremse für die Winkelgeschwindigkeit $\dfrac{d\psi}{dt} = 1$.

Dann gelten für die Bewegung des Schiffes und des Kreisels gemäß Formel (141):

$$J_0 \cdot \frac{d^2\varphi}{dt^2} = D \cdot \frac{d\psi}{dt} - Q \cdot s \cdot \sin\varphi\,,$$

$$J_1 \cdot \frac{d^2\psi}{dt^2} = -D \cdot \frac{d\varphi}{dt} - q \cdot l \cdot \frac{d\psi}{dt} - G_1 \cdot r \cdot \sin\psi\,,$$

worin bei den gewöhnlich nur vorkommenden kleinen Ausschlägen $\sin\varphi \sim \varphi$ und ebenso $\sin\psi \sim \psi$ gesetzt werden kann.

Wird die zweite Gleichung nach t differentiiert und hierauf der aus der ersten folgende Wert von $\dfrac{d\psi}{dt}$ darin eingesetzt, so erhält man

$$\frac{d^4\varphi}{dt^4} + \frac{q \cdot l}{J_1} \cdot \frac{d^3\varphi}{dt^3} + \left(\frac{Q \cdot s}{J_0} + \frac{G_1 \cdot r}{J_1} + \frac{D^2}{J_0 \cdot J_1}\right) \cdot \frac{d^2\varphi}{dt^2} + \frac{q \cdot l}{J_1} \cdot \frac{Q \cdot s}{J_0} \cdot \frac{d\varphi}{dt}$$
$$+ \frac{G_1 \cdot r}{J_1} \cdot \frac{Q \cdot s}{J_0} \cdot \varphi = 0\,,$$

wofür abkürzungsweise geschrieben werden kann

$$\frac{d^4\varphi}{dt^4} + c_3 \cdot \frac{d^3\varphi}{dt^3} + c_2 \cdot \frac{d^2\varphi}{dt^2} + c_1 \cdot \frac{d\varphi}{dt} + c_0 = 0\,.$$

Die allgemeine Lösung dieser Gleichung ohne Störungsglied ist entsprechend den Angaben S. 213

$$\varphi = C_1 \cdot e^{\alpha_1 \cdot t} + C_2 \cdot e^{\alpha_2 \cdot t} + C_3 \cdot e^{\alpha_3 \cdot t} + C_4 \cdot e^{\alpha_4 \cdot t}\,,$$

worin die C die Integrationsfestwerte sind und die α die vier Wurzeln der Gleichung

$$\alpha^4 + c_3 \cdot \alpha^3 + c_2 \cdot \alpha^2 + c_1 \cdot \alpha + c_0 = 0\,.$$

Da alle Faktoren c positiv sind, kann keine der Wurzeln der Gleichung einen positiven reellen Wert haben, der ja für $t = \infty$ auch $\varphi = \infty$ ergeben würde. Zur weiteren Untersuchung wird die vorstehende Gleichung zerlegt in

$$\alpha^4 + c_2 \cdot \alpha^2 + c_0 = x_1\,,$$

deren Faktoren nur von den gegebenen Gewichten und Längen abhängig sind, und

$$-c_3 \cdot \alpha_3 - c_1 \cdot \alpha = x_2\,,$$

deren Faktoren von der Größe der Dämpfung abhängen. Trägt man beide als Kurven[162]) auf (Fig. 257), so ergeben ihre Schnittpunkte die reellen Wurzeln

[162]) Lorenz, Z. d. V. d. I. 1919.

der Gleichung vierten Grades. Man bemerkt, daß zwei negative reelle Wurzeln bei sehr steilem Verlauf der zweiten Kurve, d. h. bei großen Werten der Faktoren c_2 und c_1, also bei starker Dämpfung auftreten. Bei schwacher Dämpfung sind alle vier Wurzeln komplex.

Im letzteren Fall kann die Lösung auch geschrieben werden (vgl. S. 214)

$$\varphi = C_1' \cdot e^{-a_1 \cdot t} \cdot \sin(b_1 \cdot t + \gamma_1) + C_2' \cdot e^{-a_2 \cdot t} \cdot \sin(b_2 \cdot t + \gamma_2),$$

worin die C' und γ die Integrationsfestwerte sind und die a und b mit $i = \sqrt{-1}$ bestimmt werden durch

$$\alpha_{1,2} = -a_1 \pm b_1 \cdot i, \qquad \alpha_{3,4} = -a_2 \pm b_2 \cdot i.$$

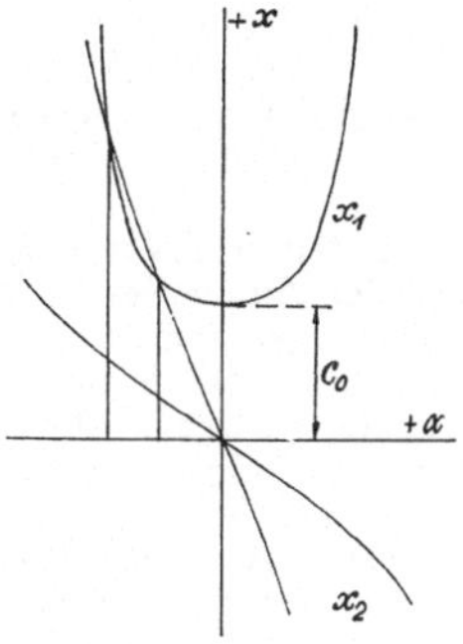

Fig. 257.

Die Rollbewegung des Schiffes setzt sich unter dem Einfluß des Kreisels aus zwei gedämpften harmonischen Schwingungen von verschiedener Dauer und Phase zusammen. Bei hinreichender Dämpfung durch die Wasserdruckbremse wird $b_2 = 0$ und die zweite Bewegung wird eine schnell abklingende aperiodische, d. h. die Rollbewegung wird schnell gedämpft.

Die Ausrechnung mit den gegebenen Zahlenwerten liefert die folgende Zusammenstellung:

	Bremsmoment $q \cdot l$	11,7	26,3 mtsk
Haupt-schwingung 1	Schwingungsdauer t_0	21,5	20,6 sk
	Dämpfungsfaktor a_1	0,026	0,058 1/sk
	Abnahme des Ausschlages nach einer vollen Schwingung . . .	0,57 : 1	0,30 : 1
	Verhältnis der Ausschläge von Rahmen und Schiff	12,0	11,4
	Phasenwinkel γ_1	75° 20′	55° 40′
Neben-schwingung 2	Schwingungsdauer t_0	3,5 sk	—
	Dämpfungsfaktor a_2	1,92 1/sk	—

Es ist selbstverständlich, daß eine zu starke Bremsung einem Festhalten des Kreisels gleichkommt und damit die beabsichtigte Wirkung aufhebt.

In ähnlicher Weise kann der Kreisel nicht nur zur Verringerung der Schwankungen eines an sich standsicheren Körpers benutzt werden, sondern sogar zum Standsichermachen eines für sich im unsicheren Gleichgewicht befindlichen Körpers. Nur mit Hilfe eingebauter Kreisel ist die Einschienenbahn möglich[163]).

Die Wirkung ist im übrigen die gleiche wie in Fig. 256 dargestellt, gleichgültig, ob der nur von einer Schiene unterstützte Wagen sich infolge veränderter Verteilung der Belastung neigt oder durch Winddruck bzw. in einer Kurve durch die Schleuderkraft nach außen gelegt wird. Der Kreisel läßt den Ausschlag nur klein werden und richtet den Wagen wieder gerade. Die Schleuderkraft wirkt also auf einen in einem Rahmen pendelnd angeordneten Kreisel entgegengesetzt wie auf alle anderen Körper ein.

Gewöhnlich werden zwei elektrisch angetriebene gegenläufige Kreisel vorgesehen[164]), die sich zur Verminderung der Widerstände in luftleeren Gehäusen drehen. Der Kreisel mit lotrechter Achse (Scherl) wirkt vollkommen zweckentsprechend; bei wagerecht liegender Achse (Brennan) ist die Wirkung unvollkommen[162]).

[163]) Brennan 1906, Engng. 1907/8; Scherl 1908.
[164]) Skutsch, Z. d. V. d. I. 1908.

Auch für die Standsicherheit des Fahrrades ist die Kreiselwirkung der Räder von Bedeutung. Ein schnellaufendes Rad ist viel leichter im Gleichgewicht zu halten als ein langsam laufendes. Neigt sich das Rad aus irgendeiner Ursache, so dreht der Fahrer die Lenkstange etwas nach dieser Seite hin. Das Vorderrad, in geringerem Maße auch das Hinterrad, erfährt die Präzession um seine annähernd lotrechte Achse. Sie ruft das aufrichtende Drehmoment um die Längsachse des Fahrrades gemäß Formel (215) und der dort gegebenen Fingerregel hervor.

Beispiel 166. Unerwünscht ist dagegen die Kreiselwirkung der Radsätze und der Anker der in das Drehgestell eingebauten Motoren bei schnellfahrenden Motorwagen der Eisenbahn. Bei der Einfahrt in Kurven steigt die äußere Schiene etwas an, und dadurch wird die Präzession der Kreisel um die Längsachse des Wagens bewirkt. Ihre Folge ist eine Drehung des ganzen Drehgestells um die lotrechte Achse und zwar nach der Fingerregel nach dem Krümmungsmittelpunkt der Kurve hin[165]).

Hat etwa die Übergangsrampe eine Steigung $\operatorname{tg}\alpha = 1 : 1000$ und beträgt die Fahrtgeschwindigkeit $V = 100$ bzw. 200 km/st, so ist die Winkelgeschwindigkeit der Neigung des Drehgestells bei dem Laufstellenabstand beider Räder $a = 1{,}50$ m

$$\omega_1 = \frac{V}{3{,}6} \cdot \frac{\operatorname{tg}\alpha}{a} = \frac{100 \cdot 0{,}001}{3{,}6 \cdot 1{,}50} = 0{,}0185 \quad \text{bzw.} \quad 0{,}037 \ 1/\text{sk}.$$

Jeder der drei Radsätze des Drehgestells hat bei $G_1 = 1400$ kg Gewicht, $d_1 = 1{,}25$ m Durchmesser und $\vartheta_1 = 0{,}71$ das Schwungmoment

$$\vartheta_1 \cdot G_1 \cdot d_1^2 = 0{,}71 \cdot 1400 \cdot 1{,}25^2 = 1550 \ \text{m}^2\text{kg},$$

jeder der beiden Motoranker von $G_2 = 2000$ kg Gewicht, $d_2 = 0{,}75$ m Durchmesser und $\vartheta_2 = 0{,}55$ hat das Schwungmoment

$$\vartheta_2 \cdot G_2 \cdot d_2^2 = 0{,}55 \cdot 2000 \cdot 0{,}75^2 = 620 \ \text{m}^2\text{kg}.$$

Das Gesamtträgheitsmoment der umlaufenden Teile ist also

$$J = \frac{3 \cdot 1550 + 2 \cdot 620}{4 \cdot 9{,}81} = 150 \ \text{mkgsk}^2.$$

Ihre Winkelgeschwindigkeit beträgt

$$\omega = \frac{V}{3{,}6} \cdot \frac{2}{d_1} = \frac{100 \cdot 2}{3{,}6 \cdot 1{,}25} = 44{,}5 \quad \text{bzw.} \quad 89 \ 1/\text{sk}.$$

Damit wird nach Formel (215) das Drehmoment, das auf Querstellen des Drehgestells hinwirkt,

$$M = 150 \cdot 44{,}5 \cdot 0{,}0185 = 124 \quad \text{bzw.} \quad 495 \ \text{mkg}.$$

Es steigt mit dem Quadrat der Fahrtgeschwindigkeit.

Ein Rollkreisel ist ein in einem Punkt seiner Hauptachse unterstützter Kreisel, der mit einem Rade auf einer festen Kurve abrollt. Von besonderem Interesse ist der Fall, daß die feste Kurve ein ringförmiges Stück eines Kegelmantels ist, dessen Spitze mit dem Unterstützungspunkt des Kegels zusammenfällt.

In Fig. 258 ist OA die Kreiselachse, um die er mit der Winkelgeschwindigkeit ω umläuft, OB die Präzessionsachse, um die der Berührungspunkt mit der Winkelgeschwindigkeit ω_1 umläuft.

---

[165]) Wittfeld, Glasers Ann. 1902.

Ist wie in Fig. 258

$$\alpha < \gamma \leqq \frac{\pi}{2} \quad \text{und} \quad 0 < \beta \leqq \frac{\pi}{2} - \alpha ,$$

so heißt die Bewegung eine epizyklische[166]); die Berührungsstelle wandert auf der Führung im Sinne der Kreiseldrehung.

Ist wie in Fig. 259

$$0 < \gamma < \alpha \quad \text{und} \quad -\alpha < \beta < 0 ,$$

so heißt die praktisch bedeutungslose Bewegung eine perizyklische.

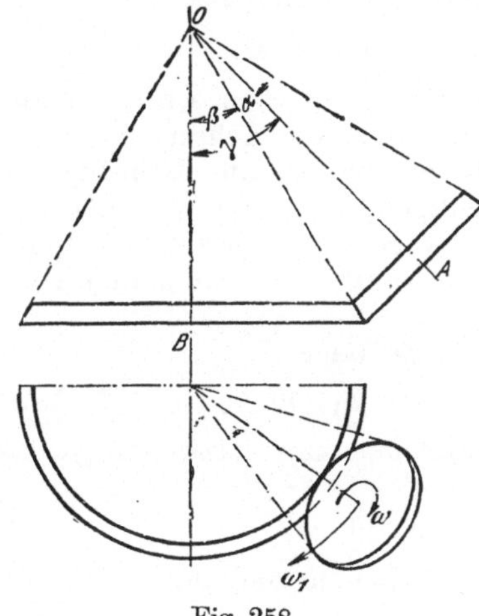

Fig. 258.

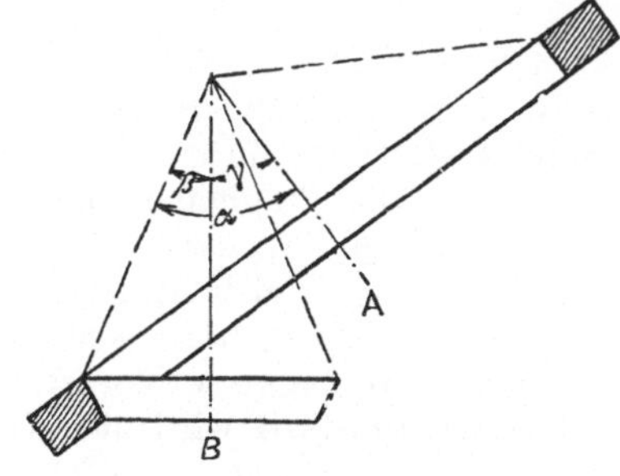

Fig. 259.

Ist wie in Fig. 260

$$-\frac{\pi}{2} < \gamma < 0$$

und

$$-\frac{\pi}{2} - \alpha < \beta < -\alpha ,$$

so heißt die Bewegung eine hypozyklische. Die Berührungsstelle wandert in den beiden letzteren Fällen auf der Führung entgegengesetzt zur Kreiseldrehung.

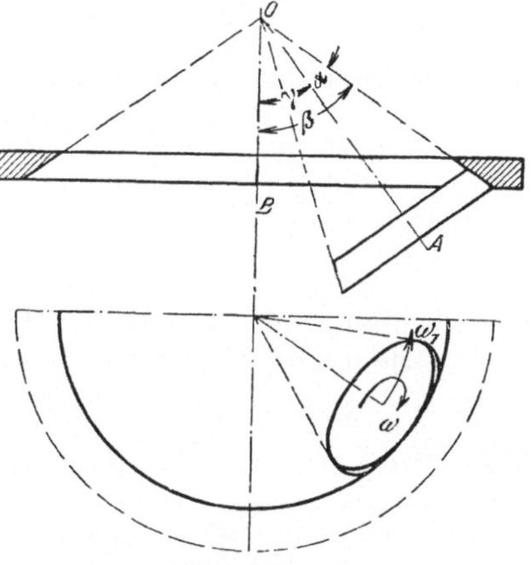

Fig. 260.

Findet reines Rollen ohne Gleiten statt, so besteht die Beziehung

$$\omega \cdot \sin\alpha = \omega_1 \cdot \sin\beta .$$

166) Grammel, Z. d. V. d. I. 1917.

Trägt man in Anlehnung an die Darlegungen S. 77 die Winkelgeschwindigkeiten auf den zugehörigen Drehachsen vom Punkte O aus ab (Fig. 261) und zerlegt ω_1 in die beiden Seitengeschwindigkeiten $\omega_1 \cdot \sin\gamma$ und $\omega_1 \cdot \cos\gamma$, so erhält man mit dem Trägheitsmoment J in bezug auf die Hauptachse und J_1 in bezug auf eine dazu senkrechte Schwerachse den Drall des Rollkreisels in bezug auf die durch O gehende Hauptachse zu

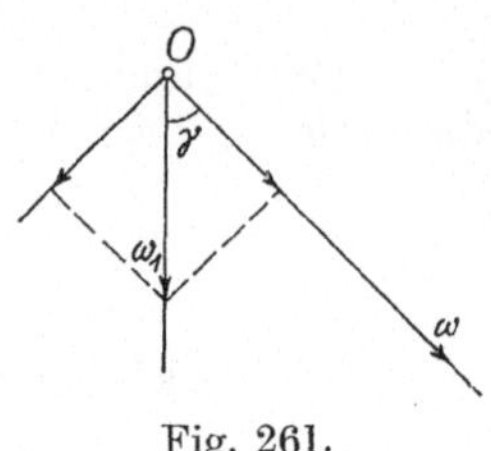

Fig. 261.

$$D_1 = J \cdot (\omega + \omega_1 \cdot \cos\gamma)$$

und in bezug auf die durch O gehende, senkrecht zur Rollbahn stehende Achse

$$D_2 = J_1 \cdot \omega_1 \cdot \cos\gamma\,.$$

Es ist nun leicht zu erweisen, daß die Dralle für zwei senkrecht zueinander stehende durch denselben Punkt gehende Achsen sich algebraisch wie die Trägheitsmomente addieren; nur ist die Richtung der Winkelgeschwindigkeiten zu berücksichtigen. Werden wie bei der Fingerregel die Drehrichtungen als positiv gerechnet, wenn die Achse bei Betrachtung gegen die Achsenrichtung rechts herum umlaufen wird, so hat D_2 das negative Vorzeichen.

Der Gesamtdrall wird also $D = D_1 - D_2$ oder

$$D = J \cdot (\omega + \omega_1 \cdot \cos\gamma) - J_1 \cdot \omega_1 \cdot \cos\gamma\,,$$

und die Präzessionsgeschwindigkeit beträgt $\omega_1 \cdot \sin\gamma$. Damit wird das Kreiselmoment

$$M = [J \cdot \omega + (J - J_1) \cdot \omega_1 \cdot \cos\gamma] \cdot \omega_1 \cdot \sin\gamma$$

oder mit dem obigen Zusammenhang zwischen ω und ω_1

$$M = \left[J \cdot \frac{\sin\beta}{\sin\alpha} + (J - J_1) \cdot \cos\gamma\right] \cdot \omega_1^2 \cdot \sin\gamma\,.$$

Setzt man hierin noch $\beta = \gamma - \alpha$, so wird schließlich[162])

$$M = (J \cdot \sin\gamma \cdot \operatorname{cotg}\alpha - J_1 \cdot \cos\gamma) \cdot \omega_1^2 \cdot \sin\gamma\,. \qquad (219\text{a})$$

Die Rechnung gilt für die epizyklische Anordnung.

Für die hypozyklische Anordnung ist ω_1 negativ, ferner $\beta = \gamma + \alpha$, also

$$M = -(J \cdot \sin\gamma \cdot \operatorname{cotg}\alpha + J_1 \cdot \cos\gamma) \cdot \omega_1^2 \cdot \sin\gamma\,. \qquad (219\text{b})$$

Dieses Moment sucht den Kreisel um die zur Drehachse und zur Präzessionsachse senkrechte dritte Achse zu drehen, d. h. es drückt ihn auf die Führungsbahn. Bei der hypozyklischen Anordnung ist es immer negativ und der Kreisel wird stets gegen die Führung gedrückt. Bei der epizyklischen Anordnung findet eine Anpressung durch das Kreiselmoment nur statt für

$$\operatorname{tg}\gamma > \frac{J_1}{J} \cdot \operatorname{tg}\alpha\,,$$

was immer erfüllt ist, wenn $J_1 < J$ ist.

Beispiel 167. Für einen einläufigen Kollergang nach Fig. 262 ist der günstigste Winkel γ zu bestimmen.

In bezug auf die Drehachse O, an der der Arm des Mahlringes nachgiebig angelenkt ist, ergeben sich drei Drehmomente:

des Gewichtes

$$M_1 = G \cdot h \cdot \sin\gamma ,$$

der Schwungkraft

$$M_2 = -Z \cdot h \cdot \cos\gamma = -\frac{G \cdot h \cdot \sin\gamma}{g} \cdot \omega_1^2 \cdot h \cdot \cos\gamma ,$$

das Kreiselmoment gemäß Formel (219)

$$M_3 = (J \cdot \sin\gamma \cdot \operatorname{cotg}\alpha - J_1 \cdot \cos\gamma) \cdot \omega_1^2 \cdot \sin\gamma .$$

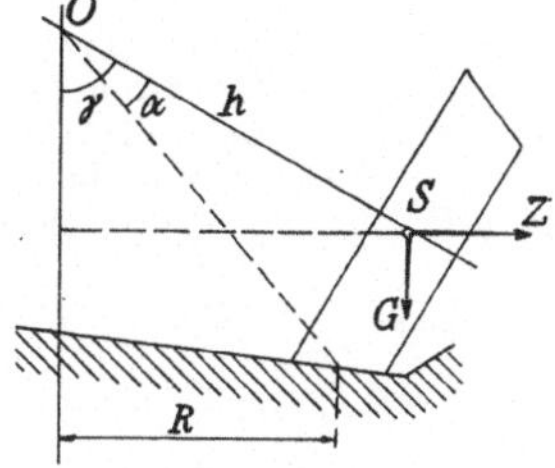

Fig. 262.

Ihre Addition liefert mit $J_1 + \frac{G \cdot h^2}{g} = J_1'$ als Trägheitsmoment in bezug auf eine durch O gehende, senkrecht zu h verlaufende Achse

$$\Sigma M = \left[G \cdot h + J \cdot \omega_1^2 \cdot \left(\operatorname{cotg}\alpha \cdot \sin\gamma - \frac{J_1'}{J} \cdot \cos\gamma\right)\right] \cdot \sin\gamma . \tag{220}$$

Der Wert dieses Andrückmomentes wird am größten, also die Zerkleinerungswirkung am besten, für

$$\frac{d\Sigma M}{d\gamma} = 0 = G \cdot h \cdot \cos\gamma + J \cdot \omega_1^2 \cdot \left(\operatorname{cotg}\alpha \cdot \sin 2\gamma - \frac{J_1'}{J} \cdot \cos 2\gamma\right) .$$

Eine einfache Lösung[167]) ist folgende, da die weitere Ausrechnung auf eine Gleichung vierten Grades für $\cos\gamma$ führt. Man berechnet nach den Angaben S. 214

$$r = \sqrt{\operatorname{cotg}^2\alpha + \left(\frac{J_1}{J}\right)^2} \quad \text{und} \quad \operatorname{tg}\delta = \frac{J}{J_1'} \cdot \operatorname{cotg}\alpha$$

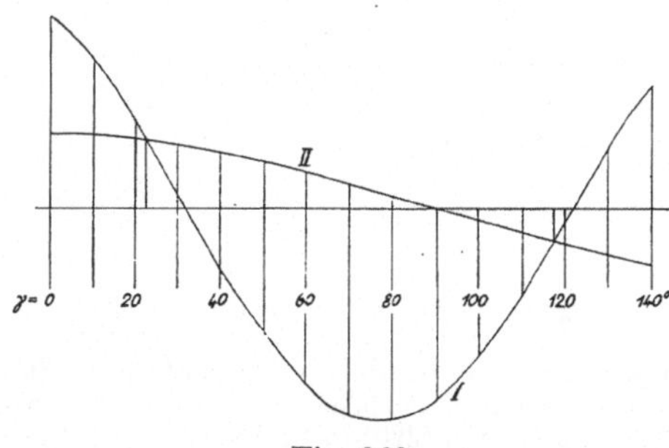

Fig. 263.

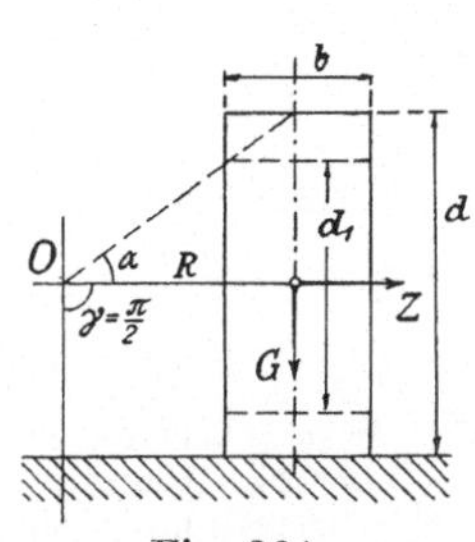

Fig. 264.

und trägt dann in Abhängigkeit von γ die Kurve $r \cdot \cos(2\gamma + \delta)$ auf und über derselben Achse ebenso die Kurve $\frac{G \cdot h}{J \cdot \omega_1^2} \cdot \cos\gamma$ (Fig. 263). Die Schnittpunkte beider Kurven ergeben die günstigsten Werte von γ.

Die Anpressungskraft ist dann nach Fig. 262

$$P = \frac{\Sigma M}{R} \tag{221}$$

---

[167]) Eine andere mit Hilfe der Vektorenrechnung gibt Tolle, Z. d. V. d. I. 1920.

Bei der gebräuchlichen Ausführung ist $\gamma = \frac{\pi}{2}$, also $h = R$ (Fig. 264). Damit erhält man aus den Gleichungen (220) und (221)

$$P = G + \frac{J \cdot \omega_1^2 \cdot \operatorname{cotg} \alpha}{R}. \tag{221 a}$$

Ist etwa die Rolle aus Gußeisen von $d = 0{,}90$ m äußerem Durchmesser, $d_1 = 0{,}70$ m innerem Durchmesser, $b = 0{,}40$ m Breite, die im Abstande $R = 0{,}50$ m mit $n = 60$ Umdrehungen in der Minute umläuft, so ist mit einem Zuschlag von 25 v.H. für die Achse, Arme usw.

$$G = 1{,}25 \cdot \frac{\pi}{4} \cdot (d + d_1) \cdot (d - d_1) \cdot b \cdot \gamma = 1{,}25 \cdot 0{,}7854 \cdot 16 \cdot 0{,}2 \cdot 4 \cdot 7{,}25 \sim 1000 \text{ kg},$$

das Trägheitsmoment nach Formel

$$J = \frac{\vartheta \cdot G_0 \cdot d^2}{4 \cdot g} \cdot \left(1 + \frac{d_1^2}{d^2}\right) = \frac{0{,}55 \cdot 1000 \cdot 0{,}9^2}{1{,}25 \cdot 4 \cdot 9{,}81} \cdot 1{,}605 = 14{,}6 \text{ mkgsk}^2,$$

die Präzessionsgeschwindigkeit

$$\omega_1 = \frac{\pi \cdot n}{30} = 2 \cdot \pi \text{ 1/sk}.$$

Damit wird für die Anordnung nach Fig. 264 mit $\operatorname{cotg} \alpha = \frac{R}{\frac{1}{2} \cdot d}$ nach Formel (221a)

$$P = 1000 + \frac{14{,}6 \cdot 4 \cdot \pi^2}{0{,}45} = 2280 \text{ kg}.$$

Zur Ermittlung der günstigsten Verhältnisse berechnet man

$$\operatorname{cotg} \alpha = \frac{0{,}5}{0{,}45} = 1{,}111\,,$$

$$\frac{J_1'}{J} = \frac{1}{2} + \frac{1000 \cdot 0{,}5^2}{9{,}81 \cdot 14{,}6} = 2{,}246\,,$$

also

$$\operatorname{cotg} \delta = \frac{2{,}246}{1{,}111} = 2{,}02 : \delta = 26^\circ\, 20'\,,$$

$$r = \sqrt{1{,}233 + 5{,}045} = 2{,}505\,,$$

ferner

$$\frac{G \cdot h}{J \cdot \omega_1^2} = \frac{1000 \cdot 0{,}5}{14{,}6 \cdot \pi^2 \cdot 4} = 0{,}867\,.$$

Mit diesen Werten ist die Fig. 263 gezeichnet worden. Man entnimmt ihr $\gamma = 117^\circ\, 20'$. Für die praktische Berechnung sind natürlich nur wenige Punkte beider Kurven zu bestimmen. Damit ergibt Formel (220) in Verbindung mit (221) die Pressung

$$P = \left[1000 + \frac{14{,}6 \cdot 4 \cdot \pi^2}{0{,}50} \cdot (+\, 1{,}111 \cdot 0{,}8884 + 2{,}246 \cdot 0{,}4592)\right] \cdot 0{,}8884 = 2945 \text{ kg},$$

also um das 1,29fache größer als bei der gebräuchlichen Anordnung.

Die Wirkung tritt allerdings nur dann ein, wenn die Verbindung der Rollenachse mit der Königswelle so beschaffen ist, daß der Winkel γ die kleinen Änderungen, die für die Kreiselwirkung nötig sind, auch ausführen kann. Anderenfalls liefert das Kreiselmoment nur eine Vergrößerung des auf den Arm wirkenden Biegungsmomentes.

Der zweite Winkel γ, den die Fig. 263 liefert, gilt für die hypozyklische Anordnung der Pendelmühle, die entsprechend zu behandeln ist.

Sachverzeichnis.

Druck der Spamerschen Buchdruckerei in Leipzig.